本书为
国家社科基金重大项目“高科技伦理问题研究”（12&ZD117）
科技部“973”项目“重要纳米材料的生物效应机制和安全性评价研究”（2011CB933401）研究成果

高科技伦理前沿丛书

丛书主编　王国豫

敬小慎微

纳米技术的安全与伦理问题研究

王国豫　赵宇亮　主编

科学出版社
北京

图书在版编目（CIP）数据

敬小慎微：纳米技术的安全与伦理问题研究/王国豫，赵宇亮主编．
—北京：科学出版社，2015.5
（高科技伦理前沿丛书）
ISBN 978-7-03-044258-1

Ⅰ.①敬…　Ⅱ.①王…　②赵…　Ⅲ.①纳米技术-安全技术②纳米技术-伦理学-研究　Ⅳ.①TB303②B82-057

中国版本图书馆CIP数据核字（2015）第087541号

丛书策划：侯俊琳　牛　玲
责任编辑：牛　玲 / 责任校对：鲁　素
责任印制：徐晓晨 / 封面设计：黄华斌

科学出版社出版
北京东黄城根北街16号
邮政编码：100717
http://www.sciencep.com
北京凌奇印刷有限责任公司印刷
科学出版社发行　各地新华书店经销
*
2015年5月第　一　版　开本：720×1000　1/16
2025年8月第四次印刷　印张：23 1/4
字数：450 000
定价：188.00元
（如有印装质量问题，我社负责调换）

丛书序

PREFACE

世界范围内的新一轮科技革命和产业变革正在悄然兴起，为我国科技创新提供了历史机遇。同时，我国经济社会快速发展对科技产生了巨大需求，这也为我国自主创新和高科技发展带来了广阔空间、提供了强劲动力。高科技具有先导性、前瞻性和战略性，是提升国家核心竞争力的重要手段，更是创新驱动发展的核心力量。

高科技前沿领域中交叉性最强的引导性技术是纳米技术。纳米技术在 20 世纪 90 年代逐渐兴起。所有发达国家的政府和企业都对纳米技术的研发进行了大量的投入，试图抢占科技发展的制高点。经过二十多年的发展，纳米技术在新材料、电子器件以及制药、医学、化学、能源、环保等领域已经获得初步应用，纳米技术产品也形成了一定的市场规模。据统计，目前市场上已经注册的纳米技术产品已经超过 1600 多种，未来将会生产更加复杂的纳米结构技术系统和人工智能系统。特别是在纳米技术与生物技术、信息技术的跨界研究，将有望在工业技术的可持续发展和健康方面做出更大的贡献。在基础理论研究方面，通过对在纳米尺度上生命系统和认知系统复杂结构的研究，可以帮助人类认识和理解生命的形成、人的行为以及像记忆、情感和思想的产生等现象，进一步加深人类对自身的认识，给人类带来更大的惊喜。

纳米技术、生物技术、信息技术和认知与神经科学一起，被称为会聚技术(NBIC)。最近十余年，会聚技术在世界范围内获得了飞速发展，并呈现出交叉综合性强、创新速度快、渗透领域广、影响深远等特征。会聚技术以纳米技术为基础，与生命科学与基因技术、信息技术、认知科学与脑科学等前沿科技相结合，致力于提升人类的能力，在原子层面上塑造世界。人们甚至预言，在未来，“如果认知科学家能够想到它，纳米科学家就能够制造它，生命科学家就能够使用它，信息科学家就能够监控它”。以会聚技术为代表的高科技，有望在诸多全球性问题，如能源短缺，环境保护、延长人类寿命和提高生活质量等方面对人类社会做出重大贡献，并极大地推动经济社会的平衡和可持续发展。

历史经验告诉我们，任何新技术的出现多少都有“双刃剑”的特征。以会聚技术为代表的高科技也不例外：一方面它能够为人类带来福祉，另一方面，如何正确的应用和使用会聚技术，最大限度地减少其“双刃剑”特征，也是我们应该高度重视的课题。在高投入、高产出、高回报的同时，高科技也蕴藏着一定的风险和不确定性，这是事物发展的普遍规律。在过去的 200 年里，人类因为“先发展后治理”付出了沉重的代价。我们应该吸取 20 世纪人类发展对大气、水、土壤等环境污染的教训，在新技术对环境产生污染，或对人类健康和安全带来负面影响引发社会和伦理问题之前，建立早期预警体系，避免重蹈 20 世纪的覆辙。例如人造纳米材料，一方面它在医学和制药技术中有着广阔的应用前景，可以用来诊断和治疗包括癌症在内的许多人类重大疾病，在环境治理方面也将发挥重要作用；但是另一方面，我们必须深入理解纳米粒子的生物效应和它在人体内的作用机理，将其医学应用和环境保护的不确定性降到最低。改革开放后，我们前 30 年的发展，由于忽视了生态与环境的保护，产生了许多问题，比如雾霾的问题，水、土壤的污染问题。而最近几年围绕转基因技术、核电站和 PX 项目等技术的争论，则更进一步说明，高科技的发展不是孤立的科学问题或技术问题，同时也是社会问题。如果没有相应的规范指导，离开公众的支持，希望造福人类的高科技将不能带来预期的社会效益，并且会影响高科技的可持续发展。

高科技与社会伦理的相关性已经引起了国际上的广泛重视。欧美诸国都把同步开展高科技与社会、高科技与伦理的研究纳入高科技研究的范畴。美国在最初的国家纳米研究计划中就已经将纳米技术的社会伦理问题研究列入规划。欧盟的“地平线 2020”计划也将开展高科技的人文与社会问题研究作为重要的方向。高科技的伦理问题，已经并正在进一步引起世界各国科学界和社会的普遍关注。

我国正在致力于建设创新型国家，建设一流的科技大国，加强高科技的安全与社会伦理问题的研究，是不可或缺的组成部分。比如，在纳米技术的安全性研究方面，中国科学界开展得就较早，比国际上早一年多提出了这个问题并开展研究。科技部国家基础研究重大研究计划项目“纳米材料的生物效应及其安全性研究”也将纳米技术的社会伦理问题研究与可持续发展纳入研究内容。国家纳米科学中心和大连理工大学还联合召开了跨学科的“纳米技术的安全与伦理问题”研讨会。近年来，我们欣喜地看到，越来越多的中国人文科学工作者和社会科学家加入了高科技安全与伦理的研究工作。从 2008 年开始，纳米伦理学逐渐成为各类科学技术伦理研讨会上的主题之一。中国科学院学部科学道德委员会也围绕转基因技术、纳米技术、干细胞技术、互联网技术等热点领域，组织开展了多次科技伦理问题研讨会，发布了《关于负责任的转基因技术研发行为的倡议》，并在蒙特利尔第三届世界科研诚信大会上进行了交流。2014 年，在全球研究理事会（GRC）北京大会召开之际，中国科学院学部主席团发布了《追求卓越科学》的宣言，受到国际科技界的普遍好评，产生了积极影响。

以高度负责任的精神和态度发展高科技，是中国对世界的承诺，更是对中华民族未来的承诺，是实现中国梦的基础。重视并研究高科技的社会与伦理问题，开展科学与人文的对话，为高科技产品的安全应用提供理性指导，消除不必要的恐慌，引导科学家承担社会及伦理责任，与人文社会科学工作者们共同应对高科技的风险，从而让高科技服务国家，造福人民，是我们科学工作者的历史使命和社会责任。“高科技伦理前沿丛书”的出版，将有助于确立以人为本的科技观、价值观和伦理观，化解高科技的安全与伦理风险，更有效地促进高科技的健康与可持续发展，使高科技的发展最终能安全造福于人类。

2015年5月3日

丛书导论

INTRODUCTION

高科技，又被称为高技术、高新技术，泛指 19 世纪下半叶以来，以核技术、计算机技术、网络技术、生命科学与基因工程技术等为代表的新兴科学技术。其主要特征为“四高”：即高智力、高投入、高产出、高风险。它们以最新科学成就为基础，具有知识密集、应用性与渗透性强等特征，对社会生产力发展起着主导作用。特别是高科技对生活世界的嵌入和影响，不仅改变了我们对自然、人和社会的认知，也改变了我们的生产和生活方式。高科技也由此进入伦理学的视域。

有关高科技伦理的讨论可以追溯到上世纪 50 年代。1945 年 8 月 6 日，美国向日本广岛投下了原子弹。就在第一颗原子弹扔下不久，杜鲁门总统发表声明，称这是“一项历史上前所未有的大规模有组织的科学奇迹”（what has been done is the great achievement of the organized sciences in history）①。然而正是这一“科学奇迹”致使几十万人瞬间丧生，并且引发了第一次有关科学成果的应用与科学家的责任问题的大讨论②。1950 年 7 月，爱因斯坦在写给美国“科学的社会责任协会”（*The Society for Social Responsibility in Science*）的信中写到：“在我们这个时代，科学家和工程师担负着特别沉重的道义责任。因为发展大规模破坏性的战争手段有赖于他们的工作和活动。虽然我们赢得了战争，但是没有赢得和平。”③德国科学家玻恩（Max Born）也感慨而悲观地说道，自己所确信的追求科学就是追求真理，追求真理也就是追求善只是一个理想的梦，如今“科学的作用和科学的道德方面已经发生了一些变化”，以为科学决不可能导致任何邪恶的美梦，“被世界大事惊醒了。即使是睡得最熟的人，在第一颗原子弹掉在日本城市时也惊醒了。”④

---

① Truman，Harry S. 1945 statement on the bombing of Hiroshima. The Greatest Achievement of Organized Science. http：//www. brainsturbator. com/articles/the _ greatest _ achievement _ of _ organized _ science/ ［2015-5-3］.

② 1957 年，为了阻止德国新政府发展核武器，德国物理学家 Weizaecker 邀请了 18 位著名的物理学家，包括诺贝尔奖获得者 Otto Hahn 等在哥廷根大学举办了一次专门的讨论会，通过了 Weizaecker 起草的著名的“哥廷根宣言”Göttinger Erklärung 1957。在宣言中明确指出，科学活动涉及到政治，科学家不应该沉默。作者注。参见：Text des Göttinger Manifests der Göttinger 18. http：//www. uni-goettingen. de/de/text-des-goettinger-manifests/54320. html ［2015-5-3］.

③ （美）爱因斯坦．爱因斯坦文集：第 3 卷．许良英等译．北京：商务印书馆，1979：287.

④ Born，H. & Born，M. Der Luxus des Gewissens — Erlebnisse und Einsichten im Atomzeitalter. München：Nymphenburger Verlagsbuchhandlung，1969. 参见：马克思·玻恩．还有什么是可以希望的呢？ http：//www. bioon. com/book/zhonghe/zhihuilingguang/23. htm ［2015-5-3］.

如果说原子弹在广岛的爆炸使得科学家们意识到了科学技术有可能被利用甚至滥用，那么，在纽伦堡审判中揭露出来的纳粹德国医生所实施的惨无人道的人体实验、1972 年曝光的美国政府对黑人所进行的长达 40 年的“塔斯基吉梅毒试验”[①]、福特汽车公司的斑马车型（Pinto）发生的多起车毁人亡事故，以及三里岛核泄漏等一系列事件则更进一步说明：科学不是单向度的，科学从来都是和社会的政治、经济紧密相连的，科学是有价值指向的。

这一系列事件以及环境保护运动的兴起，催生了世界范围内学术界对高科技时代科学技术的目的和科学家与工程师的伦理责任的反思[②]。1971 年，美国肿瘤学家波特（Potter V. R.）出版了《生命伦理学：通向未来的桥梁》一书，最早使用了“生物伦理学”这一概念，以期构建科学与人文之间的桥梁，探讨如何确保人类的生存条件 。1972 年，德国哲学家萨克瑟（Sachsse H.）出版了《技术与责任》一书，第一个将由马克斯·韦伯（Weber M.）引入伦理学的责任概念与技术相联系，要求重拾技术的伦理维度[③]。1974 年，世界上最大的职业工程非政府组织——电气与电子工程师协会（IEEE）承担了编写新的伦理守则的任务。在守则的导言中即指出，工程师在追求职业的过程中遵循伦理道德的要求是至关重要的，电气与电子工程师协会成员有责任保护公众的安全、健康和福利[④]。在这期间，计算机与信息伦理研究也在美国崭露头角。从 80 年代中叶开始，大量信息伦理学论文和专著涌现出来，信息伦理学的研究取得了突破性的发展。至此，以高科技各领域实践中的伦理问题为研究对象的高科技伦理学研究，如生命伦理学、基因伦理学、网络伦理学、核伦理学等新的分支领域和研究方向（德国伦理学界往往称之为部门伦理）像雨后春笋般在世界范围内出现，成为伦理学研究的新热点。

然而，伦理学的研究终究是滞后于科学技术的发展。进入 21 世纪以来，以纳米技术、生物技术、信息技术和认知与神经科学为代表的新兴科技，又被称为会聚技术（converging technology）被誉为高科技前沿中的核心技术或高端技术，它以应用为导向，其创新速度之快、渗透领域之广，影响之大、之深

---

① 1932～1972 年，美国公共卫生署在亚拉巴马州塔斯基吉进行了塔斯基吉梅毒试验。研究人员向 400 名患有梅毒的贫困男性黑人提供“治疗”。参与测试的 399 个人中 28 人死于梅毒，100 人死于并发症，40 个人的妻子被传染，19 人的孩子得了先天性梅毒。1972 年研究结束时，只有 74 人幸存。这项试验 1972 年经媒体报道后，在公众中引起强烈反响。该事件直接推动了医学伦理学的诞生。——作者注。

② （德）豪纳费尔德. 生命伦理学是一门特殊的伦理学吗？见：王国豫，刘则渊. 科学技术伦理的跨文化对话. 北京：科学出版社，2009：102.

③ Sachsse H. Technik und Verantwortung. Freiburg，1972：109.

④ IEEE. IEEE Code of Ethics. http：//www.ieee.org/about/corporate/governance/p7-8.html [2015-5-3] .

都是以往任何时候的任何科学技术无法比拟的。会聚技术以提高人的能力为目标，宣称要在原子层面上塑造世界（shaping the world atom by atom），在未来，只要“认知科学家能够想到它，纳米科学家就能够制造它，生命科学家就能够使用它，信息科学家就能够监控它”①。循此逻辑，未来“只有人想不到的，没有人做不到的”。

然而，凡是人能够做到的，我们就都应该做吗？能够是否就意味着应该？

提升人的能力，摆脱自然的束缚和制约、扩大人的行动的边界可以说一直以来是人类的梦想。超人类主义者认为，基于纳米尺度的会聚技术能够在原子层面上构造世界，从而也使人类能够按照自己的愿望塑造自己。会聚技术将引领人类步入“后人类”（posthuman）时代。但另一方面，对人类的未来充满了忧虑和担心的声音也在响起。对纳米技术充满期待的美国未来学家 Drexler 在他的著名的《创造的发动机》（*Engines of Creation*）一书中，一方面描述了基于分子制造技术的纳米技术所带来的巨大变革和希望，另一方面也指出了纳米技术隐藏着巨大的危险，提出“创造的发动机”也可能是人类“毁灭的发动机”的假想。在 Drexler 看来，最可怕的是“可复制的组装机”和具有思维能力的机器。一旦机器进化得比我们更快，在几十年内超过我们，那么就会对地球上的人类和生物产生根本性威胁。因此，Drexler 警示性地指出，除非我们学会如何安全地和这些高科技共生，否则我们的未来将既是令人激动的又是短暂的②。2000 年 4 月，美国计算机工程师、太阳公司的创始人 Joy 发表了“为什么未来不需要我们”一文，将这一担忧引向了高潮：“在基因工程、纳米技术和机器人（GNR）中的毁灭性的自我复制威力极有可能使我们人类发展戛然而止。自我复制是基因工程的一种主要研究方法，它利用细菌的自我复制机制，而主要的危险来自于纳米技术的灰色黏稠物（gray goo）”③。Joy 由此得出结论，认为 21 世纪的技术——基因工程、纳米技术和机器人的危险将远远超过包括核武器、生物武器、化学武器在内的大规模杀伤性武器。伴随着 Joy 的这篇文章的广泛传播，对纳米技术的恐惧和抵触、抵抗情绪也在全世界蔓延。2000 年底，美国《发现》杂志将纳米技术与生物技术、机器人技术等一起列为 21 世纪的二十大危险之一④。

---

① Roco，M. C. Bainbridge，W S. Converging Technologies for Improving Human Performance. Kluwer Academic Publishers，2003：131.

② Drexler K E. Engines of Creation. Doubleday：Anchor Press，1987.

③ Joy B. Why the future doesn't need us. http：//www. wired. com/wired/archive/8. 04/joy. html [2015-5-3].

④ 美国《发现》杂志评出 21 世纪威胁人类的 20 大危险 http：//www. ahinfo. gov. cn/xinwen/wr/kjwz/kj/kj2001/kj0101/kj01036. htm [2015-5-3].

伦理学以人的行为和道德观念为研究对象。当行为主体、行为对象、行为涉及的范围以及行为的性质发生了变化，尤其是当人们一直以来进行道德判断所依据的道德准则发生冲突的时候，伦理学必须做出相应的回答。

2000 年以来，围绕以纳米技术为代表的会聚技术的伦理问题的讨论在欧美等国迅速升温。这一方面是为了在会聚技术研究与开发的早期进行同步研究，从而更好地实现“上游治理”，促进纳米技术等核心技术的健康与可持续发展。另一方面，也是出于策略上的考虑，即担心纳米技术遭遇到像转基因技术那样的公众抵制。为此，美国科学基金会在国家纳米技术计划（NNI）中，一开始就把纳米技术的伦理与社会问题研究纳入资助的范围，并且在圣巴巴拉大学和亚利桑那大学设立了“纳米技术与社会”（Nanotechnology in Society）研究中心，从体制上推动了学术界对纳米技术相关的伦理问题的研究。与此同时，各种非政府组织和团体也在呼吁重视以会聚技术为代表的高科技的伦理问题，比如国际环保组织 ETC 甚至提出停止对纳米技术的研究的口号——“No Small Matter”①。2003 年，在美国的加利福尼亚州立大学，一个以纳米技术的伦理和社会问题为研究对象的独立组织——“纳米伦理研究组”（The Nanoethics Group）宣告成立，以纳米技术和新兴技术的伦理问题为研究对象的专业学术期刊《纳米伦理学》（*Nanoethics*）以及纳米技术和新兴技术研究协会(S. NET)也随之诞生。尽管围绕着什么是纳米伦理、会聚技术的伦理问题有哪些特殊性的争论还在喋喋不休，纳米技术和会聚技术伦理研究的社会建制却已经初具雏形。

然而，基于纳米尺度的会聚技术或高科技还没有完全成熟，未来的足迹和变化还具有很大的不确定性。针对会聚技术的高科技伦理研究和评估也遭遇到空前的挑战：一方面，在现阶段我们还很难预料某一技术或几种技术会聚的后果，另一方面，一旦不好的后果出现，技术往往已经发展成为了整个社会和经济结构的一部分，对它的控制也变得非常困难。这就是所谓的“科林格里奇”困境。而如果说会聚技术还只是一个关于未来的愿景（vision），那么，对一个还不确定的愿景进行伦理评价甚至道德规范，就又很难逃脱鲁曼（N. Luhmann）所说的“道德风险”。

很显然，解决高科技的伦理问题，必须直面高科技的不确定性。在某种意义上我们甚至可以说，高科技的伦理就是关于不确定性的伦理。然而迄今为止，哲学对不确定性关注很少。不确定性被认为是经验世界的现象。而哲学总

---

① No Small Matter! Nanotech Particles Penetrate Living Cells and Accumulate in Animal Organs. http：//www. etcgroup. org/content/no-small-matter［2015-5-3］.

是追求确定性，追求经验世界背后的逻各斯。正如杜威所言，“确定性的寻求支配着我们的根本的形而上学”[①]。因此，要想直面高科技的不确定性必须从方法论上有所突破，即从关注形而上的原则走向关注实践层面的问题。以具体问题为导向，追根溯源，开展跨学科的研究。也就是说，伦理学必须和科学技术相结合，伦理学家必须和科学家携起手来，共同探讨、识别和反思高科技中的伦理问题。高科技伦理必须是定位于科学技术实践的伦理。

另一方面，高科技的未来特征决定了高科技伦理不是关于高科技伦理后果的评判，而是关于高科技未来可能性的选择，涉及到我们对未来生活的期待、愿景。高科技的塑造不是科学家在实验室中一蹴而就的。对未来我们有权选择：我们选择什么样的技术在某种程度上取决于我们希望有什么样的生活。然而这恰恰也是决定了高科技不确定性和高科技伦理的最大挑战之所在：即高科技活动的多主体性和不同的利益群体所代表的多元价值观。正如超人类主义者和 Joy 等对提高人类能力的会聚技术的态度截然相反一样，对待高科技，不同的文化甚至同一文化中不同的人也有不同的态度。在我们这个价值多元化的时代，很难找到一个确定的价值原则和一套规范体系，来对高科技做出判断。因此，研究公众对高科技的可接受性及其边界，构建与公众伦理对话的平台，让公众参与高科技发展的讨论，显然是高科技伦理研究不可或缺的内容。

本着这样的原则，丛书将以高科技前沿的会聚技术，即纳米技术、合成生物学技术、信息技术（普适计算）以及神经与认知伦理学等高科技中的伦理问题为研究对象，与科学家一起，从分析和辨识高科技的伦理问题着手，探索高科技伦理问题的症结所在。与以往对伦理问题的研究仅仅限于哲学和伦理学共同体内部不同，丛书将邀请科学家参与，将科学视野与人文视野、自然科学方法与人文科学方法相结合，共同寻找应对高科技不确定性的伦理理论与方法。

同时，我们还将通过实证研究的方法，了解公众对纳米技术等高科技的态度与可接受性。在存在着多元道德信念和伦理理论的条件下，提炼兼容的具体的行为规范。就此而言，高科技伦理的研究也是一个有关高科技的理性认识和凝聚共识的过程。从技术演化的历史来看，采取拒绝甚至像卢德主义者那样用暴力抵抗技术的行动，显然不仅无济于事，而且最终损失和受到伤害的是抵抗者自身。但这绝不等于说技术是完全自主的，我们可以放任技术的发展。重要的是寻找一个具有可行性的伦理框架，有意识地引导和规约高科技的发展方向，同时，发展相应的调节和管理机制，依据实践智慧这一基本原则，在高科技研究的初始和上游，开展同步的研究和讨论。将伦理学研究与政策和法律研

---

① 杜威．确定性的寻求．傅统先译．上海：上海人民出版社，2005：15.

究、定性与定量研究、人文科学方法与社会科学方法相结合，构建应对高科技伦理与社会风险的方法论系统，也是丛书致力的方向。

“一个伦理理论不仅仅要提出一个自身道德权利和义务的合理原则；还应当展示这种原则如何解决道德冲突，包括它的义务之间的冲突”①。即必须满足正当性和实践性的要求。西方传统的规范伦理学在高科技问题面前已经出现了瓶颈，而这对于中国伦理学来说，既是挑战也是机会。中国传统哲学以流动和不确定的世界为理论预设，以“变”为“常”，将世界看做是一个生生不息的过程。在应对不确定性方面，它将原则与权变相结合，以审慎而又灵活的态度对待和处理人与自然的关系。这一思想资源也是我们研究高科技伦理的理论源泉和依据。

在全球化的今天，高科技的伦理问题绝不是基于一国一己的力量所能解决的。国际社会特别是西方发达国家在应对高科技伦理问题中发展出来的规则和方法，也是我们重要的参考资料。在我们的丛书中，我们也将有选择地介绍国外的一些做法。我们共同的家园和共同的未来决定了我们必须采取协调一致的行动，寻找一个基于行动的、开放的、动态的和可修正的伦理框架，在满足人类对多样性空间的需求的同时，也确保人类有一个安全、健康与可持续的未来。

王国豫
2015年5月3日

① Gewirth A. Replies to My Critics. *In*: Regis E Jr.. Gewirth's Ethical Rationalism: Critical Essays with a Reply by Alan Gewirth. Chicago: Chicago University Press: 249. 转引自：Solie P, Duewell M. Evaluating New Technologies: Methodological Problems for the Ethical Assessment of Technology Developments. Springer, 2009: 145.

目录

CONTENTS

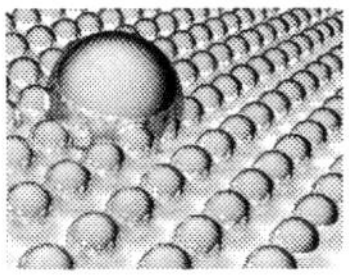

目录

CONTENTS

第1部分

纳米技术的安全问题

1

纳米尺寸与纳米结构在纳米安全性中的作用*

自2003年《自然》(*Nature*)、《科学》(*Science*)发起纳米安全性的讨论以来，纳米材料的生物学效应与安全性研究发展迅速，已经形成一个新的学科——纳米毒理学。美国和欧洲分别创办了“纳米毒理学”专业学术刊物《纳米毒理学》(*Nanotoxicology*)和《颗粒和纤维毒理学》(*Particle & Fibre Toxicology*)，很快就进入了SCI期刊行列，并且影响因子超过了毒理学领域具有60年历史的两大代表性刊物:《美国毒理学会会刊》(*Toxicological Sciences*)和《欧洲毒理学会会刊》(*Toxicology Letters*)。尽管如此，在纳米毒理学领域，目前能够归纳出具有系统性、普遍性的规律性知识还很有限。想要对纳米生物安全性问题做出科学合理、客观公正的评价，还需要开展更深入、更系统的纳米毒理学研究，尤其是体内实验的验证以及纳米毒理学机制相关的研究。

随着公认的研究方法的发展，尤其是分析方法的建立，纳米毒理学由最初研究数据矛盾多和可比性差的状况，逐渐形成成熟的研究领域，成为纳米科学与生命科学和医学交叉产生的一个新的分支学科。纳米毒理学是研究在纳米尺度下物质新出现的纳米特性对生命体系所产生的毒理学效应[1,2]。其目的是以科学的方式描述纳米物质/纳米颗粒在生物环境中的生物学行为以及毒理学效应，不仅是为了揭示物质在纳米尺度下的生物学效应，同时也是低毒性纳米材料的设计及纳米技术安全应用的基础和保障。

与经典毒理学不同之处在于，纳米毒理学主要研究发生在纳米表面与生物界面之间的表-界面相互作用过程[3]，比如，纳米材料表面与生物成分表面(如蛋白质、膜、磷脂、内吞小泡、细胞器、DNA和生物流体等)之间的物理化学相互作用的动态过程，这些过程既包含纳米材料与生物系统中各种生物分

---

* 本节作者为常雪灵、祖艳、赵宇亮，主要内容发表于2011年02期《科学通报》。

子之间，在纳米尺度上发生的动力学和热力学反应，也包含传统的毒理学过程（图 1.1）。纳米颗粒与蛋白质，生物膜、细胞、DNA 和细胞器作用的界面反应，导致纳米颗粒被蛋白质包裹、膜包裹以后，再进入细胞并发生进一步的生物催化反应。这些过程可能导致生物相容性或生物有害性的双重结果。产生完全迥异的双重结果的主要原因，是纳米材料独特的物理化学性质，如小尺寸效应、量子效应和巨大比表面积等，以及生物分子在纳米颗粒表面可能被诱导产生相变、自由能释放、结构改变等界面反应的发生。因此，理解“纳米-生物”系统界面反应与纳米颗粒的尺寸、结构、表面化学等关系，对预测纳米颗粒的结构性质与其生物活性的相关性，设计安全的纳米材料，都非常重要。

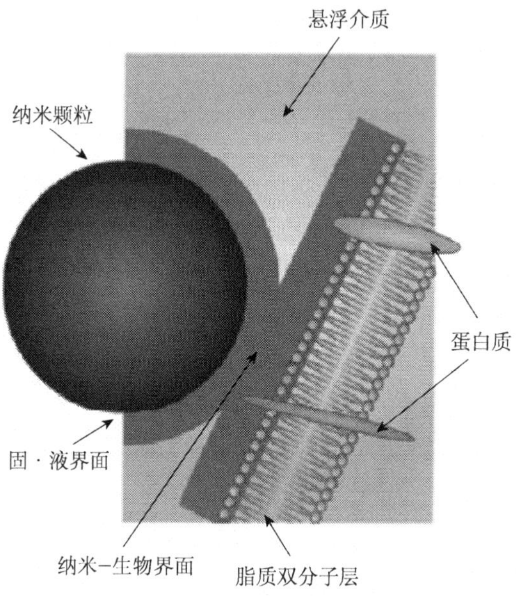

图 1.1 纳米颗粒与脂质双分子层的相互作用界面[3]

1.1 纳米尺寸-效应关系

1.1.1 急性毒性的纳米尺寸-效应

在城市环境和某些工作环境场所中，存在浓度极高的粒径<100nm 的空气传播颗粒物。根据流行病学研究的发现，大气环境中的超细颗粒（纳米颗粒）比微米颗粒对人体健康造成的危害更大。引起心血管系统和呼吸系统疾病死亡的危险性与空气中的细颗粒密切相关，在呼吸相同质量的颗粒物的情况下，尺

寸越小，毒性越大[4]。这是人们为何高度关注并不断讨论纳米材料对呼吸系统和心血管系统的毒性影响的重要原因。聚四氟乙烯（PTFE）作为低摩擦材料和电绝缘体被广泛应用于工业中，因其化学稳定性和耐热性而被认为是无毒或生理、化学惰性的材料。然而，最近发现 PTFE 经过加热产生的烟雾主要由纳米颗粒组成，其毒性大小具有尺寸依赖性[5,6]。2009 年 6 月，北京朝阳医院的医生在《欧洲呼吸病杂志》（*European Respiratory Journal*）上报道了中国工厂操作含纳米颗粒涂料的工人死亡的案例[7]。最近，我们研究发现，实际上引起工人死亡的真正原因与涂料中含有的纳米颗粒关系甚少。致使工人死亡的真正原因，不是涂料中的纳米颗粒而是加热产生的有机溶剂蒸气。然而，该事件已引发了《科学》、《自然》、《自然·纳米技术》（*Nature Nanotechnology*）等期刊及公众媒体对纳米材料安全性问题的高度关注。美国国家职业安全与健康研究院（NIOSH）的测试表明，在实验室规模的碳纳米管（CNTs）生产过程中，空气中单壁碳纳米管（SWCNTs）的峰值浓度约为 $53mg/m^3$，多壁碳纳米管（MWCNTs）约为 $480mg/m^3$，工人每只手套上沉积的 SWCNTs 可达 0.2～6mg[8～10]。这些碳纳米管将成为工作环境中的职业人群吸入纳米颗粒的主要来源。

一部分人造纳米颗粒具有与大气中的纳米颗粒相类似的生物学效应。例如，有报道称纳米颗粒进入血液，与血细胞反应可以形成血栓[11]。不同类型的纳米颗粒对心血管系统和呼吸系统产生的毒性均存在“温和—严重—急性”几个层次。尺寸与比表面积密切相关，且与纳米材料引起肺炎和氧化应激的潜力直接相关，已成为纳米毒理学研究中的重要因素，例如成为决定纳米颗粒在体内沉积部位的关键因素。尺寸小于 50nm 颗粒经吸入暴露，呼吸道沉积率非常高。在沉积纳米颗粒的体内迁移过程中，颗粒尺寸也扮演着重要角色。例如，粒径在 10～50nm 的颗粒易从呼吸道的肺泡区域迁移到肺间隙位置或中枢神经系统等其他组织器官中。在纳米毒理学中，人们已普遍认识到“尺寸-效应”关系的重要作用。对金属纳米颗粒以及其他高反应性的纳米颗粒，尺寸影响毒性的根源可以归因于纳米尺度下的物质表面的原子缺陷引起的纳米表面具有的大量活性位点和超高反应活性。

对于颗粒形状的纳米物质（纳米颗粒），由于其分散程度与表面积密切相关，因此，评价毒理学效应时比表面积（每克样品的表面积）通常是一个很重要的剂量单位，同等质量、同一物质的比表面积随尺寸减小而增大。当颗粒物的尺寸＜100nm 时，其表面分子（或原子）数目占总分子（或原子）的百分比与颗粒尺寸呈负相关。小尺寸颗粒的表面分子（或原子）数目会急剧增加[12,13]。例如，直径 30nm 的颗粒其表面分子约占 10%，直径小到 10nm 约占

20%，而直径小到 3nm 时表面分子增加到 50%。材料的反应活性很大程度上和颗粒表面的分子（或原子）数目直接相关，因此，它成为决定纳米颗粒化学性质和生物效应的关键因素。

纳米颗粒巨大的比表面积与其高反应活性直接相关。因此，在生物体的微环境中，与化学相同组成的微米颗粒相比，纳米颗粒表现出较高的反应活性，成为体内产生生物毒性的潜在诱因。我们研究了工业用途广泛的金属纳米材料，如纳米铜、纳米锌等，利用动物实验对它们的急性毒性进行了系统研究[14~20]，同时用相应的微米材料作为对照，可以明确地解释纳米特性本身所带来的毒理学效应，有利于发现它们到达纳米尺寸以后的毒理学行为的变化规律。小鼠暴露在铜、锌纳米颗粒与相同剂量的微米颗粒后所发生的急性毒理学效应有很大的差别[14~20]，显示出明显的尺寸依赖性：急性毒性随颗粒尺寸的减小而成增大（图 1.2）。铜纳米颗粒进入消化道后，在胃液的酸性环境（pH 约为 2）中，随着颗粒尺寸的减小，超高反应活性的纳米金属颗粒迅速转化成离子状态，产生铜离子过载毒性。与此同时，由于纳米铜的离子化速率比微米铜的大，纳米铜比微米铜消耗体内氢离子的速度快很多[16,19,20]，导致碱中毒。因此，纳米铜的毒性来源有两方面：一方面体内铜离子过载而产生毒性，引起许多功能性蛋白的结构丧失，另一方面，因为消耗生物微环境中大量的氢离子而导致碱中毒。这些因素是铜纳米颗粒产生高毒性的原因，而微米铜没有类似的毒理学反应。

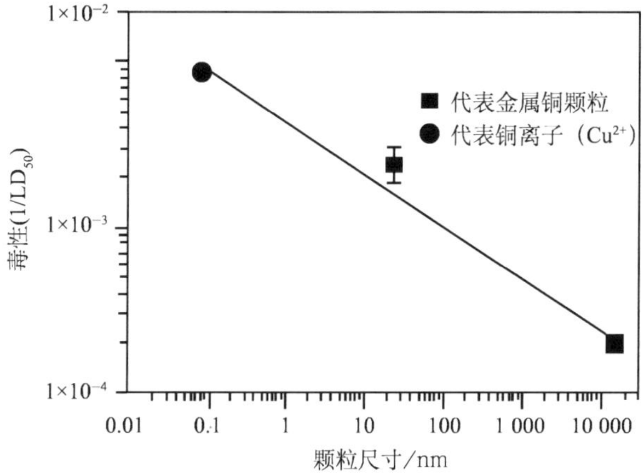

图 1.2 铜颗粒的急性毒性与纳米尺寸的相关性

实验结果显示，铜微米颗粒（17μm）、铜纳米颗粒（23.5nm），以及铜离子（$CuCl_2\cdot 2H_2O$）在小鼠经口暴露的半数致死量（LD_{50}）分别为 413mg/kg 体重、>5000mg/kg 体重、110mg/kg 体重[19]。从暴露小鼠器官（脾、肾）形态学变化的直接观察也得到同样的结果。经微米铜颗粒暴露的小鼠的器官，几乎与对照组相同；而经纳米铜颗粒暴露的小鼠，其脾和肾中表现出明显的变化，如脾萎缩等。惰性微米铜仅在最高剂量5g/kg体重时，引起肠梗阻。对纳米铜颗粒毒性机制的进一步研究发现，在胃液中，活性很高的纳米铜可被迅速转化成离子状态，并快速迁移到肝和肾，进行代谢和排泄。这样，由于纳米铜颗粒快速离子化生成大量的铜离子，引起体内铜离子过载，导致肝、肾组织损伤等病理学变化及组织功能性破坏[19]。同时，高反应活性的纳米铜颗粒又会过度地消耗H^+，形成大量的HCO_3^-贮存体内，致使小鼠发生代谢性碱中毒。尺寸不是传统毒理学考虑的导致毒性效应的因素，因此在经典毒理学的理论框架下，势必需要引入新的概念和参数，同时建立新的知识体系。值得提出的是，这种尺寸-毒性关系只存在金属纳米颗粒中，而对于其他纳米颗粒（如碳纳米管、金属氧化物纳米颗粒和有机纳米颗粒等纳米材料）来说，有时候，这种“尺寸-效应关系”的规律性并不明显，必须根据不同纳米材料的研究结果进行分析。

1.1.2　作用器官选择性的纳米尺寸效应

金属纳米颗粒具有哪些共通的毒理学特性？这是令人非常感兴趣的问题。为此，我们利用前面建立的金属纳米颗粒的毒理学评价流程和方法，研究了58nm金属锌纳米颗粒单次口服的急性毒性[18]。剂量为5g/kg体重，这是经典毒理学判定有毒和无毒的临界剂量。同时以微米（1.0 μm）锌粉做对照实验。研究结果表明，与空白组和微米锌暴露组比较，纳米锌暴露组的小鼠出现了明显的胃肠道反应和体重减轻等症状，实验中纳米锌暴露组有2只小鼠（1只雌鼠和1只雄鼠）死亡。病理解剖表明，小鼠是由于纳米锌颗粒在生物体内容易发生团聚而导致的机械性肠梗阻引起死亡。而微米锌暴露组的小鼠则无此现象。我们对纳米锌暴露小鼠组的肝、肾、心脏进行了组织病理学检查，发现引起肝、肾、心脏损伤，出现肾小球肿胀、肾小管内蛋白管型、肝组织的水肿和坏死，以及心血管细胞的脂肪变性。微米锌暴露组也发现有类似的变化，但是程度轻微。58nm Zn和1μm Zn颗粒暴露小鼠的血常规指标中血小板（PLT）、红细胞体积分布宽度（RDW-CV）、血色素（HGB）和红细胞压积（HCT）水平发生异常变化。这表明无论是58nm Zn或是1μm Zn的摄入均可能导致贫血。不同的是，58nm Zn组的小鼠的PLT和RDW-CV水平异常升高，与此同时HCT和HGB水平却显著降低。这些结果表明，纳米锌的摄入引起的贫血要比微米锌更为严重。血尿素氮（BUN）和肌酐（CR）是目前反映肾功能损害较为灵敏的生物指标，微米锌的暴露导致了小鼠血BUN和CR水平显著升高，而纳米锌暴露组小鼠未观察到这两个指标有显著变化。让人惊讶的是，病理解剖和进一步的组织病理学研究却发现，与微米锌颗粒相比，纳米锌颗粒诱导了更为严重的肾损伤。

有意思的是，当我们进一步对肝损伤情况进行分析时，却发现了相反的趋势：微米尺寸的锌比纳米尺寸的锌颗粒引起了更严重的肝损伤。血清生化分析表明[18,21,22]，微米锌和纳米锌暴露组的小鼠乳酸脱氢酶（LDH）、丙氨酸氨基转移酶（ALT）、碱性磷酸酯酶（ALP）、胆甾醇酯（CHE）、总蛋白量（TP）、白蛋白（ALB）、BUN、CR、α-羟丁酸脱氢酶（HBDH）的血清生化水平都显著升高。口服剂量为5g/kg体重的微米锌和纳米锌颗粒均导致小鼠肝损伤。与纳米铜不同的是，1.0μm组的小鼠这些指标的升高程度较58nm组明显，这意味着微米锌比纳米锌颗粒导致了更严重的肝损伤。这与前面的肾脏损伤，以及对血液系统的损害的趋势正好相反。

分析上述研究结果，小尺寸的纳米锌引起贫血比大尺寸的微米锌更为严重，纳米锌引起肾损伤比微米锌颗粒也更为严重；然而，大尺寸的微米锌引起的肝损伤却比小尺寸的纳米锌更严重。因此，针对不同的靶器官，纳米材料所产生的毒理学效应很难根据其原有的常规（微米）材料进行外推。这些结果也显示出纳米毒理学研究的复杂性，如果选择不同观察对象如靶器官，你可能得到完全相反的结论。这很容易误导对纳米材料或纳米产品的安全性评价。因此，获得尽可能全面的毒理学信息，是准确评价纳米安全性的关键。这与经典毒理学有很大的不同，由于影响因素相对较少，经典毒理学数据的外推性比纳米毒理学更好也更准确。

1.1.3 安全性分类

经典毒理学通过毒性级别来对物质的安全性进行分类。其分类法是否适用纳米材料，一直是大家十分关注的问题。为此，我们研究了工业生产量最大的新材料，金属氧化物纳米材料。我们利用动物实验研究了几类用途最广的金属氧化物纳米材料的毒理学效应以及它们的尺寸效应，如纳米二氧化钛[23,32]、纳米氧化锌[33,36]和纳米氧化铁[37~45]等。Fe_2O_3纳米颗粒的磁性尤其在医学领域具有很好的应用前景。但是作为高氧化-还原性的过渡金属元素的氧化物，Fe_2O_3纳米颗粒的生物安全性问题也备受关注。我们研究了Fe_2O_3纳米颗粒经模拟呼吸（气管灌注）暴露后的肺部毒性和引起凝血的风险，以及其毒理学效应与纳米尺寸、剂量和时间的关系[40,41]。比如，两种尺寸分别为22nm和280nm剂量相同的Fe_2O_3纳米颗粒能够导致肺损伤。与280nm的颗粒相比，22nm纳米Fe_2O_3颗粒可能增加微脉管的渗透性和肺上皮细胞的胞溶作用，显著地改变血凝时间。同时发现，Fe_2O_3颗粒可以沿着嗅觉神经和三叉神经的传感神经元进入中枢神经系统，诱导大脑海马 CA3 区神经元发生空泡变性。不仅如此，22nm 和 280nm Fe_2O_3 纳米颗粒在脑中具有不同的输运模式[37~39,43]。若仅从传统的毒理学知识体系，它们化学组成相同、剂量相同，结果应该是一致的。由此可见，对于纳米材料，在建立安全标准和评价体系时，仅有经典毒理学知识和评价体系是不够的。

TiO_2 纳米颗粒在工业产品、化妆品和医学等领域应用广泛。与前面讨论的化学活性很高的金属纳米颗粒不同，TiO_2 属于化学惰性物质，进入生物机体后，很少与周围环境发生直接的化学反应而诱导毒性反应[23~32]。通过比较研究 25nm、80nm、155nm 三种不同尺寸的 TiO_2 颗粒对成年小鼠的毒性，我们发现 155nm TiO_2 纳米颗粒的急性毒性相对较低。155nm 的 TiO_2 颗粒悬浮液的最大口服剂量高达为 5g/kg 体重，单次口服，两周内小鼠无明显急性毒性。根据全球化学品分类标准（GHS），155nm 的 TiO_2 纳米颗粒，应属于无急性毒性级别[27]。

但是，当尺寸从 155nm 减小到 80nm 或 25nm 时，TiO_2 纳米颗粒引起了一系列毒性反应，①肝脏毒性（引起小鼠鼠肝损伤）：如雌性小鼠肝脏变化系数高，血清生化参数〔丙氨酸转氨酶/天门冬氨酸转氨酶（ALT/AST）、LDH〕和肝脏组织病理学改变（围绕中央静脉的肝水肿和肝细胞坏死）；②肾脏毒性：如 BUN 水平增加和肾脏组织病理学变化等；③心肌受损：血清 LDH 和 HBDH 显著变化。然而，在肺、脾、睾丸、卵巢等器官组织未观察到反常的病理学变化。定量分析 TiO_2 纳米颗粒在小鼠生物组织的分布发现，TiO_2 颗粒经胃肠道摄取后，主要分布在肝、脾、肾和肺组织，但是却没有观测到脾脏毒性和肺毒性。我们推测，一方面即使 80nm 或小到 25nm，TiO_2 纳米颗粒到达脾脏和肺以后也比较容易被代谢掉；另一方面，它们在体内能够被转运或迁移到其他组织或器官[23~27]。

最近有研究报道，TiO_2 颗粒吸入毒性也随尺寸的减小而急剧增加[46]。Churg 等人[47]研究了 120nm 和 21nm TiO_2 纳米颗粒植入大鼠气管的情况。暴露 7 天后，两种尺寸的颗粒都能够从上皮迁移到上皮下深处。120nm 颗粒，位于上皮和上皮下的比率约为 2∶1；21nm 颗粒，该比率约为 1∶1，吸入颗粒的迁移量依赖于尺寸大小[48]。此外，在长期毒性研究中，大鼠分别吸入约 250nm 和 20nm TiO_2 纳米颗粒，即使吸入 20nm 颗粒的质量浓度低于 250nm 颗粒质量浓度的 1/10，也仍诱发相同的肿瘤[49]。

与大尺寸相比，吸入的小尺寸纳米颗粒可以显著增加引起炎症的程度[50,51]。在 TiO_2 纳米颗粒吸入暴露的亚慢性实验中，Oberdörster 等人[52]仔细分析了纳米颗粒的沉积、清除、滞留、迁移和溶解等过程的毒性代谢动力学行为。大鼠分别暴露于 20nm 和 250nm TiO_2 颗粒 3 个月以后，①两种尺寸颗粒在肺部的保留能力具有显著性差异，小尺寸颗粒的清除率明显低于大尺寸的颗粒。小尺寸颗粒迁移到细胞间隙位置和整个淋巴结的速率远高于大尺寸颗粒；②尺寸较大的 TiO_2 纳米颗粒可引起肺效应，包括肺泡Ⅱ型上皮细胞增殖、肺间质纤维化病灶和严重、持续性地肺巨噬细胞损伤。这些结果表明，同一成分纳米颗粒，尺寸会直接影响其体内毒代动力学行为。

我们发现，根据现有的全球化学品分类标准（GHS），无论 20nm 或是 120nm 的 ZnO 纳米材料，均属无急性毒性级别。我们研究了 20nm 和 120nm 的 ZnO 在不同剂量（1g/kg 体重、2g/kg 体重、3g/kg 体重、4g/kg 体重、5g/kg 体重）下的急性口服毒性[33,35]。发现氧化锌纳米颗粒的毒理学行为与氧化钛纳米颗粒不同，甚至出现相反的趋势。然而，定量分析它们的体内生物分布发现，ZnO 纳米颗粒在胰腺、肾、骨骼中有聚集，心肌中锌的含量也有轻微升高。血液学结果显示，低、中剂量的 20nm ZnO 和高剂量的 120nm ZnO 诱导了血液黏度的升高。不仅如此，病理学结果表明，120nm ZnO 暴露导致小鼠胃、肝、心肌和脾脏组织病理损伤呈现正的“剂量-效应关系”，然而，让人惊讶的是，20nm ZnO 暴露小鼠组，肝、脾、胰腺和心肌的损伤均呈现负的“剂量-效应关系”（图 1.3）：剂量越大，损伤越小。化学组成相同，剂量相同的纳米颗粒，当尺寸变小的时候，出现了完全逆转的毒理学行为。这些现象的发现，今后需要很多的研究工作才能深入理解。

1.1.4 呼吸系统毒性的纳米尺寸效应

事实上，呼吸系统毒性表现出更为敏感的纳米尺寸效应。美国毒理学家 Oberdörster 等人[53]对不同尺寸的 PTFE 颗粒的毒性进行了系统研究。他们发现大鼠吸入浓度＜60μg/m^3 的 26nm 的 PTFE 颗粒，大鼠发生急性出血性肺炎，暴露 10～30min 后死亡。这说明其毒性极大，因为 60μg/m^3 的吸入浓度是一个非常低的剂量。PTFE 烟雾颗粒尺寸（约 16nm）越小，其毒性越严重。当大鼠吸入 PTFE 质量浓度低至约 50μg/m^3 仅 15min 时，大鼠出现更加严重的肺水肿、肺出血等现象，具有较高的死亡率，其中肺泡灌洗液参数多形核中性粒细胞（PMNs）和蛋白的量急剧升高（图 1.4）[5]，而新鲜的 PTFE 烟雾产生几分钟后，颗粒自凝形成＞100nm 尺寸的颗粒，此时，便不会引起暴露动物的毒性反应。颗粒毒性的减弱可能归因于初始颗粒（约 16nm）的团聚作用形成了毒性很小的大颗粒（＞100nm）。这显然和颗粒表面的化学活性减弱有关。

在经典毒理学研究中，颗粒尺寸不被认为是决定毒性的一个因素。然而，

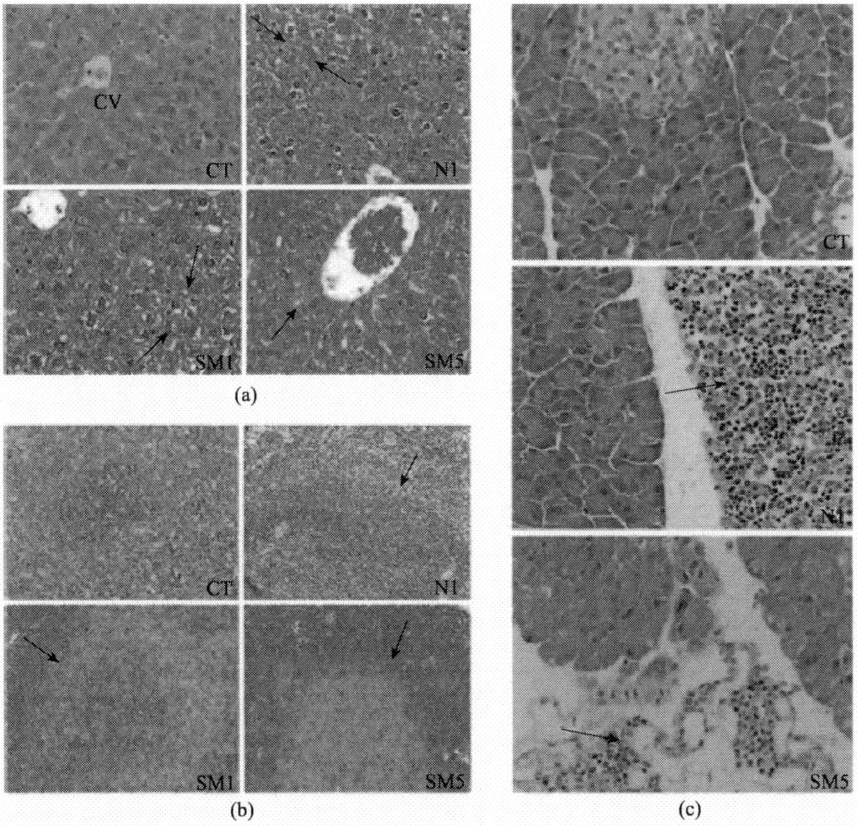

图 1.3　ZnO 纳米颗粒暴露 14 天后，小鼠各器官病理解剖结果

(a) ZnO 纳米颗粒暴露后第 14 天，小鼠肝脏的病理变化。CT：对照组；N1：20nm ZnO 暴露组，剂量 1.0g/kg（箭头指示肝小叶边沿的水肿和变性）；SM1：120nm ZnO 暴露组，剂量 1.0g/kg 体重（箭头指示肝门区域的水肿和变性）；SM5：120nmZnO 暴露组，剂量 5g/kg 体重（箭头指示肝实质细胞中心叶脉区的水肿和变性）。(b) ZnO 纳米颗粒暴露后第 14 天，小鼠脾脏的病理变化。CT：对照组；N1：20nm ZnO 暴露组，剂量 1.0g/kg 体重；SM1：120nm ZnO 暴露组，剂量 1.0g/kg 体重；SM5：120nm ZnO 暴露组，剂量 5g/kg 体重。(c) ZnO 纳米颗粒暴露后第 14 天，小鼠胰腺的病理变化。CT：对照组；N1：20nm ZnO 暴露组，剂量 1.0g/kg 体重（箭头指示 ZnO 纳米颗粒引起胰腺产生的慢性炎症细胞和淋巴细胞）；SM5：120nm ZnO 暴露组，剂量 5g/kg 体重[33]

对于纳米材料来讲，这种概念需要被修正。相关研究已表明，纳米尺寸与体内的毒理学效应直接相关。在某些情况下，颗粒尺寸的变化甚至可完全逆转其毒理学行为。某些纳米材料在一定的尺度有较高的毒性，而在另外的尺度却是惰性和安全的。因此，在实际应用研发之前，人们除了需要建立传统的剂量-效应关系以外，还需要建立纳米尺寸-效应关系，这样可以根据给定纳米物质的安全尺寸，在实际应用中最大限度地保留其理想的功能特性，获得安全的纳米

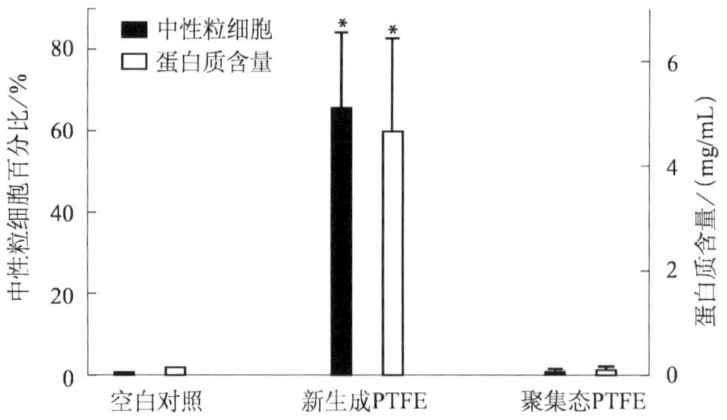

图 1.4 呼吸系统毒性的尺寸效应

F-344 大鼠吸入相同质量（50～70mg/m^3）的新生成（15nm）的和聚集态（110nm）的 PTFE 颗粒 15min，4h 后大鼠的肺灌洗液参数（$n=5$，平均数±SD），* $p<0.05$[5]

产品。

1.2 纳米结构-效应关系

我们以典型的人造纳米材料，碳纳米材料为例来探讨这个问题。碳纳米材料家族主要有单壁碳纳管（SWCNTs）〔图 1.5（a)〕、多壁碳纳米管（MWCNTs）〔图 5（b)〕、富勒烯 C_{60}〔图 5（c)〕和金属富勒烯〔图 5（d)〕。除金属富勒烯外，其他三类都是由碳原子组成的结构不同的碳的同素异形体。SWCNTs 是平均直径 1.4nm，长度从 10nm 到微米范围，由石墨层卷成圆柱状的一维结构[54]。MWCNTs 是由不同直径的 SWCNTs 环形围绕同一中心而组成的，相邻的石墨层间等距的嵌套管状结构[54]。它们被广泛应用于高科技产业和医学诊断、治疗和药物输送。以碳纳米管为例，它的比重只有钢的 1/6，而强度是钢的 100 倍，导电率是铜的 10 000 倍。这些奇异的物理化学性能，也使其生物安全性备受争议和关注。

根据建立在"剂量-效应"关系基础上的经典毒理学理论，如果暴露途径相同，对于相同化学成分的物质，剂量决定毒性。这个规律对纳米材料是否适用？然而，外源性化学物质的毒性与其本身的结构也密切相关，物质结构不可避免地影响其在生物机体的降解、代谢、活性、结合位点（靶向性）以及动力学性质等。对纳米材料而言，结构性质可能是决定其纳米毒性的比较敏感和根本性的因素之一。

为此，我们利用肺巨噬细胞模型首先研究了 SWCNTs、MWCNT10（直径范围是 10～20nm）和富勒烯三种纳米材料对巨噬细胞的毒性，以及对细胞结

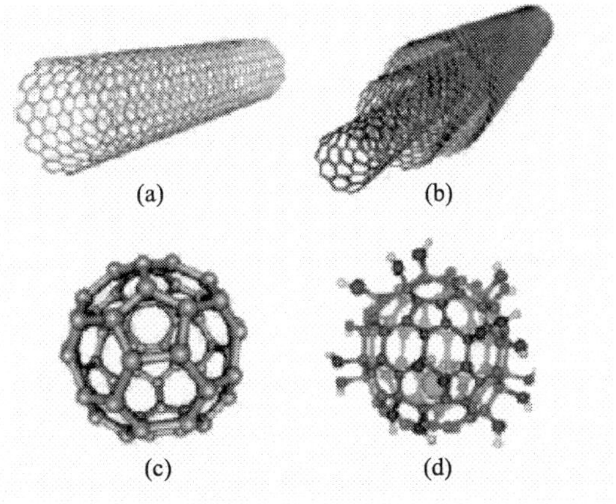

图 1.5　典型的碳纳米材料

(a) 单壁碳纳米管；(b) 多壁碳纳米管；(c) 富勒烯 C_{60}；(d) 金属富勒烯（衍生物）

构与功能的影响（图 1.6）[55]。巨噬细胞的生物学功能主要是吞噬外来异物，保护生命过程不受外来毒物的损害。经过 6h 的相互作用，单壁碳纳米管在很低剂量（0.38μg/cm^2）下，能产生明显的细胞毒性，且毒性程度随剂量的升高急剧上升，具有明显的“剂量-效应”关系；但是同样是由碳原子组成的富勒烯（C_{60}）的剂量从 0.38 上升到高达 226.0μg/cm^2，其细胞毒性变化很小，没有明显的“剂量 A-效应关系”，如图 1.6 所示。进一步研究表明，尽管这三种纳米材料的化学组成相同，在相同的剂量下，它们的细胞毒性却不相同，且有如下毒性顺序：SWCNTs＞MWCNT10＞富勒烯。通过对细胞功能的研究中我们进一步发现，SWCNTs 在很低剂量 0.38μg/cm^2 就会损害肺巨噬细胞的吞噬功能，而 MWCNT10 和富勒烯在 10 倍的剂量下（3.06μg/cm^2）才导致对吞噬功能的损害（如细胞坏死、细胞凋亡和细胞器的变化等)。同时发现，一些吞噬了碳纳米管的肺巨噬细胞会失去吞噬其他异物的能力，动物实验结果也证实，吸入 SWCNTs 的小鼠产生比吸入石英颗粒更为严重的肺毒性，而且在没有引起任何炎症的情况下，发生肺部多灶性肉芽肿[56]。此外，通过模拟计算也发现SWCNTs对生物膜的扰动远远大于 MWCNT10，进一步说明了这种实验现象的起因[56]。

根据经典毒理学理论，化学组成相同的物质，在相同的剂量下，它们产生的毒理学效应应该相近。然而，SWCNTs、MWCNT10 和富勒烯尽管化学组成相同，由于它们的纳米结构不同，在相同的剂量下，它们导致不同的生物活性。因此，除了传统的“剂量-效应”关系之外，纳米毒理学需要考虑新的“纳米结构-效应”关系、“纳米尺寸-效应”关系等。

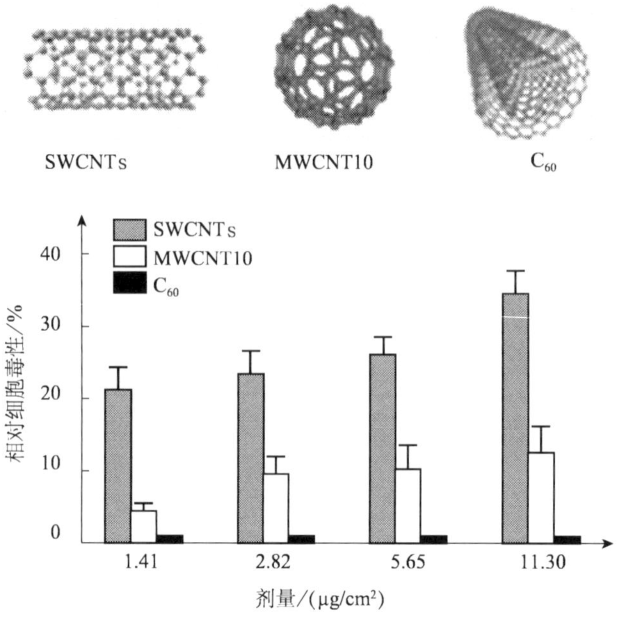

图 1.6 细胞毒性与纳米结构的效应关系

不同剂量下 SWCNTs、MWCNT10（10～20nm）、C_{60}的细胞毒性。碳纳米材料的细胞毒性大小顺序依次为：SWCNTs＞MWCNT10＞C_{60}[55]

1.3 剂量-效应关系与安全剂量

一百多年以来，“剂量-效应”关系一直被称为毒理学的最高法则。无论是经典毒理学，或是纳米毒理学，剂量是决定毒理学效应的一个最为重要的因素。只是在纳米毒理学研究中“剂量”的精确测定比较困难。通常，暴露剂量越高，毒性作用程度或影响个体的百分比将会越大。实际上，如果某些化学试剂致使生物机体损伤，其中毒理学性质具有剂量-效应关系。现有的实验数据也证实，各种纳米材料的毒理学行为，基本上具有剂量依赖关系。我们前面讨论过的铜纳米颗粒的毒性，就直接与暴露剂量相关[19]。图 1.7 为 23.5nm 铜颗粒经口暴露剂量与小鼠死亡率之间的关系，这种“S”形变化趋势，与传统毒理学的规律是类似的。小鼠的病理学变化也说明，主要器官的损伤具有明显地剂量相关性，暴露剂量越高，器官受损程度越严重。

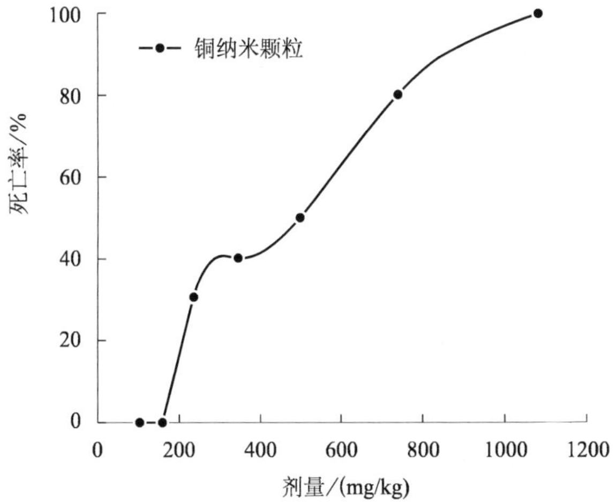

图1.7　不同剂量水平铜纳米颗粒（23.5nm）的
小鼠死亡率的"S"形变化曲线[19]

碳纳米管的毒理学性质也存在剂量-效应关系。碳纳米管经气管灌注后，SWCNTs和MWCNTs均可以诱导剂量依赖性的上皮肉芽肿和间质炎症[57]。在我们的研究中，也发现SWCNTs和MWCNT10（10～20nm）与肺巨噬细胞（AMs）作用产生的细胞毒性，同样具有剂量-效应关系（图1.8）[55]。

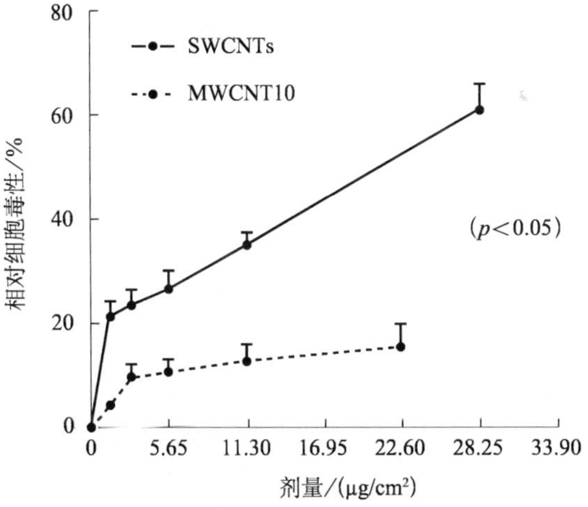

图1.8　不同剂量的SWCNTs和MWCNT10与肺巨噬细胞作用6h后，
产生的细胞毒性与剂量的关系[55]

由于体外暴露或体内转运过程中，纳米颗粒可能聚集成较大尺寸的颗粒，人们观察到的结果可能与真实的效应和动力学行为有偏差。纳米颗粒在吸入暴露中，经常发现有不遵循暴露剂量-效应关系的例子。例如，有研究发现，浓度为 10mg/m³ 的 20nm 的 TiO_2 纳米颗粒可比浓度 250mg/m³ 的 300nm TiO_2 纳米颗粒更严重地诱发肺癌[49]。人们在进行纳米毒理学的研究时，需在传统毒理学的“剂量-效应”中引入新的概念。而且，在建立纳米毒理学研究模型时，人们还需要考虑影响毒性的剂量、尺寸和表面等的协同效应，而单独使用质量浓度的传统剂量方法评估纳米毒理学研究显然不全面。在许多研究中，人们也已观察到颗粒表面积与毒理学效应的相关性。Oberdörster 根据颗粒表面积，修正了传统的剂量-效应的表达方式，以 TiO_2 纳米颗粒表面积为函数变量表示响应曲线（图 1.9）[58]。在纳米毒理学研究中，纳米颗粒的比表面积也可能是一个灵敏的参数。

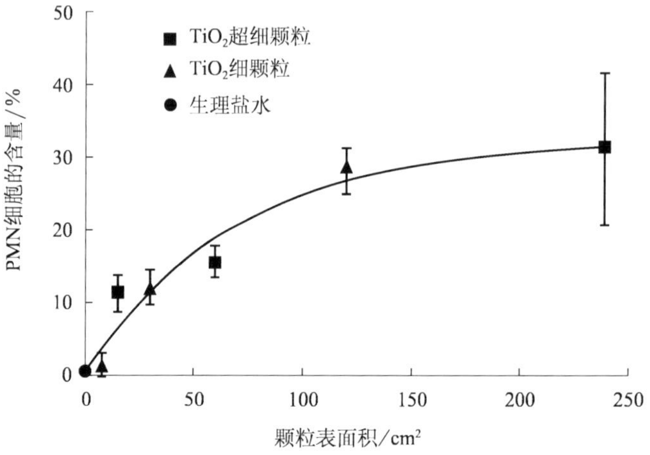

图 1.9 大鼠气管滴注 TiO_2 超细颗粒（20nm）和细颗粒（250nm）24h 后的剂量-效应关系[13]

北京大学刘元方等人[59]研究了牛磺酸修饰的多壁碳纳米管（tau-MWCNTs)的生物学行为，发现它长时间滞留在肝脏内对肝脏发育指数的影响很小，从 2mg/kg 体重到 100mg/kg 体重如此大的剂量范围，在暴露以后长达 60d 的时间里，肝脏发育指标的变化没有显著的统计学差异。分析大鼠血清谷胱甘肽（GSH）水平和超氧化物歧化酶（SOD）活性变化，在高剂量下(60mg/kg 体重和 100mg/kg 体重)，在 15d 和 30d 发生了轻度的肝脏氧化性损伤。到 60d 以后，肝脏氧化性损伤得到了恢复。尽管如此，暴露 15d 以后，检测到 tau-MWCNTs 引起的肝脏细胞凋亡。从各个方面进行分析，对于 tau-MWCNTs 的安全剂量，可以设定在 2mg/kg 体重以下。

我们可通过“剂量-效应”曲线，构建已确定尺寸、表面积或结构的纳米物质的安全剂量。在开发纳米材料的实际使用之前，我们可以对给定参数的纳米材料可能潜在的健康效应进行充分的预测和评估，设计出安全可靠的纳米产品。如果我们的企业在开发产品之前，没有科学的数据进行安全性预测，那么，等到产品生产使用以后，才发现有潜在的安全因素，不仅浪费投资，浪费时间，也会失去在国际竞争中抢占先机的机会，同时也会丧失消费者和市场的信用。这对纳米科技的可持续发展将产生深远的不利影响。

1.4 展 望

尽管过去几年，全世界在纳米毒理学与安全性的研究方面取得了大量的创新性成果，但是，已有的纳米毒理学研究结果，存在3个突出的问题。①发现了一系列复杂的毒理学现象，但是机制不清；②研究在大剂量急性暴露下引起的毒性反应，虽然可用于突发事故的安全性评估，但对纳米材料含量低的纳米产品并不适用；③实验室模拟为主，缺乏实际工作现场直接相联系的研究工作，如果用目前的研究数据建立对生产场所的安全评价，则可能导致失真。目前，纳米安全性评价方法的空白使人们很容易把其他因素引起的综合效应，一概归咎于纳米材料。

纳米毒理学与安全性的研究工作，正在从单纯成分的纳米材料，发展到复杂成分的纳米产品。纳米产品需要公众接受和市场认可，有市场才有社会效益和经济利益。由于欧盟和美国迅速转向支持市场纳米产品的安全性研究，学术界为了适应和满足国家需求，也在进行研究方向和研究内容的调整，从对单纯成分的纳米材料毒理学效应的研究，发展到现在重视复杂成分的纳米产品和工业生产环境中释放的纳米材料的研究。在未来5～10年，主要将围绕纳米安全性这个关键科学问题，对以下方面开展系统深入的研究：①工作场所和消费产品中相关纳米材料的释放，职业暴露以及与呼吸、心血管和胃肠道系统的相互作用；②应用广泛的重要纳米材料的生物效应与安全性的分子作用机制；③研究并建立纳米材料安全性评价方法与评估程序；④研究并建立纳米安全性评估方法，尤其是高通量筛选技术。揭示纳米材料生物效应与安全性的分子机制，建立纳米科技发展的关键环节——工作场所与消费产品中的纳米安全性评价方法，构建评价体系，并为国家提出相应的评估程序。推动纳米科技应用领域的大力发展，满足纳米科技可持续发展的需求。

参考文献

[1] 赵宇亮，柴之芳. 纳米毒理学——纳米材料安全应用基础. 北京：科学出版社，2010：198-224.

[2] Zhao Y L，Nalwa H S. Nanotoxicology——Interactions of Nanomaterials with Biological Systems. California：American Scientific Publishers，2007：265-279.

[3] Nel A E, Madler L, Velegol D, et al. Understanding biophysicochemical interactions at the nano-bio interface. Nature Materials, 2009, 8 (7): 543-557.

[4] Samet J M, Dominici F, Curriero F C, et al. Fine particulate air pollution and mortality in 20 us cities. The New England journal of medicine, 2000, 343 (24): 1742-1749.

[5] Johnston C J, Finkelstein J N, Mercer P, et al. Pulmonary effects induced by ultrafine PTFE particles. Toxicol Appl Pharmacol, 2001, 168: 208-215.

[6] Lee C H, Guo Y L, Tsai P J, et al. Fatal acute pulmonary oedema after inhalation of fumes form polytetrafluoroethylene (ptfe) . Eur Respir J, 1997, 10: 1408-1411.

[7] Song Y, Li X, Du X. Exposure to nanoparticles is related to pleural effusion, pulmonary fibrosis and granuloma. Eur Respir J, 2009, 34: 559-567.

[8] Zhao Y L, Xing G M, Chai Z F. Nanotoxicology: Are carbon nanotubes safe? Nat Nanotechnol, 2008, 3: 191-192.

[9] Poland C A, Duffin R, Kinloch I, et al. Carbon nanotubes introduced into the abdominal cavity of mice show asbestos-like pathogenicity in a pilot study. Nat Nanotechnol, 2008, 3: 423-428.

[10] Kostarelos K. The long and short of carbon nanotube toxicity. Nat Biotechnol, 2008, 26: 774-776.

[11] Raloff J. Nano hazards. Sci News, 2005, 167: 179-179.

[12] Nel A, Xia T, Madler L, et al. Toxic potential of materials at the nanolevel. Science, 2006, 311: 622-627.

[13] Oberdörster G, Oberdörster E, Oberdörster J. Nanotoxicology: An emerging discipline evolving from studies of ultrafine particles. Environ Health Perspect, 2005, 113: 823-839.

[14] Zhang Y, Li B, Chen C Y, et al. Hepatic distribution of iron, copper, zinc and cadmium-containing proteins in normal and iron overload mice. BioMetals, 2009, 22: 251-259.

[15] Liu Y, Gao Y X, Zhang L L, et al. Potential health impact on mice after nasal instillation of nano-sized copper particles and their translocation in mice. J Nanosci Nanotechnol, 2009, 9: 1-9.

[16] Meng H, Chen Z, Xing G M, et al. Ultrahigh reactivity and grave nanotoxicity of copper nanoparticles. J Radioanal Nucl Chem, 2007, 272: 595-598.

[17] Chen Z, Meng H, Yuan H, et al. Identification of target organs of copper nanoparticles with icp-ms technique. J Radioanal Nucl Chem, 2007, 272: 599-603.

[18] Wang B, Feng W Y, Wang T C, et al. Acute toxicity of nano- and micro-scale zinc powder in healthy adult mice. Toxicol Lett, 2006, 161: 115-123.

[19] Chen Z, Meng H, Xing G M, et al. Acute toxicological effects of copper nanoparticles in vivo. Toxicol Lett, 2006, 163: 109-120.

[20] Meng H, Chen Z, Xing G M, et al. Ultrahigh reactivity provokes nanotoxicity: Explanation of oral toxicity of nano-copper particles. Toxicol Lett, 2007, 175: 102-110.

[21] 王天成，汪冰，丰伟悦，等. 纳米锌粉对小鼠血常规和凝血指标的影响. 中国工业医学杂志，2006，19：267-268，274.

[22] 王天成，汪冰，丰伟悦，等. 纳米锌对小鼠血清生化指标的影响. 中国公共卫生，2006，22：934-935.

[23] Wang J X, Chen C Y, Li Y F, et al. Biological effect of intranasally instilled titanium dioxide nanoparticles on female mice. NANO: Brief Reports Rev, 2008, 3: 279-285.

[24] Wang J X, Chen C Y, Liu Y, et al. Potential neurological lesion after nasal instillation of TiO_2 nanoparticles in the anatase and rutile crystal phases. Toxicol Lett, 2008, 183: 72-80.

[25] Wang J X, Chen C Y, Yu H W, et al. Distribution of TiO_2 particles in the olfactory bulb of mice after nasal inhalation using microbeam srxrf mapping techniques. J Radioanal Nucl Chem, 2007, 272: 527-531.

[26] Wang J X, Liu Y, Jiao F, et al. Time-dependent translocation and potential impairment on central nervous system by intranasally instilled TiO_2 nanoparticles. Toxicology, 2008, 254: 82-90.

[27] Wang J X, Zhou G Q, Chen C Y, et al. Acute toxicity and biodistribution of different sized titanium dioxide particles in mice after oral administration. Toxicol Lett, 2007, 168: 176-185.

[28] 王江雪，陈春英，孙瑾，等. 用srxrf研究纳米TiO_2颗粒沿小鼠嗅觉神经系统的迁移. 高能物理与核物理，2005，29（增刊）：76-79.

[29] 王江雪，李炜，刘颖，等. 二氧化钛纳米材料的环境健康和生态毒理效应. 生态毒理学报，2008，3：105-113.

[30] 王江雪，李玉锋，周国强，等. 不同暴露时间TiO_2纳米粒子对雌性小鼠脑单胺类神经递质的影响. 中华预防医学杂志，2007，41：91-95.

[31] 王天成，贾光，王翔，等. 纳米TiO_2和纳米Al_2O_3对小鼠血清乳酸脱氢酶和α-羟丁酸脱氢酶活力的影响. 现代预防医学，2007，34：405-406.

[32] 王天成，王江雪，陈春英，等. 大剂量纳米二氧化钛染毒对小鼠血清生化指标的影响. 工业卫生与职业病，2007，33：129-131.

[33] Wang B, Feng W Y, Wang M, et al. Acute toxicological impact of nano- and submicro-scaled zinc oxide powder on healthy adult mice. J Nanopart Res, 2008, 10: 263-276.

[34] 刘红云，白伟，张智勇，等. 纳米氧化物对斑马鱼胚胎孵化率的影响. 中国环境科学，2009，29：53-57.

[35] 汪冰，荆隆，丰伟悦，等. 同步辐射X射线小角散射法研究纳米ZnO和Fe_2O_3颗粒在分散介质中的尺寸和形态. 核技术，2007，30：576-579.

[36] 王天成，贾光，王翔，等. 纳米铁、纳米氧化锌和纳米氧化镁对小鼠血清乳酸脱氢酶

和 α-羟丁酸脱氢酶活性的影响．实用预防医学，2006，13：1101-1102.

[37] Wang B，Feng W Y，Wang M，et al. Transportation of intranasal instillation of fine Fe_2O_3 particles in brain：Micro-distribution，chemical states，and histopathological observation. Biol Trace Elem Res，2007，118：233-243.

[38] Wang B，Feng W Y，Zhu M T，et al. Neurotoxicity of low-dose repeatedly intranasal instillation of nano- and submicron-sized ferric oxide particles in mice. J Nanopart Res，2009，11：41-53.

[39] Wang B，Wang Y，Feng W Y，et al. Trace metal disturbance in mice brain after intranasal exposure of nano- and submicron-sized Fe_2O_3 particles. Chem Anal（Warsaw，Pol），2008，53：927-942.

[40] Zhu M T，Feng W Y，Wang B，et al. Comparative study of pulmonary responses to nano- and submicron-sized ferric oxide in rats. Toxicology，2008，247：102-111.

[41] Zhu M T，Feng W Y，Wang Y，et al. Particokinetics and extrapulmonary translocation of intratracheally instilled ferric oxide nanoparticles in rats and the potential health risk assessment. Toxicol Sci，2009，107：342-351.

[42] 李绍霞，汪冰，孟强，等．葡聚糖修饰 Fe_3O_4 磁性纳米粒子的同步辐射光电子能谱研究．核技术，2009，32：251-255.

[43] 汪冰，丰伟悦，王萌，等．鼻腔滴入 Fe_2O_3 细颗粒在小鼠嗅球中的微区分布及对其它微量元素的影响．高能物理与核物理，2005，29：71-75.

[44] 王天成，贾光，王翔，等．纳米氧化铁黄材料对小鼠血清生化指标的影响．实用预防医学，2006，13：486-487.

[45] 王云，荆隆，丰伟悦，等．同步辐射 X 射线小角散射法研究纳米铁材料在生物介质中的粒度分布．核技术，2009，32：1-5.

[46] Wang B，Feng W Y，Zhao Y L，et al. Status of study on biological and toxicological effects of nanoscale materials. Sci China Ser B-Chem，2005，48：385-394.

[47] Churg A，Stevens B，Wright J L. Comparison of the uptake of fine and ultrafine TiO_2 in a tracheal explant system. Am J Physiol Lung Cell Mol Physiol，1998，274：81-86.

[48] Lee K P，Trochimowicz H J，Reinhardt C F. Pulmonary response of rats exposed to titanium dioxide（TiO_2）by inhalation for two years. Toxicol Appl Pharmacol，1985，79：179-192.

[49] Heinrich U，Fuhst R，Rittinghausen S，et al. Chronic inhalation exposure of wistar rats and two different strains of mice to diesel engine exhaust，carbon black，and titanium dioxide. Inhalation Toxicol，1995，7：533-556.

[50] Li X，Gilmour P S，Donaldson K，et al. Free radical activity and pro-inflammatory effects of particulate air pollution（PM10）in vivo and in vitro. Brit Med J，1996，51：1216-1222.

[51] Oberdörster G，Gelein R，Johnston C J，et al. Ambient ultrafine particles：Inducers of

acute lung injury? In: Dungworth D L, ed. Relationships Between Respiratory Disease and Exposure to Air Pollution. Washington: ILSI Press, 1998. 216-229.

[52] Oberdörster G, Ferin J, Lehnert B E. Correlation between particle size, in vivo particle persistence, and lung injury. Environ Health Perspect, 1994, 102 (Suppl 5): 173-179.

[53] Oberdörster G, Celein R M, Ferin J, et al. Association of particulate air pollution and acute mortality: Involvement of ultrafine particles? Inhalation Toxicol, 1995, 7: 111-124.

[54] Saito R, Dresselhaus G, Dresselhaus M S. Physical Properties of Carbon Nanotubes. London: Imperial College Press, 1998. 35-89.

[55] Jia G, Wang H F, Yan L, et al. Cytotoxicity of carbon nanomaterials: Single-wall nanotube, multi-wall nanotube, and fullerene. Environ Sci Technol, 2005, 39: 1378-1383.

[56] Liu B, Li X Y, Li B L, et al. Carbon nanotube based artificial water channel protein: Membrane perturbation and water transportation. Nano Lett, 2009, 9: 1386-1394.

[57] Lam C W, James J T, Mccluskey R, et al. Pulmonary toxicity of single-wall carbon nanotubes in mice 7 and 90 days after intratracheal instillation. Toxicol Sci, 2004, 77: 126-134.

[58] Oberdörster G. Pulmonary effects of inhaled ultrafine particles. Int Arch Occup Environ Health, 2000, 74: 1-8.

[59] Deng X Y, Jia G, Wang H F, et al. Translocation and fate of multi-walled carbon nanotubes in vivo. Carbon, 2007, 45: 1419-1424.

2

纳米材料的安全性研究及其评价*

伦理学（ethics）是关于道德的科学，着重探讨道德与经济利益、道德与物质生活、个人利益与整体利益的关系等问题。随着科学技术向宏观方面的发展，出现了人和自然环境、地球、宇宙关系的道德问题，相应地产生了环境伦理学、生态伦理学、宇宙空间伦理学等。而科学技术在微观方面的深入，也面临着一系列道德问题，也会形成相应的伦理学说。对于所有的新技术来说，伦理学考量的都是很重要的问题，纳米材料和纳米技术也不例外。

物质到纳米尺度（1～100nm）后会出现特殊性能，这种既不同于原来组成的原子、分子，也不同于宏观物质的材料即为纳米材料。纳米材料尺寸小，可轻易进入到生物体内，这就为构建药物运输系统或者治疗肿瘤提供了巨大的优势。但是，纳米材料作用于人体会不会引起不良的后果？纳米材料对环境是否有危害？当纳米材料和纳米技术与人类的关系越来越紧密的时候，其引起的伦理学、社会和法律问题也越来越引起人们的注意。随着社会学家对这些问题的理论阐述日益完善，公众对纳米技术的理解也越来越深入[1]。纳米材料和纳米技术的安全性问题是有双重意义的，一方面它是个科学问题，另一方面也是个伦理学问题。本文就纳米安全性研究中存在的一系列伦理学问题即纳米伦理学（nanoethics）问题以及纳米材料和纳米技术安全性研究的发展做一初步的总结与探讨。

2.1 纳米材料本身的安全性

纳米材料的尺寸大小、化学组成、表面结构、溶解性、形状以及聚集状态等均可以影响其生物学效应。同时，纳米材料的暴露途径也是一个重要的影响

---

* 本节作者为刘颖、陈春英，发表于2011年02期《科学通报》。

因素。这些参数会影响其细胞内吞、细胞内的转运和定位、与蛋白的结合、体内的迁移和蓄积，从而可能会引起特定的生物学反应。迄今，许多实验组对多种纳米材料的安全性进行了研究。但是目前得到的实验结果并不相同甚至相互矛盾，纳米材料的安全性还没有明确的结论。而且它们进入到体内后的归宿如何、作用如何，等等问题尚待解决。所以，不能说纳米材料绝对的安全或危险，要得到确切的结论还需要进行大量的后续研究。

Braydich-Stolle 等人[2]利用小鼠精原干细胞作为模型评价纳米材料的毒性，发现与相对应的可溶性盐相比，所有类型的纳米颗粒均表现出显著的毒性，并具有剂量依赖性。银纳米颗粒毒性最强，三氧化钼（MoO_3）毒性最低。Goodman 等人[3]对核心为 2nm 的金纳米颗粒研究发现：带正电荷的金颗粒具有中度毒性，而带负电荷的金颗粒相对无毒；高浓度的金颗粒有毒性，体外肺腺癌上皮细胞的毒性实验[4]表明：多壁碳纳米管、碳纳米纤维和碳纳米颗粒均具有尺寸依赖的细胞毒性，而其表面经过功能化修饰后，细胞毒性增强。

但是也有研究结果显示纳米材料并无明显的毒性。Derfus 等人[5]发现以 CdSe 为核的量子点在某些条件下对原代肝细胞具有急性毒性，其毒性可以通过改变合成参数、紫外暴露和表面包被等方法进行调控。通过适当的表面修饰，量子点的毒性大大降低，甚至变得无毒，可广泛应用于细胞迁移的追踪和各种体外识别。表面包被的量子点会影响人类基因组中很少量的基因，即使量子点浓度达到超过人体常规剂量 1000 倍以上，也仅仅会影响基因组的 0.2%[6]。硅、硅/氧化铁和金纳米颗粒对大肠杆菌的生长和活性没有表现出显著的毒性。尽管体外实验存在一定的局限性，但也可以说明纳米颗粒在某些条件下是相对安全的[7]。

2.2 纳米材料合成及使用过程中涉及的其他物质与纳米材料的共同作用

纳米材料的合成过程中会大量使用到各种有机溶剂（如苯类、醚类、酯类）、表面活性剂、金属和重金属离子（如硒、镉、锌）等物质，合成后的纳米材料中或多或少都会含有一些杂质。考量纳米材料本身安全性的同时，应当全面考虑纳米材料合成过程中所涉及的所有物质的危害。

人工合成的碳纳米管（CNTs）可能会含有大量有毒的金属，包括钴（Co）、铁（Fe）、镍（Ni）和钼（Mo），这些金属经证实对生物体均有毒性。Warheit 等人[8]用气管滴注含 Ni、Co 和无定形碳的单壁碳纳米管（SWCNTs）评价其急性肺毒性，发现 SWCNTs 可以诱导产生短暂性的炎症反应和非剂量依赖性的多发性肉芽肿。Kagan 等人[9]发现 SWCNTs 中含有的过渡金属如 Fe

可能会催化氧化应激。与纯化后的SWCNTs相比，未经纯化的SWCNTs能够更有效地将黄嘌呤氧化酶/黄嘌呤产生的超氧自由基转变为羟基自由基。富铁的SWCNTs会引起细胞内谷胱甘肽（GSH）的显著减少以及巨噬细胞内脂质过氧化物的累积。

2009年5月，首都医科大学附属北京朝阳医院职业病科的宋玉果医生等在《欧洲呼吸病杂志》（*European Respiratory Journal*）上发表文章[10]报道："纳米涂料厂工作数月的七名女性在没有适当保护措施的情况下出现永久性肺损伤，其中两人死亡"，文章发表后在欧洲和美国等国家和地区激起了各界对纳米技术是否影响环境-健康的讨论，引发了纳米材料安全性的广泛关注，《自然》杂志迅速做出相关报道"*Nanoparticle safety in doubt*"[11]。英国爱丁堡大学的呼吸系统毒理学家Donaldson对纳米颗粒是否为致病原因表示怀疑，文章中描述的这些症状更像是化学品暴露的典型特征。Donaldson说："我不怀疑纳米颗粒参与其中，但并不意味着它们是决定性因素。"患者接触的塑料材料更有可能是主要原因。工作空间的狭小和通风设备的缺乏，工人接触塑料材料产生的毒性会比一般情况下大得多。英国阿伯丁大学环境和职业医学教授Anthony Seaton也认为该研究不能确定纳米颗粒是导致病人疾病的主要原因。与其说该文章是对纳米颗粒毒理学的研究，倒不如说是"健康与安全规范彻底失败"的一个例子[11]。

笔者也认为，该文只是采用气相色谱/质谱法（GC/MS）分析了患者接触过的涂料及通风装置上的粉尘颗粒，并没有监测现场暴露尤其是空气中颗粒物的浓度，也未检测颗粒物的粒径大小，对纳米颗粒的性质和成分更是缺乏详细的鉴定。涂料粉尘中纳米颗粒占多大比例，涂料合成过程中其他有毒有害成分含量多少等等这些都是未知数。该文结果显示涂料组成主要为聚丙烯酸酯，包括丁酸、丁酯、N-丁基醚、醋酸、甲苯、二叔丁基过氧化物、正丁醇、醋酸乙烯基酯、异丙醇和二氧化乙烯。根据2007年颁布的《中华人民共和国国家职业卫生标准》规定，甲苯在工作场所空气中的容许浓度为50mg/m^3，丁醇为100mg/m^3，异丙醇为350mg/m^3。聚丙烯酸酯还没有直接的规定，其他类似的聚合物粉尘有聚丙烯粉尘、聚丙烯腈纤维粉尘、聚氯乙烯粉尘、聚乙烯粉尘，在其工作场所空气中的容许浓度分别为5mg/m^3，2mg/m^3，5mg/m^{3}和5mg/m^3。另外，该文通过电子显微镜间接发现患者胸腔积液中存在直径为30nm左右的纳米颗粒，但是作者没有表征其化学组成，无法确定这些纳米级的颗粒物是吸入的颗粒物、电子显微镜制样过程造成的假象（artifact），还是渗出蛋白质的团聚物。缺乏足够的证据可能误导了作者对肺损伤原因的分析。同时，笔者认为更应该充分考虑工作场所中其他化学物质的危害。

2.3 纳米材料暴露的安全性评价

现代人每天都要接触不同种类的纳米材料，不仅包括含有纳米材料的消费品如化妆品、遮光剂、纺织品以及运动用品等，而且会从汽车尾气甚至是做饭的油烟中吸入大量的纳米颗粒。流行病学资料也已经证实，大气颗粒物尤其细颗粒物和超细颗粒物的浓度与短期发病率、死亡率呈正相关。暴露于纳米水平的颗粒物可能会引起严重的公共健康问题，如呼吸系统疾病和心血管系统疾病[12,13]。环境空气粒径在 10μm 以下的可吸入颗粒物（PM10）和粒径小于或等于 2.5μm 的可吸入肺颗粒物（PM2.5）每增加 50$\mu g/m^3$，住院患者分别增加 3%～6%和 25%；PM10 每增加 25$\mu g/m^3$，哮喘患者病情恶化和使用支气管扩张器的百分比增加 8%，咳嗽患者增加 12%[14]。但是，目前对于纳米材料消费品暴露后可能引起的危害没有任何的研究。

目前最有可能接触纳米材料的是生产和研发的工作人员，最常见的暴露途径为呼吸道和皮肤，少数为消化道。最近人工混合碳纳米纤维和树脂颗粒的相关研究证实，工作场所中纳米材料的暴露环节主要包括：①未密闭环境下生产和使用纳米材料；②未使用适当防护措施（如合适的手套）时接触纳米材料；③倾倒、混合或搅拌过程中吸入纳米材料；④维护纳米材料生产设备、清扫纳米材料粉尘收集系统及废弃材料清理过程中接触纳米材料；⑤接触或吸入加工、打磨、穿孔或机械性粉碎过程中产生的纳米颗粒[15]。例如，生产过程中 CNTs 释放到空气中的浓度可达到 0.53$\mu g/m^3$，而工人的每只手套上大概有 0.2～6.0mg SWCNTs 的沉积，可能会在皮肤上引起表皮角蛋白细胞的刺激反应[16]。目前，世界各国均未制定出针对纳米材料特性的职业健康标准，从事其生产和加工的工人几乎是在没有防护的情况下工作，他们几乎无法避免纳米材料的身体接触。

世界各国对二氧化钛（TiO_2）的消耗日益增多，有数据显示至 2007 年，每年 TiO_2的消耗量为 480 万吨。目前流行病学调查研究的均是微米级 TiO_2，即细颗粒物的健康效应，但是这些数据资料对 TiO_2纳米材料的调查研究具有一定的借鉴意义。Boffetta 等人[17,18]对欧洲的 11 个生产微米级 TiO_2的工厂共 15 017名工人（其中男性 4331 人）进行流行病学调查发现，男性因肺癌引起的标准死亡率明显高于女性。随着暴露时间的延长和累积暴露量的增加，工人的肺癌死亡率没有增加，没有证据表明存在暴露-效应关系。同样，Hext 等人[19]对北美洲 4 个 TiO_2生产工厂中的 5713 名工人调查结果表明，一线工人（进行 TiO_2的包装、微粉化和内部循环工作）由肺癌引起的死亡率与未大量暴露在 TiO_2粉尘中工人的肺癌死亡率没有明显差别，即 TiO_2暴露与肺癌发生没有明显的相关性，长期暴露于微米级 TiO_2 粉尘不会提高工人肺癌的发病率。Fryzek 等人[21]随访调查 4 个微米级 TiO_2 生产厂的 4241 名工人（其中男性 3832 人）的死亡率情况。工人在 1960 年 1 月 1 日或以后参加工作，至少工作 6 个月，随访至 2000 年年底。发现各种病因死亡数和 TiO_2 暴露之间没有显著性联系。同一实验小组的研究显示[22]，工厂内平均 TiO_2 浓度从 1976～1980 年的 13.7mg/m^3 降到 1996～2000 年的 3.1mg/m^3，其中高暴露岗位（包装、制粉）平均浓度为 6.2mg/m^3，而干湿处理等低暴露岗位为 0.6～2.0mg/m^3。相比较而言，Boffetta 等人[18]调查工厂内 TiO_2 浓度要低得多，其全年平均 TiO_2 浓度为 0.1～1.0mg/m^3，工人全年累积暴露浓度为 1.98mg/m^3（0.26～6.88mg/m^3）。国际癌症研究委员会通过研究颜料级的纳米 TiO_2 粉体对实验动物肺部功能的影响，证明纳米 TiO_2 是一种致癌级别为 Group 2B 的致癌物质[20]。但是还是没有直接的证据表明纳米 TiO_2 暴露与癌症发生相关。

动物吸入实验表明，纳米材料可以到达肺泡末端，诱发氧化应激、炎症反应和肺纤维化[23]；有一部分纳米材料甚至可以避开巨噬细胞吞噬，进入血液循环系统[24,25]。研究人员给大鼠滴注超细和细颗粒的炭黑和 TiO_2，引起中性粒细胞募集反应、上皮的损伤及细胞毒性。细颗粒和超细颗粒都会显著降低肺泡巨噬细胞的吞噬能力，但只有超细颗粒才能明显地增强肺泡巨噬细胞向趋化因子 C5a 趋向性运动的敏感性。还有研究提示，纳米 TiO_2 暴露后可以进入大脑，产生活性氧导致脑的氧化损伤，引起嗅球和海马神经元超微结构改变，并通过对神经组织特异性损伤，使兴奋性神经递质代谢异常，最终影响大脑的正常生理功能[26,27]。杜邦公司的研究人员将高剂量未经修饰的碳纳米管（CNTs，5mg/kg 体重）注入到大鼠的肺部，大鼠呼吸困难，其中 15%迅速死亡。然而令人惊讶的是，所有存活的大鼠在 24 小时内看起来完全恢复正常。从而提出一个可能的安全性问题：CNTs 可以快速团聚，会导致一些高剂量暴露的大鼠窒息，同时更多的 CNTs 进入肺的深部区域，不能通过咳嗽等方式排出，则可能引起长期的损伤，CNTs 进入小鼠肺泡并形成肉芽瘤[28]。另外，意大利与英国的研究表明，经过修饰的碳纳米管能快速排出体外，生物体半衰期大约为 3h[29]。目前，CNTs 以及其他纳米材料团聚效应引起的机体损伤研究已经成为研究人员密切关注的新方向[28]。

2.4 纳米材料的风险评估

目前，关于纳米材料的安全性并没有统一的意见。由于纳米材料的复杂性检测困难，危害评估系统尚未发展起来，以及已经发表的数据较少从而无法提供科学的指导，所以一直以来对纳米材料的风险评估无法实施。纳米材料潜在的健康风险中涉及的一个重要问题就是消费者的暴露。对于消费品的应用来说，如果纳米材料以最少释放的方式结合在产品中，那么其导致暴露的可能性也就会最小。如果错误使用含纳米材料的产品，或者虽然正确使用但纳米材料仍大量释放，那么就有可能通过皮肤接触、摄取或吸入的方式引起暴露。所以，在风险评估进一步完善起来之前，应当考虑一些减少风险的预防措施，比如对纳米材料的暴露进行控制。可以建议纳米材料的生产厂家将整个产品生产流通过程中所有可能的暴露环节进行归纳，根据可能的暴露方式使用适当的防护措施进行预防，将纳米材料的暴露风险控制到最低。

除了担忧纳米材料对人体潜在的毒性和长期作用以外，人们还担忧工业生产过程中释放的纳米材料可能会引起的环境问题，即所谓的环境伦理学。其中一个已经被提出的问题就是：纳米材料是否能够积累在水或土壤中，以及积累后带来的危害。为了追求经济利益，某些生产者可能在对纳米技术的环境安全评估尚不充分的时候就推行纳米技术的产业化，肆意排放纳米废物，从而污染环境、危及他人利益和健康。对纳米技术的滥用可能从微观层次破坏生态系统，并且这种破坏造成的危害很可能是无法挽回的。

为了避免发生上述担心的问题，人类已经开展大量以控制纳米技术风险为目的的项目和计划。其中一项是由美国国立环境健康科学研究所（US National Institute of Environmental Health Sciences）领导的总计300万美元的研究项目，这一项目将检测纳米材料的吸入暴露可能带来的潜在毒性和致癌效果。加利福尼亚大学洛杉矶分校（UCLA）开发了一种新的测试方法，可以帮助生产厂家监控和测试工程纳米材料的安全性和健康风险[29]，提供工程纳米材料安全与毒性的评估。2007年1月17日，欧洲伦理学组织（European Group of Ethics，EGE）指出，纳米药物在疾病诊断和治疗中具有新的发展潜力①，建议建立验证纳米医药产品和设备安全性的方法；呼吁相关职能部门采取适当的方法对纳米药物的风险及安全性进行评价；建议欧盟建立讨论纳米药物与伦理问题的网站，以方便普通市民了解相关信息及向专家提问；在法律方面，建议将纳米医药产品纳入现有的管理系统并进行监控。2007年6月19日，SCCP通过了一份纳米材料风险评估的初步报告。该报告综述了现阶段评估化妆品中纳米材料风险的方法，推荐了一些常规的评价方法，并明确了数据和方法学中存在的缺陷，以便进一步研发。

---

① 参见：http：//ec. europa. eu/european group ethics/activities/ index _ en. htm.

2.5 纳米材料和纳米技术的有力监管

公众对纳米材料和纳米技术还缺乏了解，如何对公众和消费者明确阐述如何正确、安全地使用纳米技术，不仅仅是科学家的责任，也是哲学和人文社会科学家的责任。纳米技术的研究机构和众多的纳米技术公司不能再保持沉默，而应当采取有效的沟通策略来发布他们的安全性研究结果，向公众解释纳米技术可能带来的好处及纳米技术的安全性。一项关于公众如何看待纳米技术的调查报告指出，如果能带来足够的收益，即使可能存在健康和安全风险，美国的消费者也希望使用这样的纳米技术产品[30]。笔者相信中国的消费者也会持有相同的观点。事实上，可能带来的收益越大，人们对于纳米技术风险的接受程度也会越高。

近年来，有关工业不规范生产造成环境污染引发的环境卫生问题屡见报道，但还未出现纳米材料及其相关技术引发的问题。原因可能在于现在市场上虽然有许多的纳米产品〔根据经济合作与发展组织（OECD）2008 年的统计数据表明，中国目前在纳米产品市场上排第 5 位〕，但是产品并没有标注是不是使用了纳米技术或者使用的是什么纳米材料；而且，当前国内外均没有明确的纳米材料容许浓度标准，所以给纳米产品的监管带来一定的难度。国际辐射防护委员会（ICRP）根据颗粒物沉积与清除模型以及贝叶斯模型等推出人体一生职业暴露的剂量-效应阈：细颗粒物为 0.8～5.8mg/m^3，超细颗粒物为 0.09～0.66mg/m^3。美国国家职业安全与卫生研究所（NIOSH）根据实验动物数据也进行了评价，得出细及超细颗粒物的推荐接触限值（RELs）分别为 1.5mg/m^3 和 0.1mg/m^3。我国总尘标准（10mg/m^3）已经明确 TiO_2（总尘）8h 接触容许限值为 8mg/m^3，但纳米 TiO_2 的性质和颗粒大小明显不同，无法沿用现在的标准。美国为了培养纳米健康效应的专家和专业技术人员，NIOSH 启动了长期的研究项目，致力于制定与工作场所纳米材料暴露限量标准有关的毒理学、方法学和检测技术的系统研究。

2.6 结语与展望

纳米颗粒的相关理化性质和参数相当复杂而且容易改变，缺乏系统的知识体系就很容易引起片面的认识。笔者认为，现有纳米毒理学的知识体系不完善、缺乏系统性，是导致对纳米生物安全性问题做出过激和失真评价的主要原因。

目前，国际上一些重要的研究机构和组织正在加大力度研究纳米材料的安全阈值。早在2005年，欧盟和美国就组织了名为“负责任地从事纳米科学与技术的研究和开发”的政府间会议；紧接着，2006年，联合国环境署（UNEP）成立纳米技术与环境健康专家组；另外，世界卫生组织（WHO）也准备成立纳米安全工作组。2010年1月，英国上议院提交了一份“关于加强对纳米食品安全性研究和敦促相关立法”的报告，要求政府加强安全性研究，尽快完善相关立法。2009年，国际风险管理理事会（IRGC）也发表了“应用纳米技术的食品和化妆品的风险管理”的报告。IRGC组织专家们调研和分析了含有纳米颗粒的食品和化妆品的现状，发现其安全管理远远落后于产品开发和市场推广，现状令人担忧。2009年11月27日，欧盟议会最新通过的化妆品法规规定：自2012年开始，为了确保投放欧盟市场化妆品的安全，凡是应用了纳米技术的化妆品，在获准销售前必须接受更为严格的安全测试。该条例要求所有的纳米材料成分必须“在成分列表中明确指出”，以及上述成分的名称“纳米”必须用括弧重点指出。

我国科技工作者在2001年11月就提出了“关于纳米尺度物质生物毒性研究报告”，随后成立了“中国科学院纳米生物效应与安全性重点实验室”，目前已发表了一系列纳米生物效应的研究成果[32~34]，出版了纳米毒理学领域的世界第一本专著*Nanotoxicology*，获得国际同行的高度关注。2010年，我国学者出版了《纳米安全性丛书》[35]10本，是世界上第一套纳米安全性的系统书籍，按纳米材料种类分类撰写，汇编了国内外对TiO_2、富勒烯、碳纳米管、纳米Ag、氧化铁等纳米材料的毒理学与安全评价研究中最新的研究结果与数据。

总之，面对纳米技术所引发的各种社会和法律问题，人类应该遵守必要的道德规则并尽到自己的道德责任，使纳米技术的发展既有益于人类的发展又能促进生态的平衡。要加大纳米材料环境-健康-安全的基础研究和流行病学调查，从而为纳米颗粒危险度评价提供准确的暴露水平及指导原则，为纳米材料生产和使用等职业场所环境卫生标准的建立提供必要的理论基础。通过科技伦理学对纳米技术的调控，实现纳米科技的理性使用，使之朝着服务全人类、造福全人类的方向良性发展。

参考文献

[1] Currall S C. Nanotechnology and society. New insights into public perceptions. Nat Nanotechnol, 2009, 4: 79-80.

[2] Braydich-Stolle L, Hussain S, Schlager J J, et al. In vitro cytotoxicity of nanoparticles in mammalian germline stem cells. Toxicol Sci, 2005, 88: 412-419.

[3] Goodman C M, McCusker C D, Yilmaz T, et al. Toxicity of gold nanoparticles functionalized

with cationic and anionic side chains. Bioconjug Chem, 2004, 15: 897-900.

[4] Magrez A, Kasas S, Salicio V, et al. Cellular toxicity of carbon-based nanomaterials. Nano Lett, 2006, 6: 1121-1125.

[5] Derfus A M, Chen A A, Min D H, et al. Targeted quantum dot conjugates for siRNA delivery. Bioconjug Chem, 2007, 18: 1391-1396.

[6] Zhang C Y, Johnson L W. Homogenous rapid detection of nucleic acids using two-color quantum dots. Analyst, 2006, 131: 484-488.

[7] Williams D N, Ehrman S H, Holoman T R P. Evaluation of the microbial growth response to inorganic nanoparticles. J Nanobiotech, 2006, 4: 3.

[8] Warheit D B, Laurence B R, Reed K L, et al. Comparative pulmonary toxicity assessment of single-wall carbon nanotubes in rats. Toxicol Sci, 2004, 77: 9.

[9] Kagan V E, Tyurina Y Y, Tyurin V A, et al. Direct and indirect effects of single walled carbon nanotubes on RAW 264. 7 macrophages: role of iron. Toxicol Lett, 2006, 165: 88-100.

[10] Song Y, Li X, Du X. Exposure to nanoparticles is related to pleural effusion, pulmonary fibrosis and granuloma. Eur Respir J, 2009, 34: 559-567.

[11] Gilbert N. Nanoparticle safety in doubt. Nature, 2009, 460: 937.

[12] Borm P J, Kreyling W. Toxicological hazards of inhaled nanoparticles-potential implications for drug delivery. J Nanosci Nanotechnol, 2004, 4: 521-531.

[13] BeruBe K, Balharry D, Sexton K, et al. Combustion-derived nanoparticles: Mechanisms of pulmonary toxicity. Clin Exp Pharmacol Physiol, 2007, 34: 1044-1050.

[14] Miller K A, Siscovick D S, Sheppard L, et al. Long-term exposure to air pollution and incidence of cardiovascular events in women. N Engl J Med, 2007, 356: 447-458.

[15] Methner M M, Birch M E, Evans D E, et al. Identification and characterization of potential sources of worker exposure to carbon nanofibers during polymer composite laboratory operations. J Occup Environ Hyg, 2007, 4: 125-130.

[16] Monteiro-Riviere N A, Inman A O, Wang Y Y, et al. Surfactant effects on carbon nanotube interactions with human keratinocytes. Nanomedicine, 2005, 1: 293-299.

[17] Boffetta P, Gaborieau V, Nadon L, et al. Exposure to titanium dioxide and risk of lung cancer in a population-based study from Montreal. Scand J Work Environ Health, 2001, 27: 227-232.

[18] Boffetta P, Soutar A, Cherrie J W, et al. Mortality among workers employed in the titanium dioxide production industry in Europe. Cancer Causes Control, 2004, 15: 697-706.

[19] Hext P M, Tomenson J A, Thompson P. Titanium dioxide: inhalation toxicology and epidemiology. Ann Occup Hyg, 2005, 49: 461-472.

[20] Baan R, Straif K, Grosse Y, et al. Carcinogenicity of carbon black, titanium dioxide, and talc. Lancet Oncol, 2006, 7: 295-296.

[21] Fryzek J P, Chadda B, Marano D, et al. A cohort mortality study among titanium dioxide manufacturing workers in the United States. J Occup Environ Med, 2003, 45: 400-409.

[22] Fryzek J P, Poulsen A H, Johnsen S P, et al. A cohort study of antihypertensive treatments and risk of renal cell cancer. Br J Cancer, 2005, 92: 1302-1306.

[23] Rejman J, Oberle V, Zuhorn I S, et al. Size-dependent internalization of particles via the pathways of clathrin and caveolae-mediated endocytosis. Biochem J, 2004, 377: 159-169.

[24] Geiser M, Rothen-Rutishauser B, Kapp N, et al. Ultrafine particles cross cellular membranes by nonphagocytic mechanisms in lungs and in cultured cells. Environ Health Perspect, 2005, 113: 1555-1560.

[25] Renwick L C, Brown D, Clouter A, et al. Increased inflammation and altered macrophage chemotactic responses caused by two ultrafine particle types. Occup Environ Med, 2004, 61: 442-447.

[26] Wang J X, Chen C Y, Liu Y, et al. Potential neurological lesion after nasal instillation of TiO_2 nanoparticles in the anatase and rutile crystal phases. Toxicol Lett, 2008, 183: 72-80.

[27] Wang J X, Liu Y, Jiao F, et al. Time-dependent translocation and potential impairment on central nervous system by intranasally instilled TiO_2 nanoparticles. Toxicology, 2008, 254: 82-90.

[28] Warheit D B, Laurence B R, Reed K L, et al. Comparative pulmonary toxicity assessment of single-wall carbon nanotubes in rats. Toxicol Sci, 2004, 77: 117-125.

[29] Singh R, Pantarotto D, Lacerda L, et al. Tissue biodistribution and blood clearance rates of intravenously administered carbon nanotube radiotracers. Proc Natl Acad Sci USA, 2006, 103: 3357-3362.

[30] Nel A, Xia T, Madler L, et al. Toxic potential of materials at the nanolevel. Science, 2006, 311: 622-627.

[31] Currall S C, King E B, Lane N, et al. What drives public acceptance of nanotechnology? Nat Nanotechnol, 2006, 1: 153-155.

[32] 李炜，赵峰，陈春英，等．碳纳米材料的细胞生物效应．化学进展，2009，21：430-435.

[33] 周国强，陈春英，李玉锋，等．纳米材料生物效应研究进展．生物化学与生物物理进展，2008，35：998-1006.

[34] Zhao Y L, Xing G M, Chai Z F. Nanotoxicology: Are carbon nanotubes safe? Nat Nanotechnol, 2008, 3, 191-192.

[35] 赵宇亮．纳米安全性丛书．北京：科学出版社，2010.

3

纳米材料生物效应研究和安全性评价前沿*

3.1 概 述

2003年，碳纳米管引起呼吸毒性的工作发表，引起了学界的关注。很快，美国《科学》杂志发表评述，提醒在纳米科技快速发展的同时，要关注安全性问题，避免类似石棉的错误再次上演。之后《科学》、《自然》、《毒理科学》等国际权威期刊相继发表文章，讨论纳米材料的生物效应问题。学界、政府和公众关注纳米材料对人体健康、环境和社会安全的潜在负面影响，标志着纳米安全性研究的兴起。目前，纳米生物效应和安全性研究逐渐走向成熟，从最初研究体系简单、数据经常出现矛盾、无可比性发展到可以归纳出部分具有系统性、普遍性的知识框架。同时，纳米生物效应研究也逐步从简单的利用传统毒理学的实验方法和技术对新出现的纳米材料进行研究，发展成一个前沿交叉学科领域——纳米毒理学，即毒理、生物、医学、物理、化学、材料等多学科的交叉融合。

在纳米生物效应和安全性研究领域，中国科技工作者一直处于国际领先地位。中国科学院的赵宇亮研究员早在2001年就提出了“关于纳米尺度物质生物毒性研究”的报告，随后成立了第一个这方面的实验室“中国科学院纳米生物效应与安全性重点实验室”。在国家自然科学基金的资助下，中国科学院高能物理研究所和北京大学等单位的研究人员，开始了对相关领域的探索，之后得到了科技部“973”计划项目等的大力支持。在不到10年的时间里，中国研究人员不断努力创新，取得了一系列纳米生物效应与安全性的研究成果，研究

---

* 本节作者为刘元方、陈欣欣、王海芳，发表于2011年04期《自然杂志》。

工作处于国际领先地位。同时，赵宇亮研究员出版了国际上纳米毒理学领域第一本专著——*Nanotoxicology*，并编写了《纳米安全性丛书》，综述纳米生物效应与安全性研究的成果，为纳米材料的安全使用和开发提供了支持。

纳米技术健康、持续的发展有赖于我们对纳米材料安全性的了解。不仅科学界关心这个问题，政府和公众也对此极为关注。由于相关信息缺乏，欧洲多次爆发反对纳米技术的示威游行，许多国际组织呼吁在未明确安全性的情况下，禁止使用纳米材料。纳米材料生物效应和安全性研究的迫切性与重要性不言而喻。随着相关研究的飞速进展，新发展不断涌现：针对高剂量急性毒性实验不能反映人体实际暴露水平的问题，低剂量慢性毒性实验正在开展；纳米产品大量涌现促使纳米产品检测表征技术不断提高，纳米产品的安全性研究得到重视；工作场所中纳米颗粒监测技术发展为纳米材料职业性暴露的健康效应研究提供了基本的技术支持；环境剂量下纳米材料对生态系统影响的研究逐步开展；纳米材料生物效应的分子机制研究更加深入，决定纳米材料生物效应的因素正在被阐明。此外，纳米材料的标准化，纳米技术的风险评估与管理以及纳米伦理问题也受到关注。可以说，为了纳米技术的可持续发展，纳米安全性研究将必须回答更多和更复杂的问题。

3.2　纳米材料安全性评估的重要性

3.2.1　增长迅速的纳米产品

纳米技术飞速发展，导致纳米材料大量生产并广泛应用，许多含纳米材料的产品走上了货架，公众接触纳米材料的机会大大增加。根据美国 Project on Emerging Nanotechnologies 网站统计，截至 2010 年底，全球有明确标注的纳米产品已达 1317 种（图 3.1），包括个人护理用品 267 种，化妆品和防晒霜 176 种，食品和饮料 105 种，而在 2006 年，纳米产品总数仅为 356 种。这些产品的主要产地是美国、欧洲、中国和部分东亚国家，涉及的纳米材料包括纳米银（313 种）、纳米碳材料（91 种）、纳米二氧化钛（59 种）、纳米二氧化硅（42 种）、纳米氧化锌（31 种）等。欧洲消费者组织（BEUC）统计显示，2009 年欧洲市场上的纳米产品有 151 种，到 2010 年增至 475 种。

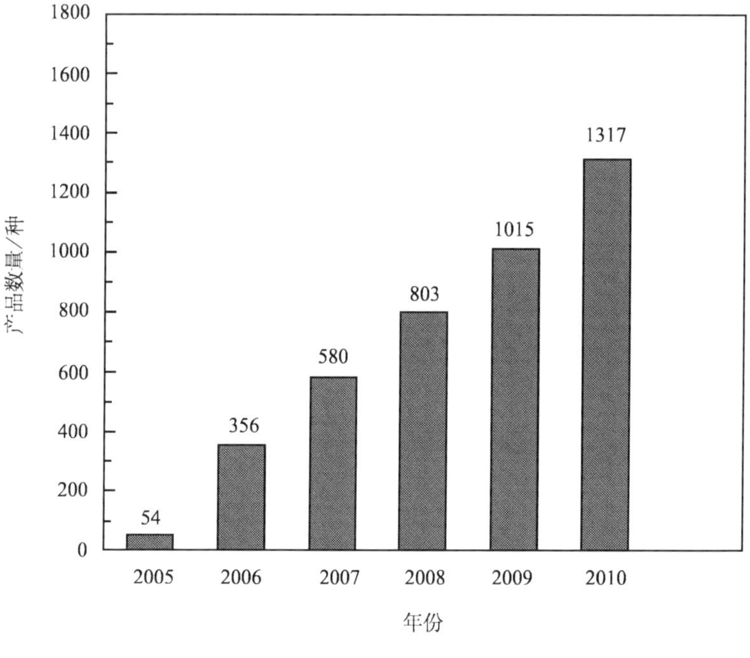

图 3.1 迅速增长的纳米产品

图片来源：上图来源于参考文献［1］；下图来源于 http：//www. nano-techproject. org/ inventories/consumer/analysis _ draft/

日益增长的产品数量表明纳米技术势必吸引更多生产厂家。目前全球财富500强的多数企业在纳米技术领域都很活跃，期望利用纳米技术开发性价比更高的产品。纳米技术咨询公司 Cientifica 发布的报告称，纳米技术在食品行业的产值到2012年将达到58亿美元，全球有400多家公司开展相关的研发和生产。汤森路透公司知识产权解决方案事业部发布的全球专利活动分析报告显示，美容行业巨头欧莱雅和太平洋公司乃至专业化学公司巴斯夫（BASF）都在美容和个人护理用品上进行纳米技术的创新。BCC Research 的最新调查报告称 2015 年纳米生物技术的市场规模将达到 297 亿美元。商业化的纳米生物技术包括药物传输、疾病诊断、杀菌剂等。

庞大的纳米产品市场使得安全问题越来越受到政府和公众的关注，成为纳米生物效应研究的新导向。2009 年《自然·纳米技术》发表题为“公众能否吞下纳米食品?”的评述文章，提请大家关注纳米食品的安全及相关问题[2]。

3.2.2 多方位的暴露

商业化的纳米产品背后是针对纳米技术的广泛研究与纳米材料的大量生产，这些过程无一例外都是人为的。在实验室、生产与加工场所、产品使用过程、含纳米材料废物的回收和处置场所，研究者、生产人员常常暴露于各种纳米材料，公众暴露在各种各样的纳米产品之下。纳米材料进入人体的途径包括呼吸系统、消化道、皮肤以及非口服方式等[3]。

研究表明，呼吸进入人体的颗粒，根据尺寸不同，沉积在呼吸系统的不同位置。纳米尺寸的颗粒多沉积在支气管和肺泡，危险性更大（图 3.2）。因此，纳米材料工作场所的呼吸暴露是目前最受关注的。工作场所包括实验室、工厂、回收和处理纳米材料的操作场所。在这些工作场所，某些情况下空气中纳米颗粒的浓度比通常空气高出许多，达几百 $\mu g/m^3$。即使空气中纳米颗粒的暴露浓度较低，换算成颗粒物数量浓度依旧很高，因此存在潜在危害。例如，对 20nm 的颗粒来说，$10\mu g/m^3$的浓度相当于每立方米含有 10^{12}个颗粒[4]。吸入的纳米颗粒通过扩散运动，主要在气管支气管和肺泡区沉积。在肺泡区被转运至血液和淋巴系统，进而到达靶器官，如骨髓、淋巴结、肝脏、脾脏、肾脏和心脏，从而对机体造成伤害。

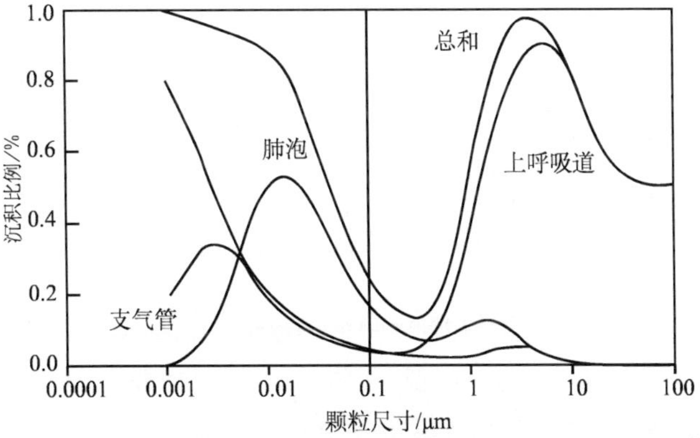

图 3.2 吸入的纳米颗粒物在人呼吸道的不同部位的沉积比例[4]

食品、饮料以及口服药物中的纳米颗粒接触人体的主要方式是经口暴露。纳米颗粒进入体内后，可能对胃肠道系统造成损伤，也可能被胃肠细胞摄入，转移到肠系膜淋巴结，再到全身的器官。研究表明纳米颗粒的胃肠道吸收与其大小、颗粒化学成分、表面性质等相关。例如，聚苯乙烯颗粒的大鼠经口实验发现粒径为 50nm 的颗粒有 34%被吸收，粒径大于 50nm 的颗粒未被胃肠道吸收[5]。

化妆品中的纳米颗粒以及工作场所空气中的纳米颗粒则可能通过皮肤接触进入机体。目前的研究成果显示，完整的表皮能够阻止纳米颗粒的渗透，但在皮肤弯曲和破损部分，纳米颗粒经皮肤迁移的可能性大大增加。如果纳米颗粒进入真皮，会被淋巴吸收，也可能被巨噬细胞所摄取，产生后续反应[4]。纳米药物虽然未大规模使用，但也有了商业化的产品，它们可能通过静脉注射等方式进入人体，其潜在的影响也需要关注。

3.2.3 健康影响

目前的研究结果表明，在一定条件下纳米材料对人体健康存在负面影响。例如一些流行病学研究发现，大气中的纳米颗粒物与呼吸系统和心血管系统的损伤之间存在关联，纳米颗粒物增加导致敏感人群的发病率和死亡率增加[6]。不同种类的啮齿类动物模型通过吸入/气管滴注的方式接触纳米颗粒后，其呼吸系统受到损伤[7]。纳米颗粒的经口毒性也有报道。例如单次经口摄入纳米锌颗粒后，小鼠出现了明显的胃肠道反应和体重减轻等症状[8]；TiO_2 纳米颗粒经口进入小鼠后引起肝脏、肾脏毒性，以及心肌受损[9]。采用大量细胞模型进行的纳米材料的体外毒性研究显示一定情况下纳米材料具有细胞毒性[10]，炎症和氧化应激相关的反应是最常见的响应。

纳米材料的负面效应并不能说明纳米材料是非常危险的，因为目前出现负面效应的实验所用的纳米材料剂量比较高，高剂量的急性实验最多只能反映突发情况下的暴露水平；从动物实验结果向人群外推时，影响因素复杂，难以确定；体外实验中所用的低剂量水平实际上对于人体也是较高的剂量。纳米材料的负面影响结果说明存在潜在的危害，然而现在还不能确定哪些纳米材料是有危险的，在什么条件下有危险。对纳米安全性深入了解，不仅可以让我们合理使用纳米材料，也避免公众对纳米技术的误解和反对。

3.3 纳米生物效应和安全性研究的新发展

在纳米材料生物效应研究初期，更多的研究是单纯纳米材料所引起的生物效应。近几年来，随着纳米产品的迅速增长，纳米生物效应研究和安全评估的发展，纳米安全性研究开始关注实际情况下人群暴露于纳米材料的方式和剂量，复杂体系中纳米材料的生物效应以及产品中的纳米材料的归宿等问题。同时，分析检测技术的进步与生物效应研究的深入也使得纳米材料毒性机制的研究不断取得突破。

3.3.1　低剂量、长期毒性研究

和其他物质一样，传统毒理学为纳米材料的潜在毒性研究提供了实验方法和技术。最基础的就是，以相应的常规材料作为对照，测定纳米材料的急性毒性，以确定尺寸特性所带来的特殊的生物学效应。纳米金属、金属氧化物和碳纳米材料的急性毒性数据已经比较丰富。然而仅仅研究大剂量急性暴露下引起的毒性反应，无法对纳米材料进行合理的安全评估。这是由于产品中纳米材料的含量较低，人群往往是长期低剂量地接触纳米材料。工作场所职业人群的健康风险评价也需要更全面的毒理学数据。

最近几年，纳米材料在低剂量下的长期毒性研究结果逐渐开展。模拟工作环境中暴露情况，大鼠持续 13 周，每周 30h 暴露于含 18nm 银（Ag）颗粒的空气，结果显示纳米银未观测到有害作用剂量（NOAEL）为 $100\mu g/m^3$[11]。同样的暴露条件下，多壁碳纳米管浓度大于 $0.5mg/m^3$ 的空气会造成大鼠肺部组织增重、多发性肉芽肿性炎症、弥漫性组织细胞和中性粒细胞炎症[12]。纳米二氧化钛因生产规模大，对其长期呼吸毒性研究也较多，发现不同实验动物对吸入纳米二氧化钛颗粒的反应不尽相同[7]。

经口摄入的相关研究也开始有报道。纳米银广泛用于抗菌包装材料，其经口长期毒性值得关注。大鼠的 90 天经口摄入 56nm 银颗粒的毒性实验表明其未观察到有害作用剂量（NOAEL）和最低观察到有害作用剂量（LOAEL）分别为 30mg/kg 体重和 125mg/kg 体重[13]。此外，纳米二氧化钛的皮肤毒性[14]、腹腔注射下纳米四氧化三铁[15]的长期毒性实验也都有所报道。通过长期毒性实验得到的未观察到有害作用剂量为制定纳米产品标准和规范提供有力的指导。今后，对纳米材料在低剂量下的长期毒性研究还必须继续下去。

3.3.2　纳米产品

纳米产品唯有被公众接受才有市场，因此欧洲和美国都提出了“没有安全数据，就没有市场”（No Data，No Market）的方针，开展了针对纳米产品的人体健康和环境影响的研究。

由于纳米材料的特殊性质，即使研究单纯纳米材料的生物效应，研究人员也必须考虑其尺寸/形状、化学组成、表面结构、聚集状态等多种因素的影响。从单纯纳米材料到成分复杂的产品中的纳米材料，生物效应的研究更加复杂，产品中纳米材料的人群暴露和纳米产品整体安全性的评价都是很有挑战性的问题。

纳米产品中纳米颗粒的准确的分析检测是进行纳米产品安全评估的基础。

检测产品中纳米材料的形貌、尺寸及含量目前主要依赖于电子显微技术，如透射和扫描电子显微镜，原子力显微镜等。例如 Vermogen 等人利用透射电子显微镜观察了聚丙烯-蒙脱土复合薄膜的结构和蒙脱土纳米颗粒的形貌[16]。Gatti 等人利用环境扫描电镜检测了市场上的 86 种面包和饼干[17]，发现 40%样品中含有微量的纳米尺寸的铅、钨、铬污染（图 3.3）。纳米产品种类繁多，设计理念和制造方法也各式各样，目前没有考察过的纳米产品的数量占绝对多数，也没有一种方法适用所有纳米产品的分析检测。另外，现在的分析方法很难原位检测，不能完全反映产品中纳米颗粒的形貌、尺寸和含量，更何况只分析这些参数对于安全性评估是远远不够的。纳米产品分析检测的水平决定了我们对纳米产品的安全性的了解程度。因此，该领域仍然需要更多的努力。

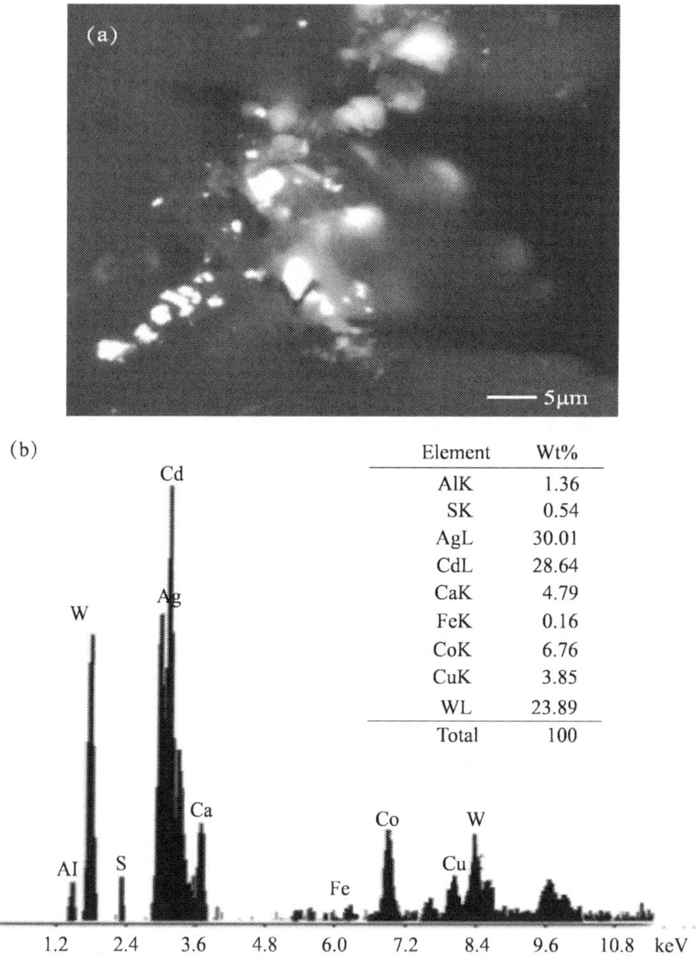

图 3.3 饼干样品的环境扫描电镜照片（a）和饼干样品成分能谱分析（b），发现该样品中含有纳米和微米尺寸的镉、钨、银、钴的污染[17]

产品常用的纳米材料的毒性研究已经有不少报道，比如用于化妆品、涂料等中的二氧化钛颗粒能影响皮肤和肺部细胞功能，在紫外线作用下能损伤皮肤细胞的DNA；用于抗菌材料的银纳米颗粒对细胞有较高的毒性；用做食品添加剂的纳米二氧化硅会造成蛋白质功能异常，阻碍细胞生长，对动物发育有影响。外来物的安全性取决于暴露剂量和危害程度两个方面，因此对于纳米产品安全评估既要考虑产品中纳米材料的健康危害程度，也要调查产品中纳米材料的人群暴露剂量。综合这两方面信息才能对纳米产品进行正确的安全评估，为监管机构制定针对纳米产品的科学监管提供依据，以便于更合理地审查新出现的纳米产品。

3.3.3　工作场所职业暴露

纳米材料职业性暴露的健康问题目前已经成为国际学术界和政府管理层关注的重点。为此需要阐明工作场所纳米颗粒的释放途径和过程，在空气中的团聚和迁移行为，对人员呼吸系统和心血管系统的影响。前期相关研究往往立足于实验室模拟，缺乏对实际工作场所空气中纳米颗粒的研究，无法真正评估工作场所纳米颗粒的安全性。相关研究从实验室向现场拓展势在必行。

获得工作场所空气中纳米颗粒的真实状况是评价纳米颗粒职业性暴露的第一步。现在已经有可以在线监测空气中纳米颗粒的粒径分布、数量浓度等参数的仪器。健康效应方面，工作场所纳米颗粒在肺部不同部位的沉积比例应被重点关注，流行病学调查应同步开展。

目前，针对纳米材料的职业接触限制标准十分匮乏，仅有少数的建议被公布，比如美国国家职业安全与健康研究院（NIOSH）推荐纳米二氧化钛的职业接触限值为 $0.1mg/m^3$，微米级的为 $1.5mg/m^3$[18]。由于生产方式不同，后续处理不同，同种纳米材料的性质也会有所区别，职业接触限制需要综合考虑诸多参数。生产过程中如何减少纳米颗粒不必要的释放，如何防止泄漏事故的发生也是职业安全性研究需要关注的问题。纳米材料的职业安全监管体系和职业健康防护体系将在纳米安全性研究的基础之上建立。

3.3.4　环境相关纳米安全性研究

纳米安全性不仅需要研究纳米材料对人类健康的影响，同时需要深入了解纳米材料进入环境后对生态系统的影响。通过生命周期（life cycle）模型研究环境中纳米材料浓度和环境剂量对环境生物的影响是这一领域的热点。

生命周期模型可以被用来评价纳米产品“从摇篮到坟墓”的全过程以推算纳米材料的环境浓度（图3.4）[19]。Gottschalk 等率先通过生命周期评价中的概率模型推算了纳米银、纳米二氧化钛、纳米氧化锌、碳纳米管以及富勒烯等在土壤、大气、地表水、污水处理厂出水和污水处理厂污泥中的浓度，根据风险评估结果提醒人们注意地表水和污水处理厂排出水中纳米银、纳米二氧化钛和纳米氧化锌的潜在危险[20]。

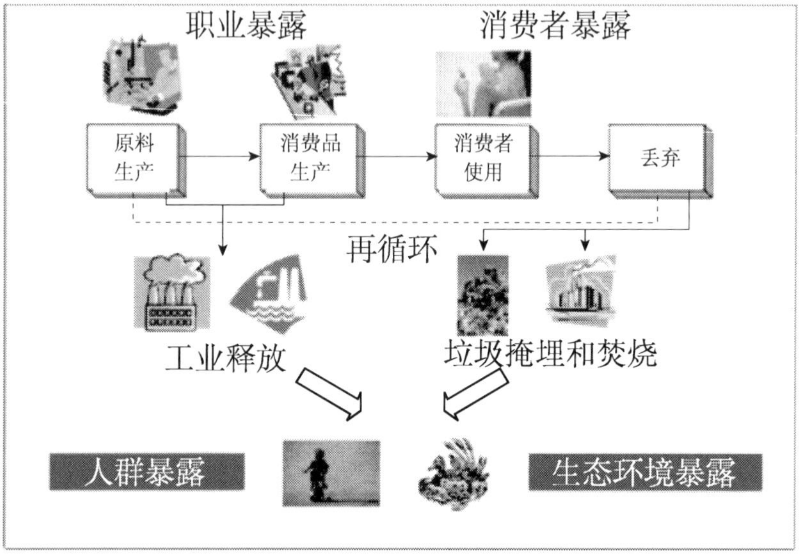

图 3.4 生命周期模型评估纳米材料安全性[19]

纳米材料环境毒理的研究对象为环境生物，包括植物、微生物、无脊椎动物等。最新研究表明，即使是接触纳摩尔级的二氧化铈纳米颗粒也会导致线虫寿命缩短[21]。这一结果提示人们要更多关注纳米材料暴露所带来的潜在环境风险。释放到环境中的纳米材料在食物链中是否有生物放大效应是人们关注的另一个热点问题。2010 年发表在《自然·纳米技术》上的研究结果显示硫化镉量子点在由细菌和原生动物组成的食物链中具有生物放大效应[22]。这一研究结论并不能向所有纳米材料和整个生态系统外推，但毋庸置疑，纳米材料是否具有生物放大效应需要更多的研究。

3.3.5 纳米材料与生物系统相互作用研究进展

系统研究纳米材料与生物系统相互作用是解释一系列复杂的纳米材料生物效应和进行安全性评估的基础。进入机体的纳米材料首先会与周围介质发生作用。纳米颗粒接触各种生物分子并选择性地吸附某些蛋白质、多肽和其他分子，在其表面形成一层包被。这一包被层被赋予了“蛋白质花冠”的新概念，是当前的一个研究热点[23]。纳米颗粒与细胞膜接触后，能进入细胞内部，诱发各种后续效应。因此，纳米颗粒如何与细胞膜作用也是透彻掌握纳米生物效应的基础问题。纳米材料所引起的各种效应可能是正面的（如增加穿透细胞屏障输送药物的能力），也可能负面的（如毒性、诱导氧化应激或细胞功能障碍），亦或者两方面共同作用。

由于纳米材料种类繁多，而目前的研究结果表明他们的生物效应多是个案，难以类推。因此，建立快速、大通量的检查方法对于纳米安全研究意义重大。这类方法的建立依赖于我们对纳米生物效应的深入了解。因此，研究纳米材料与生物系统相互作用不仅是纳米毒理学中的重要问题，也对纳米安全性研究有重要意义。

3.4　毒理学之外的安全性研究

纳米技术本身具有的复杂性和不确定性导致纳米安全性研究不是毒理学家就可以完全回答的问题。纳米毒理学外，纳米材料的安全性研究涉及了纳米标准化、纳米技术风险管理与纳米伦理研究。

首先纳米安全性研究需要纳米技术在术语使用、材料制备、测量与标准、毒理学实验等方面建立标准体系，以使得全球范围能够进行数据比对和共享。国际标准化组织纳米技术标准化委员会（ISO/TC 229）于2005年11月成立，我国则先于ISO，在5月成立了全国纳米技术标准化技术委员会（SAC/TC279）。各种标准体系在建立之中。

风险评估和风险管理对于纳米技术发展非常重要。以国际风险治理理事会（IRGC）为代表的机构已经开始发布纳米材料的风险评估和风险管理报告，提醒政府加强纳米安全性研究，尽快完善相关立法[24]。纳米安全性研究内容与纳米技术风险管理密不可分，前者为评估与管理提供完善毒理学数据库和科学的指导原则，后者则是在各群体（政府、社会团体、研发机构、科技人员、企业和公众等）的努力下共同管理这一全新的技术。

纳米材料的安全问题衍生出纳米伦理。纳米伦理从责任原则出发，强调科学家必须及时将有关纳米材料生物效应研究的情况告诉公众，尤其是职业人员。投资者和雇主需要在开发和生产过程中及时通告可能的危害和风险，实施安全防范措施。鉴于安全价值取向的多元性，还需考虑公众对纳米技术风险的认知、理解和可接受程度[25]。纳米伦理引导下的公众对纳米安全性研究的认知和参与能够为研究者提供方向性的指导和意见，促进安全性研究，为纳米技术的可持续发展做出贡献。

3.5 展 望

伴随着纳米科学与技术的迅猛发展，纳米安全性问题被提升到更高的层面。纳米生物效应知识体系与安全评价方法的建立已经是各国纳米科技发展战略中的核心问题。纳米生物效应研究在近年来取得了丰富的研究成果，发展了纳米毒理学这个新学科。同时纳米安全性研究也在不断深入，关注公众和职业工作者真实暴露情况下的生物效应研究，同时涉及了风险管理、伦理等问题。纳米安全性研究在不久的将来不仅需要回答“是否安全”的问题，更需要回答“如何更安全”的问题，只有如此，纳米科学技术才能可持续地发展下去。

参考文献

[1] Maynard A D, Aitken R J, Butz T, et al. Safe handling of nanotechnology. Nature, 2006, 444: 267-269.

[2] Chun A L. Will the public swallow nanofood? . Nature Nanotechnology, 2009, 4: 790-791.

[3] Stern S T, Mcneil S E. Nanotechnology safety concerns revisited. Toxicol Sci, 2008, 101: 4-21.

[4] Oberdorster G, Oberdorster E, Oberdorster J. Nanotoxicology: an emerging discipline evolving from studies of ultrafine particles. Environ Health Perspect, 2005, 113: 823-839.

[5] Jani P, Halbert G W, Langridge J, et al. Nanoparticle uptake by the rat gastrointestinal mucosa: quantitation and particle size dependency. J Pharm Pharmacol, 1990, 42: 821-826.

[6] Pekkanen J, Peters A, Hoek G, et al. Particulate air pollution and risk of ST-segment depression during repeated submaximal exercise tests among subjects with coronary heart disease: the exposure and risk assessment for fine and ultra-fine particles in ambient air (ULTRA) study. Circulation, 2002, 106: 933-938.

[7] Bermudez E, Mangum J B, Asgharian B, et al. Long-term pulmonary responses of three laboratory rodent species to subchronic inhalation of pigmentary titanium dioxide particles. Toxicol Sci, 2002, 70: 86-97.

[8] Wang B, Feng W Y, Wang T C, et al. Acute toxicity of nano- and micro-scale zinc powder in healthy adult mice. Toxicol Lett, 2006, 161: 115-123.

[9] Wang J, Zhou G, Chen C, et al. Acute toxicity and bio-distribution of different sized titanium dioxide particles in mice after oral administration. Toxicol Lett, 2007, 168: 176-185.

[10] Jia G, Wang H F, Yan L, et al. Cytotoxicity of carbon nano-materials: Single-Wall nanotube, multi-wall nanotube, and fullerene. Environ Sci Technol, 2005, 39:

1378-1383.

[11] Sung J H, Ji J H, Park J D, et al. Subchronic inhalation toxicity of silver nanoparticles. Toxicol Sci, 2009, 108: 452- 461.

[12] Pauluhn J. Subchronic 13-week inhalation exposure of rats to multiwalled carbon nanotubes: toxic effects are determined by density of agglomerate structures, not fibrillar structures. Toxicol Sci, 2010, 113: 226-242.

[13] Kim Y S, Song M Y, Park J D, et al. Subchronic oral toxicity of silver nanoparticles. Part Fibre Toxicol, 2010, 7: 20.

[14] Wu J, Liu W, Xue C, et al. Toxicity and penetration of TiO_2 nanoparticles in hairless mice and porcine skin after subchronic dermal exposure. Toxicol Lett, 2009, 191: 1-8.

[15] Katsnelson B A, Degtyarev T D, Minigalieva II, et al. Subchronic systemic toxicity and bioaccumulation of Fe_3O_4 nano- and microparticles following repeated intraperitoneal administration to rats. Int J Toxicol, 201, 30: 59- 68.

[16] Vermogen A, Masenell-Varlot K, Seguela R, et al. Evaluation of the structure and dispersion in polymer-layered silicate nanocomposites. Macromolecules, 2005, 38: 9661- 9669.

[17] Gatti A M, Tossini D, Gambarelli A, et al. Investigation of the presence of inorganic micro-and nanosized contaminants in bread and biscuits by environmental scanning electron microscopy. Crit Rev Food Sci Nutri, 2009, 49: 275-282.

[18] 刘颖，陈春英．纳米材料的安全性研究及其评价．科学通报，2011，56：119-125.

[19] Nanotechnology White Paper. U. S. Environmental Protection Agency, February 2007.

[20] Gottschalk F, Sonderer T, Scholz R W, Nowack B. Modeled environmental concentrations of engineered nanomaterials (TiO_2, ZnO, Ag, CNT, fullerenes) for different regions. Environ Sci Technol, 2009, 43: 9216-9222.

[21] Zhang H F, He X A, Zhang Z Y, et al. Nano-CeO_2 exhibits adverse effects at environmental relevant concentrations. Environ Sci Technol, 2011, 45: 3725-3730.

[22] Werlin R, Priester J H, Mielke R E, et al. Biomagnification of cadmium selenide quantum dots in a simple experimental microbial food chain. Nature Nanotechnology, 2010, 6: 65-71.

[23] Lundqvist M, Stigler J, Elia G, et al. Nanoparticle size and surface properties determine the protein corona with possible implications for biological impacts. Proc Natl Acad Sci, USA, 2008, 105: 14265-14270.

[24] IRGC. Nanotechnology risk governance: recommendations for a global coordinated approach to the governance of potential risks. 2007. http: //www.irgc.org/IMG/pdf/PB _ nanoFINAL2 _ 2 _ . pdf.

[25] 王国豫，龚超，张灿．纳米伦理：研究现状、问题与挑战．科学通报，2011，56：96-107.

4

人造纳米颗粒呼吸系统毒性及生物效应的研究进展*

目前，国际标准化组织（ISO）将纳米颗粒定义为二维或三维处于纳米尺寸（1～100 nm）范围内的实质性颗粒[1]。纳米颗粒可由自然生成，如通过火山喷发、山火[2]，也可由人工制造。而人造纳米颗粒又可分为意外生成（通常称为污染物），和占大多数的由工厂和实验室有目的合成[3]。纳米颗粒具有很多独特的性质，如表面效应、量子尺寸效应及宏观量子隧道效应等，这些性质使其在性能上与微米材料产生了显著的差异，在电子、化学、环境保护和生物医学等领域有优越而广泛的应用[4]。随着纳米颗粒应用技术的飞速发展，其对人类健康和环境的潜在负面影响显得不容忽视。鉴于纳米颗粒种类众多，实验繁杂，本文就常见人造纳米颗粒对机体呼吸系统毒性及生物效应做一总结，力求为今后人造纳米颗粒呼吸毒性的研究提供指导，并为预防人体的吸入毒性提供参考。

4.1 人造纳米颗粒的暴露途径

人造纳米颗粒进入机体系统的途径很多，包括破损皮肤接触、嗅觉神经、注射、呼吸道与消化道等。这些摄入途径可能是故意为之，也可能是意外事故。对于人造纳米颗粒，职业场所暴露是最主要的暴露地点，常见的接触途径为呼吸道和皮肤接触，经消化道途径摄入较少见，通常为职业事故。主要的暴露人群包括生产工人、工程师和研究者。经呼吸道吸入的纳米颗粒能到达肺泡，避开巨噬细胞的吞噬而转运入血[5]；也有研究显示，纳米颗粒可以经过实验动物的嗅神经进入中枢神经系统[6]。而经消化道摄入的纳米颗粒也可以穿越肠道黏膜直接入血，引起血液细胞损伤，并在机体系统中重新分布，造成更严

* 本节作者为吴添舒、唐萌，发表于 2015 年 08 期《科学通报》。

重的潜在危害[7]。

研究者根据已有资料总结了目前生产和使用人造纳米颗粒的工作场所可能接触纳米材料的环节，其中包括：开放环境下生产和使用纳米材料；无适当个人防护措施的情况下接触液体中纳米材料；在混合或大幅度的搅拌纳米材料过程中吸入纳米颗粒气溶胶；纳米材料生产设备的维护及废弃材料清理过程中；纳米材料粉尘收集系统的清扫过程中[8]。此外，随着纳米颗粒越来越多地应用于生物医学领域，并且取得了显著的社会和经济效应，该暴露途径引起了研究者的关注。除了职业场所暴露中提到的接触途径，生物医学中的接触途径还包括直接将纳米颗粒注射入机体，用于生物检测与成像或药物运载[9]。

4.2 人造纳米药物在呼吸系统疾病中的应用

越来越多的研究显示纳米颗粒携带药物可以有效提高药物的稳定性，并在特定部位以较低的暴露浓度达到长期有效的治疗效果[10]。携带药物进入机体肺部是药物运载最早开展的研究之一。呼吸道在解剖学和生理学上的独特优势使其有广阔的比表面积，加之肺血交换容易，利于药物高效吸收并广泛分布。再加上蛋白和核酸在肺部并不容易被分解失活，这些都使得呼吸道在纳米颗粒携带药物运载治疗呼吸系统疾病方面具有独特的优势[11]。

目前，已有很多种类的人造纳米药物应用于呼吸系统疾病的治疗，从而克服了传统药物的不足。应用纳米颗粒结合特定药物蛋白治疗肺结核、呼吸系统疾病、肺动脉高血压、哮喘及肺癌等均有报道[12~16]。人造纳米颗粒携带药物一经入肺，颗粒即降解释放药物，而药物则渗透通过上皮细胞屏障入血。因此，纳米药物可以纳入呼吸系统疾病的治疗方案中，以提高药物的生物利用度和长期效应。但是，若要使这项新型治疗方案能够应用于人体还将面临很大挑战，其中最重要的就是人造纳米药物的生物安全性评估。所以，纳米颗粒毒性和生物效应研究将在很长一段时间内受到全球研究者的关注。

4.3 常见的人造纳米颗粒类型及其对呼吸系统的毒性和生物效应

人造纳米颗粒可以由碳、陶瓷和各种金属合成；也可以设计成各种形状，如管型、棒型、梳型、钉型、空心或实心球，以及复杂的链式结构。不同的材料和形状不但使其拥有了不同的应用功能，而且也使其生物效应不尽相同。鉴于呼吸道是人造纳米颗粒进入机体的主要途径之一，呼吸系统成了纳米颗粒毒性和生物效应的一个重要作用靶点。并且，纳米颗粒一经入肺即可被肺泡细胞吸收，在肺部蓄积。呼吸系统毒性成为了纳米颗粒对机体生物效应研究的重点。目前研究发现纳米颗粒暴露对机体呼吸系统造成的生物毒效应大致包括氧化应激损伤、DNA 损伤、炎症反应和由此恶化成的肺纤维化、尘肺等[17]。由于人造纳米颗粒种类繁多，不同类型的纳米颗粒对呼吸系统会造成不同的生物毒效应。

4.3.1 碳纳米管

碳纳米管（CNTs）是由石墨包裹的蜂巢晶格层样纤维材料，呈管形，外部包裹单层膜或多层膜，因而可分为多壁碳纳米管（MWCNTs）和单壁碳纳米管（SWCNTs）。碳纳米管凭借优越的理化性质可以运载药物，用于治疗呼吸系统疾病，其对机体的潜在危害多是由于它的小尺寸效应和纤维结构引起。Mitchell 等[18]将小鼠呼吸暴露于 0.3～5.3mg/m^{3}的多壁碳纳米管 14 天后，所有暴露组小鼠的免疫功能均受到损害，脾脏中 T 淋巴细胞分裂素显著降低，而白介素-10（IL-10）显著升高。这可能是由于进入呼吸系统的碳纳米管能被呼吸系统黏膜纤毛和肺淋巴系统中的巨噬细胞吞噬，刺激机体免疫反应。而胸膜淋巴系统清除肺中的碳纳米管又可能造成更严重的负面效应，如胸膜炎症和胸膜下间质纤维化[19]。

Shvedova 等[20]发现 5.0 mg/m^{3}的单壁碳纳米管呼吸暴露 4 天导致小鼠中性粒细胞和巨噬细胞浸润，并在中性粒细胞明显减少后出现氧化应激反应，提示了碳纳米管的肺毒性。但 Morimoto 等[21]的研究却显示，若短期暴露剂量够低（该实验为 0.03 mg/m^{3}和 0.13 mg/m^3），单壁碳纳米管则不会显示任何呼吸系统毒性。但是，将实验鼠长期（3 个月）暴露于较低浓度（0.1～2.5mg/m^3）的多壁碳纳米管中，虽然小鼠没有发生严重的系统中毒现象，但是研究者观察到小鼠肺脏重量明显增加，肺部和肺相关淋巴结出现显著的多病灶肉芽肿性和中性粒细胞性炎症，组织细胞扩散，肺泡内脂蛋白沉积[22]。

此外，碳纳米管进入机体产生的生物效应还包括引起一些常见的呼吸系统疾病。研究显示，单壁碳纳米管可以通过辅助性 T 细胞 Th2 细胞免疫激活和氧化应激加剧小鼠过敏性气道炎症[23]。同样，多壁碳纳米管也有损伤实验鼠呼吸道功能的作用[24]。由此可见，若要将碳纳米管应用到哮喘的治疗中，还需要克服其对过敏性气道的潜在损伤作用。另外，若将实验鼠先进行细菌内毒素的感染，会显著增加多壁碳纳米管造成肺纤维化的可能[25]。同样有研究显示，相较于单独暴露单壁碳纳米管或感染李斯特氏菌，实验鼠同时暴露于两者将造成更严重的肺部炎症[26]。此实验结果表明微生物感染可能是职业或医疗环境中人造纳米颗粒暴露人群的一项重要的危险因素，值得注意和深入研究。

Yamashita 等[27]研究显示碳纳米管可以在机体内引起遗传毒性，并且形状长而厚的多壁碳纳米管有着最强的损伤 DNA 和引起炎症的能力。另外，给实验鼠腹腔重复注射无修饰或-COOH 修饰的多壁碳纳米管均能引起浓度依赖性基因毒作用，如结构染色体畸变、DNA 损伤和核异构[28]。由于遗传毒性在机体癌症发展中起着重要的作用，研究结果暗示了碳纳米管可能为潜在的致癌物质。另外，由于碳纳米管会造成长期炎症反应，促进细胞增殖和肺泡纤维化，其严重后果之一即为肺部原位肿瘤的发生[29]。碳纳米管作为一种经典而常用的人造纳米颗粒已被研究者研究多年，上述提到的其吸入毒性和对呼吸系统的生物效应在下面几类纳米颗粒中同样会有所涉及。

4.3.2 金属纳米颗粒

4.3.2.1 氧化铁纳米颗粒

氧化铁纳米颗粒用于磁性药物载体、肿瘤靶向定位诊断以及治疗的研究已广泛开展，为医学研究带来新契机和希望，其中较为常用的纳米氧化铁颗粒为 Fe_2O_3、Fe_3O_4 磁体、磁铁矿等。氧化铁纳米颗粒在广泛使用的同时，其生物安全性亦越来越受到人们的重视。

Pauluhn 等[30]使用鼻式暴露的方式使 Wistar 大鼠接触 Fe_3O_4 粉尘，染毒浓度分别为 0mg/m^3、4mg/m^3、7mg/m^3、16mg/m^3、6mg/m^3 和 52.1mg/m^3，动物暴露 6 小时每天，每周 5 天，连续 13 周后取支气管肺泡灌洗液（BALF）检测，发现嗜中性粒细胞比例明显升高；组织病理学检查发现，颗粒沉积部位的上呼吸道表现为杯状细胞的过度上皮化生和在鼻腔细胞内出现嗜酸性小体，下呼吸道的细支气管中炎性改变，这些改变都提示当染毒剂量为 16.6 和 52.1mg/m^3 时有肺部炎症的发生；在 52.1mg/m^3 的染毒剂量下，观察到肺部间隔有胶原纤维产生。Lin 等[31]使用气管滴注的方式将 Wistar 大鼠暴露于 Fe_3O_4 纳米颗粒每 2 天一次，共 5 周，通过观察肺泡灌洗液中乳酸脱氢酶（LDH）、总的抗氧化能力（T-AOC）、超氧化物歧化酶（SOD）和丙二醛（MDA）作为氧化应激的指标，BALF 中 IL-6 作为炎性生物标志物。研究结果表明，Fe_3O_4 纳米颗粒通过氧化损伤和炎症反应引起肺损伤。

Ahamed 等[32]发现 Fe_3O_4 纳米颗粒染毒的人类肺上皮细胞可以浓度依赖性地导致氧化应激，DNA 损伤及 caspase-3 和 caspase-9 mRNA 介导的细胞凋亡，氧化铁纳米颗粒表现出的遗传毒性。但是，Zhang 等[33]应用彗星实验和微核实验研究左旋谷氨酸包裹的 Fe_2O_3 纳米颗粒对中国仓鼠肺细胞的遗传毒性，结果发现虽然有氧化应激反应的发生，但是无论是低浓度（8mg/m^3）还是高浓度（128mg/m^3）的 Fe_2O_3 纳米颗粒暴露，细胞均没有产生遗传毒效应，暗示了纳米颗粒的有效修饰可以显著降低其毒性，增加生物相容性。该发现可以很好地用于提高人造纳米颗粒的生物安全性。

4.3.2.2 二氧化钛纳米颗粒

二氧化钛（TiO_2）纳米颗粒也是一种可以用于生物医疗领域的纳米材料，其生物安全性不可避免地引起了研究者的关注。在一个急性呼吸暴露实验中，将实验鼠置于 2，10，50mg/m^3 TiO_2 纳米颗粒气溶胶中 5 天，每天 6 小时，尸检结果发现了浓度依耐性的肺部炎症和中性粒细胞增加，但是实验鼠并没有发生可检出的系统性疾病[34]。Nurkiewicz 的研究小组[35]发现 24 小时呼吸暴露 20mg/m^3 TiO_2 纳米颗粒可以造成实验动物肩膀肌肉中小动脉的微血管障碍，该外周血管影响可能与炎症和神经源性机制的活化有关。但是，低浓度 TiO_2 纳米颗粒呼吸暴露引起的微血管障碍可能并非是肺部炎症和损伤导致的结果。这是由于纳米颗粒与心血管疾病间的关系我们已经熟知，大量研究表明纳米颗粒可以显著改变心率、血压、血液凝固性等[36]。

Van Ravenzwaay 等[37]发现实验动物短期暴露于 100mg/m^3 TiO_2 纳米颗粒和 250mg/m^3 微米尺寸的 TiO_2 产生了相似的肺部炎症反应，提示相同浓度的 TiO_2 纳米颗粒可能会造成更严重的炎症反应和促进肿瘤发生。但是，Rourgaard 等[38]给实验鼠鼻内滴注 5μg/mL、50μg/mL 和 500μg/mL 的直径小于 5μm 的 TiO_2 颗粒和 TiO_2 纳米颗粒，结果发现短期（24 小时）内两者在最大暴露浓度时均能增加 BALF 中的 IL-6 和总蛋白含量；长期（3 个月）则产生了相似的气道炎症反应，表明 TiO_2 纳米颗粒似乎并没有更高的毒性。由此可见，我们需要更多的实验验证哪种观点是正确的。

Sun 等[39]发现实验鼠气管滴注 2.5，5 和 10mg/m^3 TiO_2 纳米颗粒 90 天后，血红蛋白氧合酶-1（HO -1）表达增加，NF-κB 抑制因素和 Hsp70 表达降低，肺部炎症的发生与 TiO_2 纳米颗粒引起的氧化应激和炎性细胞因子表达密切相关。TiO_2 纳米颗粒可以有效激活 caspase-3 和 caspase-9 mRNA，影响肺部特定基因和蛋白的表达。早在 20 世纪 80 年代，就有研究者发现，若将实验鼠暴露于高浓度的微米尺寸的 TiO_2 颗粒长达两年，可观察到肺部肿瘤的发生[40]。在 2006 年，国际癌症协会（IARC）将 TiO_2 列为 2B 级致癌物（即可疑致癌物）[41]。但是，鉴于纳米颗粒较短的制造和使用历史，有关其负面健康效应的流行病学调查还很缺乏。因而，今后的研究重点将放在各种类型的商用人造纳米颗粒的人群暴露调查和剂量-反应关系分析，以求更安全地使用它们。

4.3.2.3 银纳米颗粒

银纳米颗粒在机体中是否分解释放银离子，或聚合为大分子决定了其毒效应。有研究显示肺表面活性剂的一种主要成分——二棕榈酰磷脂酰胆碱（DPPC）延迟了银离子的释放，但并没有显著改变整个银离子的总量。TEM图像显示DPPC呈半透明层包裹纳米银颗粒，改善了纳米银颗粒的色散，抑制其聚合和粗化。由此可见，纳米银颗粒在机体肺部的活动性很复杂，研究其呼吸系统毒性需要注意很多因素[42]。

Roberts等[43]将实验鼠在低剂量（银含量为20mg/L）和高剂量（银含量为200mg/L）的纳米银溶液中吸入染毒5小时，并于1天和7天后检测BALF中LDH活性和白蛋白浓度，判定纳米银颗粒对细胞的毒作用大小和细胞通透性的影响。结果发现两个染毒组的BALF中LDH活性和白蛋白浓度没有显著差异，但是高浓度组的BALF中中性粒细胞数显著增加，提示纳米银可能导致的呼吸系统生物效应包括肺部炎症的发生，肺泡气血屏障损伤和肺泡巨噬细胞活动。近期一项实验显示单次气管滴注胶状纳米银颗粒可以导致中度的急性肺部炎症和组织损伤，而肺组织中金属硫蛋白的表达则表明机体对纳米银颗粒的侵入存在保护性反应[44]。

Wang等[45]研究发现相比于尺寸110nm，包裹聚乙烯吡咯烷酮（PVP）和柠檬酸的纳米银颗粒（简写为P110和C110），尺寸20nm的纳米银（简写为P20和C20）表现出更严重的细胞毒性和氧化应激，可能与其高分解率和生物利用率有关。而P110有比C110更低的细胞毒性，与PVP增加纳米银颗粒的稳定性，减少了银离子释放有关。当比较C20和C110会发现C20更倾向于诱发实验动物急性肺中性粒细胞炎症，肺纤维化并产生趋化因子。但是C110颗粒可以缓慢而持续地释放银离子，导致长期损害。释放的金属银在气道和肺间质上的胶原纤维中沉积。该实验结果表明尺寸和表面修饰可以影响纳米银颗粒的细胞毒性以及急性和慢性肺损伤。Gliga所在研究小组[46]也得出相似的结论，小尺寸的纳米银颗粒（10nm）对体外培养的人类肺细胞表现出更高的毒性，该毒性效应与细胞内金属银的释放有关，即为一种“特洛伊木马”效应。

Suliman等[47]以纳米银颗粒染毒人类肺上皮细胞，发现其表现出剂量依赖性和时间依赖性的细胞毒性。暴露组细胞中检测到氧化应激反应，caspases基因的活化，促炎性细胞因子水平增高和DNA损伤。该研究结果显示了纳米银颗粒对遗传物质可能有损伤作用。

4.3.2.4 氧化锌纳米颗粒

如今，氧化锌（ZnO）纳米颗粒越来越多地用于制造防晒霜、生物传感器、食品添加剂、颜料、橡胶制品和电子材料。由于人类暴露于该物质的几率增加，ZnO的生物安全性也成为了人们关注的焦点。Fukui等[48]以ZnO纳米颗粒气管滴注实验鼠，和ZnO染毒体外培养的肺泡Ⅱ型上皮细胞。结果显示

ZnO 纳米颗粒导致了实验鼠肺部严重的氧化应激损伤，脂质过氧化，HO-1 和 α-生育酚水平升高。染毒的体外细胞胞内活性氧和锌水平也显著增加，导致细胞死亡。并且 ZnO 纳米颗粒可以蓄积在肺部，持续释放锌离子，造成长期的毒作用。Sahu 等[49]将人肺细胞暴露于浓度为 5μg/mL、25μg/mL、50μg/mL 和 100μ g/mL的 50nm 的 ZnO 纳米颗粒中孵育 24 小时，实验结果显示染毒细胞收缩、核凝结、凋亡小体形成。谷胱甘肽（GSH）水平的损耗和 ROS 的升高暗示了氧化应激的形成；DNA 断裂则显示死亡细胞的凋亡类型。此外，ZnO 纳米颗粒暴露增加了作为金属导致毒性的生物标志物——金属硫蛋白基因的表达。

Yan 等[50]研究发现 ZnO 纳米颗粒暴露浓度依赖性地增高了 IL-8 mRNA 和蛋白的表达，而预处理转录抑制剂放线菌素 D（Act D）可以抑制 ZnO 导致的 NF-κB 和 C / EBPβ 转录因子参与的 IL-8 mRNA 表达。mRNA 衰变试验则显示 ZnO 纳米颗粒刺激延迟了 BEAS-2B 细胞中 IL-8 mRNA 的退化，而细胞预处理吞噬作用抑制剂细胞松弛素 B（CB）可以阻止 30％的 IL-8 mRNA 表达。由此可见，ZnO 纳米颗粒暴露通过转录激活和 mRNA 稳定诱发了 IL-8 基因的表达，纳米颗粒的内在化（Internalization）也部分解释了该诱导现象。

近期，Juang 等[51]的研究发现暴露于高浓度 35 nm 的 ZnO 纳米颗粒的实验动物机体内有多达 46 种蛋白表达发生了显著变化。并且根据基因本体论的注释，这些表达差异的蛋白说明 ZnO 纳米颗粒暴露主要影响了机体免疫和炎症过程，其中，作为特发性肺纤维化和肺癌的候选标记物——S100A8 和 S100A9 蛋白在 ZnO 暴露后明显上调。该实验结果较好地解释了 ZnO 纳米颗粒引起肺损伤的作用机制。

此外，若将实验动物同时暴露于 ZnO 纳米颗粒与其他一些有毒物质，可能会造成更严重的健康危害。Jain 等[52]模拟涂料生产车间，将 ZnO 纳米颗粒和甲苯结合染毒雄性大鼠，分为空气对照、200mg/L 甲苯暴露组、10mg/m^3 ZnO 暴露组、低剂量 ZnO（5mg /m^3）和甲苯（200mg/L）联合暴露组和高剂量联合暴露组（ZnO 为 10mg/m^3）。研究结果表示即使低剂量的 ZnO 纳米颗粒和甲苯联合暴露（即涂料生产行业的职业接触限制）也可以导致实验鼠肺部炎症和纤维化。可见，为了工人的健康，涂料行业需要与时俱进，根据最新的科学研究及时修改职业卫生标准。

4.3.3 半导体纳米颗粒

量子点（quantum dots，QDs）是我们最熟知的一种人造半导体纳米颗粒。量子点是一种由Ⅲ～Ⅴ族或Ⅱ～Ⅵ族元素组成的，典型的量子点直径通常在 1～10nm。量子点的结构一般以一种半导体材料为内核，外面包裹第二种半导体材料[53]。目前应用最广泛的为内核含镉（Cd）和碲（Te）的量子点，因为它们的量子限制区域横跨整个光谱。并且，通常需要在量子点表面包裹一层 ZnS 的外壳来减少或消除高毒的 Cd^{2+} 的释放，ZnS 还可以提高量子点的荧光效能并减少氧化和光漂白反应[54]。量子点由于本身可能用到有毒的重金属作为组成材料，研究者普遍认可其存在毒性。随着量子点的制备技术和表面生物修饰技术的进步，量子点在生物医学领域被广泛用于药物运载和生物成像，其毒性和生物安全性也得到了高度的重视。

Brunetti 等[55]通过常规毒性试验发现 CdSe/ZnS 量子点降低了人肺腺癌细胞的活性，可能是量子点释放的 Cd^{2+} 和导致的胞内氧化应激联合作用的结果。有些研究者认为氧化应激损伤是 Cd^{2+} 造成的毒性生物作用之一，但是最新的研究证据显示即使将含镉量子点包裹一层严密的外膜抑制 Cd^{2+} 的释放，量子点染毒的细胞内 ROS 含量依然被检测出显著升高[56]。由此可见，氧化应激可能是量子点本身理化特性造成的后果之一，仅仅抑制量子点中重金属离子的释放并不能完全降低量子点的毒性。

与其他纳米颗粒类似，用量子点给实验动物染毒也会引起机体的免疫反应。Hoshino 等[57]发现量子点可以影响染毒的实验动物机体内免疫细胞的扩散。Bruneau 等[58]的研究显示量子点可以引起适应性免疫反应，浓度依赖性促进淋巴细胞转化。Sadaf 等[59]则发现了机体在与量子点接触后白细胞激增。免疫反应的增强可以排除机体内的量子点，但由于小尺寸效应，通过呼吸道摄入的量子点依然很容易在呼吸系统蓄积。Roberts 等[60]给实验鼠气管滴注 CdSe/ZnS 量子点，共 14 天，发现量子点可以在整个呼吸道蓄积，肺泡巨噬细胞是主要的摄入量子点的细胞。更糟糕的是，在肺部蓄积的量子点很难由机体自主排出。Ma-Hock 等[61]发现实验鼠肺部水溶性 CdS/Cd（OH)$_2$量子点含量在呼吸道染毒三周后还没有下降。其他种类的无镉量子点同样可以在肺部沉积，不存在明显差异[62]。

肺部炎症和组织损伤依旧是量子点对呼吸系统毒性的主要表现。Roberts 的研究小组[60]还发现增加 CdSe/ZnS 量子点的染毒剂量的同时，也增加了肺损伤参数，LDH 水平和白蛋白含量，并在染毒后第 7 天和第 14 天损伤最为严重。在最高暴露剂量组，BALF 中的炎症细胞（肺泡巨噬细胞、中性粒细胞和淋巴细胞）以及炎性趋化因子 MCP-1 和 MIP-2 含量在暴露后第 7 和第 14 天达到顶峰。另外，McConnachie 等[63]的研究显示肺部炎症反应与量子点导致的氧化应激损伤密切相关。CdSe/ZnS 量子点造成的肺部炎症在基因缺陷（严重的 GSH 合成不足）的实验鼠中表现最为严重。此外，Ho 等[64]研究发现除了持续性炎症反应，长期含镉量子点暴露还能诱发间质淋巴细胞渗透和肉芽肿反应，促进肺纤维化的发生，降低肺功能。

在量子点遗传毒性研究方面，Jacobsen 等[65]将实验鼠暴露于量子点后，检测到 BALF 中细胞的 DNA 损伤水平显著升高。Nagy 等[66]应用实时 PCR 技术观测量子点染毒的正常人类支气管上皮细胞中与细胞死亡和炎性通路有关的基因表达水平的变化，结果发现与细胞凋亡相关的基因 *CASP9* 以及线粒体功能相关的基因 *CYP1A2* 和 *UCP1* 出现上调。上调基因中 *BAD* 和 *CASP9* 与细胞中 DNA 碎片的增加有密切联系。在 Gagne 等[67]的实验中观察到了多达 25 种与炎症反应，氧化应激、内分泌系统和与免疫相关的基因对量子点暴露产生了特异性变化。量子点在基因层面上引起的生物效应对机体可以产生很严重的健康危害。因而，研究者表示即使量子点的优异特性使其能用于癌症治疗，但它同样对正常细胞存在较大风险。

4.4 影响纳米颗粒吸入毒性的主要因素

前文已经提到很多可以影响纳米颗粒毒性的因素，例如尺寸大小、浓度、表面涂层、形状、化学组成和聚集能力。国际放射防护委员会（ICRP）早在 10 年前就指出，不同粒径的纳米颗粒在人类呼吸道不同部位的沉积率不同[68]。粒径为 1nm 的颗粒，90%左右在鼻咽部沉积，其余 10%在气管支气管区沉积，肺泡中几乎无沉积；粒径为 5～10nm 的颗粒，吸入后在鼻咽部、气管、支气管和肺泡三个区域的沉积均为 20%～30%；粒径 10～100nm 的颗粒吸入后在肺泡中沉积量最大，鼻咽部最少，粒径为 20nm 的颗粒，吸入后有 50 %左右在肺泡内沉积[68]。纳米颗粒由此可以造成严重程度不同的负面生物效应。

暴露剂量是实验中不可或缺的一项研究系数，有关人造纳米颗粒的生物安全性研究大多显示毒性随着浓度的增加而增加。但是鉴于越来越多的研究者认识到化学物质在低浓度时的“兴奋效应”，或许目前公认的“剂量依赖性的毒效应”结论将受到挑战。对于人造纳米颗粒的众多形状，早在 20 世纪就有研究显示相较于球形的纳米颗粒，纤维状赋予纳米颗粒更强的细胞遗传毒性，肺纤维化和肺癌的发生风险更高[69]。由于不同的应用需求，纳米颗粒表面往往附着有涂层，而该涂层可以决定纳米颗粒的毒性大小。某些情况下，涂层的作用可以促进中性粒细胞流入肺部，改变肺上皮渗透性，使纳米颗粒沉积于淋巴结中[70]。但是，若选用适当的涂层也可以增加纳米颗粒的生物相容性，减小材料的理化性质造成的毒性作用。

此外，制造纳米颗粒所选用材料的理化性质，可以说在本质上决定了其毒性。特别是大多数人造纳米颗粒都含有金属，甚至重金属，金属材料的转变通常可以在分子水平上改变各种生物过程进而损伤细胞。例如，氧化铁纳米颗粒中铁元素可以诱导促炎性细胞因子 IL-6 水平增高[31]；含镉量子点释放的镉离子更是高毒物质，可造成一系列严重的毒效应[71]。纳米颗粒的聚集能力表现为吸附蛋白质，改变纳米颗粒的空气动力学特性，从而影响它们在气道中的沉积和清除，影响免疫功能，产生毒效应[72]。

4.5 展 望

通过总结已有研究，我们发现人造纳米颗粒普遍存在毒性，通过呼吸道摄入的纳米颗粒可以对呼吸系统造成不同程度的负面生物效应。其中含有金属乃至重金属的纳米颗粒毒性尤为明显，需要研究者采取不同的措施（如涂层修饰），来降低或消除毒效应。随着人造纳米材料工业化进程的加快和在生物医学领域的巨大价值，其广泛应用与生物安全性的矛盾将越来越突出。目前的研究结果为人们深入研究纳米颗粒的吸入毒性提供了一定的理论依据与线索，但还存在很多问题亟待解决。

（1）虽然有大量优秀的纳米颗粒毒性以及生物和环境效应研究，但大多数为体外细胞实验或动物实验，相关的人群流行病学调查的资料极度缺乏。而职业人群是人造纳米颗粒暴露的高危人群之一，急需流行病学数据制定相关职业卫生标准，预防职业中毒事件的发生。

（2）由于不同粒径的纳米颗粒在人类呼吸道不同部位的沉积率不同，纳米颗粒的吸入毒效应显示出相当大的尺寸依赖性，而尺寸并不是传统毒理学考虑的导致毒性效应的因素之一。因此，在原有毒理学的理论框架下，需要引入新的概念和参数，同时建立新的知识体系。

（3）纳米颗粒的风险评估不应该仅仅局限于考虑体外纳米颗粒的性质，还应该包括进入机体后的纳米颗粒的性质是否会发生变化，从而改变生物效应。

（4）着重加强纳米颗粒的机制探讨，包括其在生命体内的分布和代谢，与生物大分子的相互作用机制。

解决这些问题将是未来人造纳米颗粒吸入毒性研究的主要方向。开展人造纳米颗粒暴露所致的呼吸系统毒性和机制的研究时，可以更好地利用纳米材料的正面效应，为纳米材料安全性评价及标准的制定提供理论依据。我们必须承认，人造纳米材料的生物安全性研究还有很长的一段路要走。

参考文献

[1] ISO ISO/TS 27687：2008 Nanotechnologies - Terminology and definitions for nano objects - nanoparticle，nanofibre and nanoplate. http：//www. iso. org/iso/home/store/catalogue _ tc/catalogue _ detail. htm? csnumber=44278 [2014-04-25] .

[2] Sciencemuseum. Nature's nanoparticles. http://www.sciencemuseum.org.uk/antenna/nano/planet/143.asp [2014-04-19].

[3] Andujar P, Lanone S, Brochard P, et al. Respiratory effects of manufactured nanoparticles. Revue Des maladies Respiratoires, 2011, 28 (8): e66-e75.

[4] Alexis F, Pridgen E M, Langer R, et al. Nanoparticle technologies for cancer therapy. Drug Delivery: Springer, 2010: 55-86.

[5] Wang B, Feng W, Zhu M, et al. Neurotoxicity of low-dose repeatedly intranasal instillation of nano-and submicron-sized ferric oxide particles in mice. Journal of Nanoparticle Research, 2009, 11 (1): 41-53.

[6] Elder A, Gelein R, Silva V, et al. Translocation of inhaled ultrafine manganese oxide particles to the central nervous system. Environmental Health Perspectives, 2006, 114 (8): 1172.

[7] Kumari M, Rajak S, Singh S P, et al. Biochemical alterations induced by acute oral doses of iron oxide nanoparticles in Wistar rats. Drug and Chemical Toxicology, 2013, 36 (3): 296-305.

[8] 陈田，甄森，贾光．纳米颗粒的职业风险管理．中华预防医学杂志，2010，44 (9)：828-830.

[9] Ribeiro T G, Chávez-Fumagalli M A, Valadares D G, et al. Novel targeting using nanoparticles: an approach to the development of an effective anti-leishmanial drug-delivery system. International Journal of Nanomedicine, 2014, 9: 877.

[10] Di Marco M, Shamsuddin S, Razak K A, et al. Overview of the main methods used to combine proteins with nanosystems: Absorption, bioconjugation, and encapsulation. International Journal of Nanomedicine, 2010, 5: 37.

[11] Bur M, Henning A, Hein S, et al. Inhalative nanomedicine-opportunities and challenges. Inhalation Toxicology, 2009, 21 (S1): 137-143.

[12] Saraogi G K, Gupta P, Gupta U, et al. Gelatin nanocarriers as potential vectors for effective management of tuberculosis. International Journal of Pharmaceutics, 2010, 385 (1): 143-149.

[13] Beck-Broichsitter M, Gauss J, Gessler T, et al. Pulmonary targeting with biodegradable salbutamol-loaded nanoparticles. Journal of Aerosol Medicine and Pulmonary Drug Delivery, 2010, 23 (1): 47-57.

[14] Kimura S, Egashira K, Chen L, et al. Nanoparticle-mediated delivery of nuclear factor κB decoy into lungs ameliorates monocrotaline-induced pulmonary arterial hypertension. Hypertension, 2009, 53 (5): 877-883.

[15] Matsuo Y, Ishihara T, Ishizaki J, et al. Effect of betamethasone phosphate loaded polymeric nanoparticles on a murine asthma model. Cellular Immunology, 2009, 260 (1): 33-38.

[16] Surendiran A, Sandhiya S, Pradhan S, et al. Novel applications of nanotechnology in medicine. Indian Journal of Medical Research, 2009, 130 (6): 689-701.

[17] Li J J, Muralikrishnan S, Ng C T, et al. Nanoparticle-induced pulmonary toxicity. Experimental Biology and Medicine, 2010, 235 (9): 1025-1033.

[18] Mitchell L A, Gao J, Vander W R, et al. Pulmonary and systemic immune response to inhaled multiwalled carbon nanotubes. Toxicological Sciences, 2007, 100 (1): 203-214.

[19] Ryman-Rasmussen J P, Cesta M F, Brody A R, et al. Inhaled carbon nanotubes reach the subpleural tissue in mice. Nature Nanotechnology, 2009, 4 (11): 747-751.

[20] Shvedova A A, Kisin E, Murray A R, et al. Inhalation vs. aspiration of single-walled carbon nanotubes in C57BL/6 mice: inflammation, fibrosis, oxidative stress, and mutagenesis. American Journal of Physiology-Lung Cellular and Molecular Physiology, 2008, 295 (4): L552.

[21] Morimoto Y, Hirohashi M, Kobayashi N, et al. Pulmonary toxicity of well-dispersed single-wall carbon nanotubes after inhalation. Nanotoxicology, 2012, 6 (7): 766-775.

[22] Ma-Hock L, Treumann S, Strauss V, et al. Inhalation toxicity of multiwall carbon nanotubes in rats exposed for 3 months. Toxicological Sciences, 2009, 112 (2): 468-481.

[23] Inoue K-i, Yanagisawa R, Koike E, et al. Repeated pulmonary exposure to single-walled carbon nanotubes exacerbates allergic inflammation of the airway: Possible role of oxidative stress. Free Radical Biology and Medicine, 2010, 48 (7): 924-934.

[24] Wang X, Katwa P, Podila R, et al. Multi-walled carbon nanotube instillation impairs pulmonary function in C57BL/6 mice. Part Fibre Toxicol, 2011, 8 (1): 24.

[25] Cesta M F, Ryman-Rasmussen J P, Wallace D G, et al. Bacterial lipopolysaccharide enhances PDGF signaling and pulmonary fibrosis in rats exposed to carbon nanotubes. American Journal of Respiratory Cell and Molecular Biology, 2010, 43 (2): 142.

[26] Shvedova A A, Fabisiak J P, Kisin E R, et al. Sequential exposure to carbon nanotubes and bacteria enhances pulmonary inflammation and infectivity. American Journal of Respiratory Cell and Molecular Biology, 2008, 38 (5): 579.

[27] Yamashita K, Yoshioka Y, Higashisaka K, et al. Carbon nanotubes elicit DNA damage and inflammatory response relative to their size and shape. Inflammation, 2010, 33 (4): 276-280.

[28] Patlolla A K, Hussain S M, Schlager J J, et al. Comparative study of the clastogenicity of functionalized and nonfunctionalized multiwalled carbon nanotubes in bone marrow cells of Swiss-Webster mice. Environmental Toxicology, 2010, 25 (6): 608-621.

[29] Donaldson K, Poland C A. Inhaled nanoparticles and lung cancer-what we can learn from conventional particle toxicology. Swiss Med Wkly, 2012, 142: W13547.

[30] Pauluhn J. Subchronic inhalation toxicity of iron oxide (magnetite, Fe_3O_4) in rats: Pul-

monary toxicity is determined by the particle kinetics typical of poorly soluble particles. Journal of Applied Toxicology, 2012, 32 (7): 488-504.

[31] Lin Z, Ma L, Zhu-ge X, et al. A comparative study of lung toxicity in rats induced by three types of nanomaterials. Nanoscale Research Letters, 2013, 8 (1): 1-11.

[32] Ahamed M, Alhadlaq H A, Alam J, et al. Iron oxide nanoparticle-induced oxidative stress and genotoxicity in human skin epithelial and lung epithelial cell lines. Curr Pharm Des, 2013, 19 (37): 6681-6690.

[33] Zhang T, Qian L, Tang M, et al. Evaluation on cytotoxicity and genotoxicity of the Lglutamic acid coated iron oxide nanoparticles. Journal of Nanoscience and Nanotechnology, 2012, 12 (3): 2866-2873.

[34] Ma-Hock L, Burkhardt S, Strauss V, et al. Development of a short-term inhalation test in the rat using nano-titanium dioxide as a model substance. Inhalation Toxicology, 2009, 21 (2): 102-118.

[35] Nurkiewicz T R, Porter D W, Hubbs A F, et al. Nanoparticle inhalation augments particle-dependent systemic microvascular dysfunction. Part Fibre Toxicol, 2008, 5 (1) .

[36] Sun Q, Hong X, Wold L E. Cardiovascular effects of ambient particulate air pollution exposure. Circulation, 2010, 121 (25): 2755-2765.

[37] van Ravenzwaay B, Landsiedel R, Fabian E, et al. Comparing fate and effects of three particles of different surface properties: Nano-TiO_2, pigmentary TiO_2 and quartz. Toxicology Letters, 2009, 186 (3): 152-159.

[38] Roursgaard M, Jensen K A, Poulsen S S, et al. Acute and subchronic airway inflammation after intratracheal instillation of quartz and titanium dioxide agglomerates in mice. The Scientific World Journal, 2011, 11: 801-825.

[39] Sun Q, Tan D, Ze Y, et al. Pulmotoxicological effects caused by long-term titanium dioxide nanoparticles exposure in mice. Journal of Hazardous Materials, 2012, 235: 47-53.

[40] Lee K, Trochimowicz H, Reinhardt C. Pulmonary response of rats exposed to titanium dioxide (TiO_2) by inhalation for two years. Toxicology and Applied Pharmacology, 1985, 79 (2): 179-192.

[41] IARC. Cobalt in hard metals and cobalt sulfate, gallium arsenide, indium phosphide and vanadium pentoxide. IARC Sci Publ, 2006, 86: 1-294.

[42] Leo B F, Chen S, Kyo Y, et al. The stability of silver nanoparticles in a model of pulmonary surfactant. Environmental Science & Technology, 2013, 47 (19): 11232-11240.

[43] Roberts J R, McKinney W, Kan H, et al. Pulmonary and cardiovascular responses of rats to inhalation of silver nanoparticles. Journal of Toxicology and Environmental Health (Part A) 2013, 76 (11): 651-668.

[44] Kaewamatawong T. Acute and subacute pulmonary toxicity caused by single intratracheal instillation of colloidal silver nanoparticles in mice: Pathobiological Changes and Metallothionien Respon. Journal of Environmental Pathology, Toxicology and Oncology, 2014, 33 (1): 59-68.

[45] Wang X, Ji Z, Chang C H, et al. Use of coated silver nanoparticles to understand the relationship of particle dissolution and bioavailability to cell and lung toxicological potential. Small, 2014, 10 (2): 385-398.

[46] Gliga A R, Skoglund S, Wallinder I O, et al. Size-dependent cytotoxicity of silver nanoparticles in human lung cells: the role of cellular uptake, agglomeration and Ag release. Particle and Fibre Toxicology, 2014, 11 (1): 11.

[47] Suliman Y, Omar A, Ali D, et al. Evaluation of cytotoxic, oxidative stress, proinflammatory and genotoxic effect of silver nanoparticles in human lung epithelial cells. Environmental Toxicology, 2015, 30 (2): 149-160.

[48] Fukui H, Horie M, Endoh S, et al. Association of zinc ion release and oxidative stress induced by intratracheal instillation of ZnO nanoparticles to rat lung. Chemico-Biological Interactions, 2012, 198 (1): 29-37.

[49] Sahu D, Kannan G, Vijayaraghavan R, et al. Nanosized Zinc Oxide Induces Toxicity in Human Lung Cells. ISRN Toxicology, 2013, doi: 10.1155/2013/316075.

[50] Yan Z, Xu L, Han J, et al. Transcriptional and posttranscriptional regulation and endocytosis were involved in zinc oxide nanoparticle-induced interleukin-8 overexpression in human bronchial epithelial cells. Cell Biology and Toxicology, 2014, 30 (2): 79-88.

[51] Juang Y M, Lai B H, Chien H J, et al. Changes in protein expression in rat bronchoalveolar lavage fluid after exposure to zinc oxide nanoparticles: an iTRAQ proteomic approach. Rapid Communications in Mass Spectrometry, 2014, 28 (8): 974-980.

[52] Jain S, Rachamalla M, Kulkarni A, et al. Pulmonary fibrotic response to inhalation of ZnO nanoparticles and toluene co-exposure through directed flow nose only exposure chamber. Inhalation Toxicology, 2013, 25 (13): 703-713.

[53] Leutwyler W K, Bürgi S L, Burgl H. Semiconductor clusters, nanocrystals, and quantum dots. Science, 1996, 271 (5251): 933-937.

[54] Yong K T, Law W C, Hu R, et al. Nanotoxicity assessment of quantum dots: from cellular to primate studies. Chemical Society Reviews, 2013, 42 (3): 1236-1250.

[55] Brunetti V, Chibli H, Fiammengo R, et al. InP/ZnS as a safer alternative to CdSe/ZnS core/shell quantum dots: in vitro and in vivo toxicity assessment. Nanoscale, 2013, 5 (1): 307-317.

[56] King-Heiden T C, Wiecinski P N, Mangham A N, et al. Quantum dot nanotoxicity assessment using the zebrafish embryo. Environmental Science & Technology, 2009, 43 (5): 1605-1611.

[57] Hoshino A, Hanada S, Manabe N, Immune response induced by fluorescent nanocrystal quantum dots in vitro and in vivo. NanoBioscience, IEEE Transactions on, 2009, 8 (1): 51-57.

[58] Bruneau A, Fortier M, Gagne F, et al. In vitro immunotoxicology of quantum dots and comparison with dissolved cadmium and tellurium. Environmental Toxicology, 2013.

[59] Sadaf A, Zeshan B, Wang Z, et al. Toxicity Evaluation of Hydrophilic CdTe Quantum Dots and CdTe@ SiO_2 Nanoparticles in Mice. Journal of Nanoscience and Nanotechnology, 2012, 12 (11): 8287-8292.

[60] Roberts J R, Antonini J M, Porter D W, et al. Lung toxicity and biodistribution of Cd/Se-ZnS quantum dots with different surface functional groups after pulmonary exposure in rats. Part Fibre Toxicol, 2013, 10: 5.

[61] Ma-Hock L, Brill S, Wohlleben W, Farias P, Chaves C, Tenorio D, et al. Short term inhalation toxicity of a liquid aerosol of CdS/Cd $(OH)_2$ core shell quantum dots in male Wistar rats. Toxicology Letters, 2012, 208 (2): 115-124.

[62] Liu J, Erogbogbo F, Yong K T, et al. Assessing clinical prospects of silicon quantum dots: Studies in mice and monkeys. ACS Nano, 2013, 7 (8): 7303-7310.

[63] McConnachie L A, Botta D, White C C, et al. The Glutathione synthesis gene gclm modulates amphiphilic polymer-coated CdSe/ZnS quantum dot-induced lung inflammation in mice. PloS One, 2013, 8 (5): e64165.

[64] Ho C C, Chang H, Tsai HT, et al. Quantum dot 705, a cadmium-based nanoparticle, induces persistent inflammation and granuloma formation in the mouse lung. Nanotoxicology, 2013, 7 (1): 105-115.

[65] Jacobsen N R, Moller P, Jensen K A, et al. Lung inflammation and genotoxicity following pulmonary exposure to nanoparticles in ApoE-/-mice. Part Fibre Toxicol, 2009, 6 (2): 2.

[66] Nagy A, Steinbrück A, Gao J, et al. Comprehensive analysis of the effects of CdSe quantum dot size, surface charge, and functionalization on primary human lung cells. ACS Nano, 2012, 6 (6): 4748-4762.

[67] Gagné F, Fortier M, Yu L, et al. Immunocompetence and alterations in hepatic gene expression in rainbow trout exposed to CdS/CdTe quantum dots. Journal of Environmental Monitoring, 2010, 12 (8): 1556-1565.

[68] Borm P J, Kreyling W. Toxicological hazards of inhaled nanoparticles-potential implications for drug delivery. Journal of Nanoscience and Nanotechnology, 2004, 4 (5): 521-531.

[69] Oberdörster G, Ferin J, Lehnert B E. Correlation between particle size, in vivo particle persistence, and lung injury. Environmental Health Perspectives, 1994, 102 (Suppl 5): 173.

[70] Oberdörster G, Ferin J, Gelein R, et al. Role of the alveolar macrophage in lung injury: Studies with ultrafine particles. Environmental Health Perspectives, 1992, 97: 193.

[71] Wu T, Tang M. Toxicity of quantum dots on respiratory system. Inhalation Toxicology, 2014, 26 (2): 128-139.

[72] Kendall M, Brown L, Trought K. Molecular adsorption at particle surfaces: A PM toxicity mediation mechanism. Inhalation Toxicology, 2004, 16 (s1): 99-105.

5

纳米材料在环境领域的应用及其环境生物效应*

纳米（nanometer，nm）为 1×10^{-9} m。纳米材料指在三维空间中，至少有一维达到纳米尺度范围（1～100 nm），或以其为基本单位所构成的材料[1,2]，如粒径为 1～100 nm 的纳米颗粒、直径为 1～100 nm 的纳米线、厚度为 1～100 nm的纳米薄膜等。由于粒子的表面原子与总原子数之比随粒径尺寸的减少而急剧增大，当粒子尺寸进入纳米量级时显示出明显的体积效应（即小尺寸效应）、量子尺寸效应、表面效应和宏观量子隧道效应。因此，纳米材料在光学、热学、电学、磁学、力学及化学方面显示出许多奇异的特性，使其在科学研究以及人们的日常生产生活中得到了广泛的应用[3]。目前采用纳米材料的商品广泛出现在市场上，包括电子元件、光学元件、医疗元件、纺织品、高性能运动器材、化妆品、食品包装、燃料电池、催化剂、生物传感器等[4～7]。

在纳米产品的生产、使用和处理过程中，纳米材料难免会通过各种途径进入环境[8]。尤其是纳米材料应用于环境保护领域时，其独特的物理化学属性不仅可以对污染物进行控制[9]，同时还可能给生态环境带来难以预料的影响[10]。社会各界在肯定纳米材料正面效益的同时，对其可能的负面环境影响和生态效应也越来越关注[11]。《科学》、《自然》等国际顶级期刊曾相继发表文章对相关问题表示关注[12～15]。美国、欧盟等许多国家和地区的环保部门也表示目前急需纳米材料的环境行为、生态效应和对人体健康影响的相关研究数据和标准[16]。越来越多的研究证实，纳米材料在环境中具有不同程度的生物毒性[17]。本文对纳米材料在环境保护领域中的应用及其可能产生的环境生物效应进行了简要综述。

---

* 本节作者为陈章健、贾光。

5.1 纳米材料在环保领域中的应用

环境保护方法归纳起来有两大类：一类是对已有污染物的处理，即“末端”治理法；另一类是对产生污染源的整个工艺过程进行根治，即控制污染源。

5.1.1 控制污染源

控制污染源也可称为污染的预防，具体是指有效地使用原材料、能源、水及其他资源以减少或消除废物的产生，从而从源头上遏制污染的发生。将纳米材料应用于寻找适合环境保护的新型高性能催化与吸附材料是这项策略实施的关键，同时还包括用低毒或可更新的纳米材料作为传统原料的替代品[18]。因此，纳米材料在污染的预防中可以起到关键作用。

5.1.1.1 降低能源消耗，减少有毒物质使用

纳米结构的催化剂可能对产物具有高选择性从而提高化学反应效率。例如，纳米级的沸石正被用来对烃类进行选择性氧化，从而降低能源消耗，减少光学副反应的发生同时提高产品的产量[19]。如果在燃料燃烧的同时加入纳米级催化剂不仅可以使煤充分燃烧，不产生一氧化硫（SO）气体，提高能源利用率，而且会使硫转化成固体的硫化物。如用纳米三氧化二铁（Fe_2O_3）作为催化剂，经纳米材料催化的燃烧产物中硫的含量小于0.01%。不仅节约了能源，提高能源的综合利用率，也减少了因为能源消耗所带来的环境污染问题，而且使废气等有害物质再利用成为可能[20]。但由于纳米材料对反应底物的选择性尚处于论证阶段，虽然已经发现部分纳米材料催化剂对底物具有选择性，但目前还不能认为所有的纳米材料对底物都具有高度选择性，因此这一点还需要更多的科学研究资料证明[21]。

此外，纳米技术还可以应用于利用低毒或无毒的纳米材料替代目前所用的毒性材料。例如，用纳米材料制成的无毒、节能的显示器取代那些由有毒的阴极射线管（cathode ray tubes，CRT）制成的显示器，前者不含铅、耗能少，不仅可以进一步减少重金属带来的环境污染，还可大幅度减少对原料和能源的消耗，并更好地满足消费者的需要[19]。但同时应注意，无毒材料本身由微米级制成纳米级后，由于理化性质的改变，也有可能成为毒性更强的物质。

火力发电排放的二氧化碳（CO_2）、二氧化硫（SO_2）、烟尘悬浮物等会引起温室效应、酸雨等严重的环境污染，照明节电可以带来巨大的社会、经济和生态效益。由纳米材料制成的微小发光二极管（tiny light-emitting diode）用

于交通灯，较普通灯泡使用寿命长且节约能源。美国“国家纳米技术计划”（*National Nanotechnology Initiative*，NNI）预计：如果该项技术能够广泛用于家庭和办公室的照明系统，美国每年可以节约10%的能源消耗，减少燃煤2亿吧，并有效减轻温室效应[22]。

5.1.1.2 减少水资源消耗

用纳米TiO_2处理后的化学纤维制作的衣服、窗帘和帐篷等同时具有疏水性和疏油性，能防水、防油，从而具有自洁和免洗的作用。不需使用化学洗涤剂清洗，一方面降低了污水的排放量，另一方面减少了水资源的消耗[23,24]。

5.1.1.3 减少废物的产生

目前许多食品多以铝箔、聚乙烯等作为包装材料，食用后包装废弃物采用掩埋的方式造成环境污染，已逐渐引起了人们的重视。纳米材料的可回收、可生物降解等特性，可以用于减轻食品包装废弃物带来的环境污染[25]。

5.1.2 治理环境污染物

5.1.2.1 水的净化处理

传统的水处理方法可以除去污水中的悬浮物、泥沙等污染物，但对低浓度可溶性有毒、有害物质的处理效率低、成本高，有时甚至无法处理。使用纳米材料的新型水处理方法，在处理有机废水、无机废水以及自来水方面都有着独特的优势。

在处理有机废水方面，一些具有光催化特性的纳米材料可使许多难降解的污染物转化为H_2O和CO_2等无污染的小分子物质。光催化纳米材料大多是金属氧化物等半导体材料，具有特殊的电子结构。常见的光催化纳米材料为纳米TiO_2，它被认为低毒、稳定、氧化能力强。纳米TiO_2在紫外光的照射下，能吸收紫外光的辐射产生电子跃迁，形成电子和空穴，然后电子和空穴分别与吸附在粒子表面的溶解氧和水分子作用，传递能量，最终形成具有高活性和强氧化性的OH·自由基和超氧离子，以氧化各种有机化合物。因此纳米TiO_2具有杀菌、除臭、光催化降解有机污染物的特性[26]。光催化纳米材料能将水中的绝大多数有机污染物转化为无污染的物质，如能将烃类、卤代烃、酸、表面活性剂、有机染料、含氮有机物等污染物完全氧化为无害物质。主要应用于化工废水、染料废水、农药废水、含油废水、造纸废水等有机废水的处理。Hathaisamit等[27]利用纳米TiO_2薄膜光催化处理印染废水，结果表明：有机染料阳离子黄X-GI在分别处理1天、2天和3天后，去除效率分别可达95.53%、95.84%和99.14%。还有研究表明，改性纳米TiO_2具有较强的氧化能力，对滇池蓝藻的微囊藻胶群体、叶绿素及超氧化物歧化酶活性等可产生明显的破坏性影响，从而可显著抑制蓝藻生长。纳米 TiO_2的这一性质有望应用于改善自然水域的生态系统和自然景观[28]。

在处理无机废水方面，由于无机物在纳米粒子表面具有光化学活性，能将高氧化态汞（Hg)、银（Ag)、铂（Pt）等贵重金属离子吸附于表面，并利用光生电子将其还原为细小的金属晶体，并沉积在催化剂表面，这样既消除了废水的毒性，又可从工业废水中回收贵重金属。实验研究证明，纳米铁颗粒可应用于水中重金属离子、无机阴离子（NO_3^-、$Cr_2O_3^{2-}$）及放射性核素（如 UO_2^{2+}）的治理。近些年来，0 价纳米 Fe 颗粒由于其低廉的价格及尚未发现毒性等原因已受到许多实验者的青睐[29,30]。

在自来水净化方面，新型纳米级净水剂[31]的吸附能力和絮凝能力是普通净水剂 Al_2O_3的 10～20 倍，能将污水中悬浮物完全吸附并沉淀，然后采用纳米磁性物质、纤维和活性炭净化装置，有效地除去水中的铁锈、泥沙以及异味等。再经过纳米孔径的处理膜过滤后，几乎可以 100%除去水中直径比纳米大的细菌、病毒等，得到高质量的纯净水。

5.1.2.2 大气污染物的治理

纳米材料应用于大气污染的治理主要包括汽车尾气的净化和室内空气的净化两部分。

汽车尾气排放直接污染人们的生活空间及呼吸层，对人体健康影响极大。开发替代燃料或研究用于控制汽车尾气污染的材料，对净化环境具有重要的意义。用纳米复合材料制备与组装的汽车尾气传感器[32]，通过汽车尾气排放的监控，可及时对超标排放进行报警，并通过调整合适的空燃比，减少富油燃烧，达到降低有害气体排放和燃油消耗的目的。纳米二氧化钛薄膜等新型催化材料对汽车尾气所排放的 NO、CO 等具有良好的催化转化作用，可以作为新型汽车尾气催化剂替代昂贵的重金属催化剂[33]。

新装修房间空气中的有机物浓度大大高于室外，而光催化剂可以很好地降解甲醛、甲苯等污染物。将某些对日光有响应的半导体纳米材料涂敷于墙壁或其他合适的表面上做成光致空气清洁剂，可将 SO_2、H_2S、NO、NO_2等有害气体吸附于表面，在光作用下转化为无害物质。其中纳米 TiO_2的降解效果最佳。纳米 TiO_2经光催化产生的空穴和形成于表面的活性氧化膜能与细菌细胞或细胞内组成成分进行生化反应，不仅能杀死环境中的细菌，而且能同时降解由细菌释放出的有毒复合物[34]。以活性炭纤维为载体制备的掺杂有过渡金属离子的纳米 TiO_2光催化剂，在紫外光照射下对低浓度甲醛降解效率达到 97%[35]。在医院的病房、手术室及生活空间安放纳米 TiO_2 光催化剂可具有杀菌、除臭作用。

5.1.2.3 土壤污染物的治理

以往土壤或泥浆中的污染物治理都收效不佳，主要原因在于固态物质催化的化学反应由于反应物间的接触面积过小而难以实现。纳米技术和纳米材料给土壤固体垃圾及时有效处理带来了新的机遇，主要表现在两个方面：一是可以将橡胶制品、塑料制品、废印刷电路板等制成超微粉末，除去其中的异物，成为再生原料回收；二是利用纳米材料如纳米 TiO_2 催化技术可以使城市垃圾快速降解，其速度可达到大颗粒 TiO_2 的 10 倍以上，从而缓解大量城市垃圾给城市环境带来的压力。还有研究通过将纳米级 Pd/Fe 颗粒填塞到一种直径为 400～500 μm 的小珠子（由藻胶和氨氧嘧啶制成的聚合材料，价格低廉）中，为泥浆中的芳香族化合物脱氯提供一个很好的反应平台，加快了污染物的降解[36]。

5.1.2.4 其他

（1）噪声控制。飞机、车辆、船舶等发动机工作的噪声可达上百分贝，容易对环境造成噪声污染。当机器设备等被纳米技术微型化以后，其互相撞击、摩擦产生的交变机械作用力将大为减少，噪声污染便可得到有效控制。运用纳米技术开发的润滑剂，既能在物体表面形成永久性的固态膜，产生极好的润滑作用，大大降低机器设备运转时的噪声，又能延长设备的使用寿命[37]。

（2）防止电磁辐射。近年来电磁场对人体健康的影响问题已经成为一个新的研究热点。在强烈辐射区工作并需要电磁屏蔽时，通过在墙内加入纳米材料层或涂上纳米涂料，能大大提高遮挡电磁波辐射的性能[38]。

5.2 纳米颗粒的环境行为

纳米颗粒物在液体中的稳定分散体系是一种胶体体系，因具有高分散性、高比表面积和高表面能等特点，胶体粒子具有自动聚结起来以降低体系表面能的趋势。从热力学角度看，虽然胶体体系不稳定，但实际上胶体体系总是能稳定存在一定时间，有的甚至能长达数年和数十年。然而，当胶体颗粒粒径小到一定程度时（ <100 nm），纳米胶体可能因为布朗运动导致的胶体颗粒物之间碰撞而在几分钟或几个小时间内发生聚集。随着聚集体尺寸越来越大，其扩散系数变得越来越小，聚集速度逐渐变慢，最后达到平衡状态。

纳米颗粒物在水体介质中的聚集和分散很大程度上决定着它们在水环境中的归趋[39]。纳米颗粒物在水体中的聚集和分散行为影响到其与生物体之间的相互作用，并最终影响纳米颗粒物在水中的生态毒性[40]。释放到环境（大气、土壤、水）中的纳米颗粒物通过这种途径发生一系列的聚集—分散—再聚集或者分散—聚集—再分散过程，最终因聚集体的粒径过大而沉降到沉积物上，或被水中浮游生物所吞噬而逐级富集。此外，环境介质中存在的生物体或者某些物质（例如天然有机质、十二烷基硫酸钠等）能和纳米颗粒物发生相互作用而影响其在环境中的分散聚集行为。如袁一笑等[41]用纳米 TiO_2 粉研究发现，纳米颗粒物进入水中后，前 5 小时杂质很快地吸附在颗粒物上，TiO_2 粒子由于吸附大量杂质，有效半径增大，颗粒聚集沉降，但随着吸附能力的降低，致使粒子聚集减慢，杂质悬浮在水体中反而不易沉降。他们还发现纳米 TiO_2 除了影响水体的沉降性能外，还会改变水体的流动特性。

5.3 纳米材料可能存在的生物效应

综上可知，纳米材料在大气、水、土壤等环境治理以及很多方面都有着广泛的用途，但与此同时纳米材料不可避免地会进入大气层、土壤、水圈和生物圈。而目前关于纳米材料进入大气、水和土壤后的迁徙及转归知之甚少，再者由于其表现出了众多不同于微米级颗粒的特征，其对环境可能存在的负面影响也是一个不容忽视的问题[42]。

5.3.1 对水和土壤可能存在的负面效应

水和土壤环境是紧密相关的。人造纳米材料可能通过下列途径进入水和土壤环境：①纳米材料可能会在大批量生产运输或处理过程中溢出；②含纳米材料成分的化妆品或防晒霜等个人防护产品随生活污水进入环境；③纳米材料产品如纳米农药，直接在水和土壤中使用。

以往认为，在实验室中很难产生溶于水的纳米颗粒，因此人类可以不必担心它会进入水环境中。但随着纳米技术的发展，一些亲水的纳米材料逐渐被发现和研制成功。C_{60}（fullerene，富勒烯）是一种亲水的纳米材料，它可以在没有任何表面处理的情况下于水中形成胶体样物质。Oberdörster 等[43]研究发现，接触无涂层的 0.5 mg/L C_{60} 水溶悬胶体（aqueous suspended colloids，nC_{60}）的幼年大嘴黑鲈鱼（juvenile largemouth bass）可以出现大脑脂质过氧化损伤，以及腮中还原型谷胱甘肽（GSH）含量降低。他们认为这可能与 C_{60} 具有氧化还原活性和亲脂性有关。同时很多研究显示，纳米材料还可以通过在其表面修饰一些亲水性的基团而增强其水溶性或增加其在水溶液中的稳定性[44]。同时，即使是难溶于水的纳米材料，其也有可能通过增强其他有毒物质的毒性而产生负面的环境生物效应。Fan[45]等的研究表明，在铜的安全浓度范围内，纳米 TiO_2 能显著增加铜离子对大型蚤的毒性。他们认为可能是由于铜离子大量吸附于纳米 TiO_2 的表面而最终在生物体内蓄积增加所导致。

进入水体的纳米材料可渗入土壤，干扰土壤中微生物平衡和植物的生长。纳米材料可以经植物吸收进入食物链，从而实现其在生物之间的转运，并对动物和人产生影响[46]。纳米材料的存在可能影响植物的生长，而植物对纳米材料的吸收、代谢与累积又会影响纳米材料的环境行为和归宿，甚至使其在食物链中放大[47]。纳米材料对植物生长发育存在正负两个方面的影响，正面影响包括促进植物种子发芽、植物根及地上部的生长等；负面影响除了降低发芽率、抑制植物生长，甚至导致植物枯萎死亡等，还包括一些对植物细胞分裂、蛋白合成等的干扰。土壤中纳米材料对植物的生物效应尚未有明确的结论。TiO_2纳米颗粒能促进菠菜的光合作用和氮的新陈代谢[48]，ZnO 纳米颗粒易促进绿豆芽的生长[49]，但另据报道，纳米颗粒抑制了玉米、黄瓜、大豆、卷心菜及胡萝卜和油菜、萝卜及黑麦草根的延长[50]。

植物细胞与动物细胞最大的区别之一是植物细胞壁的存在，而植物细胞壁也被认为是阻止纳米材料进入植物细胞的一道屏障[51]，因此一些研究也通过采用去除细胞壁的植物细胞原生质体来研究纳米材料与植物细胞的相互作用。如 Shen 等[52]研究了 SWCNTs 对水稻和拟南芥叶肉细胞原生质体的影响，研究表明 SWCNTs 能引起细胞染色质凝聚并加速 DNA 裂解，导致细胞凋亡。他们认为 SWCNTs 产生的活性氧簇（ROS）可能是主要的致毒机制。这也证明纳米材料对去除细胞壁后的植物细胞的影响更显著，因此土壤中纳米材料对不同植物的生物效应不同可能与其细胞壁的通透性有关。

纳米材料对环境中微生物平衡的影响也应该引起关注。目前这方面的研究相对较少。Tong 等[53]首次利用 PCR-DGGE 评价了纳米颗粒物 C_{60} 对土壤中的厌氧微生物菌落结构和功能的影响。研究发现，土壤厌氧微生物经过 180 天的暴露实验，微生物群落的结构和功能并没有发生显著的变化。然而，他们认为一方面由于微生物对某一种物质在厌氧条件下的代谢所需时间很长，因此相关研究还需要一个更加长期的观测过程；另一方面，C_{60} 对微生物群落结构和功能的影响不能外推到其他纳米颗粒物和其他微生物群落，不同纳米颗粒物对微生物的毒性有较大区别。因此针对纳米材料对环境中微生物平衡影响的研究还有待加强。

5.3.2　对大气可能存在的负面效应

目前，最有可能通过空气接触高浓度纳米材料的人群是生产和研发纳米材料的职业人群。美国国家职业安全与卫生研究所（NIOSH）根据实验动物数据给出的纳米 TiO_2（$<$100 nm）工作场所推荐接触限值（RELs）为 0.3 mg/m^3，而非纳米 TiO_2（$>$100 nm）的 RELs 为纳米 TiO_2 的 8 倍[54]。即相对于粗颗粒，相同质量纳米颗粒可能在空气中的危害更大。世界各国尚没有制定出针对纳米材料的劳动保护条例，从事纳米材料生产加工的工人对纳米材料的安全性也并没有足够的重视。由于纳米材料大都是在封闭的反应器中或是液态相产生，生产工艺的自动化程度也相对较高，因此在生产纳米材料的工厂环境中纳米颗粒的可吸入水平可能很低[55]。但是我们不能完全排除其从液态相或是封闭的反应器中泄露出来而对工人造成安全隐患的可能。

大气颗粒物对人体健康的影响很早就引起了学术界的关注[56,57]。生活中人们接触的纳米颗粒主要是指动力学直径＜100 nm 的超细颗粒，其来源主要是有机物的不完全燃烧、金属冶炼铸造和矿山开采，城市中则以汽车尾气为最主要的来源，尤其是柴油机动车[58]。柴油机尾气含有多种成分，其中包括颗粒物、CO 和多环芳烃（PAHs）等。Kaur 等[59]发现行人主要暴露于细颗粒，还有少部分炭黑、CO 和超细颗粒，但其主要是根据其所占的质量浓度百分比计算的。而根据 Rodriguez 等[60]的研究，超细颗粒虽然在气溶胶总体积中的贡献还不到 1.5%，但它的颗粒数却占总数的 25%～60%。目前在工业型城市各种滤网主要去除的是微米级颗粒而且空气质量监测也是以气溶胶体积为主要参数，这显然是不够的，如何减少和控制大气环境中的纳米颗粒也同样应该受到关注。

5.3.3 其他

纳米颗粒增加的表面积意味着它们可能更容易发生反应、更易燃。因此，在易燃性纳米粉的生产、运输或储存过程中就可能存在爆炸的危险。纳米材料暴露于空气或紫外线可能会发生变化，这又涉及它的生物稳定性问题。纳米农药的开发利用对空气、土壤以及水环境的生物健康危害也不可低估[61]。

5.4 结 语

由上可知，随着纳米科技和纳米材料的研究深入，特别是纳米科技与环境保护和环境治理的进一步有机结合，许多环保难题将会得到解决。纳米科技作为一门新兴科学，必将对环境保护产生深远的影响，利用纳米科技解决环境污染问题将成为未来环境保护发展的必然趋势。

但是目前关于纳米材料进入大气、水和土壤后的迁徙及转归知之甚少，因此，在欣赏纳米科技给我们带来的环境治理及保护方面的巨大成就的同时，还应该关注纳米材料在环境方面的未知风险是否会超过它为社会带来的利益。尽管人们已经开始评价纳米材料的毒性和潜在危害，但是与纳米技术的飞速发展相比，当前有关纳米材料的健康和环境危险度评价的相关研究仍然进展缓慢。

我们需要进一步加快对纳米材料环境风险的研究与评价，以避免其在大规模生产应用后对环境造成无法挽回的危害。

参考文献

[1] European Commission (EC) . Glossary: Nanomaterial. http: //ec. europa. eu/health/scientific _ committees/ opinions _ layman/nanomaterials2012/en/glossary/mno/nanomaterial. htm.

[2] Kreyling W G, Semmler-Behnke M, Chaudhry Q. A complementary definition of nanomaterial. Nano Today, 2010, 5 (3): 165-168.

[3] Hristozov D R, Gottardo S, Critto A, et al. Risk assessment of engineered nanomaterials: a review of available data and approaches from a regulatory perspective. Nanotoxicology, 2012, 6 (8): 880-898.

[4] Aragay G, Merkoci A. Nanomaterials application in electrochemical detection of heavy metals. Electrochimica Acta, 2012, 84: 49-61.

[5] Khot L R, Sankaran S, Maja J M, et al. Applications of nanomaterials in agricultural production and crop protection: A review. Crop Protection, 2012, 35: 64-70.

[6] Hubbell J A, Chilkoti A. Nanomaterials for drug delivery. Science, 2012, 337 (6092): 303-305.

[7] Barreto J A, O'Malley W, Kubeil M, et al. Nanomaterials: Applications in cancer imaging and therapy. Advanced Materials, 2011, 23 (12): H18-H40.

[8] Gottschalk F, Nowack B. The release of engineered nanomaterials to the environment. Journal of Environmental Monitoring, 2011, 13 (5): 1145-1155.

[9] Khin M M, Nair A S, Babu V J, et al. A review on nanomaterials for environmental remediation. Energy & Environmental Science, 2012, 5 (8): 8075-8109.

[10] Gause C B, Layman R M, Small A C. A small business approach to nanomaterial environment, health, and safety. Journal of Occupational and Environmental Medicine, 2011, 53 (6): S28-S31.

[11] Hussain S M, Braydich-Stolle L K, Schrand A M, et al. Toxicity evaluation for safe use of nanomaterials: recent achievements and technical challenges. Advanced Materials, 2009, 21 (16): 1549-1559.

[12] Service R F. American Chemical Society meeting: Nanomaterials show signs of toxicity. Science, 2003, 300 (5617): 243.

[13] Service R F. Nanotechnology - Calls rise for more research on toxicology of nanomateriais. Science, 2005, 310 (5754): 1609.

[14] Nel A, Xia T, Madler L, et al. Toxic potential of materials at the nanolevel. Science, 2006, 311 (5761): 622-627.

[15] Brumfiel G. Nanotechnology: A little knowledge. Nature, 2003, 424 (6946): 246-248.

[16] Hopkinson J. EPA, EU officials call for more data, testing standards for nanomaterials. Inside EPA's Risk Policy Report, 2011, 18 (12) .

[17] Jiang G, Shen Z, Niu J, et al. Nanotoxicity of engineered nanomaterials in the environment. Progress in Chemistry, 2011, 23 (8): 1769-1781.

[18] Yang D, Xu X, Zhang H, et al. A special section on advanced nanomaterials for environment and water remediation. Science of Advanced Materials, 2013, 5 (8): 960-961.

[19] Masciangioli T, Zhang W X. Environmental technologies at the nanoscale. Environmental Science & Technology, 2003, 37 (5): 102A-108A.

[20] Kwon S, Fan M, Wheelock T D. Catalytic oxidation of CO and CH_4 as well as mixture of CO and CH_4 with nano and micro Fe_2O_3. Environmental Engineering Science, 2007, 24 (8): 1065-1071.

[21] Zhang W X, Karn B. Nanoscale environmental science and technology: Challenges and opportunities. Environmental Science & Technology, 2005, 39 (5): 94A-95A.

[22] Hood E. Nanotechnology: Looking as we leap. Environmental Health Perspectives, 2004, 112 (13): A740-A749.

[23] Euvananont C, Junin C, Inpor K, et al. TiO_2 optical coating layers for self-cleaning applications. Ceramics International, 2008, 34 (4): 1067-1071.

[24] Yu M, Wang Z, Liu H, et al. Laundering durability of photocatalyzed self-cleaning cotton fabric with TiO_2 nanoparticles covalently immobilized. Acs Applied Materials & Interfaces, 2013, 5 (9): 3697-3703.

[25] Guirong P, Qingshan L, Yanling Y, et al. Degradation of nano ZnO-glass fiber-unsaturated polyester composites. Journal of Applied Polymer Science, 2009, 114 (4): 2128-2133.

[26] Truong V C, Le Q T D. Synthesis of nano titanium dioxide and its application in photocatalysis. Journal of the Korean Physical Society, 2008, 52 (5): 1526-1529.

[27] Hathaisamit K, Sutha W, Kamruang P, et al. Decolorization of cationic yellow X-Gl 200% from textile dyes by TiO_2 films-coated rotor. Procedia Engineering, 2012, 32: 800-806.

[28] 周丽娟，尹海川，陈小兰，等. 载 Pt 纳米 TiO_2 抑制滇池蓝藻生长的研究. 云南大学学报（自然科学版），2005，27（4）：361-364.

[29] Zhang W X. Nanoscale iron particles for environmental remediation: An overview. Journal of Nanoparticle Research, 2003, 5 (3-4): 323-332.

[30] Jiamjitrpanich W, Polprasert C, Parkpian P, et al. Environmental factors influencing remediation of TNT-contaminated water and soil with nanoscale zero-valent iron particles. Journal of Environmental Science and Health Part a-Toxic/Hazardous Substances & Environmental Engineering, 2010, 45 (3): 263-274.

[31] Hongyang M, Burger C, Hsiao B S, et al. Ultra-fine cellulose nanofibers: new nanoscale materials for water purification. Journal of Materials Chemistry, 2011, 21 (21): 7507-7510.

[32] Plashnitsa V V, Elumalai P, Fujio Y, et al. Zirconia-based electrochemical gas sensors using nano-structured sensing materials aiming at detection of automotive exhausts. Electrochimica Acta, 2009, 54 (25): 6099-6106.

[33] Yu S, Liang Y, Sun S, et al. Vehicle exhaust gas clearance by low temperature plasma-driven nano-titanium dioxide film prepared by radiofrequency magnetron sputtering. PLoS One, 2013, 8 (4) .

[34] Yu J, Jaroniec M, Lu G. TiO_2 photocatalytic materials. International Journal of Photoenergy, 2012.

[35] Noguchi T, Fujishima A. Photocatalytic degradation of gaseous formaldehyde using TiO_2 film. Environmental Science & Technology, 1998, 32 (23): 3831-3833.

[36] Graham L J, Jovanovic G. Dechlorination of p-chlorophenol on a Pd Fe catalyst in a magnetically stabilized fluidized bed; Implications for sludge and liquid remediation. Chemical Engineering Science, 1999, 54 (15-16): 3085-3093.

[37] Yanhui Z, Xiliang D, Jiaxi Z. Research on properties of automobile lubricant containing nano-ceramic additives. Advanced Materials Research, 2012, 503-504: 700-704.

[38] Zheng X, Yu'an H, Yang Y, et al. Dispersion of iron nano-particles on expanded graphite for the shielding of electromagnetic radiation. Journal of Magnetism and Magnetic Materials, 2010, 322 (20): 3084-3087.

[39] Lowry G V, Gregory K B, Apte S C, et al. Transformations of nanomaterials in the environment. Environmental Science & Technology, 2012, 46 (13): 6893-6899.

[40] Farre M, Sanchis J, Barcelo D. Analysis and assessment of the occurrence, the fate and the behavior of nanomaterials in the environment. Trac-Trends in Analytical Chemistry, 2011, 30 (3): 517-527.

[41] 袁一笑，周勤．纳米二氧化钛在水中的环境行为．广东工业大学学报，2005，22 (3): 17-20.

[42] Klaine S J, Alvarez P J J, Batley G E, et al. Nanomaterials in the environment: Behavior, fate, bioavailability, and effects. Environmental Toxicology and Chemistry, 2008, 27 (9): 1825-1851.

[43] Oberdorster E. Manufactured nanomaterials (Fullerenes, C_{60}) induce oxidative stress in the brain of juvenile largemouth bass. Environmental Health Perspectives, 2004, 112 (10): 1058-1062.

[44] Aslamazova T R, Kotenev V A, Sokolova N P, et al. Synthesis of composites based on polymer binders and water-soluble strongly polar phthalocyanine aimed at developing functional nanomaterials. Protection of Metals and Physical Chemistry of Surfaces, 2010, 46 (4): 474-478.

[45] Fan W, Cui M, Liu H, et al. Nano-TiO_2 enhances the toxicity of copper in natural water to Daphnia magna. Environmental Pollution, 2011, 159 (3): 729-734.

[46] Gardea-Torresdey J L, Rico C M, White J C. Trophic transfer, transformation, and im-

pact of engineered nanomaterials in terrestrial environments. Environmental Science & Technology, 2014, 48 (5): 2526-2540.

[47] Miralles P, Church T L, Harris A T. Toxicity, uptake, and translocation of engineered nanomaterials in vascular plants. Environmental Science & Technology, 2012, 46 (17): 9224-9239.

[48] Yang F, Liu C, Gao F, et al. The improvement of spinach growth by nano-anatase TiO_2 treatment is related to nitrogen photoreduction. Biological Trace Element Research, 2007, 119 (1): 77-88.

[49] Mahajan P, Dhoke S K, Khanna A S. Effect of nano-ZnO particle suspension on growth of Mung (Vigna radiata) and Gram (Cicer arietinum) seedlings using plant agar method. Journal of Nanotechnology, 2011.

[50] Lin D, Xing B. Phytotoxicity of nanoparticles: Inhibition of seed germination and root growth. Environmental Pollution, 2007, 150 (2): 243-250.

[51] Eggenberger K, Frey N, Zienicke B, et al. Use of nanoparticles to study and manipulate plant cells. Advanced Engineering Materials, 2010, 12 (9): B406-B412.

[52] Shen C X, Zhang Q F, Li J, et al. Induction of programmed cell death in arabidopsis and rice by single-wall carbon nanotubes. American Journal of Botany, 2010, 97 (10): 1602-1609.

[53] Tong Z, Bischoff M, Nies L, et al. Impact of fullerene (C_{60}) on a soil microbial community. Environmental Science & Technology, 2007, 41 (8): 2985-2991.

[54] NIOSH. NIOSH Current Intelligence Bulletin 63, Occupational exposure to titanium dioxide. www. cdc. gov/niosh/docs/2011-160/pdfs/2011-160. pdf [2011-1-30] .

[55] Koivisto A J, Lyyranen J, Auvinen A, et al. Industrial worker exposure to airborne particles during the packing of pigment and nanoscale titanium dioxide. Inhalation Toxicology, 2012, 24 (12): 839-849.

[56] Seaton A, Macnee W, Donaldson K, et al. Particulate air-pollution and acute health-effects. Lancet, 1995, 345 (8943): 176-178.

[57] Liao D, Shaffer M L, Rodriguez-Colon S, et al. Acute adverse effects of fine particulate air pollution on ventricular repolarization. Environmental Health Perspectives, 2010, 118 (7): 1010-1015.

[58] Kaur S, Nieuwenhuijsen M J. Determinants of personal exposure to $PM_{2.5}$, ultrafine particle counts, and CO in a transport microenvironment. Environmental Science & Technology, 2009, 43 (13): 4737-4743.

[59] Kaur S, Nieuwenhuijsen M J, Colvile R N. Pedestrian exposure to air pollution along a major road in Central London, UK. Atmospheric Environment. 2005, 39 (38): 7307-7320.

[60] Rodriguez S, Van Dingenen R, Putaud J P, et al. Nucleation and growth of new particles in the rural atmosphere of Northern Italy-relationship to air quality monitoring. Atmos-

pheric Environment, 2005, 39 (36): 6734-6746.

[61] Kah M, Hofmann T. Nanopesticide research: Current trends and future priorities. Environment International, 2014, 63: 224-235.

6

纳米技术的标准化进程和伦理问题*

6.1 问题的提出

纳米技术涉及人类生活和生产的各个方面。20 世纪末，纳米技术快速发展，发现很多纳米材料具有特殊性能，在陶瓷、微电子、生物工程、光电、化工、医学、分子组装和光学等领域中具有广泛的应用前景，可以解决很多科学技术上的难题。这给人们带来惊喜。人们希望这种新技术能帮助人类在生活的各个方面带来巨大进步。但是，鉴于基因工程、克隆技术和核物理科学发展所引起的诸多伦理问题，人们担心纳米技术的进步是否也会遇到伦理方面的困惑。希望在发展纳米技术时能有合理的规范和正确的运营方针，以指导人类社会健康和谐地发展。纳米技术应该服务于全人类，以创造一个富裕和谐的世界，使人们享有充足的食物、安全饮水、清洁和安全的生存环境。

以美国为首的西方国家自 2004 年 6 月开始，举办了多次“负责任地研究和发展纳米科技国际对话”会议（International Dialogue on Responsible Research and Development of Nanotechnology）。第一次会议于 2004 年 6 月 17～18 日在美国的亚历山大（弗吉尼亚州）召开，共有 25 个国家、地区和国际组织代表出席了会议。主要议题是纳米技术和人类健康和安全的关系；对环境的影响、危害和风险；对社会经济和伦理的影响。会议还特别审议了纳米技术和发展中国家的问题。

第二次会议于 2006 年 6 月 26～28 日在日本东京召开，共有 23 个国家、地区和国际组织参加。各国在纳米领域的领导人就负责任研究和开发纳米技术举

---

* 本节作者为沈电洪、王孝平，发表于 2011 年 02 期《科学通报》。

行了一次非正式的对话。与会者分成5个分组，分别是：环境、健康和安全(EH&S)；伦理、法律和社会问题（ELSI)；教育和能力建设；发展中国家的问题和标准化等。在第二分组会议上，中国科学院高能物理研究所纳米安全实验室主任赵宇亮研究员作了题为“*China's Development for the Safety Assessment of Manufactured Nanomaterials*”的报告。当时，国际标准化组织的纳米标准化技术委员会（ISO/TC229）刚成立不到一年，该委员会的主席也应邀出席会议。

2008年3月11～12日，第三次会议在比利时布鲁塞尔欧洲议会召开，有49个国家、地区和国际组织的97位代表出席了会议。会议主要讨论在全球范围内设计一个合适的框架，专门针对制定纳米技术公共政策；沟通彼此对纳米技术存在问题的认识；针对纳米技术引起的问题建立一个可探讨的评估方法，并要确保国际对话是负责任的。在本次会议上，国家纳米科学中心主任王琛研究员作了题为“*Progress on Responsible Research and Development of Nanotechnology in China*”的报告，介绍了我国的纳米技术指导委员会，我国在纳米技术的健康、环境和安全方面的研究工作，纳米技术标准化的进展，以及纳米技术和社会公众的沟通等方面的问题。

6.2 标准化工作的主要任务

在社会的生产、贸易和公共生活活动中，为了在一定的范围内获得最佳秩序，经协商一致制定，并由公认机构批准，共同和重复使用的一种规范性文件就是所谓“标准”，标准宜以科学、技术和经验的综合成果为基础，以促进最佳的共同效益为目的。为在一定的范围内获得最佳秩序，对实际的或潜在的问题制定共同的和重复使用的规则，称为“标准化”，它包括制定、发布及实施标准的过程。标准化的重要意义是改进产品、过程和服务的适用性，防止贸易壁垒，促进技术合作。标准化的实质和目的就是通过制定、发布和实施标准，达到统一，获得最佳秩序和社会效益。

标准化的主要作用不仅在于为科学管理奠定基础，促进经济全面发展，提高经济效益，在科学研究中，还可以避免重复劳动；在产品设计上，可以缩短设计周期；在生产过程中，可使生产在科学和有秩序的基础上进行；在管理规范上，可促进统一、协调，提高效率等。同时，标准化还将促进对自然资源的合理利用，保持生态平衡，维护人类社会当前和长远的利益，保证产品质量，维护消费者利益，在社会生产组成部分之间进行协调，确立共同遵循的准则，建立稳定的秩序。

标准化不仅在消除贸易障碍、促进国际技术交流和贸易发展、提高产品在国际市场上的竞争能力方面具有重大作用，对于保障身体健康和生命安全也具有重要的促进作用。通过制定大量的环保标准、卫生标准和安全标准，必要时用法律形式强制执行，将对保障人民的身体健康和生命财产安全方面起到重大作用。完善纳米技术标准化体系的建设，或许可以消除人们对于纳米技术伦理问题的疑惑。

6.3 纳米技术的健康、安全和环境方面的标准化工作

国际标准化组织纳米技术标准化委员会（ISO/TC229）成立于 2005 年 11 月，秘书处设在英国的标准局（BSI）。ISO/TC229 在成立时就组建了纳米技术的术语、测量与表征和健康、安全与环境 3 个工作组。

健康、安全与环境工作组（ISO/TC 229/WG3）的宗旨是发展在纳米技术中涉及健康、安全与环境方面的标准。该工作组已经发布了一个国际标准 ISO/TR12885：2008“*Nanotechnologies — Health and Safety Practices in Occupational Settings Relevant to Nanotechnologies*”（纳米技术——纳米技术在职业场所的健康和安全措施）。

目前正在工作的项目有：“纳米材料样品的内毒素进行体外系统测试”、“纳米颗粒发生用于纳米毒理学试验的标准”、“纳米粒子吸入室的监测标准”、“纳米材料风险评估框架体系”、“人工制造纳米材料安全处置指南”和“纳米材料的安全数据库”等。此外，还成立了纳米技术可持续发展任务工作组（Nanotechnologies Sustainability Task Group）主要是探讨如何减少纳米技术发展的负面影响，特别是对环境的破坏问题。

我国于 2005 年 5 月先于 ISO 成立了全国纳米技术标准化技术委员会（SAC/TC279），不久又成立了纳米材料标准化分技术委员会和其他 4 个与纳米测量和加工技术有关的标准化工作组。在 SAC/TC279 成立会上，提议组建纳米生物医药标准化筹备工作组。由于这方面的工作涉及部门比较广，协调组织工作需要时间，全国纳米技术标准化委员会下属的纳米技术健康、安全和环境标准化工作组于 2010 年 3 月成立。该工作组挂靠在中国医学科学院基础医学研究所，负责纳米技术的医学和生物效应、纳米材料和产品在生产、包装、运输及使用过程中对人身、环境安全影响的标准化工作。其实，我国在粉尘生产的湿法采集、检测与职业防护技术方面已经颁布了 30 项国家或行业标准。这些标准或法规并不是针对纳米尺度的粉尘来制定的，对象只是微米级以上的粉体。这些标准或法规也同样适用于纳米尺度粉体的生产。当然，对于纳米尺度粉体的生产、检测与职业防护技术要求更高。

中国科学院高能物理研究所在 2001 年 11 月就提出了《关于纳米尺度物质生物毒性的研究报告》。中国科学院从“科学发展观”出发，对开展纳米材料

的安全性研究有明确的意见，并从多方面进行了部署。科技部、国家自然科学基金委员会和国家纳米科学中心也都支都持这方面的研究工作。中国科学院、中国医学科学院、中国人民解放军军事医学科学院、中国医科大学、北京大学、东南大学等单位开展了纳米材料的生物效应和毒理的研究。

2004 年 11 月 30 日至 12 月 2 日，以“纳米尺度物质的生物效应”为主题的第 243 次香山科学会议在北京召开。会议由中国科学院白春礼院士、北京大学刘元方院士、中国科学院武汉分院叶朝辉院士、中国医学科学院强伯勤院士和中国科学院高能物理研究所赵宇亮研究员担任会议执行主席。40 多名来自纳米科学、生物、化学、医学、物理、环境等多个领域的专家应邀参加了这次会议。中国科学院高能物理研究所纳米生物效应实验室的研究人员在会上作了中心议题或专题报告，介绍了高能物理研究所的最新研究结果和未来研究计划。2007 年 11 月 27～29 日，主题为“纳米技术与环境安全”的香山科学会议第 314 次学术讨论会在北京召开，解思深、魏复盛、张先恩和刘锦淮研究员担任会议执行主席，来自物理、化学、材料、环境、信息和生命科学等领域以及企业的 40 多名专家应邀参加了讨论会。与会专家围绕“纳米材料的环境风险与安全评价”、“纳米技术与环境治理和修复”及“纳米检测技术与环境监测”三个中心议题展开了交流和讨论，对我国在纳米技术与环境安全方面的研究工作提出了建议：①在现有的技术条件下，构筑纳米技术与环境安全的公共研究平台，为国内纳米与环境领域的专家提供交叉学科研究的公共场所。②建立新的环境监控和安全评价体系。③在国家有关规划中应该对纳米技术和环境安全问题给予高度重视，增加支持力度。以此为契机，科技部大力支持了纳米技术生物安全性方面的科技项目和研究工作。

全国纳米技术标准化技术委员会和纳米生物医药标准化筹备工作组分别于 2006 年 3 月 23 日和 2007 年 7 月 16 日在中国科学院物理研究所和中国疾病预防控制中心职业卫生与中毒控制研究所召开了纳米技术与健康、安全和环境问题研讨会，来自国家环保总局、中国疾病预防控制中心职业卫生与中毒控制研究所、中国疾病预防控制中心环境与健康相关产品安全所、中国药品生物制品检定所、中国医学科学院、军事医学科学院、北京大学、清华大学、中国医科大学、冶金工业信息标准化研究院、北京理化分析测试中心、中国科学院物理研究所、中国科学院高能物理研究所、中国科学院生态环境中心、国家纳米科学中心等单位的代表出席了会议。在这两次会议上，与会者交流了各自单位和部门关注的纳米技术和产品在健康、安全和环境方面的情况，以及我国在纳米健康和安全领域里的研究进展。纳米技术和健康、安全和环境的问题列入了国家标准化管理委员会的“十一五”规划。

标准化问题既涉及科学技术问题，也涉及管理学、法律和伦理问题，可以说是自然科学、工程技术与人文社会科学沟通的桥梁和纽带。纳米技术健康、安全和环境标准化工作组的成立将更好地促进社会科学工作者和自然科学技术工作者在纳米技术的伦理问题上的沟通与交流。纳米技术的标准化需要伦理工作者和法律人士的参与和建议。自然科学和社会科学工作者应该携起手来，共同为纳米技术的可持续发展以及人类的美好生活做出贡献。

7

纳米技术工作场所的安全性问题*

7.1 引 言

纳米技术已经成为全球经济发展的主要推动力之一。但是，由于纳米材料特殊的物理和化学特性，导致其可能对人体健康产生负面效应[1]，从而使得从事纳米材料研究和生产的职业人员处于较高的健康风险之中[2]。为了保护职业人员更好地处理纳米材料，美国国家职业安全和健康研究所颁布了处理工程纳米材料的安全和健康指导原则[3,4]，推荐使用工程控制手段、个人防护装备和管理措施。德国和瑞士也开展了有关安全实践的调查。包括北美、欧洲和亚洲的国际性调查机构也都做了有益的探索[5~9]。最初，各国学者主要在企业中进行纳米安全实践的调查研究，随后这种调查扩展到在研究机构中的纳米工作场所。纳米企业的安全实践调查指出，大多数工作场所采用的是传统的化学安全管理方式，提出了建立纳米安全指导原则和规范的必要性[5~7]。在 2006 年，Conti 等学者进行了一次纳米企业和研究机构的健康和安全的国际调查[8]。他们发现相比较企业，世界范围内的研究机构更缺少纳米环境健康与安全管理措施。在 2009 年，Conti 等学者又在全世界范围的纳米研究实验室进行了一次安全实践的调查[9]。这次调查发现，大多数被调查者认为目前还没有纳米安全规范；大约 10%的被调查者使用纳米安全通风设备，75%的被调查者使用常规的实验室保护措施。

迄今，还没有专门的针对中国的纳米实验室进行的调查和研究。过去 10 年，中国在纳米技术领域的投资快速增加，且在纳米技术研究论文方面处于全球领先地位[10]。目前，大约超出 80 个大学和 20 个研究机构从事纳米技术及其

---

* 本节作者为张灿、张晶、王国豫。

相关领域的研究。[11] 随着中国从事纳米技术研究人员的大量增加，了解中国纳米技术工作场所的安全性问题，从而更好地保护职业人员免于风险，确保他们的安全权利成为一个重要的问题。尽管 Conti 和 Balas 等学者的研究之中涉及中国的纳米研究实验室[8,9]，但是调查的量本相对较小。本研究包括了范围更大的纳米研究实验室和更多的被调查人员，可以更好地评估当前中国纳米研究实验室的安全实践和安全性问题。

7.2 调查方法

本问卷的制定经过三个阶段。第一个阶段是在参阅国外已有的调查问卷基础上制定出符合中国实际情况的调查问卷。第二阶段是邀请纳米科学研究者对调查问卷进行专业指导，且进行小范围的问卷调查试验，以检验问卷的有效性。第三阶段是在问卷调查反馈的基础上进一步修改，制定出正式的调查问卷。

本调查的问题包括：样本特征、纳米材料种类、常规安全管理规范和纳米安全管理规范、常规的安全措施和纳米安全措施、工程控制手段、安全装备和个人防护用具。在正式调查之前，我们首先在大连举行的纳米毒理学会议上进行了一次预先测试，求证学术界、产业界和政府人员对于问卷的意见。在此基础上，对问卷进行了修改和完善。

本调查采用现场和网络相结合的方法，以现场调查为主，且在问卷发放的过程中，进行实证访谈。本次调查从 2011 年 9 月开始，至 2012 年 7 月结束。利用 SPSS16.0 for Windows（英文版）统计软件包对数据进行整理、合并、分析。

7.3 调查结果

7.3.1 样本特征

表 7.1 中列出了本研究调查样本的统计学特征。

表 7.1 调查样本的统计学特征

变量及其分类	有效频数	有效比例/%	变量及其分类	有效频数	有效比例/%
1. 年龄			2. 性别		
20 岁以下	1	0.3	男	169	57.3
20～29 岁	231	77.5	女	126	42.7
30～39 岁	57	19.1			
40～49 岁	7	2.3			
50～59 岁	2	0.7			

续表

变量及其分类	有效频数	有效比例%	变量及其分类	有效频数	有效比例%
3. 学历			5. 单位		
大专	2	0.7	企业	3	1.0
本科	52	17.3	6. 事业单位类别		
硕士	107	35.7	研究所	186	62.8
博士及以上	139	46.3	高校	110	37.2
4. 岗位					
工人	1	0.3			
工程技术人员	1	0.3			
科学研究人员	233	77.7			
管理工作者	3	1.0			
其他	62	20.7			

7.3.2　纳米材料特征

调查显示，关于纳米材料的尺寸（296个人回答了此问题），2.5～10nm的纳米材料使用最多，为48.6%；其次是10～50nm的纳米材料（48.0%）；再次是50～100nm的纳米材料（38.9%）；小于2.5nm的纳米材料使用最少（29.7%）。49.5%的被调查者不知道实验室中使用的纳米材料型号。关于纳米材料的标记和储存问题，49.0%的被调查者指出所使用的纳米材料没有明确标记；60.0%的被调查者指出所使用的纳米材料放在密封的装置中。

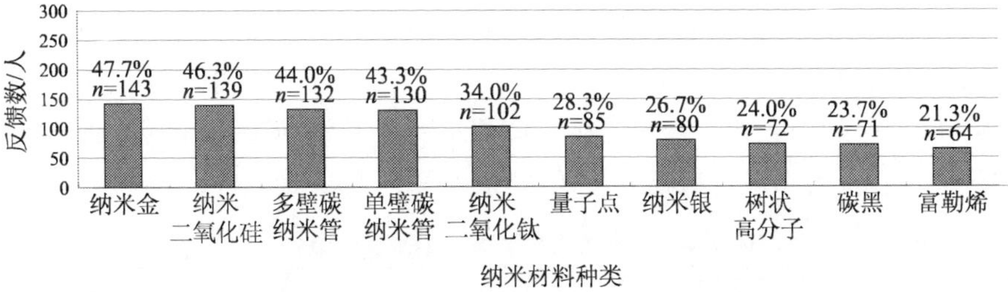

图7.1　关于纳米材料特征的调查结果

7.3.3　常规的安全规范和纳米安全规范

调查显示，290个被调查者对此问题做出回答。其中，94.1%的人认为所在纳米工作场所具有常规的安全规范。而针对纳米安全的规范只在少部分工作场所被执行。30.7%的工作人员指出所在工作场所提供了纳米安全培训；

29.0%的工作人员指出所在工作场所执行了纳米生产或研究的安全规范；28.3%的工作人员指出所在工作场所具有纳米安全预警措施；而8.3%的工作人员表示所在工作场所具有纳米材料暴露的控制手册（表7.2）。

表7.2 常规的安全规范和纳米安全规范

	常规安全规范	纳米安全规范			
		纳米安全培训	纳米生产或研究的安全规范	纳米安全预警措施	纳米材料暴露的控制手册
样本数	273	89	84	82	24
百分比/%	94.1	30.7	29.0	28.3	8.3

7.3.4 常规的工程控制手段和纳米工程控制手段

关于纳米实验室常规的工程控制手段和纳米工程控制手段的调查显示（296个被调查者对此问题做出回答），85.1%的工作人员指出所在工作场所使用通风柜；41.2%的工作人员指出所在工作场所使用手套箱；12.5%的工作人员表示所在工作场所使用密封管道设备（表7.3）。

表7.3 常规的工程控制手段和纳米工程控制手段

	常规的工程控制手段				纳米工程控制手段	
	通风柜	手套箱	密封管道设备	层流洁净平台	高效粒子清洁器	隔离纳米工作区域
样本数	252	122	37	33	19	31
百分比/%	85.1	41.2	12.5	11.1	6.4	10.5

7.3.5 常规的安全装备和纳米安全装备

关于常规安全装备和纳米安全装备调查显示，87.8%的工作人员（295个工作人员对通风设备问题做出回答）表示所在工作场所具有通风设备，其次为防尘设备（16.0%）。13.0%的工作人员表示所在工作场所具有检测纳米粒子的设备；11.0%的工作人员表示具有处理纳米粒子的安全装备（表7.4）。

表7.4 常规的安全装备和纳米安全装备

	常规的安全装备		纳米安全装备	
	通风设备	防尘装置	检测纳米粒子的设备	处理纳米粒子的安全装备
样本数	259	48	39	33
百分比/%	87.8	16.0	13.0	11.0

7.3.6 个人防护用具使用

关于个人防护用具的使用调查情况显示（其中295个工作人员对这些问题做出回答），使用最多的用具是防护手套，其次为防尘面罩和防护眼镜。防护鞋使用最少，8.8%的工作人员表示会使用防护鞋（表7.5）。

表7.5 个人防护用具使用

	保护手套	防尘面罩	防护眼镜	防护服	防毒面具	防护鞋
样本数	240	233	175	128	122	26
百分比/%	81.4	79.0	59.3	43.3	41.4	8.8

7.4 讨 论

研究表明，中国纳米实验室在常规的安全管理规范与措施实践方面表现较好。但是，按照美国已经颁布的纳米工作场所安全指导原则[3,4]，在中国纳米实验室中，纳米安全规范与措施执行较少。这种调查结果与Conti的调查结果相似，Conti的全球调查结果显示，89%的被调查场所执行了常规的环境、健康与安全管理规范；而针对的纳米安全的环境、健康与管理规范仅仅在美国一些纳米工作场所被执行[8]。我们的调查结果与Balas的调查结果也存在着共同点。Balas的调查结果表明，25%的被调查者认为所在纳米工作场所具有处理纳米粒子的安全规范[9]。尽管由于问卷设计的不同，中国纳米实验室的调查结果与国外的调查结果无法进行直接的对比，但是，在常规的安全措施执行方面，中国纳米实验室表现更好。例如，就常规的工程控制手段而言，85.1%的职业人员指出所在纳米实验室具有通风柜；而在Balas的调查中，只有47.5%的被调查者表示其工作场所使用通风柜[9]。

就保护工作人员而言，常规的安全防范措施是重要的，但是并不能代替纳米安全防范措施。在中国纳米实验室中，纳米安全措施与规范的执行还存在着很大的提升空间。例如，在中国纳米实验室中，大多数纳米材料并没有被清楚地标识（49.0%的被调查者指出其所在工作场所清楚地标识纳米材料）。但是美国职业安全与健康管理局要求纳米材料必须储藏在密封的容器中且标明其化学成分和构成[4]。标识是工作人员获得纳米粒子危险与风险的信息来源[12]。另外，调查发现，在中国纳米实验室中，隔离纳米工作区域与其他工作区域的工程控制措施并没有被普遍使用（10.5%的被调查者指出其所在工作场所采取了这种隔离措施）。而这种控制手段是重要的，因为它能够限制可能遭受纳米材料风险与危险暴露的职业人员的数量[13]。

另外，调查显示，纳米安全培训没有被广泛执行（30.7%的被调查者认为其所在工作场所具有纳米安全培训）。纳米安全培训可以更好地向工作人员传递纳米毒理学相关的知识进展，训练工作人员使用工程控制手段和个人防护用具，以及帮助他们了解纳米潜在的危险和风险[12]，因此也能够更好地促进工人安全地工作。

Balas提出了几种可能的原因来解释当前世界范围纳米工作场所安全性现状与问题[9]。就中国的纳米实验室安全性问题而言，有些原因存在一定的共同性。这些因素包括纳米材料毒性的不确定性和复杂性的知识差距[4,9,15]；技术和方法局限（如评估工程纳米材料的暴露的方法和工具）[9,16,17]，以及缺乏纳米职业安全和健康的法规和标准[9,18]。虽然已经颁布的指导原则说明如何防范纳米风险，但是这些指导原则是一种建设性的预防原则，并不是强制执行的法规[3,4]。这些纳米指导原则无法为纳米工作场所的安全实践行为提供一种一致的基础性规范。

面对当前纳米工作场所安全性问题管理的挑战，预防原则是有用的。这种预防原则是指这种理念，即当人类行为可能导致道德上不可以接受的危险之际，尽管这种危险在科学上无法确证，但是应当采取相关行动来避免或减少危险[19]。按照预防原则，为了更好地确保中国纳米实验室工作人员的安全，我们不能采取“先发展后治理”的模式。必须从安全法规、安全科研投资和安全文化等方面着手，共同应对工作场所纳米技术带来的安全挑战。

7.4.1 建立和完善中国的纳米工作场所安全法规

当前法律对纳米材料的监管力度不足，特别是纳米材料的潜在的职业风险对当前的职业和环境法规提出了挑战。因为大多数安全法规是建立在大型物质或物质富集基础上，而这并不适用纳米材料，且由于关于纳米材料的知识储备不足，无法合理地使用外推法推测其毒性[20]。因此要充分、有效地应对纳米材料的全新特性和带来的挑战，大刀阔斧地改变现有法律的监管机制仍有必要[2]。当前国外已经开始为纳米技术安全法规的建立做了大量铺垫性工作。例如，美国环保署发布用于确定纳米材料在有毒物质管理法（*Toxic Substances Control Act*，TSCA）下是“新的”或是“已有的”化学制品的相关草拟清单文件，加拿大环境部按照《新物质申报条例》对纳米材料发布了参考指南[21]。另外，成立于2005年的国际纳米技术标准化委员会（ISO/TC229）成立了健康、安全与环境工作组（ISO/TC 229/WG3），其颁布了一个有关《纳米技术——纳米技术在职业场所的健康与安全措施》的国际标准[22]。中国的政府部门、应当与工业界、学术界和非政府组织一起致力于纳米技术安全法规的建立，加强与国外相关部门的合作，积极地吸收国外已有的经验和取得的成果，逐步建立适合中国纳米工作场所的安全法规。

7.4.2 增加纳米技术安全性研究的投资

政府应当确保在纳米技术安全性和防范、控制研究中有充分的投资。当前许多控制指南都是预防性的，而不是基于具有充分科学证据的定量评估。针对此情景，唯一的办法就是加大研究力度。美国先进纳米技术项目（PEN）的科学顾问 Andrew Maynard 认为，对纳米技术潜在风险的研究还存在经费严重不足的问题[23]。中国也存在类似的问题。例如，2006～2009 年，中国“纳米研究”重大科学研究计划共投入大约 15 亿元人民币的经费，共支持纳米材料、器件、生物与医学、能源与环境等领域[24]，而有关纳米安全性研究的项目则较少。建议由国家设立专项研究资金，组织有关部门，尤其是国家纳米科学中心等公共研究机构进行纳米技术对生物的安全性和对环境的影响性的研究[25]。正如白春礼院士所言，纳米科技的发展不能走 20 世纪“先发展后治理”的老路，要有科学发展观，在发展纳米科技的同时，同步开展纳米生物效应的研究，使纳米技术有可能是第一个在其可能产生负面效应之前，就已经经过认真研究，引起广泛重视，并最终安全造福人类的新技术[26]。

7.4.3 构建预防性的纳米工作场所安全文化

从社会系统角度来看，安全文化是指当公众、消费者、管理者和工人处于一种危险和可能损伤的环境中，那些如何把这种危险暴露最小化相关的信念、规范、态度、角色和社会与技术实践的合集[27]。安全文化是社会价值体系的表现之一，它强烈地影响着人们对现实的看法。安全文化作为组织文化的一部分，影响着成员的“态度”和“行为”。其具有复杂持有的特质，反映着人们的基本价值观、规范以及基本意会、与社会文化密切相连[28]。Cooper 指出安全文化能够影响组织成员对于组织实践过程中的健康与安全绩效的态度和行为[29]。

在纳米风险不确定性的情况下，应当营造一种国家层面的预防性的安全文化，把预防原则贯彻到实际的纳米工作场所的风险管理中。具体来讲，如果某一活动对人类健康或环境造成了威胁，即使某些因果关系尚未安全科学地建立，也应采取预防措施。科学上的无知不应当成为不作为的借口。预防原则要求不同的利益相关者必须承担相应的责任。政府应当增加纳米技术安全性研究的投资和完善相关法规的设立；生产商应当把纳米颗粒物当做有潜在职业危害看待，使用谨慎的健康防护，尽可能采用充分的工程控制手段；科学家应当如实地告知工作人员和公众相关的风险信息；而作为一线的工作人员和研究者应当确保自身的行为符合安全规范，积极地参加安全培训。“国家预防性安全卫生文化的建立，可以保障安全监控的工作环境的权利在各个层次上都能得到尊重；政府、雇主和工人通过一个明确的权利、义务和职责体系，积极参与到确保安全和健康的工作环境中；预防原则应作为国家和企业最为优先的原则”[30]。

本研究具有以下几种局限。首先，本研究没有采用随机抽样调查，因此调查结果也许无法完全代表中国所有的纳米实验室。但是，我们选择了三个主要的纳米实验室且在一次重要的纳米学术会议上调查了来自于全国各地的纳米职业人员。因此，在一定程度上，此次调查涵盖了数量众多的中国纳米实验室。其次，我们没有调查纳米实验室具体的名字，因此无法准确地计算出调查的纳米实验室的数量。但是，这种设计也是为了确保工作场所及其被调查者的隐私。未来进一步的研究可以通过抽样样本来确定相关信息。

7.5 结 论

本文的研究目的在于了解中国纳米工作场所的安全性问题及其安全实践现状。研究表明，当前中国纳米实验室在常规安全管理规范与措施方面执行较好，但是纳米安全规范与管理措施似乎还有很大的提升空间。事实上，保护纳米工作场所的职业人员不仅仅是一个科学和管理问题，也是一个社会与伦理问题。正如中国科学院院长白春礼所言，应当认真地研究纳米材料的负面效应，以确保纳米技术安全地造福人类。

致谢：本研究得到了国家社科基金重大项目（No. 12&ZD117）和国家重点发展研究计划（No. 2011CB933401）的资助。我们对研究团队的每一位成员表示感谢，最后感谢所有参与此次调查的纳米工作场所的职业人员。

英文论文 *Current Safety Practices in Nano-research Laboratories in China* 已发表在 Journal of Nanoscience and Nanotechnology，Volum 14，Number 6，June 2014，pp. 4700-4705 (6)．

参考文献

[1] Nel A，Xia T，Mädler L，Li N. Toxic Potential of Materials at the Nanolevel. Science，2006，311 (5761)：622-627.

[2] American Federation of Labor and Congress of Industrial Organizations. Principles for the Oversight of Nanotechnologies and Nanomaterials. http：//www. centerforfoodsafety. org/reports/961/principles-for-the-oversight-of-nanotechnologies-and-nan-omaterials [2007-03-01]．

[3] National Institute for Occupational Safety and Health. Approaches to Safety Nanotechnlogy：Managing the Health and Safety Concerns Associated with Engineered Nanomaterial. http：//www. cdc. gov/niosh/docs/2009-125/ [2009-03-01]．

[4] National Institute for Occupational Safety and Health. General Safe Practices for Working with Engineered Nanomaterials in Research Laboratories. http：//www. cdc. gov/niosh/

docs/2012-147/ [2012-05-30] .
[5] Bundesanstalt für Arbeitsschutz und Arbeitsmedizin. Exposures to Nanomaterials in Germany. http: //www. baua. de/nn _ 49456/en/Topics-from-A-to-Z/Hazardous-Substances/Nanotechnology/pdf/survey. pdf [2008-05-20] .
[6] Schmid K, Riediker M. Use of nanoparticles in swiss industry: A targeted survey. Environ Sci Technol, 2008, 42 (7): 2253-2260.
[7] Gerritzen G, Huang L C, Killpack K, et al. Review of Current Practices in the Nanotechnology Industry: Survey of Current Practices in the Nanotechnology Workplace. http: //icon. rice. edu/projects. cfm? doc _ id=4388 [2006-11-13] .
[8] Conti J A, Killpack K K, Gerritzen G, et al. Health and safety practices in the nanomaterials workplace: Results from an international survey. Environ Sci Technol, 2008, 42 (9): 3155-3162.
[9] Balas F, Arruebo M, Urrutia J, et al. Reported nanosafety pracitices in research laboratories worldwide. Nature Nanotechnology, 2010 (5): 93-96.
[10] Shilpa S B, Bhati M. China and India: the two new players in the nanotechnolgy race. Scientometrics, 93 (1): 59-87.
[11] Jia L, Zhao Y L, Liang X J. Fast Evolving nanotechnology and relevant programs and entities in China. Nano Today, 2011, 6 (1): 6-11.
[12] Ricaud M. Technical risk prevention in the workplace. In: Houdy P, Lahmani M, Marano F. Nanoethics and Nanotoxicology. Berlin: Springer, 2011: 219-241.
[13] Schulte P, Geraci C, Zumwalde R, et al. Occupational risk management of engineered nanoparticles. J Occup Environ Hyq, 2008, 5 (4): 239-249.
[14] Hunt G, Riediker M. Building expert consensus on problems of uncertainty and complexity nanomaterial safety. Nanotechnology Perceptions, 2011, 7 (2): 82-98.
[15] Ostrowski A D, Martin T, Conti J, et al. Nanotoxicology: Characterizing the scientific literature, 2000-2007. J Nanopart Res, 2009, 11: 251-257.
[16] Clark K, Tongeren M V, Christensen F Met al. Limitations and information needs for engineered nanomaterial-specific exposure estimation and scenarios: Recommendations for improved reporting practices. J Nanopart Res, 2012, 14: 970.
[17] Maynard A D, Aitken R J, Butz T, et al. Safe handling of nanotechnology. Nature, 2006, 444: 267-269.
[18] 刘颖，陈春英. 纳米材料的安全性研究及其评价 . 科学通报，2011 (2): 119-125.
[19] World Commission on the Ethics of Scientific Knowledge and Technology. The Precautionary Principle. Paris: UNESCO, 2005.
[20] Balbus J M, Florini K, Dension R A, et al. Getting it right the first time: Developing while protecting workers, public health, and the environment. Annals of the New York Academy of Science, 2006, 1076: 331-342.

[21] 梁慧刚，汪华方，刘清. 美国和加拿大纳米生物安全领域近期进展 . 新材料产业，2009 (4)：42-45.

[22] 沈电洪，王孝平. 纳米技术的标准化进程和伦理问题 . 科学通报，2011，56 (2)：131-134.

[23] Chatterjee R. The challenge of regulating nanomaterials. Environ Sci Technol，2008，42：339-343.

[24] 中国科学院纳米科技领域战略研究组 . 中国至 2050 年纳米科技发展路线图 . 北京：科学出版社，2011：49.

[25] 任红轩，鄢国平. 纳米科技发展宏观战略 . 北京：化学工业出版社，2008：1，182.

[26] 曹南燕. 纳米安全性研究的方法论思考 . 科学通报，2011 (2)：126-130

[27] Pidgeon N F. Safety culture and risk management in organizations. Journal of Cross-Cultural Psychology，1991，22 (1)：129-140.

[28] Mearns K J，Flin R. Assessing the state of organizational safety-culture or climate? In：Ellis H，Macrae N. Validation in Psychology：Research Perspectives. NJ：Transaction Publishers，2001：5-20.

[29] Cooper M D. Towards a model of safety culture. Safety Science，2000，36 (2)：111-136.

[30] 宁丙文. 预防工作场所的新风险 . 劳动保护，2010 (5)：102-103.

8

纳米安全性研究的方法论思考*

8.1 纳米安全性研究的重要性

近 20 年来迅速发展起来的纳米科学被许多国家作为前瞻性、战略性、基础性和应用性重点研究领域，争相投入大量的人力、财力和物力。纳米科学技术作为 21 世纪科学研究的前沿阵地，也是各国展示其科技与经济实力的竞技场。例如，美国“国家纳米技术计划”（NNI）2008 年投入 14.4 亿美元资助长期、中期和短期的研究项目；欧盟第七框架计划（2007～2013 年）确定了优先发展领域，在纳米技术、材料和纳米加工研发的投入达 50 亿欧元；日本政府第三期科技基本计划（2006～2010 年）继续重点支持“纳米技术和材料”，2007 年度，政府研究机构、大学和产业界有关纳米的联合研究支持经费已达到 11 亿美元；俄罗斯政府批准了 2007～2010 年“发展纳米技术基础结构”联邦专项计划，投入 1500 亿卢布，支持纳米技术和纳米材料领域的研究。我国在《国家中长期科学和技术发展规划纲要（2006—2020 年）》中把纳米研究作为基础研究的四大重大科学研究计划之一，每年将投入 4 亿元研究经费。

人们对纳米科学的关注很大程度源于纳米技术在医学、化工、微电子、信息和军事等领域所具有或可能具有的神奇功效。2006 年 2 月，日本统计，纳米材料已经应用于近千种消费产品中，涉及工业、农业、食品、生活日用品、医药等领域，以提高产品原有的功能或获得新功能。

然而，正是纳米产品的神奇特性，比如尺寸小、结构特殊、比表面积巨大和表面活性高等，有可能给人类和其他生物的健康、社会的安全以及生态环境

---

* 本节作者为曹南燕，发表于 2011 年 02 期《科学通报》。

带来难以预测的危害。已有研究表明，纳米材料除了可以正面应用于生物医学等领域之外还有一定的负面生物效应[1,2]。2003 年以来，《自然》、《科学》以及欧美许多学术期刊开始纷纷发表文章讨论纳米安全性问题，标志着学术界正式关注纳米安全性研究。

我国科学家在 2001 年 11 月就提出关于纳米尺度物质生物效应与毒性的研究，在中国科学院、科技部和国家自然科学基金委员会的支持下，我国第一个“纳米生物效应与纳米安全性”实验室组建成立，并在纳米毒理学、纳米医学、纳米材料的表面化学修饰等方面完成了一系列具有重要国际影响力的研究工作。国内许多大学和研究机构也纷纷开展纳米毒理学和安全性研究，并召开多次全国性和国际学术会议。对有远大前景的新技术的安全性开展研究，无疑是科学与社会日趋成熟的表现。

8.2 纳米安全性研究的常用方法

关于纳米科技对人和其他生物、人类社会以及生态环境影响的安全性研究，最常用的方法是对有安全隐患的纳米颗粒进行毒理学研究，原则上可以采用传统毒理学运用的所有实验方法和各种技术。

2003 年，美国杜邦公司用气管滴注法研究单壁碳纳米管对大鼠肺部的毒性，发现了多发性肉芽瘤。纽约罗切斯特大学的研究者让大鼠在含有粒径为 20nm 的聚四氟乙烯（“特氟龙”塑料）颗粒的空气中待 15 分钟，大多数实验大鼠在随后的 4 小时内死亡，而另一组生活在含 120nm 颗粒的空气中的大鼠，则安然无恙。他们还对 TiO_2、Pt、C 等纳米粒子的生物和细胞毒性进行了研究。美国三角公园研究院用气溶胶吸入法研究纳米 TiO_2 对小鼠、大鼠、豚鼠肺部的毒性，发现了炎症、严重沉积并清除困难。美国航空航天局太空中心的一个研究小组将 0.1mg 碳纳米管悬浮液，通过支气管注入大鼠和小鼠肺部。7 天和 90 天后，组织病理学检验结果表明，所有的颗粒都以一定的方式进入肺泡，甚至在长达 90 天的时间里都停留在肺部。单壁碳纳米管导致小鼠肺部的轻微炎症，在很低浓度下也能引起肺部肉芽肿的形成①。

我国科学家，如中国科学院纳米生物效应与安全性重点实验室的研究团队，在研究方法上作了许多创新性工作。他们利用同位素标记等核分析技术的高准确度、微区、微量等特点，检测生物环境中的纳米颗粒，实现了纳米材料在生物体的吸收、分布、代谢等过程的定量检测；揭示了在常量、微量、超微量的剂量下，部分纳米颗粒对作用器官的生理功能的影响，以及它们与纳米特

---

① 参见：http：//www.lninfo.gov.cn/kjzx/show.php？itemid=5562.

性的相关性。利用中子活化分析的高灵敏度和小取样量，将其与细胞分离技术结合起来，实现了定性和定量检测细胞中以至不同细胞器中元素的化学种态及其变化。利用全反射X荧光分析，痕量元素的最小检测限可以达到纳克量级。利用同位素标记技术，可以鉴别污染物来源的内源性或外源性。利用大科学装置平台、超高灵敏度核分析技术与纳米技术、生物技术、毒理学和医学等多学科交叉建立新的方法学。

中国科学院纳米生物效应与安全性重点实验室与北京大学化学生物学系合作，利用同位素标记技术在世界上首次实现了生物体内纳米颗粒的半定量检测，把加速器质谱技术发展到纳米颗粒与蛋白或DNA的结合与相互作用的研究中；与中国科学院化学研究所纳米分子结构与纳米技术重点实验室合作，发展活细胞中纳米颗粒的荧光成像和示踪技术；与北京大学医学部合作，开展纳米颗粒穿越生物屏障能力的研究；与中国科学院武汉物理数学所合作，利用核磁共振技术发展生物活体水平上纳米颗粒的实时动态检测方法，建立活体、动态检测纳米颗粒在生物体内分布、输运及代谢的成像技术与波谱技术等①。

纳米安全性研究是一个典型的综合性强的交叉学科领域，它需要纳米科技、毒理学、细胞生物学、分子生物学、高灵敏度的核技术、临床医学、基础医学、物理学、化学和分析科学等多学科的融合交叉，在方法上突破学科的界限是必要的基础。我国从事纳米安全性研究的科学家在不到10年的时间内克服诸多困难，不仅突破学科之间的界限建立了相关的新方法、新手段，而且在纳米毒理学领域获得了一系列的研究成果，与国际同行们一起走在这一全新领域的前沿。不仅如此，他们还收集了全世界发表的相关论文，按纳米材料种类整理、编写了《纳米安全性丛书》[3]，便于国内产业界抢占先机、及时使用。这是非常有益的工作和可贵的尝试。

但笔者也有一些疑惑，纳米安全性研究之所以重要是对人和生态系统而言的，然而自然科学的实验研究又不能用人作为实验样品，因此，《纳米安全性丛书》很难从人、社会和生态层面全面系统讨论这个问题。比如，《纳米毒理学与安全性研究方法》[4]一书讨论纳米材料的表征与前处理的物理、化学方法，检测生物样品中纳米材料的技术，动物实验、细胞毒理学以及分子毒理学方法等，这些都不能涉及“人”这一层面。或许自然科学的实验研究方法不得不假设：如果搞清楚了下一层次研究对象（比如分子）的特性与规律，就可以用它们来推导出上一层次研究对象（如细胞）的特性与规律。因而在笔者看来，许多一线的科学家的主要工作还是顺着还原论的思路分析个别因果联系，然后把

① 参见：http：//www.ihep.cas.cn/cxwh/cxal/200907/t20090722_2154698.html.

这些个别的因果联系叠加起来，试图用实验方法定量或定性地从细胞水平或分子水平来说明生物整体效应，积累大量的实验数据，分析归纳、发现和揭示纳米生物效应的一般规律性，建立相应的理论预测体系。这种现有的科学研究的方法，如何推论到“人”这个层面，值得社会科学家与自然科学家进行交叉研究与共同思考。

还原论方法是现代科学运用最多、也是最基本、最有成效的方法。这些经典的科学方法是世界各国科学家得以合作与交流的基础。正是有这些共同的方法，科学家们才能相信自己的结论是客观、确定的，普遍可接受。这些方法基于认为世界由不同等级的层次构成（比如自然界、社会、生物有机体、器官、组织、细胞、生物大分子、分子、原子等）；每一种事物或过程都是一些更为简单或更为基本的组成部分的集合体；通过分析或抽象，把要认识的对象分解为更基本的部分；首先认识更深层次，了解它们的结构和属性，再从部分出发，由综合推演形成对世界的认识；世界是统一的，规律是普遍的，对某一局部对象研究的结果可以外推到整个世界；复杂的因果关系可以通过人为的控制或干预被分解或叠加。于是，人们可以重新安排与组合那些已得到认识的部分，在它们共同作用时，事情就会如我们所愿地发生，使世界为我们所控制[5]。

还原论方法主张对复杂事物（系统）可以用它各个组成部分的行为及其相互作用来解释。在认识复杂事物时，人们可以人为地控制各种影响因素，暂时先不考虑其他因素的影响，只让其中的几种因素变动，从而得到这些有限因素影响的规律，再结合其他规律就可以把握这些事物。实际上，现代科学的可控实验大部分是按这种思路来设计的。还原论方法是人类认识不可缺少的环节，它使人类建立了精确、严密、有预言能力的科学理论。然而，这种还原论方法如果被绝对化为唯一的方法，那些在还原论预设中暂时不被考虑的因素被忽略掉了，就会遇到许多难以解决的问题。

8.3 纳米安全性研究中的难点

北京朝阳医院的宋玉果及其同事在 2009 年 9 月的《欧洲呼吸病杂志》（*European Respiratory Journal*）上发表题为《暴露于纳米颗粒环境中可能造成胸腔积液、肺纤维化和肉芽肿》的论文[6]，首次报告了纳米颗粒可能致人死亡的案例。他们认为，纳米颗粒可能是导致女工们患病甚至死亡的元凶，因为在患者的病变肺部上皮发现有 30nm 左右的颗粒，在患者工作场所的聚丙烯酸酯粘贴剂和室内粉尘中发现了类似的颗粒，而且患者的肺病理改变与动物接触纳米物质后的相似。论文遭到很多研究人员的质疑。例如，虽然相关临床资料发现，某些纳米颗粒物可致严重的人体毒性，表现为以肺脏损伤为主的全身多脏器、多系统的损伤；但在这个具体案例中，纳米颗粒的成分、浓度、作用机理，以及可能存在的其他致病因素等。需要大量的其他学科的实验研究，只靠几位医生是不够的。即使有物理学、化学、生理学研究人员的合作，解决了现有的疑问，人们还可能提出无数新的问题。有限的实验不足以使人们对复杂的影响因素问题达成共识。

建立在物理化学基础上的分析还原和可控实验方法在纳米安全性研究中是必要的，但不是充分的。用这些方法处理生物效应时，遇到的复杂问题往往超出研究者可控的程度，而且涉及人和生态环境时实验的可重复性也不容易保证。由于生物有其整体性和独特的个体差异，在分子层面、细胞层面、组织层面甚至动物或人体层面有限的实验条件下进行短时间的单因素定量分析的结果往往很难外推到复杂的作为整体的生物在自然社会环境下的实际情况。现有的研究表明，一方面，与常规物质一样，不同的化学成分、剂量的纳米物质的生物效应会有所不同；另一方面，纳米物质还具有一些特殊的物理化学性质，同类纳米物质的形态、尺寸、表面电荷、修饰基团等都会影响其性能，即使同一物质、同一种形态、同一剂量，只要纳米颗粒的尺寸大小改变，它们的生物效应就可能不同。再者，很多纳米结构的分子和分子集合体具有自我组装的能力，这些人工纳米分子进入人体后，对生命过程本来的分子组装过程会有什么样的影响尚不清楚。

在运用还原论方法进行研究时，科学家们可以暂时不考虑纳米颗粒的其他特性而只考虑纳米颗粒的大小、化学成分与生物体的某一层次（器官、组织或细胞）的关系，更不考虑社会、伦理或政治可能会与自己的研究结果（比如某种纳米颗粒的尺寸大小与某种生物效应有关）有什么关系。但是，如果科学研究不仅仅为了构造理论体系，而是要面对现实、解决现实问题，极致的、彻底的还原论是行不通的。因为在现实世界中，许多暂时不被考虑的因素是起着重要作用的，许多被认为可以分解并独立考虑的因素实际上可能因协同作用而产生巨大影响。

因此，纳米安全性研究还有许多难点：①影响纳米物质毒性的因素如此之多，逐一分析已实属困难，要把握它们之间的协同作用，以及随之而来“涌现”的充满不确定性的新特征，就更需要有新的思路。②安全是个相对的概念，讨论某物是否安全，要看它对人类是否会造成伤害，造成怎样的伤害，什么程度的伤害是可以接受的；某物是否安全还要看它对谁而言，它对不同的社会群体造成的伤害会截然不同。仅仅从某一层面、某一视角来研究安全性问题难以得到客观的认识。③纳米安全性研究实际上研究的是纳米技术带来的对人类与生态环境的危害的可能性（或风险），其中的不确定因素不可避免。这些不确定性既可能来自人类社会和生态环境本身的复杂性，也可能来自人类认识的局限性。如果说认识的局限性可能通过新的认知手段、方法或工具而突破，那么由于复杂系统对初始条件的敏感性和难以预料的演变多样性则是事物内在的本性，因此不确定性永远伴随科学研究，科学家们怎样才能达成共识？

8.4 期望方法论上的突破

要想解决上述种种难点，方法和观念的转变是必要的。20 世纪 40 年代以来，在生物学、通讯和自动控制领域兴起系统论、控制论和信息论，之后又在多种科学和工程领域发展了耗散结构理论、协同论、突变论、混沌和复杂性理论等，这些理论虽然涉及的领域不同，但其共同点是突破了还原论方法的局限，试图把研究对象更多地放在研究对象的整体、研究对象的不同层面（往往由不同的学科来研究）、事物间的相互联系、相互作用和发展变化。这种新方法在科学界常被称为“系统方法”，在哲学界被称为“整体论”[5]、“逾层凌域方法”[7]、“复杂整体论”[8]等，各种提法的核心思想相仿，侧重点有所不同，本文暂且称之为“整体论”。在人类知识生产过程中还原论和整体论是相辅相成的，整体、系统和复杂性概念是对分析还原方法的必要补充。为此，可以从以下几方面做一些尝试。

（1）从认识整体性出发加强整体观念，不仅重视组成整体的各种实体而且关注实体之间的相互关系。在纳米安全性研究中，我们在选择什么纳米颗粒作为研究对象或具体研究途径时，实际上已经有全局和伦理方面考虑的，比如，选择最容易对人产生影响的颗粒、寻找消除毒性的化学或物理方法总是有一定价值取向的。我们需要更有意识地进行跨学科研究，找到研究对象不同层面的特性或规律之间的关系。在还原论指导下研究影响纳米毒性的各种因素时，不仅要分别考虑每种因素，还要考虑各种因素之间的关系。在这方面，中医用整体论思维来处理药物毒性的方法可能对纳米安全性研究会有所启示。

（2）逾层凌域，注重不同研究层次的上下双向贯通，既要用较低层次研究对象的性质、规律和理论解释较高层次对象的整体，又要看到较高层次对象所特有的整体性对较低层次部分的功能性约束和控制。在复杂系统中，从某一层次看来是不可认识、不可预测的事物，或许通过对其他层次的研究得以认识和预测。由于从不同层次或维度来解释复杂系统是具有互补性的，因此需要跨越学科间的人为鸿沟，倡导跨学科合作，包括自然科学的各学科之间以及自然科学研究和人文社会科学研究之间的合作（国外有一些很好的探索）[9]，将有助于研究者视域的融合和更客观地认识世界。

1990 年正式启动的有多国科学家共同参与的“人类基因组计划”在美国国

会立项讨论时，项目首任负责人、诺贝尔奖获得者沃森提出，在当代生物研究带来的前所未有的挑战下，科学与社会间的“契约”关系需要被重新考量。美国国会接受了这一建议，决定把人类基因组计划中5%的经费用于与伦理、法律与社会（ethical，legal，social aspect program，ELSA）相关的研究与教育计划，以促进公众对该问题的探讨并制定出保护相关基因信息的政策，开创了在重大科学技术项目中同时开展人文社会科学研究的新模式。之后，欧美发达国家不断完善这一模式，在提出纳米研究计划之初就开始纳米技术的跨学科研究。比如，到2006年，美国“国家纳米技术计划”（NNI）中关于社会涵义（包括环境、健康和安全、教育，伦理、法律和其他社会议题）的项目（它们常被泛称为纳米伦理研究）占所有项目的10%[10]，可见这一领域的跨学科研究已逐渐体制化。

（3）承认科学技术的不确定性，借助全社会的力量来应对这种不确定性。既然“安全”是一个相对的概念，而且人类对纳米安全性的认识不可避免有某种不确定性，那么我们不妨重新设定研究的目标，如联合国教科文组织在2006年的一份研究报告[11]中指出，对管理和决策者来说（对全社会也如此），要关注的问题不是“纳米技术是否安全”，而是“我们如何使纳米技术更安全”。后者是更为重要的问题，也是需要全社会来解决的问题。

有了这样的新思路，对前面提到的宋玉果等人所提出的问题可能会比较容易达成共识，并有较为现实的指导意义。出了问题，哪怕仅仅是可能性，就避而不谈或把工厂一关了事，并不能给公众带来安全感，只能引起更多的疑问和恐慌。为了使有可能暴露于纳米颗粒的工人、研究人员以及其他人更安全，科研人员可以对纳米颗粒样本进行化学物理分析，研究其如何进入人体并发生病理作用，以及它们在实验室中的生物效应等；同时要搞清患者实际工作和生活环境中这种纳米颗粒的浓度、患者的接触时间及病情的发展过程；还要研究其他可能的致病因素，比如工作场所的污浊空气、有机烟雾，以及这些因素之间的相互关系等。还有许多层面的工作可以做，比如在纳米技术研发的开始就制定规范化的风险评估方法、指导原则和标准，开发新的测量仪器，制定安全标准，建立相关监控机构，建立公众与企业的对话渠道；改善工作场所的条件、医疗诊断条件；提高工人的健康安全意识和维权意识；完善法律法规，比如对新产品的标识、对劳动者的保护等。所有这些需要政府、企业、包括科学界和人文社会科学界的研究人员和广大公众的共同努力。

中国科学院白春礼院士指出，纳米科技的发展不能走20世纪“先发展后治理”的老路，要有科学发展观，我们在发展纳米科技的同时，同步开展纳米生物效应的研究，使纳米技术有可能是第一个在其可能产生负面效应之前，就已经过认真研究，引起广泛重视，并最终能安全造福人类的新技术①。要做到这些，纳米安全性研究需要方法论的突破，不仅要用分析还原的方法，还要着眼于处理复杂性和整体性；不仅要有自然科学、生物医学和工程技术各学科的跨学科研究，还要有人文社会科学参与的跨学科研究。不仅依靠科学家或工程技术人员的研究以及他们的专业伦理和社会责任，还需要全社会所有利益相关者的共同参与和努力。

参考文献

[1] 周国强，陈春英，李玉锋，等．纳米材料生物效应研究进展．生物化学与生物物理进展，2008，35：998-1006.

[2] 张婷．纳米颗粒吸入毒性研究进展．卫生研究，2008，37：633-636.

[3] 赵宇亮．纳米安全性丛书．北京：科学出版社，2010.

[4] 张智勇．纳米毒理学与安全性研究方法．北京：科学出版社，2010.

[5] 段伟文．科学方法的整体论嬗变．中国人民大学学报，2007，3：17-23.

[6] Song Y，Li X，Du X. Exposure to nanoparticles is related to pleural effusion，pulmonary fibrosis and granuloma. Eur Respir J，2009，34：559-567.

[7] 刘华杰．方法的变迁和科学发展的新方向．哲学研究，1997，11：20-28.

[8] 范冬萍．复杂系统的因果观和方法论．哲学研究，2008，2：90-97.

[9] Mette E. The role of the humanities and social sciences in nanotechnology research and development. NanoEthics，2008，2：1-13，doi：10. 1007/s11569-008-0033-z.

[10] Roco M C. National Nanotechnology Initiative-Past，Present，Future. http：//www. nano. gov/NNI _ Past _ Present _ Future. pdf [2006-02-20].

[11] UNESCO. The Ethics and Politics of Nanotechnology. 2006：15.

① 参见：http：//www. cas. cn/jzd/kxhy/jxshyjb/200412/t20041217 _ 1690181. shtml [2004-12-14].

第2部分

纳米技术的哲学与伦理问题

9

纳米伦理：研究现状、问题与挑战*

20世纪90年代以来，随着纳米技术的迅猛发展，有关纳米技术的社会和伦理问题的讨论也在国内外引起了广泛关注，关于纳米技术与未来世界、纳米技术的可能性与可行性的争论不绝于耳：一方面，人们对纳米技术的前景充满了期待，科技界和企业界更是将纳米技术看作是能够引领未来产业革命的核心技术；另一方面，种种关于纳米技术的担忧和顾虑与日俱增。这些担忧包括纳米材料对人类健康和环境的负面影响，纳米技术的利益与风险的公平分配，纳米生物技术对人的隐私和自主权的挑战，纳米计算机的自我复制以及由此带来的所谓"灰色黏质"可能毁灭世界的问题，等等。在这样的背景下，一个新的科学技术伦理学的研究领域——纳米伦理应运而生。

9.1 纳米伦理研究的兴起

9.1.1 对纳米世界可能性的恐惧

对纳米技术伦理问题的关注和研究，起源于人们对纳米技术的恐惧。早在1986年，美国的未来学家Drexler在他著名的《创造的发动机》（*Engines of Creation*）一书中，就一方面描述了基于分子制造技术的纳米技术所带来的巨大变革和希望，另一方面指出了纳米技术隐藏着巨大的危险，提出"创造的发动机"也可能是人类"毁灭的发动机"的假想："可复制组装机和思维机器会对地球上的人类和生物产生根本性威胁。今天的生物的能力离可能的极限还很远，但是我们的机器进化得比我们要快。在几十年内它们很可能就会超过我们。除非我

---

* 本节作者王国豫、龚超、张灿，发表于2011年02期《科学通报》。

们学会如何安全地和它们共生，否则我们的未来将既是令人激动的又是短暂的。”[1]2000 年 4 月，美国计算机工程师、太阳公司的创始人 Joy 发表了“为什么未来不需要我们”一文，再次谈及纳米技术的可能危害和社会伦理后果，特别是纳米技术与计算机技术、基因技术结合后所带来的巨大的毁灭性力量：“在基因工程、纳米技术和机器人（GNR）中的毁灭性的自我复制威力极有可能使我们人类发展戛然而止。自我复制是基因工程的一种主要研究方法，它利用细菌的自我复制机制，而主要的危险来自于纳米技术的灰色黏稠物（gray goo）”①。Joy 由此得出结论，认为 21 世纪的技术——基因工程、纳米技术和机器人（GNR）的危险将远远超过包括核武器、生物武器、化学武器在内的大规模杀伤性武器（WMD）。Joy 的这篇文章在网上被广泛转载。许多时候，这篇文章被与爱因斯坦那封著名的促成“曼哈顿计划”的信相提并论②。很快，对纳米技术的恐惧、抵触和抵抗情绪在全世界蔓延。到了 2000 年年底，美国《发现》杂志将纳米技术与生物技术、机器人技术等一起列为“21 世纪的 20 大危险”之一③。

Drexler 和 Joy 关于自我复制的纳米机器人、纳米技术的“灰色黏稠物”的想象也引起了一些非政府组织的关注。2002 年 3 月 6 日，在加拿大注册的国际环保组织 Action Group on Erosion，Technology and Concentration（ETC）发出了“纳米技术将我们引向深渊”以及“No Small Matter”的呼吁；2003 年 4 月 ETC 再次引证说，已经有研究证明纳米颗粒将进入人体尤其是人的肺部，对人的健康带来威胁，并且警告道，纳米技术和生物技术结合而成的纳米机器人可能会失控，或成为“绿色黏稠物”（green goo），呼吁全球范围内暂停纳米技术的研究④。

与此同时，绿色和平组织也在密切关注纳米科技的进展。2003 年 7 月，绿色和平组织委托英国帝国理工学院生命科学院环境科学与技术系，环境政策与管理小组在著名的科学杂志《新科学家》上发表了题为《未来的技术，今天的选择》的研究报告。报告分析了纳米技术可能带来的危害，指出目前对纳米技术的社会和环境后果问题的研究严重滞后，呼吁政府和纳米产业界关注纳米技术的环境和社会伦理问题，认为如果纳米产业界不严肃对待公众关注的负面问题，最终将导致全面被禁的命运⑤。

9.1.2 担心纳米科技的发展受到阻碍

纳米伦理研究兴起的另一个原因是因为担心纳米技术的发展受到限制或阻

---

① 参见：http：// www. wired. com/wired/archive/8. 04/joy. html.

② 参见：http：//qkzz. net/article/11096dc4－a8cc－474d－ac6c－9ca30f3a96aa. html.

③ 参见：http：//xngmq282eogn. cn/GB/guoji/25/95/20010102/368943. html.

④ 参见：http：//www. etcgroup. org/en/issues/nanotechnology？ page＝3.

⑤ 参见：http：//www. greenpeace. org. uk/MultimediaFiles/ Live/FullReport/5886. pdf.

碍。20世纪90年代起，随着扫描隧道显微镜的成功研制和多种纳米结构物质，如富勒烯（C_{60}）、碳纳米、量子点和纳米线等的成功合成和对其性质的研究，科学界和工业界都把眼光转向纳米技术，普遍认为纳米技术能够带来下一轮工业革命，带来未来生产方式和生活方式的巨大变革。2000年2月，美国政府正式启动了“国家纳米技术计划”（NNI）。在最初的预算中，纳米技术的社会影响已经被纳入规划。2000年9月，美国国家科学与技术委员会和纳米科学、工程与技术分会委托美国国家科学基金会组织了一个研讨会，就纳米技术的社会影响问题展开广泛的讨论。2001年3月，美国国家科学基金会的Roco和Bainbridge[2]以《纳米科学与纳米技术的社会影响》为题编辑出版了这次讨论结果。其目的，正如Weil在“*Ethical Issues in Nanotechnology*”所述，一方面是考察纳米技术的风险，尤其是在公平公正、对个人权利和隐私的尊重方面可能造成的负面的社会影响，以增进参与决策的技术专家和政治家对纳米技术中的伦理问题的意识，促使技术政策的决策基于负责任的基础上，保证在加快纳米技术发展的同时减小其可能带来的风险；另一方面，提升研究及教育水平，通过对纳米技术知识的普及教育等工作的机制化，帮助公众全面认知和理解纳米技术及其社会影响[3]。报告从伦理与社会的视角给出了发展纳米技术的三条建议，并决定把对于纳米技术社会与经济的研究放在优先考虑的地位，成立国家纳米技术协调办公室（NNCO），建立知识基地和专门的机构，从近期（3～5年）、中期（5～20年）、远期（20年以上）来对纳米技术的社会伦理影响进行评估。

尽管国家纳米技术计划安排了专项资金用于开展对纳米伦理的研究，但在2003年以前，纳米伦理的研究还是没有引起足够的重视，纳米技术的伦理和社会影响的研究远远落后于纳米科学技术的飞速发展。Mnyusiwalla、Daar和Singer在“小心差距——纳米技术中的科学与伦理”一文中披露，2001年美国“国家纳米技术计划”（NNI）分配给纳米技术社会影响的研究经费在“1600万～2800万美元之间，但是实际使用的还不到其中的一半”。面对ETC组织等要求暂停对纳米技术的研究的呼声，Mnyusiwalla等认为，“避免停止的唯一方法就是立即缩小纳米技术与伦理之间的差距”，指出，如果纳米技术的伦理研究不迎头赶上的话，那么将会影响到纳米科学与技术本身的研究，纳米科技将会“慢下来”[4]。

在这样的背景下，2003年12月3～5日，美国国家科学基金会与纳米科学、工程、技术分委员会再次发布了《纳米技术：社会的影响——人类利益的最大化》的报告[5]。与此同时，英国政府也委托英国皇家学会和英国皇家工程院对纳米科学和技术的现状及未来的发展与影响进行了研究，并于2004年7月发表了《纳米科学与技术：机遇和不确定性》的报告，讨论了目前和将来纳米技术的应用可能引起的健康、安全、环境、伦理和社会问题[6]。

2003年开始，越来越多的社会组织、研究机构和包括哲学家、社会学家、法学家和科学家本身在内的许多学者开始关注纳米技术的伦理问题及其社会影响。2003年3月和10月，在美国的南卡罗莱纳州大学和德国的达姆施塔特技术大学分别召开了由哲学家和伦理学家与自然科学家、工程师共同参与的国际跨学科学术研讨会——“发现纳米尺度”，纳米技术的伦理问题成为这两次会议的主要议题。也就是在这次会议上，来自美国达特茅斯大学的Moor和澳大利亚查尔斯特大学的Weckert在题为“纳米伦理——从伦理的视角评价纳米尺度”的报告中，最早使用了纳米伦理这一概念。这篇报告后来被收录在由Baird等主编的文集《发现纳米尺度》（Discovering the Nano-scale）[7]一书中。同年，在美国的加利福尼亚州立大学，一个以纳米技术的伦理和社会问题为研究对象的独立组织——“纳米伦理研究组”（The Nanoethics Group）宣告成立。从此，“纳米伦理”这一概念悄然兴起。

9.2 纳米伦理的概念和研究现状

9.2.1 什么是纳米伦理?

纳米伦理是技术伦理学的一个分支领域。20世纪70年代开始，随着核技术、生物技术、信息技术等高新技术的蓬勃发展，技术对自然的干预已经深入到人自身，出现了许多前所未有的环境、社会和伦理问题，在某种程度上已经从“福音”走向其反面，变成了灾难。而传统的建立在个体伦理学基础上的一般规范伦理学，已经不能应对高新技术提出的伦理挑战。在这样的背景下，以技术和技术活动的伦理问题为对象，反思技术活动的伦理原则、规范和技术健康可持续发展的战略的新的应用伦理学学科——技术伦理学应运而生。鉴于技术伦理学以技术实践中的问题为指向，而各门技术的问题既有共同点也有差异，因此就出现了包括医学、生物学与基因伦理、计算机与网络伦理、核技术伦理、认知技术伦理以及纳米技术伦理等在内的不同的“部门”伦理或“专业”伦理[8]。

最早提出纳米伦理这一概念的Moor和Weckert认为，纳米伦理的定义取决于纳米技术。“如果纳米技术指涉的就是简单的应用化学而不是其他的什么，那么，纳米伦理就是关于化学的伦理；或者，如果有4人认为纳米技术其实原则上不存在、仅仅是幻想的机制，那么关于纳米伦理的价值问题就是值得怀疑的”[7]。为了避免在语词上的混乱和定义上的不一致，Moor和Weckert建议将纳米技术理解为关于纳米尺度的物质、产品和方法。

然而困难在于，迄今为止，我们并没有一个关于纳米技术的确切定义。据联合国教育科学及文化组织（UNESCO）科学技术伦理处的统计，目前对纳米技术有几十种不同定义[9]。德国学者 Schummer 从三个不同层面分析了现有的关于纳米技术的定义：第一，名义上的定义，或者说没有实质内容的定义。认为纳米技术是研究与操纵 1～100 nm 的物质，探究其新的性质并开发新的装置和性能的技术。第二，目的论的定义，或者说想象的定义。这一定义通过将来的目标来定义纳米技术。这些目标可以是健康、财富和安全等价值，如更小的电子元器件、更快的交通装备、更便宜的材料等。Drexler 以及其他科幻作家笔下的纳米机器人等属于此类定义。第三，实在的定义，或者说真实的定义。这种定义实际上是出现在政府研究计划、纳米研究中心以及相关学术杂志和会议中的与纳米技术相关的具体的研究课题的列表，包括诸如扫描探针显微镜、纳米粒子研究、纳米结构材料、生化传感器、靶向药物输送等在内的研究领域，其主要的特征是研究主题的多样性[10]。澳大利亚学者 Sparrow 认为单数的“纳米技术”在一定程度上来讲是一种误称，这让人难免会认为它只是某种单一的技术，而实际上，它是一种多样性的技术的综合，涉及物理学、化学、生物学、电子学、材料科学等一系列与纳米尺度研究相关的各种技术，因此，将其称作“纳米相关技术”（nanotechnologies）更为合适，只不过包括从事纳米尺度研究领域的科学家、工程师等都已经习惯使用单数“nanotechnology”，但我们应将它理解成多学科的交叉与综合[11]。

美国纳米伦理小组成员 Lin 和 Allhoff 为代表的一派主张将纳米伦理看作应用伦理学的一门独立的分支学科，并从较为宽泛的视角来理解“伦理”[12]。在他们看来，纳米伦理是指由纳米技术引起的包括伦理、环境、医学、政治、经济、社会、法律等在内的诸多相关问题。另外一些学者对此则持中立的态度。例如，美国《新亚特兰蒂斯》杂志主编 Keiper 通过比较纳米伦理与生物伦理，指出二者最大的不同在于生物伦理探讨的问题很多都是现代生物技术领域经过长期发展而涌现的问题，它的前提是现代生物技术已经发展到了一定的程度，而对于纳米伦理而言，由于纳米技术本身尚处于研究的早期阶段，很多纳米伦理探讨的主题也都仅仅是基于猜测和可能，就目前而言，还没有哪一门学科或技术在其发展的早期就受到如此多的关注与反思，因此将纳米伦理视为一门独立的学科还有待进一步的探讨[13]。

诚然，纳米技术发展过程中涉及的相关具体的伦理问题，包括个人隐私、公正、人与机器的关系等，已经在技术伦理、生物伦理或医学伦理等学科中讨论过，从这种意义上来说，纳米技术并未引发新的独特的伦理问题，将纳米伦理作为一门独立的学科的提法有点夸大其词[14]。但由于纳米技术作为“促能技术”或者新兴战略性技术中的核心技术，尤其是作为“汇聚技术”带来的伦理问题不仅超出了我们传统的认知范畴，也超出了传统的伦理规范体系，纳米伦理与一般伦理学、甚至与网络伦理、计算机伦理、生物医学伦理等现有的、基于人的现实行为（包括虚拟行为）或现存技术的其他专业科学技术伦理所面对的问题并不完全相同。纳米伦理与纳米科学技术一样所面对的还是一个可能的和未知的世界，所谓的纳米伦理问题在某种意义上还是一门关于未来可能世界伦理风险的可能的伦理。因此，无论是从所提出的问题还是在研究的方法论上来看，纳米伦理都为我们展示了一个技术伦理学的崭新的研究领域。

9.2.2 纳米伦理关注的焦点问题

9.2.2.1 纳米材料的安全问题

纳米伦理的兴起首先是因为纳米材料的安全问题。随着纳米科学和技术研究的进一步深入，纳米材料的安全问题逐渐引起人们的关注。2006 年《自然》杂志发表了由 Maynard 领衔的 14 位一流的纳米毒理学专家提出的研究纲要。他们提出要在接下来的 15 年里揭示出纳米材料与人类健康及环境的关系，包括开发出监测大气与水中纳米材料的装置；评估纳米材料毒性的方法；从纳米材料的生产、使用及最终的处理等一系列过程的预测与评估等[15]。

然而，安全问题不仅是一个科学问题，而且首先是哲学、伦理学的研究对象。没有基本的安全，就不可能有好的生活，也不可能有自由、公正。早期功利主义的代表人物密尔就指出，有一项权利是社会应保护而使人人享有的，这就是安全。这种权利是人人平等的，这是正义的最低限度的要求。这里所考察的安全首先是人的身体不受伤害、威胁以及基础设施的安全问题。由于纳米粒子的“无孔不入”，在研发、生产、储存、运输以及后处理过程中可能进入人体和环境，给人的健康和生态带来危害，因此，有关纳米粒子的毒性研究、危害和风险的识别、工作场地的选择和风险控制、工人对风险的知情问题，以及工人健康的医学保障等一开始就成为纳米伦理关注的话题[16]。对此，纳米伦理从责任原则出发，强调科学家必须及时将有关纳米粒子毒性的研究情况告诉公众尤其是相关职业人员。在开发过程中，必须本着预防原则，制定切实可行的安全防范措施，注意保护工人的安全和健康。鉴于安全价值取向的多元性，还须考虑公众对纳米技术风险的认知、理解和可接受性，尊重工人对风险的知情权和选择权。此外，在关注人类健康和生命安全的同时，纳米伦理也关注纳米材料在环境中的释放对其他生物的生存环境所构成的环境安全问题。

9.2.2.2 纳米技术与个人隐私问题

纳米技术引人关注的另一个安全问题是个人隐私的保护问题。纳米器件具有非常广泛的用途，尤其是在医学、社会治安和国防等方面。但是另一方面，在对私人领域的侵犯和私人数据的保护方面，纳米技术也提供了前所未有的可能性。比如，可以把一个纳米发射器放在一个房间或者别人的衣服之中，以监视和跟踪一个目标，还有一些追踪监视设备可以被放进食物内，当人吞咽的时候，它就能进入到人体内任何需要的地方。随着纳米技术和无线发射器的发展，利用纳米器件捕捉信息，窥探特定的精神状态，例如愤怒和性兴奋，可能比较容易[7]。

英国皇家学会在2004年出版的《纳米科学与技术——机遇和不确性》报告中，描述了纳米技术与普适计算结合，可以将个人信息（如信用卡号）与特殊商品联系的可能性，这样有可能跟踪其购物商店和超市，逐渐增加对个人私人信息的收集[6]。而可以储存一个人的全部基因和疾病信息的纳米芯片有可能成为被利用的工具，比如在劳资关系方面，成为企业用人歧视的理由或者成为保险公司限制患者自由的砝码[17]。如此而来，纳米技术从保障安全和自由走向限制了安全和自由。由此引发出一个道德上的两难：我们究竟需要怎样的安全和自由？如何保障人的全面安全和自由？我们需要制定怎样的规范来限制纳米技术被用于侵犯个人隐私？

Toumey认为，纳米技术对人的隐私侵犯的可能途径有4个方面：①纳米技术的发展使得DNA鉴定涉及的隐私权和确定犯罪嫌疑人之间矛盾更加突出；②纳米技术可以提高指纹鉴别的质量。使用一种纳米粒子可以极大提高潜在的指纹鉴定。但是即使这种技术被合法地使用，我们不能保证指纹信息不会被滥用、误解和不正确地传播。③纳米技术不仅仅可以提高指纹鉴别的质量，还能够从指纹中推导出个人的生活信息和习惯。但是谁将获得这些信息？他们如何使用这些信息？我们能保证这些信息不被误用和滥用吗？④碳纳米管可以制造出真正的感应器，包括生理感应器、化学感应器和生物感应器[18]。

最有争议的是纳米技术在脑科学方面的应用，即通过在人脑中植入纳米器件以操纵、控制人们的行动[6]。如果纳米技术与脑神经技术的结合，可以使得神经工程师能简单地“扫描”大脑，读取大脑所有的必要的信息并将这些信息存储到一个“超级计算机”上进行分析，那么我们所面对的已经不是一般的对人的行为的监控了，而是对人的思想的监控和人的行为的操纵。如果这样的事情允许发生，那么，我们还有多少私人空间？人类还在多大程度上具有自主性？人与机器的区别在哪里？技术是人的存在方式，技术的目的不是限制人的自由而是保障和发展人的自由。纳米技术对人的自主性和自由的挑战已经超出了纳米技术伦理问题的范畴，而促使人们更进一步地反思技术的目的、技术与人、技术自由与人的自由的关系。

9.2.2.3 纳米技术在医学中的应用

纳米技术在医学领域具有广泛的应用前途。从疾病诊断与筛查、到靶向药物输送、基因治疗。虽然所带来的影响还很难预测，但有必要研究其应用过程中的潜在伦理风险[19]。Resnik 认为，纳米技术的应用无疑加剧了有关风险的极小化、风险管理及面向公众的风险说明等通常出现在新药产品的临床实验中的问题[20]。Schummer 指出，纳米技术在医学领域可能带来的转变主要包括以下两个方面：一是自我诊断及自动给药的设备的发展，比如利用生物化学传感器来测量血液成分数据并计算自动注射所需的药物剂量，这就涉及责任主体的认定和对传统医学体系的挑战；另一方面是从治愈疾病到超越健康水平的增强病人体质，由此破坏了医学本身的伦理关切，并占用了有限的医学研究和治疗的资源[10]。

纳米技术在医学领域的应用中最引起伦理争议的问题，是有关纳米技术在人类增强方面的应用。所谓人类增强，就是我们通过技术手段提高人的身体和心智的能力。人们使用类固醇使自己变得更强壮，用整形手术使自己变得更具有吸引力等都属于人类增强的范畴。借助于纳米技术，人们不仅可以达到治疗疾病从而延年益寿的目的，而且还可以使用药物来提高创造力、注意力、知觉等。在未来，纳米技术可以给人类提供一种植入物使人在黑暗中或者现在肉眼达不到的可见区域（如红外）看见；“人造红细胞”可以使心脏病发作的受害者维持数小时的呼吸，也可以让一个健康的运动员通过提供额外的氧气输送到其肌肉内，从而提高其体能。在不远的将来，纳米计算机还可以嵌入到我们身体内部以协助我们更快地处理更多的信息，甚至达到人机合一的程度。

很显然，要想找到一个明确的界限来区别治疗性的和非治疗性的人类增强，是很困难的。一方面，作为一个物种，我们期望变得更强壮、更聪明以及更长寿，增强不仅一直是人类的梦想，而且也是人的自由权利；另一方面，“即使在一个民主、自由的国家，我们也明白规则对于提高我们自由的价值。……规则不仅保护我们的权利，而且创造一个有序的过程”[21]。Ebbesen[22]认为，人类能力的增强以及纳米结构和纳米机器植入人体后引发的超能力均涉及超人类主义问题，这类问题逾越了人类以及伦理学的限制。Hassoun[23]从环境伦理学的视角来看待纳米技术引发的人类增强的问题，认为对这个问题在道德方面的考察源自对人类作为一个物种的保留这一问题的关切。他指出从物种的美学价值来看，人类同其他物种一样具有美学价值，纳米技术所带来的人类增强改变了人类的这一价值是不容许的；同时人类还具有生态价值，基于纳米技术的人类能力增强有可能破坏整个生态系统，因此从道德上来说通过这种增强来改变人类这个物种也是不容许的。Lin 等[21]认为，人类增强的问题，主要涉及对于人的意义的再思考，因为人作为遗传与环境作用下的一种存在，难免受制于种种局限，我们是否可以利用技术来弥补与他人天生具有的差异？我们又能否利用技术来使我们自身获得超越他人的能力呢？如果对人类增强问题不加以限制，不仅可能会引发"增强后分化"的不平等问题等，而且诸如赛博格（Cyborg）、生命产品（Biofact）等技术的进一步发展将模糊人与机器、生命体与人工产品之间的界限，使得我们关于人与自然的基本概念发生动摇，什么是人、什么是自然等问题将变得不再是不言而喻的了。

9.2.2.4　纳米技术在军事上的应用

纳米技术在军事上的广泛用途是世界各国推动纳米技术研究与开发的一个重要动力。无处不在的纳米传感器、纳米机器人、纳米隐形材料等对于提高军队装备，包括衣服、盔甲、武器、个人通讯等具有重要的作用。比如说，集中纳米技术的优点制造出的既轻便又舒适的战斗服，不仅能像变色龙一样改变颜色，和周围环境融合起来，而且还具备防弹、防范生化武器的功能，可以达到保护士兵生命的目的；远程自动化和远程通讯设备可以代替军事人员帮助他们完成危险与复杂的任务，尤其是机器人在战场上或者在海上都具有重要的作用；而在提高人的能力包括体力和智力方面，纳米技术同样能起重要作用。比如可以制造一个类似人脑的机器用一个芯片植入脑中与人脑连接；通过视网膜的植入增强视力和通讯能力；增强人体生物医学的合成能力以弥补人类缺乏睡眠带来的不足等等。纳米技术在以上几个方面的应用还主要以防御为目的。从进攻主要是纳米技术在武器方面的应用来看，包括更具有穿透性、伪装性和精确定位功能的导弹；携带武器装备的大型或者小型机器人，包括生物技术的混合体。纳米技术将一方面使得弹药胶囊的释放更加安全，并更加准确地定位目标；另一方面，纳米技术使对目标的监控将更快、更灵敏和具有选择性①。

对于伦理学来说，战争问题或者军事问题始终是一个棘手的问题。从和平主义的立场出发，无论什么样的战争都不能得到伦理辩护。那种认为为了挽救更多的无辜的生命的战争是正义的战争的观点，在现代战争中，由于无法非区分平民与武装人员，而事实上陷入悖论[24]。从现实出发，军事伦理学主要关注的是战争的目的和手段以及战场中的武器的使用问题。而纳米技术武器的毁灭性功能可能是一般的大规模杀伤性武器所不能比拟的。在这种情况下，什么样的机制能够更好地保护人类的生命以及如何保护士兵，尤其是他们作为人的自主权和尊严的问题，是军事伦理学所面对的重要问题。此外，由于纳米技术的微型化趋势，特别是所谓"蚊子导弹"、"苍蝇飞机"、"间谍草"等的出现，使

① 参见：www.nanotec.org.uk/evidence/93cAltmann－EuroParlMilitary%20NT.pdf.

得这些武器的交易变得更隐蔽，恐怖组织获得这些武器的可能性也增加。一旦具有高杀伤力的纳米武器落入他们之手，其结果将不堪设想。

9.2.2.5 纳米技术利益与风险的公正分配问题

纳米技术作为新兴战略性产业中的核心技术，无疑会带来巨大的经济和社会效益。但是，正如每一次新技术的出现都会导致效用价值和分配公正的冲突，纳米技术同样如此。例如以纳米生物技术为基础的医学治疗十分昂贵，以至于只有富贵阶层才能承担得起；以纳米技术为基础的装置设备需要大量的知识技能，只有受过教育的精英人士才能获得好处。其结果是只有社会的一小部分人能够从纳米技术中获益[25]。

纳米技术无疑将会带来生产率的极大提高。纳米产品或者纳米制造业所带来的将是全新的生产方式，这样一来，现在许多制造技术将被纳米制造方法代替，这就意味着许多旧的非专业的劳动力被淘汰，大量的工人失业。也就是说，大量的中下层劳动力将会为纳米技术的产业化付出，而纳米技术所带来的利益却与他们无关。如果没有切实有效的法规和政策保障工人的权利，纳米技术将会加剧社会的相对贫困化[26]。这不仅关系到社会公正问题，也关系到纳米技术的可持续发展。

如果没有公正的分配制度，巨大的经济效益将会变成巨大的社会问题，不仅在一个国家内部会造成巨大的贫富分化，而且会带来国与国之间、尤其是发展中国家与发达国家之间的“纳米鸿沟”[27]。因为纳米技术的大多数专利和知识产权都掌握在几个主要的发达国家和大的跨国公司手中，这就使得发展中国家发展纳米技术的成本大大提高，这里涉及的是纳米技术知识产权和专利的公正问题[28]。Maclurcan 认为“纳米鸿沟”将会导致南半球的国家在全球纳米技术创新中落后，因为南半球国家的纳米科学技术的研发能力较低，会遇到传统的障碍和纳米技术本身带来的新障碍[29]。当然，纳米技术同样给南半球的国家提供了在全球创新中发挥重要作用的机遇。

Grunwald 提出在纳米技术的公正问题上要区分代内公正和代际公正的问题。他认为纳米技术有可能通过节约物质资源，缩小对环境有害的副产品的影响范围，提高能源转化效率，减少能源消耗等，促进代际公正。当然，鉴于目前纳米技术在许多方面还处于初级研究阶段，我们只能说纳米技术具有潜在的可持续性。但是对于代内来说，纳米技术更多地加剧了本来存在的分配不平等，因为纳米技术虽然可以提供更多的自由选择的机遇，但是这种机遇建立在个人的物质财富基础上，而国与国之间的经济竞争也会更加激烈。所以说，纳米技术将加剧代内的不公正[17]。

德国斯图加特大学的 Renn 教授和美国国家科学基金会的 Roco 等[30] 更关

心纳米技术的风险和利益分配中的公正问题。指出，纳米技术的风险包括对科研人员的身体、心理和社会可能带来的伤害，以及对环境的可能影响等诸多方面。目前，不仅公众往往对这些风险的存在并不知情，即便科学家和工程师往往也忽略了技术风险的存在，而对于风险和利益分配中的公正问题，我们还缺乏研究，相关的政策法规也很不完善。

9.3 纳米伦理所面对的挑战与应对

伦理学是关于"应该"的科学。纳米伦理以纳米技术和技术活动中的伦理原则和道德规范为研究对象。然而，纳米技术在很大程度上还是一个正在发展中的可能性技术。从预防原则以及前瞻性责任原则出发，纳米伦理应该与纳米科学技术的发展同步，但是，面对纳米技术后果的不确定性，如何评价它的善恶，什么样的行为是伦理上可行的？我们判断纳米技术的伦理可行性的标准是什么？我们应该制定怎样的负责任的纳米技术发展战略等等，所有这些都构成对纳米伦理的重大挑战。

9.3.1 纳米技术的不确定性

纳米伦理以对纳米技术的目的、过程与后果的评估为基础。但是，纳米技术在某种意义上是一种不确定性的技术，且这一不确定性与我们通常所讲的技术发展的不确定性有本质的区别。通常我们讲的技术不确定性指的是技术系统在外界干扰（包括时间与空间以及行为者）的情况下可能存在的变量，而纳米技术的不确定性具有多重含义。首先是有关纳米技术的定义就不确定。纳米是一个尺度概念，以尺度为单位的技术定义融合了学科之间的界限，直接导致了研究方法的不确定性。今天，几乎所有的学科都有纳米的踪影，人们可以从不同的学科、不同的角度研究纳米。但是，正因为纳米微小到无处不在，人们也很难完整地认识它的特性。纳米研究应该是跨学科的研究，但是真正意义上的学科整合还面临着许多方法论的瓶颈。纳米技术学科的不确定性构成了对传统的研究方法的挑战。其次，纳米技术的应用目的和结果的不确定性。纳米技术几乎可以应用于从航天航空到日常生活的任何领域。与传统的技术直接导致终极目的的特征相反，纳米技术的目的性并不明确，因而它也被看成是一门促能技术（enabling technology）。促能技术的意思是使不可能的变成可能，使可能的但不完善的变得更完善。它的本质性特征是中介性，即它本身既不是一个终极产品也不是一个特定的过程。作为新兴产业中的核心技术，它的应用可能性的范围很广，尤其是它与信息技术、生物技术和认知技术的结合形成的所谓"汇聚技术"（converging technologies），其发展的方向和结果究竟是怎样还很难预测。在这样一种目的和结果都不明确的情况下，对纳米技术的评价实际上意味着对可能性进行评价。再次，纳米技术的社会伦理后果的不确定性。和所有的新技术一样，纳米技术不仅带来的是生产方式的改变，而且还将带来生活方式甚至思维方式的改变。然而，虽然市场上已经有了一系列纳米产品，但是距离真正的纳米技术时代还相差很远，今天我们关于纳米技术的社会伦理后果的考量更多的是基于想象（“vision”）和可能。而既然纳米技术还是属于未来的技术，那么所有的可能性都是可能变成现实的，我们还不能确定它会带来怎样的社会伦理问题。

这些不确定性构成了对纳米伦理的极大挑战：即我们如何可能用今天的知识、规范和评价尺度去衡量潜在的、未来的技术，未来的技术活动？如果我们既不能用逻辑推理，也不能用经验论证的方法去评价纳米技术的后果[17]，而即便那种基于模拟的情景评价方法也同样是从现有的知识和规范模式出发的，那么，我们伦理评价和论证的合理性基础是什么？如何能令人信服？事实上，目前所有的关于纳米技术的“vision”和评价，无论是悲观主义的还是乐观主义的都存在着这样的问题。

我们面临的不仅是知识的困境，而且遇到了道德上的两难：一方面我们不能等到纳米技术完全成熟、当问题发生且不可逆转的时候进行评价并制定相应的规范；另一方面，对一个还不确定的 vision 进行伦理评价甚至道德规范，同样也面临着“道德风险”[31]。因此，伦理学面临的是不仅不能回避评价和规范的问题，而且还必须找到合适的方法，为自己的理性评价辩护。

但是，这样说并不是认为我们就可以无为或者无所作为了，更不能成为反对技术伦理可能性和重要性的根本理由[17]。因为无为本身是对我们应该承担的责任的逃避。而技术后果的不确定性不仅不是反对伦理反思的理由，而且更加证明了它的必要性。因为风险活动涉及人的生命和财产安全，在知识和经验无法帮助我们找到行为的界限的时候，确定行为的伦理框架就显得尤为重要。

Grunwald 认为，对于某些形式的技术发展的目的和技术活动的手段，我们可以不需要基于对技术后果的预测进行伦理反思。对于有些特定类型的技术，我们也可以根据其结构原则对其后果进行分析[17,32]。目前针对纳米技术的不确定性的评价和规范基本上有三种方法。

9.3.1.1 前瞻性评价

即根据纳米材料和纳米技术的特征预测它可能的结果。迄今我们所讨论的纳米技术的可能性，包括正面的和负面的，一般都是基于这样的方法。这一方法对于评价纳米粒子对健康和环境的风险，从而制定相应的风险防范措施起到了重要的作用。

9.3.1.2 过程追踪性评价

主要通过对具体的纳米技术应用实例与现有的其他产品和过程进行比较的方法进行评估。德国卡尔斯鲁尔技术系统与技术后果研究所的研究人员在这方面进行了一系列的研究，比如将基于溶胶和凝胶技术的纳米涂料与水性、溶剂涂料和粉末涂料进行比较，将碳纳米管催化剂与氧化铁催化剂的生态影响进行比较，以确定纳米技术带来的潜在的生态方面的后果①，采取相应的防范措施。

9.3.1.3 建构性评价

建构性技术评估的理论前提是，技术的形成和发展是多种力量多重行动者共同构建的。如果我们把纳米技术的发展看作是一个从基础研究到技术开发、生产、使用和后处理这样一个过程，那么，在这个过程中涉及不同的阶段不同的责任主体。强调对于不同的阶段分别进行评估并且发展出不同的阶段性预防措施，是这一评价方法的主要特征。Steinfeldt 认为，研究阶段预防的可能性空间最大，随着技术的逐渐成形，人们能够避免负面效应的可能性和采取措施干预的空间越来越小②。美国科学家和社会学家 Guston 和 Sarewitz 也在对纳米技术的风险进行评估方面发展了一种“实时技术评估”（real-time technology assessment，RTTA）的技术评估模式。该模式的特点是，从一开始就把社会科学与自然科学和工程研究的相关政策研究结合一起，并且特别注重的不是技术本身的危险性及其防范，而是公众对技术后果的可接受性。RTTA 模式包括 4 个部分内容：①类比案例研究（analogical case studies）。主要是通过研究过去已实现转型的技术创新的案例并与纳米技术的现状进行对比，从中归纳出应对纳米技术风险的战略。例如，通过研究转基因食品的案例，可以有助于我们预测公众对纳米技术的可接受性。②制定研究方案（research program mapping）。即分析相关创新企业的资源和能力以确定重要研发趋势、主要参与者及其作用、组织机构和他们之间的关系。通过现有的研究方案的制定可以反映和评估不同地区和国家纳米技术的研发状况和水平。③沟通与预警（communication and early warning）。通过建立包括科学家、社会学家和伦理学家在内的跨学科的纳米技术研究中心，举办专业研讨会、公众听证会和公民共识会议，了解利益相关者对纳米技术的认知、观念和态度。④技术评估和选择（technological assessment and choice）。从科学、伦理、社会、法律和政治的视角出发，分析和评估纳米技术潜在的社会影响，以期形成研究战略和目标，并使得纳米技术的发展更大程度地与公众的期望相吻合[33]。

---

① 参见：http：//www. itas. fzk. de/tatup/042/stei04a. html.

② 参见：http：//www. itas. fzk. de/tatup/042/stei04a. html.

所有这些评估方法的一个核心内容都是强调改变以往回溯性的技术评估模式，从责任原则出发，对技术的应用范围进行前瞻性的、引导性的评价和估量。事实上，如果我们不拘泥于伦理学仅仅是对技术活动的结果进行道德评价，而是“转变范式”[34]真正参与到技术对社会的建构中去，对其可能的发展方向及其可能性的条件进行前瞻性的评估，那么对纳米技术的道德评估不仅可能，而且应该。

9.3.2 公众对纳米技术的认知和公众参与问题

鉴于纳米技术的不确定性和面向未来的特征，以及社会价值观的多元化，我们很难就纳米技术的发展找到一个公正的、能够反映各方意见的技术发展战略原则。另一方面，从纳米技术对未来社会的影响看来，纳米技术将决定着我们共同的未来。从社会正义的伦理原则出发，只有广泛吸收社会各界参与有关纳米技术的讨论，使公众参与到对纳米技术发展的决策中去，纳米技术的发展才是道德上可以得到辩护的。首先，公众有权了解纳米技术对其生活和未来的社会影响。目前，无论是在中国还是在国外，纳米技术基础研究和开发的经费主要来源于国家财政。作为纳税人，公众有权利知道这些研究的发展方向，有权利参与纳米技术的公共政策制定。其次，纳米技术不仅可能带来巨大的经济和社会效应，也可能带来巨大的生态和健康风险。鉴于价值追求的多元化，人们不得不考虑，消费者和公民是否愿意接受纳米技术以及带来的风险？此外，现代高科技所带来的利益与风险的分配是不对称的，即通常是少数一些人收获经济利益，而大部分人却要为此承担生态和健康风险。从权利与义务、风险与利益分配的正义主张出发，公众有权利全面了解纳米技术的社会后果。再次，欧洲与美国的经验已经证明，离开了公众的支持，纳米技术很难持续、健康地发展。“没有认真的沟通工作，纳米技术可能会面临公众不公正的消极对待……公众对纳米技术的信任和认可对纳米技术的长期发展至关重要，使我们可以得到潜在的利益”[33]。尽管从总体上看，中国公众大部分对科学技术还抱有积极乐观的态度，但是，从媒体上有关转基因水稻大面积种植引起的讨论和抵制的情况来①，人们对技术的知情权和参与选择权的要求越来越高。

从 STS 的视角来看，科学技术知识的生产同时也伴随着社会秩序和社会生活方式的生产，而社会秩序和社会生活方式也同样影响着科学技术知识的生产。所以，知识生产绝不仅仅是科学家和工程师的事情。正如 Jasanoff 指出的那样，知识及其物质体现是社会制造的产物，同时，知识及其物质体现也构成

---

① 参见：http：//www. wyzxsx. com/Article/Class4/201001/124069. html.

了社会生活的形式。自然知识和知识得以生产的社会秩序是互相内嵌、共同生产出来的[35]，因此，无论如何，对纳米技术的伦理评价或道德决策都不应该仅仅限于科技专家内部或者科技职业责任伦理范围，把公众排除在外，而应该在整个公共伦理空间实施[36]。纳米技术不仅应该由社会公众参与“共同生产”，而且也应该由社会公众一起共同承担对社会与未来的责任。

然而，纳米科技是一项十分复杂的高科技。无论是在欧洲还是在美洲，或者在中国，公众对纳米技术的认知还十分有限，这对于公众参与对纳米技术的意见构成了严峻的挑战。

在这样的背景下，公众有权要求科学家公开、透明全面地阐明纳米技术的利弊。这是公众的权利，也是科学家的伦理责任。McGinn 认为，科学家与工程师对纳米技术的伦理责任包括 4 个方面：①不要在工作中做任何她或他知道（或应该知道）将会造成（或创造出不合理风险导致）对他人或公共财产的伤害。②努力保护可能被她或他的工作（或许还包括其同事、所在组织的工作）影响到的群体。③警示可能被此类工作影响到的群体，告知这些人他们正处于受伤害的风险中，即使警示人并不是当事者或没有能力阻止。④对于那些受雇于某个组织或牵涉到某个客户的科学家和工程师，应该在工作中竭尽所能地维护其雇主或客户的合法利益①。

Pidgeon 以纳米技术对健康方面的影响为例探讨了公众对纳米技术的参与问题。指出，这是一种“上游”的参与，即在研究尚未取得进展，以及确定的公众态度尚未形成之前的公众参与，它并不简单的采用过去公众参与所遵循的分析的慎重的过程，而是需要设计出有关风险的讨论和风险传播的形式，从而引出有关价值与未来发展的讨论[37]。Stebbing 强调公众的参与应该体现分层次的梯度原则，如通过组织座谈小组、特别任务组及咨询委员会等形式，让公众参与到纳米伦理问题优先解决方案的辩论中，而特别任务组可以在研究人员、决策者和社会团体中起到重要的调节作用；通过论坛的形式可以为不同意见的公众表达其观点创造机会[38]。Bowman 等指出开放和透明的政策协商以及广泛的公众讨论将在保护公众的利益、获取公众对于纳米技术的信任和接受等方面起到关键的作用[39]。Renn 和 Roco 认为，为了让公众更好地参与，应该设计一个有效的风险沟通方案。这一方案需要考虑与风险相关的区分：一方面是人类健康和生物系统，另一方面是基础设施建设（生物系统的环境）。相应的沟通策略包括：①应能启发有关利益和风险以及确定和量化这些风险的方法的讨论。沟通工具是基于科学研究文献、因特网、产品标签、新闻公报、消费者热

---

① 参见：http：//sei.nnin/org/doc/NANOTECHNOLOGY_AND_ETHICS_GUIDE.pdf.

线以及其他类似的工具。②应能指导从伦理学、社会学视角所进行的对于纳米技术应用的可行性的广泛讨论。③提供公开的信息，这些信息包括测试纳米技术产品的原理和程序，评估潜在的健康和生态影响，告知公众在研发和产品中的投资政策。如果有人能确保政府当局对新技术予以特殊关注以保护公众免遭新技术的不可预期的影响，那么公众就会对社会控制风险和后续的不确定性的能力报以更多的信心[30]。

在沟通科学与公众，促进公众对纳米技术的认知方面，人文和社会科学家可以发挥重要的作用。一方面，他们是受过专业训练的公众利益的代表，并能够作为纳米技术专家和公众或者政府官员之间沟通的桥梁和中介者，他们的意见有助于将纳米技术的社会效益最大化并同时减少公众争议的可能性[33]；另一方面，哲学和伦理学还具有重要的反思功能。如果我们不认为任何一项技术的发展是必然的、决定论的，那么，我们就不能不反思这项新技术将会对人类产生什么影响。反思什么是幸福的生活？这项新技术对幸福生活的实现会有影响吗？我们需要什么样的社会？这项新技术是如何关涉该类社会等问题。对新技术进行严格的评判，可以扩大人们思考的视域，为公众做出一个明智判断和选择提供新的视角。

9.3.3 纳米技术的全球治理

在技术和经济全球化的今天，纳米技术的伦理问题亦如能源问题、环境问题以及生物技术的伦理问题一样，不是基于一个国家的力量所能解决的。全球性的问题呼唤着全球治理。“治理”（governance）源自拉丁语“gubernare”或者希腊语“kybernan”，原意为驾驶、掌舵、导航，后用于国家、社会的政治系统或者私人的和公共组织系统的管理和调节。在涉及政治事务时经常与“统治”（government）一词交互使用。世界银行在 1989 年首次使用了“治理危机”（crisis in governance）一词。但现今治理已经超越政府运作范围，而强调权力关系、组织制度和公共事务管理等层面[40]。Messner 认为，治理即“为了应对全球性挑战和解决跨地区持续出现的问题，发展一种国际合作的新的机制和制度与调节体系”[41]。与政府统治相比，治理的内涵更加丰富，它既包括政府机制，同时也包括非正式的、非政府的机制；它们虽未得到正式授权，却能有效发挥作用。它不是一整套规则，也不是一种活动，而是一个过程。治理过程的基础不是控制，而是协调；治理既涉及公共部门，也包括私人部门；治理不是一种正式的制度，而是持续的互动[42]。

纳米技术的全球治理强调的是谨慎而负责任地发展纳米技术，促进纳米技术在社会伦理规范的框架下健康、可持续地发展。目前，联合国教科文组织以及美国、欧盟、加拿大等主要发达国家和地区都针对纳米技术的伦理问题制定了相关的政策建议，如联合国教科文组织于2007年发布了《纳米技术与伦理——政策及其行动》的报告；欧盟在2008年推出了《关于纳米材料的法规问题》的报告等。但实际上，由于纳米技术等新兴技术被认为能够全面提升一个国家的经济、技术和军事的竞争力，各国从各自的利益出发，都在极力推动这些技术的研究和开发，因此有关纳米技术法规政策的制定仍然存在着诸多值得关注的问题。Schummer提到至今尚未在任何国家制定针对纳米技术的特定的法律框架，而实际上这涉及许多法律问题，例如职业健康与安全、环境保护、消费者权益保护、医药法规、隐私及公民自由、知识产权保护等。法律作为实现公正的手段，应充分考虑像纳米粒子的潜在毒性等问题，以此保护人类的健康与环境；在知识产权保护与公众利益之间也应保持一种适当的平衡关系。而一旦国家之间与纳米技术相关的法律框架存在不同，就不可避免地会导致国际间合作研究的障碍，以及全球纳米技术风险与利益分配不公等问题。因此，有必要在一定的国际法体系下，就纳米技术发展中的某些基本的标准、原理达成一致意见，实现各国相关法律体系的协调[43]。

Roco在《纳米技术的全球治理的可能性》① 一文中，分析了在纳米科技全球治理方面取得的进展，并提出未来全球治理的可能性。作者把2000～2020年纳米产品及其可能的潜在发展划分成互有重叠的4个阶段：即开发被动式的纳米结构、主动式纳米结构、纳米结构系统及基于原子设计的分子纳米系统，进而提出了全球治理的框架结构。这一结构包括：①支持变革的影响，包括投资政策和创新；②推进负责任的发展，包括卫生、安全和道德问题；③鼓励国家和全球伙伴关系；④致力于对人类长远发展负责任的规划。Roco指出，目前在纳米技术牵涉到的人类利益的问题上，特别是在第三、第四代纳米产品上，尚未达成国际性的一致意见。与纳米技术相关的国际贸易活动在关键领域并未建立起来，在发展纳米技术的国家之间、在实施纳米技术战略的国家之间以及将受到纳米技术影响的国家之间（这类国家没有前面两类国家发展纳米技术的基础设施以有效应对技术的发展）的控制和权力的水平都存在差距[30]。当前还没有一个国际性的纳米检测和监管的框架协议，相关的纳米技术的标准化规范还有待建立。

鉴于纳米技术伦理风险的跨学科和全球化特点，只有在对纳米技术的伦理问题深入反思的基础上，制定全球性的能指导纳米技术发展的伦理原则，促进

---

①　参见：http：//www. euronanoforum2007. de/CD/files/P2 — Possibilities% 20for% 20a% 20global% 20governance%20of%20nano technology. pdf.

成员国和公众对于纳米技术伦理问题的讨论，才能真正推动纳米技术风险的“善治”。对纳米技术的伦理反思和全球治理并不是拒绝和反对纳米技术的发展。相反，如果没有一个全球治理的框架协议，将导致纳米技术发展中的恶意竞争，从而最终阻碍技术的发展。

2007年，联合国教科文组织科学技术伦理处下属的世界科学知识和技术伦理委员会（COMEST）公布了有关纳米技术与伦理的政策建议。建议对伦理问题探讨的行动方案分为三个阶段：第一，联合国教科文组织设立跨学科的专家组，对伦理层面的问题做出辨析；第二，检验潜在的国际间行动的相关性；第三，提升潜在行动的政策可行性，在国际合作的基础上形成跨文化的纳米技术伦理框架协议，成立国际技术与伦理委员会，为包括纳米技术、信息技术、生物技术以及认知技术在内的汇聚技术的全面治理，提供一个永久的平台。

9.4 结 语

由于纳米技术本身非常复杂，涉及的学科门类很多，关于其引发的伦理问题的研究还有待于深入。从目前国内外的研究状况来看，在哲学层面的反思还不够，更多地还是基于社会学视野的安全与风险分析。另外，从整体上来看，有关纳米技术伦理与社会问题的研究还远远滞后于纳米技术自身的发展。我国在纳米伦理领域的研究还刚刚起步，在国际上几乎还没有我们的声音，公众对纳米技术伦理问题的意识还几乎没有形成，公众对纳米技术本身的了解还很不够。Drexler的预言似乎有些危言耸听，但是，他提出三个问题却是十分严肃的：什么是可能的，什么是可实现的，以及什么是我们想要的？今天，纳米科技不仅将可能的逐步转化为可实现的，而且正在不断超越自然法则的限制，开拓新的可能性。问题是，什么是我们想要的？是否所有的可能性都应该变成现实的？谁来决定我们想要什么，什么样的可能性应该转变为现实性？一句话，我们的未来应该如何？谁来决定我们的未来？这些不仅是纳米伦理学应该反思的，也是我们每一个人应该思考的问题。

参考文献

[1] Drexler K E. Engines of Creation：The Coming Era of Nanotechnology. New York：Anchor Press，1986.

[2] Roco M C，Bainbridge W S. Societal Implications of Nanoscience and Nanotechnology. Dordrecht：Kluwer Academic Publishers，2001.

[3] Weil V. Ethical issues in nanotechnology. In：Roco M C，Bainbridge W S. Societal Implications of Nanoscience and Nanotechnology. Dordrecht：Kluwer Academic Publishers，

2001: 244-251.

[4] Mnyusiwalla A, Daar A S, Singer P A. "Mind the gap": Science and ethics in nanotechnology. Nanotechnology, 2003, 14: R9-R13.

[5] Roco M C, Bainbridge W S. Nanotechnology: Societal Implications Ⅰ—Maximizing Benefits for Humanity. Berlin: Springer, 2006.

[6] Royal Society and Royal Academy of Engineering. Nanoscience and Nanotechnologies: Opportunities and Uncertainties. London: Royal Society & Royal Academy of Engineering, 2004: 53-54.

[7] Moor J, Weckert J. Nanoethics: Assessing the nanoscale from an ethical point of view. In: Baird D, Nordmann A, Schummer J (eds.). Discovering the Nanoscale. Amsterdam: IOS Press, 2004: 301-310.

[8] Pieper A, Thurnherr U. Angewandte Ethik. Eine Einführung. Müenchen: C. H. Beck Verlag, 1998: 4.

[9] United Nations Educational, Scientific and Cultural Organisation. The Ethics and Politics of Nanotechnology. Paris: UNESCO, 2007.

[10] Schummer J. Identifying ethical issues of nanotechnologies. In: Henk A M J. Nanotechnologies, Ethics and Politics. Paris: UNESCO, 2007: 79-98.

[11] Sparrow R. The social impacts of nanotechnology: An ethical and political analysis. Bioethical Inquiry, 2009, 6: 13-23.

[12] Allhoff F, Lin P. What's so special about nanotechnology and nanoethics? Int J Appl Philos, 2006, 20: 179-190.

[13] Keiper A. Nanoethics as a discipline? The New Atlantis, 2007, spring: 55-67

[14] Grunwald A. Nanotechnology—A new field of ethical inquiry? Sci Eng Ethics, 2005, 11: 187-201.

[15] Maynard A D, Aitken R J, Butz T, et al. Safe handling of nanotechnology. Nature, 2006, 444: 267-269.

[16] Schulte P A, Salamanca-Buentello F. Ethical and scientific issues of nanotechnology in the workplace. Environ Health Perspect, 2007, 115: 5-12.

[17] Grunwald A. Auf dem Weg in eine nanotechnologische Zukunft. Freiburg/Muenchen: Verlag Karl Alber, 2008.

[18] Toumey C. Privacy in the shadow of nanotechnology. NanoEthics, 2007, 1: 211-222.

[19] Spagnolo A G, Daloiso V. Outlining ethical issues in nanotechnologies. Bioethics, 2009, 23: 394-402.

[20] Resnik D B, Tinkle S S. Ethical issues in clinical trials involving nanomedicine. Contemp Clin Trials, 2007, 28: 433-441.

[21] Lin P, Allhoff F. Nanoethics and human enhancement: A critical evaluation of recent arguments. Nanotechn Percept, 2006, 2: 47-52.

[22] Ebbesen M，Andersen S，Besenbacher F，et al. Ethics in nanotechnology：Starting from scratch? Bull Sci Techn Soc，2006，26：451-462.

[23] Hassoun N. Nanotechnology，enhancement，and human nature. Nanoethics，2008，2：289-304.

[24] 麦金泰尔 A. 德性之后．龚群，等译．北京：中国社会科学出版社，1995：4.

[25] Schummer J. Cultural diversity in nanotechnology ethics. Interdisciplin Sci Rev，2006，31：217-230.

[26] Hede S. Molecular materials and its technology：Disruptive impact on industrial and socio-economic areas. AI Soc，2007，21：303-313.

[27] Sheetz T，Vidal J，Pearson T D，et al. Nanotechnology：Awareness and societal concerns. Tech Soc，2005，27：329-345.

[28] Barker T F，Fatehi L，Lesnick M T，et al. Nanotechnology and the poor：Opportunities and risks for developing countries. In：Allhoff F，Lin P. Nanotechnology & Society：Current and Emerging Ethical Issues. Dordrecht：Springer Science + Business Media B. V.，2009：243-264.

[29] Maclurcan D C. Southern roles in global nanotechnology innovation：Perspectives from Thailand and Australia. Nanoethics，2009，3：137-156.

[30] Renn O，Roco M C. Nanotechnology and the need for risk governance. J Nanopart Res，2006，8：1-41.

[31] Lumann N. Die Moral des Risokos und das Risiko der Moral. In：Bechmann（Hrsg.）. Risiko und Gesellschaft. Grundlagen und Ergebnisse interdisziplinaerer Risikoforschung. Westdetscher：Verlag，1997，32.

[32] Ropohl G. Theorie der Technisierung. Zeitschrift des ITAS zur Technikfolgenabschaetzung，2007，3：115-119.

[33] Ebbesen M. The role of the humanities and social sciences in nanotechnology research and development. Nanoethics，2008，2：1-13.

[34] 李三虎．纳米现象学：微细空间建构的图像解释与意向伦理．哲学研究，2009，7：85-91.

[35] Jasanoff S. States of Knowledge：The Co-Production of Science and the Social Order. London：Routledge，2004.

[36] 李三虎．纳米技术的伦理意义考量．科学文化评论，2009，3：14-27

[37] Pidgeon N，Rogers-Hayden T. Opening up nanotechnology dialogue with the publics：Risk communication or ‘upstream engagement’? Health，Risk & Society，2007，9：191-210.

[38] Stebbing M. Avoiding the trust deficit：Public engagement，values，the precautionary principle and the future of nanotechnology. Bioethical Inquiry，2009，6：37-48.

[39] Bowman D M，Hodge G A. Nanotechnology and public interest dialogue：Some interna-

tional observations. Bull Sci Technol Soc，2007，27：118-132.

[40] 俞可平．治理和善治引论．马克思主义与现实，1999，5：37-41.

[41] Messner D. Globalisierung，Global Governance und Perspektiven der Entwicklungs-zusammenarbeit. In：Franz Nuscheler（Hrsg.）. Entwicklung und Frieden im 21. Jahrhundert，Bonn 2000：267-294.

[42] The Commission on Global Governance. Our Global Neighborhood. Oxford：Oxford University Press，1995.

[43] Schummer J，Pariotti E. Regulating nanotechnologies：Rrisk management models and nanomedicine. Nanoethics，2008，2：39-42.

10

纳米技术伦理与社会研究的兴起与发展*

10.1 引言

从 20 世纪 80 年代末开始，纳米技术在欧美等主要发达国家和地区迅猛发展起来，但对其伦理的反思却一直滞后于纳米技术自身的发展[1]。2003 年加拿大学者 Mnyusiwalla A 等[2]通过对比有关“纳米技术”与“纳米技术的伦理和社会影响”公开发表的论文数量，发现 1985～2001 年，前者的论文数量逐年增加，而有关后者的论文几乎没有涉及，并由此呼吁人们重视纳米技术的伦理问题的研究。

2001 年，美国国家科学基金会出版了《纳米技术的社会影响》的报告，引起了哲学家、伦理学家、社会学家等许多学者的关注，对于纳米技术的伦理及社会维度上的反思性研究逐渐增多，与纳米技术社会与伦理问题相关的国际组织、研究机构及非政府组织机构相继成立，从 2000 年开始，有关纳米技术伦理问题的学术会议在美国、欧洲、中国等地相继召开，该领域内的论文、专著及专业杂志等相继出版发行，标志着有关纳米技术的伦理与社会问题的研究开始逐渐走向成熟[3,4]。为了真实反映近年来国外纳米技术伦理及社会问题研究的兴起与发展现状，我们尝试用信息可视化技术和科学知识图谱方法进行量化研究，形象地展示国外纳米技术伦理与社会研究的发展现状、高影响力学术群体，以及纳米技术伦理与社会研究的热点领域，以期为我国纳米技术伦理与社会问题的研究者们跟踪国外动态、选择研究方向提供参考。

---

* 本书作者为侯海燕、王国豫、栾春娟、王贤文、龚超，发表于 2011 年 04 期《工程研究—跨学科视野中的工程》。

10.2 数据来源与研究方法

本研究的数据来源是 Thomson Reuters 公司所属的 Web of Science（WoS）数据库，WoS 是全球最大、覆盖学科最多的综合性学术信息资源，收录了近万种世界权威的、高影响力的学术期刊，包括著名的三大引文索引：科学引文索引（Science Citation Index，SCI）、社会科学引文索引（Social Science Citation Index，SSCI）、艺术与人文科学引文索引（Arts & Humanities Citation Index，A&HCI）。WoS 以其独特的引文索引法，能够揭示科技文献之间的内在逻辑与联系，反映文献之间引用与被引用的关系，体现科学和技术的发展历程。

纳米科学整体发展状况的数据来源于在 Web of Science 数据库（SCI-EXPANDED，SSCI，CPCI-S，CCR-EXPANDED，IC.）中检索主题词为"纳米"等 18 个关键词（表 10.1），检索词来源于美国国家基金会给出的纳米科学的关键词[5,6]（Nano-science keywords list of NSF for NSE award statistics）（见表 10.1）。检索式为：TS=（(Selfassembl * OR " Self assembl * " OR " Atomic force microscop * " OR Atomic-force-microscop * OR " Scanning tunneling microscop * " OR Scanning-tunneling-microscop * OR " Atomistic simulation" OR Biomotor OR " Molecular device" OR " Molecular electronics" OR " Molecular modeling" OR " Molecular motor" OR " Molecular sensor" OR " Molecular simulation" OR " Quantum computing" OR " Quantum dot * " OR " Quantum effect * " OR Nano *) NOT（$NaNO_3$ * OR $NaNO_2$ * OR Nanosomia * OR Nanook * OR Nanosaurus *)）。检索的时间范围是 1960～2010 年，数据检索时间为 2011 年 1 月 22 日。共检索到 606 004 篇纳米科学文献，文献的时间跨度为 1960～2010 年。

表 10.1 纳米科学发展研究所使用的检索词

序号	检索词	序号	检索词
1	Nano *（纳米）	10	Molecular device（分子器件）
2	Selfassembl * 自组装	11	Molecular electronics（分子电子学）
3	Self assembl * 自组装	12	Molecular modeling（分子模拟）
4	Atomic force microscop *（原子力显微镜）	13	Molecular motor（分子马达）
5	Atomic -force -microscop *（原子力显微镜）	14	Molecular sensor（分子传感器）
6	Scanning tunneling microscop *（隧道扫描显微镜）	15	Molecular simulation（分子仿真）
7	Scanning-tunneling-microscop *（隧道扫描显微镜）	16	Quantum computing（量子计算）
8	Atomistic simulation（原子模拟）	17	Quantum dot *（量子点）
9	Biomotor（人工呼吸器）	18	Quantum effect *（量子效应）

纳米伦理与社会研究的数据同样来源于 WoS 数据库（SCI-EXPANDED，SSCI，CPCI-S）。首先检索主题词为“纳米”的文献，并排除带 Nano 前缀但与纳米科学无关的 6 个主题词 $NaNO_3$ ＊、$NaNO_2$ ＊、Nanosomia＊、Nanook＊、Nanosaurus＊ 和 Nanogram，将学科类别精炼为伦理学、哲学、社会问题、社会科学（生物医学）、社会科学（数学方法）、社会学。检索的时间范围是 1960 年至 2010 年，数据检索时间为 2011 年 1 月 25 日，得到 288 篇与伦理与社会研究相关的文献。为了防止出现漏检，增加了纳米与伦理、纳米与社会及社会的、纳米与社会学四种检索方式（表 10.2），将 5 种检索结果的合并后共得到 454 篇纳米伦理与社会研究文献，文献的时间跨度为 1991～2010 年。以 454 篇文献为基础，列出其全部相关来源出版物，从排名前 10 位的来源出版物中选出 4 本纳米技术的伦理问题及其社会影响的会议论文集（表 10.2）进行补充检索，合并及去掉重复项后最终得到 476 篇文献。

表 10.2 纳米伦理与社会研究的检索式

主题	文献数量/篇	检索式
纳米（伦理与社会研究）	288	主题＝（Nano＊）NOT（Nanog＊ OR $NaNO_3$＊ OR $NaNO_2$＊ OR Nanosomia＊ OR Nanook＊ OR Nanosaurus＊ OR Nanogram OR nano-LC-MS） 精炼依据：学科类别＝（ETHICS OR PHILOSOPHY OR SOCIAL ISSUES OR SOCIAL SCIENCES，BIOMEDICAL OR SOCIAL SCIENCES，MATHEMATICAL METHODS OR SOCIOLOGY）伦理学、哲学、社会问题、社会科学（生物医学）、社会科学（数学方法）、社会学
纳米与伦理	198	主题＝（（（Nano＊）NOT（Nanog＊ OR $NaNO_3$＊ OR $NaNO_2$＊ OR Nanosomia＊ OR Nanook＊ OR Nanosaurus＊ OR Nanogram OR nano-LC-MS））AND ethic＊）NOT Ethicon
纳米与社会	40	主题＝（（Nano＊）NOT（Nanog＊ OR $NaNO_3$＊ OR $NaNO_2$＊ OR Nanosomia＊ OR Nanook＊ OR Nanosaurus＊ OR Nanogram OR nano-LC-MS））AND society 精炼依据：学科类别＝（ETHICS OR PHILOSOPHY OR SOCIAL ISSUES OR SOCIAL SCIENCES，BIOMEDICAL OR SOCIOLOGY）伦理学、哲学、社会问题、社会科学（生物医学）、社会科学（数学方法）、社会学
纳米与“社会的”	52	主题＝（（Nano＊）NOT（Nanog＊ OR $NaNO_3$＊ OR $NaNO_2$＊ OR Nanosomia＊ OR Nanook＊ OR Nanosaurus＊ OR Nanogram OR nano-LC-MS））AND social 精炼依据：学科类别＝（ETHICS OR PHILOSOPHY OR SOCIAL ISSUES OR SOCIAL SCIENCES，BIOMEDICAL OR SOCIAL SCIENCES，MATHEMATICAL METHODS OR SOCIOLOGY）伦理学、哲学、社会问题、社会科学（生物医学）、社会科学（数学方法）、社会学
纳米与社会学（sociology）	27	主题＝（（Nano＊）NOT（Nanog＊ OR $NaNO_3$＊ OR $NaNO_2$＊ OR Nanosomia＊ OR Nanook＊ OR Nanosaurus＊ OR Nanogram OR nano-LC-MS））AND sociolog＊
会议论文集 1	49	NANOTECHNOLOGY：SOCIETAL IMPLICATIONS II - INDIVIDUAL PERSPE-CTIVES

续表

主题	文献数量/篇	检索式
会议论文集 2	6	NANOTECHNOLOGY：SOCIETAL IMPLICATIONS I - MAXIMIZING BENEFITS FOR HUMANITY
会议论文集 3	39	SOCIETAL IMPLICATIONS OF NANOSCIENCE AND NANOTECHNOLOGY
会议论文集 4	22	NANOTECHNOLOGY：RISK，ETHICS AND LAW
合并后合计	476	

CiteSpaceⅡ可视化软件[7]将引文分析、聚类分析、共词分析、网络分析等在知识单元分析的基础上结合并集成起来，并融入数据挖掘、计算机图形学、图像技术、智能技术及相关先进算法等方面的手段与方法，形成了适于多元、分时、动态的网络分析的新一代信息可视化技术，可以作为基于科学知识图谱分析的科学计量学普遍应用的新工具。为了解纳米技术伦理与社会研究的发展现状，我们利用信息可视化工具 CiteSpaceⅡ最新版 CiteSpaceⅡ2. 2. R11，对所有数据进行作者共引分析、共词分析和聚类分析，绘制了高影响力作者群体知识图谱及研究热点知识图谱，通过图谱解读纳米技术伦理与社会研究的发展现状、高影响力学术群体，以及纳米技术伦理与社会研究的热点研究领域。

10.3　纳米科学研究总体发展状况（1960～2010 年）

诺贝尔奖获得者 Feyneman1960 年发表的《在底部还有很大的空间》（*There's Plenty of Room at the Bottom*）被科学界视为纳米科技萌芽的标志[8]。20 世纪 60 年代，表面科学的复兴使纳米技术的科学基础得到了发展和提高。根据论文发表量，我们将从 20 世纪 60 年代到 1990 年界定为“早期纳米科学发展阶段”。图 10.1 显示，从 20 世纪 60 年代到 1985 年，纳米科学研究发展缓慢，从 1985 年开始才呈快速增长的势头。1990 年 7 月在美国召开的第一届国际纳米科学技术会议，正式宣布纳米材料科学为材料科学的一个新分支。

自 1991 年开始，美国把纳米技术列入“政府关键技术”，将其视为下一次工业革命的核心。我们看到以美国为首的纳米科学研究文献从 1991 年开始（图 10.2）呈高速增长的态势，纳米科学研究的文献从 1990 年的 1173 篇，猛增到了 1991 年的 3240 篇文献。因此我们将 1991～2010 年界定为纳米科学的高速发展阶段。

1995 年之后，纳米技术因其奇特性和广阔应用前景为人们所重视并迅速得到各国政府和科技界的广泛关注，纳米技术研究获得了迅速的发展与突破，从 1996 年起每年的纳米科学研究文献量突破了 1 万篇。2000 年初，美国总统克林顿宣布

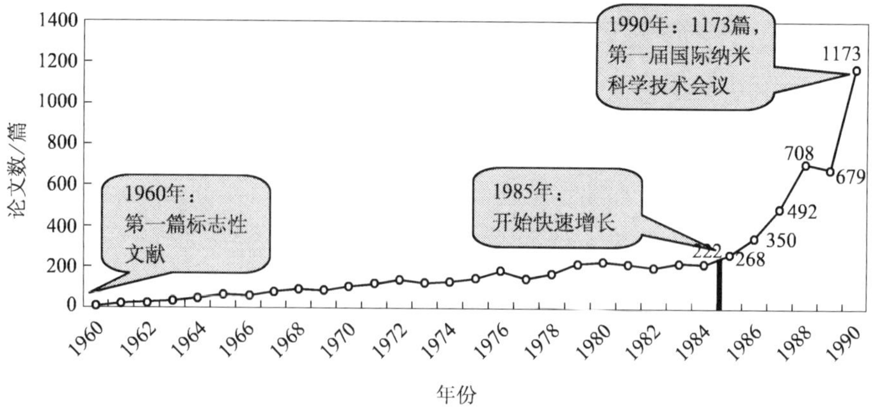

图 10.1　纳米科学研究早期发展阶段（1960～1990 年）

为纳米技术研究拨款 50 亿美元，同年美国启动了“国家纳米科技计划”（NNI），并将其称为美国科技研发的第一优先计划。我们注意到从 2000 年开始纳米科学研究文献突破了 2 万篇。美国政府对纳米科技基础研究的投资也从 1997 年的 1.16 亿美元猛增到 2002 年的 6.79 亿美元。2006 年全世界纳米科学研究文献超过了 5 万篇。到 2010 年，每年的纳米科学研究文献已经高达 77 678 篇。

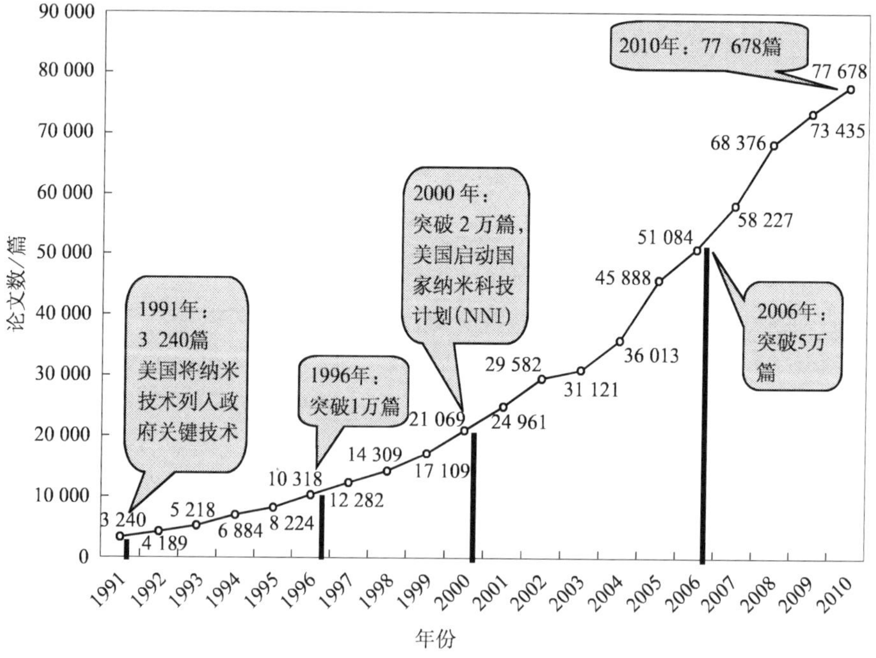

图 10.2　纳米科学研究高速发展阶段（1991～2010 年）

10.4　纳米伦理与社会研究的产生与发展现状

10.4.1　纳米伦理与社会研究的产生与发展现状

从1991年开始，随着纳米科学研究进入高速发展阶段，学者们也开始了对其伦理与社会影响的反思性研究。从1991年的第1篇论文开始，到2000年，纳米技术伦理与社会研究的年均论文量仅为1.3篇；从2001年开始，美国国家科学基金会纳米科学、工程与技术分委员会主席Roco MC编著出版了一系列有关纳米技术的社会与伦理问题的论文集及著作，引发了学术界对于此类问题的持续关注，相关的论文年均达到了46.3篇，因此我们将1991～2000年界定为纳米伦理与社会研究的起步阶段，2001年之后为纳米伦理与社会研究的快速发展阶段。

我们在WoS数据库中检索到纳米与社会研究最早的1篇文献为Roland Jon 1991年发表的《纳米技术：承诺和超微机械的危险》（*Nanotechnology: the promise and peril of ultratiny machines*），该文提出人类社会对于纳米技术可能带来的巨大机遇及可能的风险应做好准备。纳米伦理研究最早的1篇文献是1999年Zajtchuk R发表的《医学中的新技术：生物技术和纳米技术》（*New technologies in medicine: Biotechnology and nanotechnology*），从医学教育、法律和伦理角度，探讨纳米技术和生物技术等领域可能对医疗卫生保健产生的潜在影响。

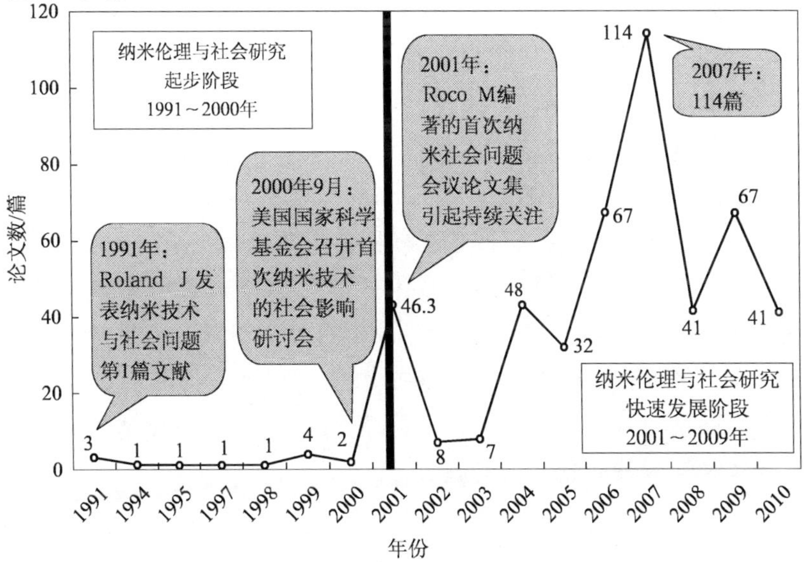

图10.3　纳米伦理与社会研究的发展趋势

图 10.3 显示，2007 年纳米技术的伦理与社会研究的论文量达到了近年来的最高峰，年论文发表量达到了 114 篇。我们对 2007 年的高论文量做了分析，发现 2003 年 12 月的纳米科学技术的社会影响研讨会（Workshop on Societal Implications of Nanoscience and Nanotechnology）、2006 年 8 月的 NATO 纳米技术毒性问题和环境安全高级研讨会（NATO Advanced Research Workshop on Nanotechnology - Toxicological Issues and Environmental Safety），以及 2006 年 7 月的环境保护和污染中的纳米技术国际研讨会（International Symposium on Nanotechnology in Environmental Protection and Pollution）的论文集都是在 2007 年才得以正式出版，加上 2007 年的会聚技术会议（Conference on Converging Science and Technologies - Research Trajectories and Institutional）、中国纳米科学技术国际会议（China International Conference on Nanoscience and Technology）（2007 年出版）等论文集内的文献，使得 2007 年的论文量达到了 114 篇。2003 年召开的两次发现纳米尺度国际会议（International Conference on Discovering the Nanoscale）的论文集于 2004 年正式出版，因此虽然 2003 年时召开了 3 次重要的会议，但由于论文集出版的滞后性，使得 2003 年的论文数量并不高。

10.4.2 纳米伦理与社会领域的高影响力作者群体

通过作者共引分析与聚类分析，我们发现纳米伦理与社会研究形成了 6 大高影响力群体（图 10.4），我们列出了高被引并在纳米伦理与社会研究领域内发表了至少 1 篇文献的作者（见表 10.3）。第 1 大核心作者群体以 Roco M 和 Bainbridge WS 为代表，聚焦于纳米尺度下会聚技术的全球治理、纳米技术的风险治理，以及公众对纳米科学技术的认知与理解研究；第 2 大作者群体以 Drexler KE 和 Schummer J 为代表，主要探讨纳米技术带来的全球问题的社会后果、伦理影响及其解决方案；第 3 大作者群体以 Kuzma J 为代表，研究领域为纳米技术的监督战略；第 4 大作者群体的代表人物是 Maynard AD，主要研究纳米材料毒性所带来的人类健康和环境风险；第 5 大作者群体 Rip A 等主要从技术管理与伦理的角度研究如何对纳米技术进行评价与管理；第 6 大作者群体 Etzkowitz H 等则从科学政策的角度研究纳米科学政策的制定与实施。

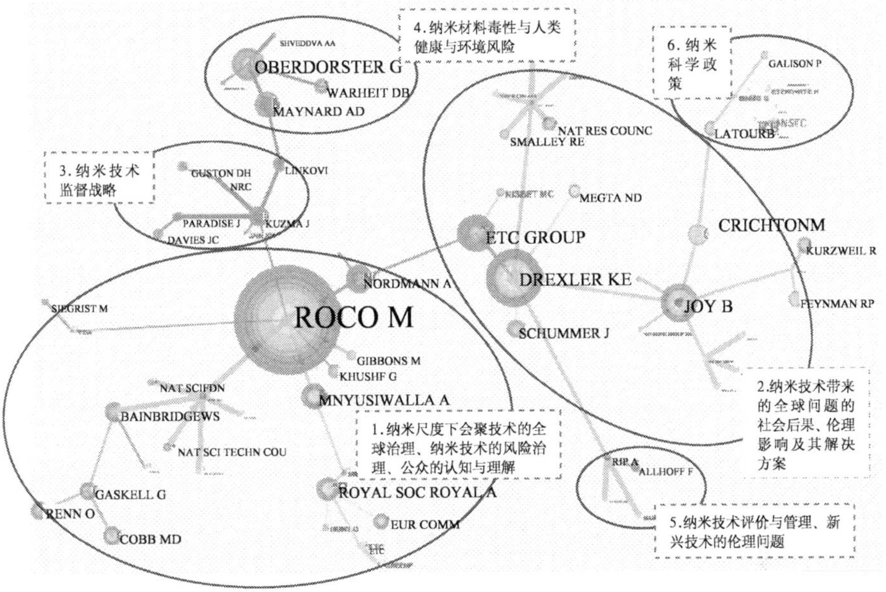

图 10.4 纳米技术伦理与社会研究高影响力作者群体

表 10.3 纳米伦理与社会研究领域的高影响力作者

高影响力作者群体	高影响力作者	被引次数	领域内论文数	突现度(burst)	中介性(centrality)	被引最早文献(发表年份)	被引半衰期/年
1. 纳米尺度下会聚技术的全球治理、纳米技术的风险治理、公众的认知与理解	Roco MC	110	9		0.72	2000	2
	Bainbridge WS	21	9		0.12	1989	13
	Mnyusiwalla A	27	1		0.18	2003	2
	Nordmann A	23	2	3.21	0.54	2007	1
	Renn O	21	1		0	2005	2
	Khushf G	18	6		0	2007	1
	Hunt G	9	9		0	1996	10
2. 纳米技术带来的全球问题的社会后果、伦理影响及其解决方案	Drexler KE	53	1	4.42	0.61	1986	13
	Schummer J	22	2		0	2003	3
	Mehta MD	17	5	4.92	0	2002	4
	Daar AS	1	2		0	2002	1
	Becker HD	1	1		0.06	1999	2
3. 纳米技术监督战略	Kuzma J	17	8	4.13	0.32	2006	3
	Davies JC	15	1		0	2006	3
	Paradise J	11	4	4.75	0.03	2008	1
4. 纳米材料毒性与人类健康与环境风险	Maynarl AD	26	3	6.43	0.12	2006	3
	Nohynek GJ	2	1		0	2008	2
5. 纳米技术评价与管理、新兴技术的伦理问题	Rip A	12	1		0.09	1992	7
	Allhoff F	12	2	4.55	0	2009	0
	Malsch I	4	2		0	1997	2

续表

高影响力作者群体	高影响力作者	被引次数	领域内论文数	突现度(burst)	中介性(centrality)	被引最早文献(发表年份)	被引半衰期/年
6. 纳米科学政策	Etzkowitz H	7	1		0	2000	1
	Marzo A	1	1		0	1993	9
	Lave LB	1	1		0	1995	6

Roco MC 是美国国家科学基金美国国家纳米技术计划国家科学技术委员会的纳米尺度科学、工程与技术分委员会成员。他在 Web of Science 上共发表文章 75 篇，其中材料科学领域 29 篇，纳米科学技术领域 27 篇，包括纳米技术的伦理与社会研究 9 篇。Roco MC 在 WoS 中的总被引频次为 864 次，H 指数（H-index）高达 16，是一位既高产又有高影响力的作者，图 10.5 显示出他的影响力从 2001 年起逐年增长。Roco MC 被引频次最高的文献是发表于 2003 年的《纳米技术与现代生物与医药的会聚》（*Nanotechnology: convergence with modern biology and medicine*），被引达 122 次；影响力居第 2 位的文献是 2003 年的《纳米技术的广泛的社会问题》（*Broader societal issues of nanotechnology*），被引频次 69 次；影响力第 3 位的文献是 2006 年与 Renn O 合作的《纳米技术及其风险治理的需要》（*Nanotechnology and the need for risk governance*），被引 44 次。

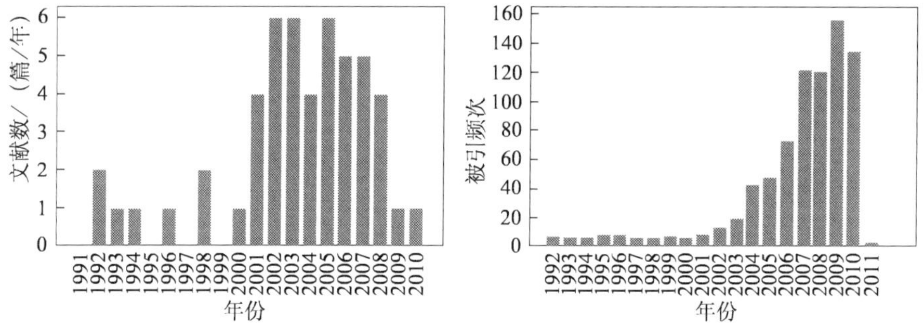

图 10.5 Roco MC 发表文献和被引情况

从被引次数的角度来看 Roco MC 的主要合作者 Bainbridge WS 的影响力居第 4 位，这是由于对 WoS 数据库的数据进行引文分析只能提取第一作者，实际上 Roco MC 在纳米技术的伦理与社会研究的文献及著作基本都是与 Bainbridge WS 合作完成的，因此在纳米伦理与社会研究领域，Bainbridge WS 的地位可以说是与 Roco MC 并驾齐驱的。Bainbridge WS 在美国国家科学基金信息与智能系统部（Division of Information and Intelligent Systems）工作，在 WoS 发表论文 97 篇，其中纳米技术的伦理与社会研究 9 篇，社会学领域 47 篇，计算机及信息科学领域的文献 14 篇，材料科学领域 8 篇。Bainbridge WS

总被引频次为632次，H指数13。Bainbridge WS在纳米伦理与社会领域被引频次最高的文献是发表于2002年的《公众对纳米技术的态度》（*Public attitudes toward nanotechnology*），被引40次；其次是2005年与Roco M合作的《纳米科学与技术的社会影响：人类利益的最大化》（*Societal implications of nanoscience and nanotechnology: Maximizing human benefit*），被引21次。2000年开始，美国国家科学基金组织召开了一系列纳米科学及会聚技术的社会影响的会议，会议的主要目的是探讨纳米科学技术及纳米尺度下会聚技术的发展趋势及其潜在的技术风险。2001年起，Roco MC和Bainbridge WS共同编著了《纳米科学和纳米技术的社会影响》、《纳米-生物-信息-认知创新管理：社会中的会聚技术》等7部纳米技术及会聚技术的社会影响的著作，均由会议论文集改编，这7部著作也奠定了Roco MC和Bainbridge WS在纳米伦理与社会研究中的核心地位[3]。

第1大作者群体中影响力居第3位的Mnyusiwalla A来自多伦多大学生物伦理联合中心应用伦理学及生物技术项目组（Univ Toronto，Joint Ctr Bioeth，Program of Applied Ethics & Biotechnology），其领域内影响力最高的文献是2003年发表的《纳米技术的科学与伦理》（*Mind the gap: science and ethics in nanotechnology*），被引18次。影响力居第4位的Nordmann A来自德国达姆施塔特工业大学（Technical University of Darmstadt）哲学研究所（Inst Philosophie），领域内影响最高的文献是2004年的《会聚技术——塑造欧洲社会的未来》（*Converging technologies: Shaping the future of European societies*）及2007年的《对投机纳米伦理的批判》（*If and Then: A critique of speculative nanoethics*）。

第2大作者群体的代表人物Drexler KE是Nanorex公司（为结构DNA纳米技术开发开源设计软件）的首席技术顾问，他目前的研究聚焦于纳米技术所带来的能源及气候变化等全球问题的解决方案。其领域内影响最高的文献是1986年的著作《创造的引擎：即将到来的纳米技术时代》（*Engines of Creation: The Coming Era of Nanotechnology*），被引32次。影响力居第2位的Schummer J来自德国达姆施塔特工业大学（*Technical University of Darmstadt*）哲学研究所（Inst Philosophie），2004年与Baird D及Nordmann A共同编著了《发现纳米尺度》会议论文集（*International Conference on Discovering the Nanoscale*）。其领域内影响最高的文献是2004年的《纳米科学与技术的多学科性、交叉学科性及科研合作模式》（*Multidisciplinarity, interdisciplinarity, and patterns of research collaboration in nanoscience and nanotechnology*），及2004年的《纳米技术的社会及伦理影响：意义、兴趣团体及社会动态》（*Societal and Ethical Implications of Nanotechnology*：*Meanings*，*Interest Groups*，*and Social Dynamics*）。影响力居第3位的加拿大埃尔伯塔大学社会学教授（Professor of Sociology at the University of Alberta）Mehta MD关注于科学技术与社会的健康与环境问题，领域内影响最高的文献是其2002年发表的《纳米科学与纳米技术领域创新本质的评价》（*Nanoscience and nanotechnology*：*Assessing the nature of innovation in these fields*），及其2004年的《从生物技术到纳米技术：我们从早期技术中能学到什么?》（*From biotechnology to nanotechnology*：*What can we learn from earlier technologies*?）。

第3大作者群体的代表人物Kuzma J来自美国明尼苏达大学科学技术与公共政策研究中心（Univ Minnesota，Ctr Sci Technol & Publ Policy），她目前的研究重点是生物和纳米技术的风险和监督政策。她在领域内影响最高的文献是2008年的《新兴技术监督评价的集成方法》（*An integrated approach to oversight assessment for emerging technologies*）及2006年的《农业和食品生产中的纳米技术》（*Nanotechnology in agriculture and food production*）。俄勒冈大学（University of Oregon）社会学家Davies JC是新兴纳米技术项目的资深顾问，主要关注风险评价与管理及环境政策问题。其高影响力的论著是2006年出版的著作《管理纳米技术的影响》（*Managing the Effects of Nanotechnology*），以及2008年出版的《纳米技术监督：下一个管理议程》（*Nanotechnology Oversight*：*An Agenda for the Next Administration*）。美国薛顿贺尔大学法学院（the Seton Hall University School of Law）的Jordan Paradise着重研究新兴科学技术的法律、伦理及社会影响，其领域内的高影响力文献是2009年发表的《发展美国纳米技术监督战略》（*Developing US oversight strategies for nanobiotechnology*：*Learning from past oversight experiences*）。

第4大作者群体中美国密歇根大学公共健康学院风险科学中心的Maynard AD是新兴技术开发和利用方面的权威，他的研究范围涵盖风险的识别、评估和应急管理，为新出现的人类健康和环境风险探索创新性的解决方案。其领域内影响最高的文献是2006年发表于《自然》的《纳米技术的安全措施》（*Safe handling of nanotechnology*），以及2005年的《机载纳米粒子和职业健康》（*Airborne nanostructured particles and occupational health*）。该群体中影响力居第2位的是欧莱雅研发全球安全部首席科学家Nohynek GJ。他致力于毒理学和风险评估研究，领域内影响最高的文献是2008年发表的《纳米技术、护肤品和皮肤：是否存在健康风险?》（*Nanotechnology*，*cosmetics and the skin*：*Is There a health risk*?）。

第5大作者群体的代表荷兰屯特大学科学技术与社会研究中心（*School of*

Management and Governance of the University of Twente）的科学技术哲学教授 Rip A 关注于纳米技术的长期发展与评价、科技政策预测、国家研发与创新系统等问题。领域内最有影响的论著是 1995 年出版的《技术管理》（*Managing Technology*），以及 1992 年发表的《创新与评价：技术社会学在技术政策与技术评价中的应用》（Between Innovation and Evaluation：Sociology of Technology Applied to Technology Policy and Technology Assessment）。西密歇根大学哲学系（Department of Philosophy at Western Michigan University）的 Allhoff F 聚焦于伦理理论、应用伦理学、新兴技术的伦理问题。影响力最高的文献是 2009 年的《即将到来的纳米医学时代》（*The Coming era of nanomedicine*）及 2007 年的著作《纳米伦理：纳米技术的伦理及社会影响》（*Nanoethics：The Ethical and Social Implications of Nanotechnology*）。

第 6 大作者群体属纳米伦理与社会研究的边缘群体，其代表是纽约州立大学帕切斯学院科学政策研究所（Science Policy Institute at Purchase College）的 Etzkowitz H，其领域内最有影响的文献是 2001 年发表的《纳米科学与社会：为科学政策寻求社会基础》（*Nano-science and society：Finding a social basis for science policy*）。卡内基-梅隆大学（Carnegie Mellon University）的 Lave LB 聚焦于应用公众问题、量化风险评估、改善社会法规等领域，他在领域内最有影响的文献是 2001 年发表的《纳米技术的生命周期及可持续发展的影响》（*Lifecycle/sustainability implications of nanotechnology*）。

10.4.3 纳米伦理与社会研究热点领域

经过关键词共现分析和聚类分析，我们得到纳米伦理与社会研究的五大热点领域：①核心热点研究领域：纳米尺度下会聚技术的伦理、法律、宗教、教育与社会问题及其全球治理，1991～2009 年；②最新的热点领域：纳米技术风险评估与管理、公众的理解与接受、农业与食品安全，2007～2010 年；③纳米医学、遗传学、纳米微电子的管理及伦理挑战，2000～2009 年；④纳米材料毒性与人类健康及环境风险，2001～2010 年；⑤纳米科学技术政策和法规的制定与完善，2001～2010 年（表 10.4）。除了核心热点领域，其他五大热点领域都是 2000 年之后新兴起的研究热点，最新出现的研究热点领域则是 2007 年开始兴起的针对纳米技术的风险评估与管理、公众对纳米科学技术的理解与接受、农业与食品安全等问题的研究（图 10.5 ）。

表 10.4 纳米伦理与社会研究热点领域高频关键词

热点领域	高频关键词	频次	中介性	出现年份
1. 纳米尺度下会聚技术的伦理、法律、宗教、教育与社会问题及其全球治理	纳米技术(nanotechnology)	118	0.93	1991
	科学(science)	31	0.71	1994
	伦理(ethics)	29	0.08	1999
	生物技术(biotechnology)	23	0.5	2004
	会聚技术(converging technologies)	10	0.02	2001
	天主教(catholic)	9	0.03	2005
	纳米科学(nanoscience)	9	0	2002
	社会学(sociology)	7	0	2002
	监管(regulation)	6	0	2009
	交流(communication)	6	0	2008
	信息技术(information technology)	6	0	2006
	会聚技术(NBIC)	5	0	2004
	教育(education)	5	0.02	2006
	系统(system)	5	0	1994
	动态(dynamics)	5	0.08	2009
	合成生物学(synthetic biology)	4	0.08	2008
	人性(human nature)	4	0	2007
	伦理、法律与社会(ELSI)	4	0	2006
2. 纳米技术风险评估与管理、公众的理解与接受、农业与食品安全	风险(risk)	16	0.03	2007
	信任(trust)	10	0	2007
	理解(perceptions)	10	0.2	2007
	美国(United States)	8	0	2007
	创新(innovation)	6	0	2007
	利益(benefits)	5	0.02	2008
	食品(food)	5	0.02	2008
	欧洲(Europe)	5	0.03	2007
2. 纳米技术风险评估与管理、公众的理解与接受、农业与食品安全	接受(acceptance)	4	0.12	2008
	风险管理(risk management)	3	0	2010
	公众的态度(public attitudes)	3	0.02	2007
	社会(society)	2	0	2010
	风险表征(risk characterization)	2	0.02	2010
	农业(agriculture)	2	0	2008
3. 纳米医学、遗传学、纳米微电子的管理与伦理挑战	技术(technology)	18	0.9	1994
	癌症(cancer)	6	0.02	2009
	治理(governance)	6	0	2008
	纳米伦理(nanoethics)	6	0.05	2007
	管理(management)	6	0.17	2000
	纳米医学(nanomedicine)	5	0	2009
	出现(emergence)	5	0.08	2007
	脑(brain)	5	0	2000
	期望(expectations)	4	0.09	2007
	参与(participation)	4	0	2006
	知识(knowledge)	4	0	2000
	金丝桃素(hypericin)	2	0	2009
	应用伦理学(applied ethics)	2	0	2008
	工程(engineering)	2	0	2000
	遗传学(genetics)	2	0	2000
	机器人(robotics)	2	0	2000
	战略(strategy)	1	0.34	2000
	领导(leadership)	1	0	2000
	婴幼儿(infants)	1	0.14	2003

续表

热点领域	高频关键词	频次	中介性	出现年份
4. 纳米材料毒性与人类健康及环境风险	纳米颗粒(nanoparticles)	25	0.17	2005
	纳米材料(nanomaterials)	12	0	2007
	超细颗粒(ultrafine particles)	10	0.05	2006
	壁碳纳米管(wall carbon nanotubes)	9	0.35	2006
	颗粒(particles)	8	0.02	2007
	纳米毒理学(nanotoxicology)	8	0.09	2007
	量子点(quantum dots)	7	0.02	2009
	小鼠（mice）	7	0.7	2002
	毒性(toxicity)	7	0	2010
	在体（*in-vivo*）	7	0.12	2006
	生命伦理(bioethics)	6	0.08	2004
	问题（issues）	5	0	2007
	公众参与(public engagement)	5	0	2007
	健康（health）	5	0.08	2003
	治疗（therapy）	4	0	2009
	社会影响(societal implications)	4	0	2006
	干细胞(stem-cells)	4	0	2005
	血脑屏障(blood-brain-barrier)	4	0.06	2005
	未来（future）	4	0.02	2002
	壁碳纳米管(walled-carbon-nanotubes)	4	0	2010
	碳纳米管(carbon nanotubes)	4	0.03	2010
	体外（*in-vitro*）	4	0	2010
	影响（impact）	4	0.03	2009
	微粒空气污染(particulate air-pollution)	4	0.11	2006
	安全（safety）	4	0	2006
	输送（delivery）	4	0.02	2001

热点领域	高频关键词	频次	中介性	出现年份
4. 纳米材料毒性与人类健康及环境风险	纳米生物技术(nanobiotechnology)	3	0	2009
	药物释放(drug-delivery)	3	0	2005
	骨髓(bone-marrow)	3	0.25	2005
	认知神经科学(cognitive neuroscience)	3	0	2004
	上皮细胞(epithelial-cells)	3	0.02	2010
	专家判断(expert-judgment)	3	0	2009
	环境风险评估(environmental risk-assessment)	2	0	2010
5. 纳米科学技术政策和法规的制定与完善	政策（policy）	7	0.34	2004
	隐私（privacy）	5	0	2003
	监督（oversight）	4	0.35	2010
	科学家(scientists)	3	0	2003
	知识产权(intellectual property)	3	0	2003
	上下文(context)	3	0.26	2001
	标准(standards)	2	0	2003
	历史（history）	2	0	2003
	产业关系(industry relationships)	2	0	2001
	大学(university)	2	0	2001
	利益冲突(conflict of interest)	1	0	2003
	政府(government)	1	0	2003
	公众参与(public involvement)	1	0	2003
	伦理角度(ethical perspective)	1	0	2003
	具体纳米举措(specific nano initiatives)	1	0	2003
	私营部门(private sector)	1	0	2003
	工程师(engineers)	1	0	2003
	后果(consequences)	1	0	2003

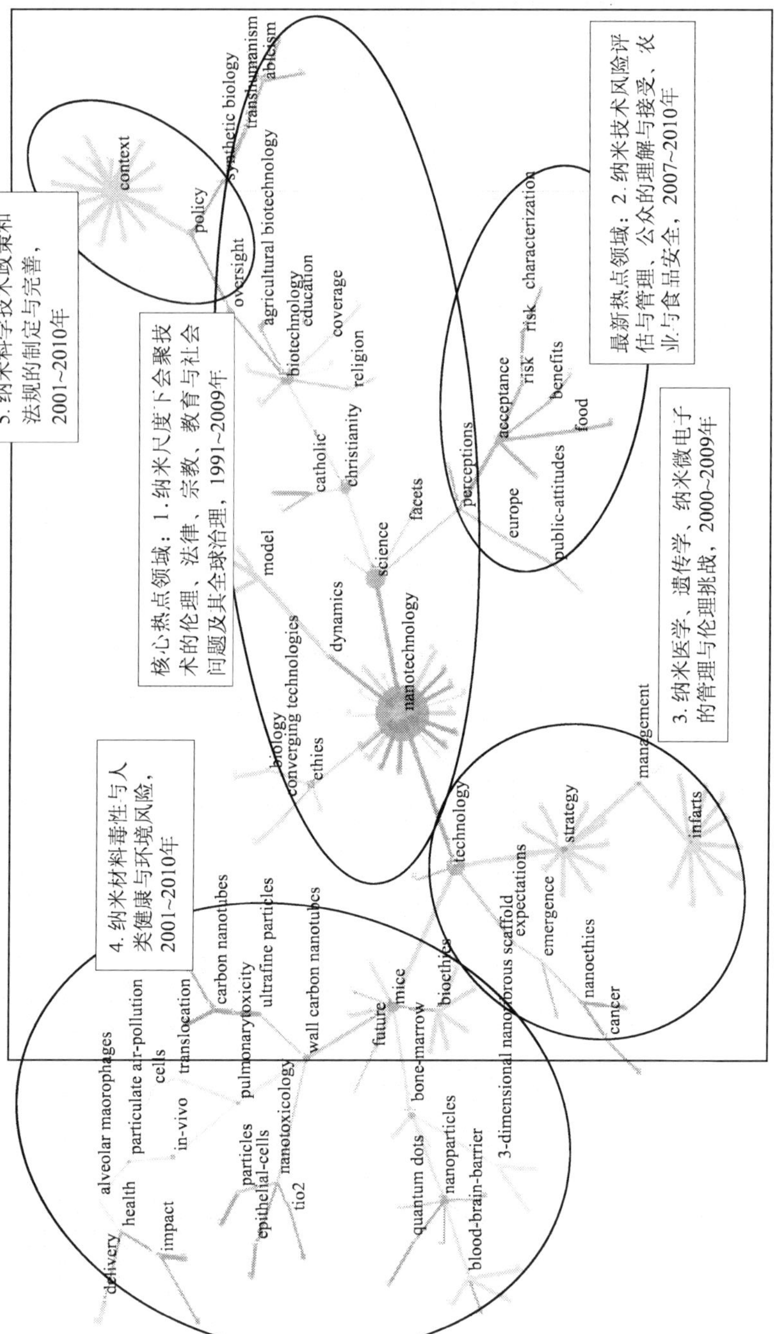

图10.6 纳米伦理与社会研究热点领域

核心热点领域1（纳米尺度下会聚技术的伦理、法律、宗教、教育与社会问题及其全球治理），以最大限度地造福人类为目标，从社会学的角度，研究纳米尺度下会聚技术（纳米-生物-信息-认知）对人类社会、伦理、法律、宗教和教育等层面带来的挑战和深远影响；探讨对会聚技术可能带来的风险及威胁进行监管，以及在纳米尺度下对会聚技术进行全球治理的可能性；在包括大学预科教育的每一级别的教育中引入纳米技术，以及纳米伦理和社会影响的教育。

最新热点领域2（纳米技术风险评估与管理、公众的理解与接受、农业与食品安全）的研究涉及对纳米技术的风险及利益进行评估，预测可能出现的伦理问题；培育纳米专家、决策者和公众对纳米技术危害及其伦理问题的敏感性和认知，制定公众参与机制，让公众可以参与决策，预防和避免公众信任赤字，推进纳米科学技术的风险管理及政府治理，保证纳米技术的未来；领域2所涉及的农业与食品安全研究主要关注纳米技术在农业和食品中应用的安全隐患及应用前景、农产品纳米技术监督评估分析、关于纳米食品（nanofood）的争论、可持续粮食和农业生产的风险评估方法、纳米兽药、纳米技术在有源食品包装等的应用。

热点领域3（纳米医学、遗传学及纳米微电子的管理与伦理挑战）聚焦于纳米医学、遗传学、纳米微电子、机器人（GNR）技术开发和创新中为战略与管理带来的伦理、道德、精神和行为问题。具体涉及纳米医学伦理的内涵、及其技术、潜力及社会影响；纳米医学与传统疗法相比的可能进展、纳米药物的风险和效益、在纳米医学临床试验中的伦理问题、纳米技术在癌症治疗中的技术评估及伦理讨论、病患伦理、工人暴露于纳米材料的流行病学研究及医学监察、纳米医学应用领域从公民到监管机构的知识转移等问题。

热点领域4（纳米材料毒性与人类健康及环境风险）以发展对职业安全及健康负责任的、安全的、可持续的纳米材料及技术为目标，从纳米毒理学（纳米粒子和纳米材料的毒性作用）、生命伦理学、神经伦理和环境伦理的角度探讨纳米技术潜在的环境、健康和安全风险。

热点领域5（纳米科学技术政策和法规的制定与完善）主要关注于通过政策和伦理的融合，寻求纳米科学政策的社会基础，评价现有的纳米科学政策，解决纳米科学技术的政策难题，完善公共健康法等法规，从伦理学视角在纳米尺度上制定具体的纳米科技政策举措；解决司法公正与公平的冲突；在大学和产业的利益冲突中保障大学的利益，加强大学知识产权管理，在纳米技术等新兴科学技术领域促使大学获得足够的知识以保护自己的研究成果；科学家和工程师的职业道德责任及在危险的纳米技术研发中的信念，以科学家的观点塑造纳米技术风险框架等问题。

10.5 结论与讨论

国外纳米伦理与社会研究经过 20 年的发展，形成了以 Roco M 和 Bainbridge WS 为核心、以 Drexler KE、Schummer J、Kuzma J、Maynard AD 和 Rip A 等为代表的 6 个高影响力作者群体。聚焦于 5 个热点研究领域，最为核心的研究热点领域是从 1991 年开始兴起的纳米尺度下会聚技术的伦理、法律、宗教、教育与社会问题及其全球治理研究。2000 年以后，其他 4 个研究热点领域开始出现，包括纳米技术风险评估与管理、公众的理解与接受、农业与食品安全；纳米医学、遗传学、纳米微电子的管理及伦理挑战；纳米材料毒性与人类健康与环境风险；及纳米科学技术政策和法规的制定与完善。其中纳米技术风险评估与管理、公众的理解与接受、农业与食品安全是从 2007 年开始备受关注的最新的热点领域。

从数量上来看，国际社会对纳米伦理与社会的研究与总体纳米科学研究很不相称，1991～2010 年纳米科学研究的论文总量为 599 207 篇，相比之下，纳米伦理与社会研究的 476 篇论文，仅占整个纳米科学研究的 0.08%。其中真正的伦理学的反思并不多，关键词中包含伦理（ethics，nanoethics，applied ethics，bioethics，morality and ethics，ethical perspective）的文献仅为 49 篇，仅占论文总量的 10%，有关伦理的关键词出现频次仅占关键词总量的 5.4%，其余文献大都涉及的是纳米技术的评估与管理、健康与环境、政策、法律、教育、宗教等社会问题。

国际社会纳米伦理与社会研究从 2001 年开始迅速发展，但我们国家的研究则刚刚开始，在国际上几乎没有我们的声音，这与我国纳米科学研究在国际上的领先地位也是及其不相称的。从 2010 年开始，中国纳米科学论文量已经超过美国跃居世界首位，占世界纳米科学 2010 年论文总量的 23%（图 10.7）。我国纳米伦理与社会研究却远远落后于其他国家，国际上纳米伦理与社会研究的主要国家是美国、英国、德国、荷兰、加拿大、法国、澳大利亚。其中，美国是绝对的研究主力，其论文量占总量的 52%（图 10.7），而我国仅居世界第 21 位，在 WoS 数据库收录的期刊中仅检索到 2 篇纳米社会研究的相关论文，分别发表于 2002 年和 2008 年，涉及中国纳米技术健康、环境和社会方面的行动，以及纳米技术创新和资源分配的实施问题，都不是从哲学视角对纳米技术进行的伦理反思。因此，呼吁我国社会学家、伦理学家及纳米科学的研究者重视纳米伦理与社会研究的发展，跟上迅猛发展并处于领先地位的我国纳米科学研究及快速发展的国际社会纳米伦理与社会研究的步伐。

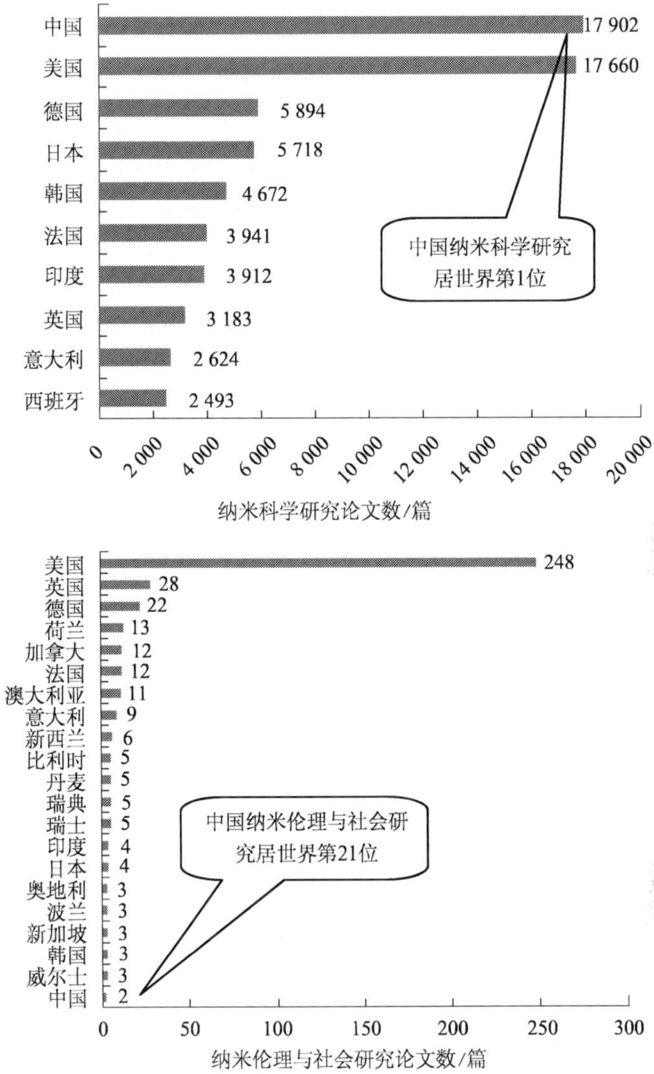

图 10.7　中国纳米科学研究与纳米伦理与社会研究国际地位的比较

参考文献

[1] Shapira P, Youtie J, Porter A L. The emergence of social science research on nanotechnology. Scientometrics, 2010, 85: 595-611.

[2] Mnyusiwalla A, Daar A S, Singer P A. Mind the gap: science and ethics in nanotechnology. Nanotechnology, 2003, 14: R9-R13.

[3] Brinbridge W, Roco M. Managing Nano-Bio-Info-Cogno Innovations: Converging Technologies in Society. Berlin: Springer, 2005.

[4] Roco M, Bainbridge W S. Nanotechnology: Societal Implications II: Individual Perspec-

tives. Berlin: Springer, 2006.

[5] Huang Z, Chen H, Yip A, et al. Longitudinal patent analysis for nanoscale science and engineering: Country, institution and technology field. Journal of Nanopartical Research, 2003: 333-363.

[6] Huang Z, Chen H, Chen Z K, et al. International nanotechnology development in 2003: country, institution, and technology field analysis based on USPTO patent database. Journal of Nanoparticle Research, 2004, 6: 325-354.

[7] Chen C. CiteSpace Ⅱ: Detecting and visualizing emerging trends and transient patterns in scientific Literature. Journal of the American Society for Information Science, 2006, 57: 359-377.

[8] Feyman R P. There's Plenty of Room at the Bottom. Engineering and Science, 1960, 23: 22-36.

11

纳米技术：从可能性到可行性*

早在1959年，美国物理学家费曼（Richard Feynman）在加州理工学院召开的美物理学会上所作的演讲中问道："倘若我们能按意愿操纵一个个原子，将会出现什么奇迹?"费曼富有想象力地指出："在原子水平上，我们将获得新的力量、新的可能性、新的效应"[①]。20世纪90年代以来，世界各国都把纳米技术看作是能够带来21世纪工业革命的核心技术，纳米技术获得了空前的发展。今天，费曼所预言的可能性一部分已经成为现实。纳米技术正在逐步走向产业化，走进我们的生活。部分计算机芯片、防皱的裤子、DVD播放机、自洁玻璃、防晒霜中的遮光剂等产品，都是应用纳米技术的实例。2010年12月的数据表明，全球市场正式标称的纳米产品已超过1 000种[②]。

然而，纳米技术所带来的可能性并不像人们所期待的那样都是积极的、正面的。在这些可能性中，既有希望，也有危险："创造的发动机"也可能是人类"毁灭的发动机"。迄今为止的研究已经证明，由于纳米粒子的"无孔不入"，它在研发、生产、储存、运输以及后处理过程中可能进入人体和环境，给人的健康和生态带来危害；纳米技术和信息技术、生物技术、认知技术等结合而形成的所谓"汇聚技术"（converging technology），还可能对人的自由、隐私以及社会公正等传统伦理构成挑战。由此可见，纳米技术所带来的是一个巨大、纷繁、不确定的可能性空间。可能性意味着不是必然的，而既然不是必然的，我们就可以选择、引导和控制，使纳米技术从任意的可能性走向适意的可行性。但是我们选择的依据是什么？什么是可行性？可行性的条件是什么？

---

* 本节作者为王国豫，发表于2011年08期《哲学研究》。

① 参见：http：//www.zyvex.com/nano-tech/feynman.html.

② 参见：http：//www.nanotechproject.org/inventories/consumer/.

这些问题不仅是对科学的挑战，也是哲学所应该面对和思考的。

11.1 什么是可能性？

可能性是哲学史上一个古老的概念。在希腊语中，可能性（δυ΄ναμι）来自于能力。亚里士多德最早对可能性概念进行了系统反思，并且从本质上揭示了可能性与选择的关系。在《形而上学》一书中，亚里士多德分析了两类可能性，一类是逻辑学意义上的可能性。可能性意味着不是必然的，也不是不可能的，而“只是偶然发生的，可有可没有，可遇可不遇的某种‘能’”[1]。也就是说，可能性包含了或然性。另一类是本体论意义上的可能性。相对于现实性它只是一种“潜能”：一方面，其内在的本质和目的尚未实现，因而具有潜在性；另一方面，却具有能够实现其本质和目的的潜在力量。亚里士多德称之为“动变之源”，包括主动的动变与被动的动变之能。这一能力可以存在于作为客体的事物中，也可以存在于作为主体的人之中。“例如热处于具有热能的事物，而建筑术存在于能建筑的人”，“有些存在于无灵魂事物，有些则存在于有灵魂事物”[1]。由此，人就具有了一定的选择与控制可能性方向的能力：“热物只能产生热，冷物只能产生冷，而技术家却能制出相对反的效果”[1]，因为技术家是有理智的人‘理智公式两方面都可以应用”。亚里士多德由此清楚地看到，潜能“或仅施展其作用，或施展了良好的作用，仅施展作用并不必定为良好作用”[3]。

莱布尼茨从认识论和道德哲学的角度进一步拓展了亚里士多德的可能性概念。他将存在的可能性与人的、特别是上帝的认识的可能性与思想的可能性相提并论。在莱布尼茨看来，现实的与逻辑的可能性是不可分开的。“可能性包含了本质和客观性”[2]。为了论证上帝创造的世界是“一切世界中之最好可能的世界”，莱布尼茨从矛盾律、充足理由律和道德律出发，区分了三种可能性，即逻辑的可能性、创造的可能性和道德的可能性。逻辑的可能性属于形而上（metaphysical level）的层面，因此是必然的；创造的可能性属于形体的层面（physical level），它遵循因果律，同时包含了自由意志；道德的可能性属于价值的层面（values level），遵循和谐的最佳原则。后二者具有很大的自由度。也正是在这一意义上，波塞尔（H. Poser）认为，技术的可能性与莱布尼茨关于上帝造物的可能性的论证具有相似的结构，也就是说，技术有可能带来恶的结果。而这一切皆取决于人作为自由的“实体”。因此，最佳的解决办法不是抛弃技术，而是必须对技术的发展、使用和误用负责，为未来的结果负责。

关于可能性问题，康德所关注的主要对象，一是认识的可能性，即先天综合判断的可能性，二是自由的可能性。在某种意义上，康德哲学可以被称之为关于可能性的哲学。在可能性的理解上，康德同样实现了哥白尼革命。在他看来，“现实的可能性指涉的并非自在之物的条件，即形式的和质料的能力，而仅仅与主体的形式的认识条件相关。这一形式的认识条件不仅使得认识成为可能，也构成了物的存在的表象。经验的可能性的条件同时成为经验对象的条件”[2]。

从以上简单的概念史的追溯中，我们至少可以概括出可能性的几种特征：①可能性即非现实性、潜在性。②可能性包含了转化为现实性的力。这一力可能来自于物自体，也可能来自于物自体之外；可存在于客体中，也可存在于主体中。③可能性不等于必然性，但也不是不可能的，可能性是或然的、偶然的。④可能性提供了主体的能动性和自由选择的空间。⑤可能性转化为现实性的关键在于可能性的条件。

11.2 纳米技术的可能性

纳米技术的可能性首先来自于纳米技术的内在特性。纳米是一个尺度概念，一个纳米相当于 10^{-9} 米。纳米科学和技术就是以纳米尺度的物质为研究对象，以期在单原子、单分子水平上操作物质，制作纳米器件和纳米结构。与宏观和微观尺度的物质相比，在纳米尺度上，物质具有许多新的特性，比如小尺寸效应、比表面积效应、量子尺寸效应和宏观量子隧道效应等。正是这些新的特性吸引着世界各国的科学家们竞相追逐，以期获得前引费曼所说的“新的力量、新的可能性、新的效应”。然而，这些特性有时候是与毒理学相联系的，而且很难控制。比如，金到了纳米尺度以后，会变得易燃、易爆，表现出完全不同的性质。纳米颗粒会无孔不入，它能进入到细胞中，有可能成为许多重大疾病（如肺部疾病和心血管疾病）的诱因，给人类健康和安全带来严重的损害。而作为一种“促能技术”（enabling technology），纳米技术的中介性更加明显。也就是说，与传统的技术可以直接带来终极产品不同，纳米技术本身并不会制造出新的产品和系统，而其关键的作用是在各种应用中促进新的产品和系统的实现。“这种‘促能’的特征使得它具有广阔的应用，因为通常情况下我们并不了解哪种产品和系统有被促进的可能。这种情形会导致我们对于不曾了解的产品和系统可能带来的社会影响完全没有知识储备。纳米技术在应用层面的开放性使得我们对它的社会影响、机会以及风险等的了解都具有不确定性，什么都将是可能的，什么也可能都难以控制。”[3]

英国皇家学会在2004年出版的《纳米科学与技术——机遇和不确定性》报告中，描述了纳米技术与普适计算结合，可以将个人信息与特殊商品联系的可能性，这样就有可能跟踪其购物商店和超市，逐渐增加对个人私人信息的收集[4]。而可以储存一个人的全部基因和疾病信息的纳米芯片有可能成为被利用的工具，比如在劳资关系方面，成为企业用人歧视的理由或者成为保险公司限制患者自由的砝码[3]。如此一来，纳米技术就从保障安全和自由走向了限制安全和自由。由此引发出道德上的难题：我们究竟需要怎样的安全和自由？如何保障人的全面安全和自由？最有争议的是纳米技术在脑科学方面的应用，即通过在人脑中植入纳米器件以操纵、控制人们的行动。如果纳米技术与脑神经技术的结合，可以使得神经工程师简单地“扫描”大脑，读取大脑所有的必要信息，并将这些信息存储到一个“超级计算机”上进行分析，那么我们所面对的将不是一般的对人的行为的监控，而是对人的思想的监控和对人的行为的操纵。如果允许这样的事情发生，我们还有多少私人空间？人类还在多大程度上具有自主性？人与机器的区别在哪里？[5]

所有这些后果都预设在作为中介的可能性中。中介是有一定结构的，它包括相关联的因素的总和与它们之间可能的关系。作为松散的耦合系统，只有当这些因素被激活为工具时，其联结才被确定，从而实现因果目的[6]。在《可能性的艺术》一书中，胡比希对中介性与可能性的内在结构做了深刻的剖析。他区分了两种可能性：①潜在的可能性（potential possibility），在这一层次预设了某物的足迹或轨道，而且是作为内在的中介性与外在的中介性；②现实的可能性（real possibility），在这一层次上，现实的可能性将其足迹留在事件中[6]。纳米技术在和其他技术的结合中，自身的足迹已经消失或消融在体系中，使得我们不仅无法控制其结果，甚至不了解它的目的、过程和结果。在这种意义上，纳米技术表现的是一种潜在的可能性。我们已经认识到纳米材料的部分特性，并且从这些特性出发，去合成或者加工我们所希望得到的纳米材料。也就是说，我们从功能出发、从现实的可能性出发。在这一层次上，现实的可能性将其足迹留在事件中。可能性表现为走向现实性过程中的可能性。但是，我们设计和制造出的纳米材料在满足了我们对功能的需要之外，还带来一些我们不需要的功能，比如说毒性，而我们对这一方面的认识还很有限。一个科学家不可能是全能的，他不可能什么都知道。而基于分子和原子水平上的纳米材料已经跨越了学科的界限，挑战着传统的学科界限。也就是说，即便对于一个简单纳米系统，我们也无法预测其所带来的所有的可能后果。更何况，纳米材料的应用不是在真空中，它必然与环境相结合，而纳米材料进入环境后的“足迹”影响，更是难以预测。

然而，任何技术都意味着可能性，可以说技术就是建立在可能性的基础上。一方面，自然的因果律为它提供了可能性的边界；另一方面，依靠主体的可能性、能动性，人们能够从可能性走向可行性。因为主宰可能性方向的不是客观性，不是“一个物的属性，而是该物同他物的关系的属性……物理学中的大多数测量都不直接与我们感兴趣的物有关，而与某种设计、语词（取其最广泛的意义）有关。”[7]而一旦可能性与具体的设计、语词相结合，可能性就不再是不确定的。因此，如果我们不愿意受任意的可能性的摆布，就应该寻找适意的可能性的条件，让可能性变成可行性。

11.3 什么是可行性?

英文中表示可行性的词 feasibility、feasible 包含了三层意思：①切实可行的;能实行的，行得通的。②有理的，可信的，似真的，可能的。③合适的，适宜的；方便的。有时 feasibility 也被直接解释为 possibility（可能性）。在德语中，表示可行性的词有 ausfuhrbarkeit、durchfuhrbarkeit 和 machbarkeit，无论哪一个词都包含了词尾 barkeit，即可能性的意思。从构词中可以看出，可行性与可能性是密切相关的。而法语中的 faisabilit6 的解释，就是可以成为现实的可能性（possibility caractfere de ce qui est realisable)。

可行性概念最早被用在可行性研究中。据《中国大百科全书》，20 世纪 30 年代，美国在开发田纳西河流域时开始采用一种可行性研究方法。其内容主要有①：①市场研究，包括调查市场近期和远期需求，调查资源、能源技术协作情况；②技术先进性研究，包括研究最佳工艺流程及其设备，选择厂址和厂区布置，设计组织系统和人员培训；③经济合理性研究，包括预计建设年限和工程进度、计算投资费用、研究资金来源和偿还办法、估计生产成本、综合评价投资效果等，一般可以提出若干个不同方案，供决策者选择[8]。第二次世界大战后，这一研究方法首先在发达国家得到进一步推广、发展，逐步成为一种工程技术前期研究的环节。20 世纪 60 年代以后，许多发展中国家也把可行性研究作为工程建设的首要环节。70 年代后期可行性研究方法传入中国[9]。20 世纪 90 年代以后，尤其是进入 21 世纪以来，随着环境问题和能源问题的凸显，这些问题也逐渐被纳入可行性评价的视野。总体上来看，现行的关于可行性的研究一般包括如下几个维度：①技术或者知识的储备情况，包括基础设施和软件；②经济上的投入产出比，风险系数；③环境代价；④资源包括能源的供给情况。

从上述可行性研究的要素中可以看出，迄今为止的可行性研究主要关注的是技术与物质方面的可行性要素。它至少忽视了四个因素。首先，忽视了关于技术的目的的可行性研究。由于在传统技术观中，技术作为人的体力和智力的

---

① 参见：《中国大百科全书》化工卷，第 378 页。

补充，从一开始就被预设为为人的、善的，因而将对技术目的的反思悬置，只考察手段相对于特定目的的合理性，将理性的分析降低为合理性分析；忽视了现代技术的复杂性和多主体性，同时，将人的生活世界缩小在经济系统包括技术系统和经济政治系统中，忽视了对技术和经济的终极目的的追问和反思。其次，忽视了技术的目的与技术的后果之间的区别，将二者等同。因为相信技术是为了美好生活，所以认为技术的结果一定能够带来美好生活，忽视了对技术设计者的愿望、技术的主观目的与技术的现实结果、技术的客观后果之间的不一致的研究。第三，忽视了对行为及其后果的伦理分析。技术是人的活动，技术活动与人的其他活动一样必须受道德规范的约束。面对当今技术的复杂后果，科学家和工程师不仅要对雇主负责，而且要对社会及人的未来负责。第四，忽视了公众对技术的态度即可接受性的研究。将对技术的选择交给市场，忽视了对技术的事实上的接受与价值上的可接受性的区别。另一方面，没有将技术的使用纳入技术的范畴，也就是说，忽视了技术的主体不仅是技术的设计者和实施者，而且包括技术的使用者和消费者。

11.4 中国哲学中的可行性概念

以上分析表明，现行的可行性概念并不适用于对纳米技术的可行性进行系统分析。因此，我在这里特别提出中国哲学中关于行与可行性的思考。与西方哲学中重知（理）轻行、重原则轻战略、重可能性轻可行性的传统相反，中国哲学历来将行即实践问题放在首位。众所周知，中国哲学将整个世界看作是一个动态开放的过程，以为变动不测本身就是世界的真实，不去预设一个不变的、抽象的本体或共相。所以，它既考虑到行的形而上依据和道德原则，更注重权衡可行与否以及怎么行、怎么行得通的战略原则。

从辞源和语义上来看“行”在甲骨文中的字形为十字路口䒑。据《说文解字》，“行”作为名词读作 háng，“行，道也”。“行”的这一意象不仅具有关于道的隐喻，而且也包含了面对诸多道路如何选择的隐喻。作为动词的“行”还有两个层面的意义：如果涉物，尤其是与天地、自然相连，则指的是自然的运行，如“天行健”、“天行有常，不为尧存，不为桀亡”（《荀子·天论》）；如果涉人，则表示人的行为、行动，包括言与行，如“季文子三思而后行”（《论语·公冶长》）、“宣其德行”（《国语·晋语》）。此外“行”还包含有可以、可能和评价的意思。

正如前面所述，对概念的界定不是中国哲学关注的核心问题。一个词在不同的上下文中常常有不同的意义。就“行”的概念而言，古代先哲所关注的不是什么是行，而是怎么样能行、行得通，也就是我们今天讲的行的条件，或者说可行性要素。总括起来看，“行”的条件包括以下几个方面。

11.4.1　尊重和顺应自然规律

所谓“天行有常”，这里的“天”指的是自然，而“常”即道、规律，也就是说，自然的运行是遵循一定的规律的。所谓“行者，言顺天行气也”[10]。顺道则行，逆道则亡。道是对行的规约，是行与可行的必要条件。除了天道，在儒家看来，重要的还有人道，即社会规律、人伦纲常。因此，君子必须要“遵道而行”“仁以行之”。因此，有所谓“立身行道”、“修术行道”和“应世行道”之说。

11.4.2　审时度势，把握时机

“坤其道顺乎？承天而时行”（《周易》坤卦）。孔颖达疏：“言坤道柔顺，承奉于天，以量时而行。”（王弼注《周易正义》）真正的顺道而行必须是见机行事：“时止则止，时行则行，动静不失其时，其道光明”。（《周易》艮卦）孟子在与梁惠王的对话中，特别强调要恰当地把握时机的重要性：“不违农时，谷不可胜食也；数罟不入垮池，鱼鳖不可胜食也；斧斤以时入山林，材木不可胜用也；谷与鱼鳖不可胜食，材木不可胜用。”（《孟子·梁惠王上》）

11.4.3　“德”是行的保障

天行有道，人的行为也要遵守人道。它关系到行为者的行为是否能够得到认可，是否行得通。《论语·卫灵公》中记载了子张就行与可行的问题与孔子的一段对话：“子张问行。子曰：言忠信，行笃敬，虽蛮貊之邦行矣。言不忠信，行不笃敬，虽州里行乎哉。”在孔子看来，一个人说话忠实守信、行为厚道有礼，即有德性，那么即便他到了陌生的国度，还是能够无往而不可行；反之，假使“言不忠信，行不笃敬”，则别说到外国，即便在自己熟悉的领地，也同样处处行不通。在这里，前一个行指的是行为，后一个行是通行、行得通的意思。郭店楚简中的《五行》再次证明，儒家将人怎样行与天道、人道相联系：“五行，即仁义礼智圣。行，德行也。形于内，即发于中心。不形于内，则惟是行也。郑玄所谓‘在心为德，施之为行’乃此意也。”[11]在这里，“德”是天道在人心中的内化。有了“德”，“行”就有了保障，也就无往而不通。通是行的标准。没有人行的路，无所谓通与不通，通只能是相对于行人而言。通可以表现为道路的通畅，也可以表现为行动是否得人心。不可行就意味着不被认可或不被接受。

11.5 纳米技术的可行性

中国哲学中关于可行性条件和要素的思考，对于我们今天应对纳米技术发展中的可能性挑战具有十分重要的启迪意义。它启迪我们，在对可行性的研究中，应该既考量技术的目的、手段和结果的全过程，也分析其条件和基本要素；既包括能源、资源、环境等物质因素，也包括已经客体化的知识如技术工具、设备以及资金、信息等要素；既包括行为者的文化与道德素养，也包括技术使用者和消费者的文化与可接受性。因为可行性总是与行为主体的视角和立场相关的。行为参与者和行为观察者的立场和视角显然有很大的差别。谁认为可行，是科学家、商人、政治家还是公众？由于利益的不同，人们对可行性的判断自然也不同。从发展的角度来看，事物运动、变化、发展的未来状态存在着多种可能性。因此，作为可能性条件的可行性因素也必然是一定时间和空间中的多种选项的集合。我认为至少可以从下表中的六个方面来考察可行性：谁认为可行；对谁可行；什么可行；可行性的外在条件有哪些；可行性的内在条件有哪些；可行性的依据是什么（表 11.1）。

表 11.1 可行性分析矩阵

		(1)	(2)	(3)	(4)
(1)	谁认为可行	科学家（行为者）	政治家（决策者）	企业家（利益收获者）	公众
(2)	对谁可行	个人（行为者）	国家	企业	社会、自然
(3)	什么可行	目的、方法、结果	目的、方法、结果	结果（安全、有利）	可接受性
(4)	可行性的外在条件有哪些	物质、认知的	规范的	经济（成本、风险）	文化、伦理
(5)	可行性的内在条件有哪些	知识、责任	社会责任	社会责任	认知、责任
(6)	可行性的依据是什么	符合自然规律	国家利益和需求	利益最大化	方便舒适生活

综合以上可行性要素，我认为在对纳米技术进行可行性分析时，应该考虑下面几点战略性原则。

具体化战略。要求我们具体问题具体分析，根据不同的地区、不同的纳米技术、不同的纳米材料的性质，确定具体的纳米技术发展战略路线。必须考虑到“即便在同一文化圈，人们在对待某些敏感技术问题上，也很难达成共识”[12]。

即时性战略。要求我们审时度势，即根据纳米技术发展的当下情景做出即时性评估与判断。即时性的关键在于“时”。只有把握好“时”，才能使我们的行为做到合理、恰当。美国科学家和社会学家古斯顿（D. Guston）和萨尔维兹（D. Sarewitz）在对纳米技术的风险进行评估方面，发展了一种“实时技术评估”（real-time technology assessment，RTTA）的模式[5]，与中国古代先哲应对可能性和不确定性的方法实质上是一致的。

动态性战略。要求我们采取一种开放的、动态的态度，根据纳米技术发展的状况与社会对纳米技术的可接受性状况，见机而作，与时俱进，以保证行为的可控性和可修正性；在条件还没有成熟时不要冒进，而一旦技术发展成熟，人们从心理上能够接受新技术，就要及时调整我们的发展战略。

整体性战略。科学家不应该只是从国家利益出发，在涉及重大的有关人类利益和基本原则的问题上，还应该从人类的整体利益出发，客观、无保留地向公众说明所研发的纳米技术的可能的后果，让公众参与到纳米技术的决策中来。公众对纳米技术的参与既是公众的权利，也是公众的责任。

可能性意味着自由和选择。纳米技术蕴藏着巨大的可能性，这些可能性中既有善的也有恶的。如何将善的可能性转化为现实性，避免恶的可能性，不仅是对自然科学的挑战，也是对哲学社会科学的挑战，对人类实践智慧的挑战。与西方哲学注重对可能性的反思不同，中国哲学更多地考察可能性的条件，即与可行性相关的战略和智慧原则，并由此发展出一整套极深研究、见机而作、巽以行权的应对复杂可能性的可行性战略。这些对于我们引导纳米技术从可能性走向可行性具有重要的启迪意义。

参考文献

[1] 亚里士多德．形而上学．吴寿彭译．北京：商务印书馆，1995：101，172，173.

[2] Ritter J, Gruender K.（Hrsg.）. Historisches Woeterbuch der Philosophie（Band 6）. Basel：Schwabe Verlag，1984：86，87.

[3] Grunwald A，Ethik der Technik. Systematisierung und Kritik vorliegender Entwuerfe. In：Ethik und Sozialwissenschfien - Auf dem Weg in eine nanotechnologische Zukunft. Freiburg/Muenchen：Verlag Karl Alber，2010：98-99，122.

[4] Royal Society and Royal Academy of Engineering. Nanoscience and Nanotechnologies：Opportunities and Uncertainties. London：Royal Society and Royal Academy of Engineering，2004：53-54.

[5] 王国豫，龚超，张灿．纳米伦理：研究现状、问题与挑战．科学通报，2011，(56) 2：100.

[6] Hubig C. Die Kunst des Moeglichkeit Ⅰ：Technikphilosophie als Reflexion der Medialitaet. Bielefeld：Transcript，2006：167，150.

[7] 马尔库塞．单向度的人．上海：上海译文出版社，2008：119.
[8] 辞海（上册）．上海：上海辞书出版社，1989：108.
[9] 中国大百科全书总编辑委员会《经济学》编辑委员会．中国大百科全书（Ⅱ经济学卷）．北京：中国大百科全书出版社，1985：503.
[10]（清）陈立．白虎通疏证．北京：中华书局，1994：166.
[11] 陈来．竹简《五行》章句简注——竹简《五行》分经解论．孔子研究，2007：13.
[12] 毕恩巴赫．德国对《欧洲人权生物医学公约》的态度．出自：王国豫、刘则渊主编．科学技术伦理的跨文化对话．北京：科学出版社，2009：81.

12

纳米伦理学的三个维度*

人们之所以将纳米技术与伦理学加以关联进行思考，是源于对科技、经济和政策领域以“纳米技术革命”为纳米技术预设的积极的经济、社会、文化和政治意义的回应。对于这一关联，目前有各种表达，如纳米科学伦理学、纳米技术伦理学、纳米科技伦理学和纳米技术的伦理、法律和社会意义等。由于纳米技术在哲学上首先涉及人的存在和发展问题，所以目前人们普遍接受“纳米伦理学”（nanoethics）这一称谓，来统称纳米技术发展的伦理和社会意义研究。围绕纳米伦理学，国内外学术界尽管存在各种争论，但在以下两个方面达成了共识：一是纳米技术作为一种新兴技术领域虽然在其普遍应用上还是一种潜在力量，但必须要在现实意义上加以伦理评价；二是必须要把纳米技术看做一种强社会与境技术，由此表明纳米技术伦理评价依赖的绝对必要性。鉴于这种共识，本文从实践探索、人类经验、本体统摄三个维度对纳米伦理学研究进行考察，展示它的深化进程，帮助人们更为全面地理解纳米伦理学的特殊定位。

12.1 纳米伦理学的实践探索维度

纳米技术概念形成，源于美国物理学家 Richard Feynman 于 1959 年提出的原子水平上的物质操作思想，后经美国未来学家 Eric Drexler 于 1986 年正式提出并开始进入公众视野。纳米技术的这一历史进程，自然激发了后人类主义（posthumanism）、超人类主义（transhumanism）思想对人类未来的极大伦理想象力。超人类主义包括诸如超人主义、超托邦主义、奇点主义等各种哲学理

---

* 本节作者为李三虎，发表于 2014 年 02 期《社会科学战线》。

念，后人类主义则是超人类主义的思想目标，即通过新兴技术把人类带到后人类状态，因此后人类主义理所当然地包括超人类主义。美国未来学家FM-2030在《你是过渡人吗》（1989年）一书中认为，“超人类”（transhuman）不过是对新的进化物种的最早表达，它借助新兴的技术、生活方式和世界观，最终都要过渡到所谓的“后人类”（posthuman）。英国哲学家Max More于1990年以这一假设为思想基础，把超人类主义确立为未来学哲学，掀起了一场支持以新兴技术增强人类能力以及避免人类缺陷（如残疾、疾病、痛苦、老化和偶然死亡）的国际文化或哲学运动。英国Nick Bostrom认为，所谓“后人类”是这样一种“存在”，即它拥有一种“大大超越目前任何人种并不再需要诉诸新技术手段所能获得的最高力量限度”的“后人类能力”[1]。他作为后人类主义者是如此相信生物技术、信息技术和纳米技术的未来前景，以致与其两位同事决定付钱给美国亚利桑那州的奥尔科生命延续基金会，让基金会在他们死后冷冻保存其尸体，等待“技术奇点”出现后足以使他们复活。美国后人类主义者Ray Kurzweil认为，这种“技术奇点”其实并不遥远，就在2045年，届时它“将使我们超越自身的生物体和大脑极限，获得控制人类命运的力量”，因此“只要需要，我们就可以不休”[2]。

后人类主义对“技术奇点”的以上预测，是在Drexler的纳米装配器设想基础上的对纳米技术的充分想象：一是预测纳米装配器的开发将能制造出适合每个人需要的丰富的物质产品，人类的物质需求不再成为问题；二是期望纳米装配器成为一种可编程的工具制造机器，能在纳米量级上制造出各种功能的机器人；三是希望有一种纳米机器人可以进入人体内部，治疗人类各种疾病并减缓衰老，从而实现无疾病的长寿甚至不休；四是希望另一种纳米机器人按照完美的“后人类”理想对人体进行再设计，其他纳米机器人则可以实现原子量级的大脑复制、思维上传的大脑-计算机界面、完美思维和超级智能的超小超快计算机、冷冻病人复活等功能。基于这种预测，后人类主义做出的一种伦理承诺，就在于提升自由放任的“进化意志”，因为目前经济竞争格局会使技术（纳米遗传学、纳米机器人等）与资本投资两者之间的相互支持，以“适者生存”为特点的社会达尔文主义便成为了生物进化与技术进化的共同伦理原则。

当然纳米技术并不会单一地发挥其后人类主义效应，所以美国国家科学基金会的《提升人类性能的汇聚技术》报告认为NBIC（纳米-生物-信息-认知）将在纳米量级上得以汇聚，由此将大大强化“人类性能”[3]：在人类身体外部，纳米-信息技术促成“二进制和数字环境”，认知-社会学“改变思维、文化基因和社会环境”；在身体内部，纳米-生物技术创造“细菌、基因和生物环境”，纳米-认知科学“改善批量原子、设计人工器官和身体环境”。如果认为纳米技术及其相关的人工智能进步将帮助人类克服自身既有的生物学限制，那么后人类主义又会倾向于消除社会达尔文主义伦理原则，即以思维自律的“神经伦理”取代自私基因控制的“遗传伦理”，从生命本质上实现从生存斗争到善行社会的伦理飞跃，产生利他主义的普遍伦理承诺。

后人类主义的以上两个伦理承诺，看上去近乎矛盾或存在悖论，但两者享有相同的道德判断：纳米技术是善的，因为它允许人类改善自身能力。这种道德判断基于具有长远历史的美德伦理学传统，同时又显然是一种结果主义(consequentialism)决断。但结果主义并不必然使纳米技术导向善，因为按照其结果来判断，纳米技术在道德上既可能是善的又可能是恶的。后人类主义只是在最大多数人的最大收益意义上预测或设定了纳米技术潜在的积极影响，但在结果主义的广泛意义上，纳米技术也存在着对人类的健康、自由和环境的潜在消极风险。对于后一方面，自美国于2000年实施“国家纳米计划”之后，有不少技术专家和伦理学者对纳米技术的积极影响从两个方面进行反思：一是纳米技术的积极意义并不总是能获得精确预测；二是纳米技术本身与其毒性无法分离开来。与后人类主义一样，这种对不确定性和毒性的担心也是源自Drexler的纳米机器设想。Drexler在提出纳米机器人概念时就担心，纳米机器人可能会失去控制，进行疯狂复制，在很短时间内把地球资源变成一大团完全由纳米机器人组成的“灰色黏稠物”(grey goo)。不过Drexler的这种担心并未受到后人类主义者的特别重视，只是美国太阳微系统公司创始人Bill Joy才将这种物质看做一种人类灾难，认为基因工程、纳米技术和机器人(GNR)知识的一个与生俱来的威胁，就在于其毁灭性的自我复制威力极有可能使人类发展戛然而止，也即纳米技术的“灰色粘稠物”通过复制或变种，脱离其制造者施加的道德约束，将人类自身及其赖以生存的环境全部毁坏[4]。基于Joy的这一推测，国际社会开始出现一种反纳米技术思潮。加拿大激进环保组织——ETC技术监督组织曾是反转基因食品先锋，2006年发表了一份报告，仿照Drexler和Joy的技术逻辑，指出将生物技术和纳米技术结合，也许能够制造出一种“绿色黏稠物”的新生物物种，认为它的失控将导致环境、人类健康和生物多样性的全面破坏，从而把纳米技术描述成一种可能毁灭世界的知识领域。该组织不仅说服绿色和平组织等激进环保组织，还吸引了英国查尔斯王子，号召在全世界范围内暂停所有纳米技术研究。

无论是后人类主义的纳米伦理承诺，还是由此在伦理方面形成的反纳米技术思潮，都既是结果主义的，又是未来主义的。它们的伦理学主张(如人类能力提升、灰色粘稠物等问题)虽然具有相当的新颖性，但却属于基于科幻猜测的思辨范畴。英国哲学家Afred Nordmann和荷兰学者Arie Rip批判说，这种仅仅限于思辨讨论的纳米伦理学基于偏离自然规律的“if-then”条件链条，“以想象的未来覆盖当前状态”，从而造成了纳米伦理学的“过度供应”与关注现实纳米技术设计和应用的“需求不足”之间的巨大“鸿沟”[5]。鉴于这种状况，目前纳米伦理学逐步从未来主义转向一种对纳米微粒毒性和环境安全的现实伦理关注。其中，Rip采用其建设性技术评估（CTA）方法，提出了一个“纳米技术与社会的反思性共同进化”评估框架[6]。这一框架包含三个概念。一是“负责的创新或研发”，即纳米技术应从一开始就在早期发展、创新上游考虑其社会朝向、期望、意向和接受程度，创新的行动者要对社会的行动者负责并接受社会的行动者的询问，使纳米技术发展成为一个向社会开放的可扩充系统。二是“新兴科技治理”，即对纳米技术不是采取自上而下的控制行动，而是进行多层面支撑的制度安排，如借助政策网络体系广泛吸纳行动者参与、创造相应互动方式、设立公共资金项目等，通过技术前景质量评估来控制和避免公众失望情绪。三是“伦理、立法和社会方位”（ELSA），ELSA目前已成为人类基因组研究基金的固定项目，纳米技术创新基金项目也应包含ELSA，以支持“负责的创新或研发”。按照这一框架，CTA无需也不可能对纳米技术尚未发生的社会冲击进行评估，而是借助新兴科技治理安排，要求评估者介入纳米共同体，推动ELSA制度化，通过内部实时评估、内外行桥接、公众参与、第三方（如保险公司等）引入、战略游戏、创新竞赛等为负责的创新提供支持，从而推动纳米技术与社会的反思性共同进化。Rip带领其荷兰研发研究所的“纳米荷兰”（NanoNed）团队并与其他机构合作，不仅在规范意义上对CTA方法做了大量理论探索（如技术动力学、治理理论、反思性共同进化理论），而且也进行许多广泛深入的经验研究，如纳米电子学战略选择、生物纳米技术治理安排等。

上述CTA方法与传统技术评估（TA）方法的不同在于，它围绕技术提出的不确定性伦理和社会问题，以评估反馈来适时影响技术设计实践。传统TA则是通过评价技术的社会冲击来影响治理实践，是一种绝对主义的事后控制方法。但它必须要面临David Collingridge的“技术控制困境”[7]：一方面是技术信息的不对称问题，即只要新技术没有获得广泛发展和使用，就不能对其冲击轻易做出预测；另一方面是技术力量不可控问题，即新技术一旦得到广泛使用，便很难控制和改变其社会影响。CTA方法力图要走出这一困境，不再限于思辨，而是采取一种道德相对主义进行早期的经验评估和反馈影响。这里的问题在于，纳米伦理学是否不再需要思辨？也许Collingridge困境被夸大了，纳米伦理学不论早期预防还是后期控制，不论是远景预期还是事后呐喊，其不同仅仅取决于它服务于什么目的。在这种意义上，Rip的CTA方法显然属于应用伦理学。而思辨性纳米伦理学无疑不属于应用伦理学范畴，但它毕竟涉及纳米技术-人类-自然关系的重大哲学主题。就这一哲学主题来说，德国技术伦理学家 Amin Grunwald 超越思辨范畴，把纳米伦理学的目前进一步发展展示为一种“探索性纳米技术哲学”[8]。也就是说，纳米伦理学已经接入地气，进入现实伦理关怀的实践探索视角。

12.2 纳米伦理学的人类经验维度

在实践探索维度上，纳米伦理学提出了技术与社会的反思性共同进化，与以往技术发展的伦理评价事后介入形成了明显对比。但从认识论看，这一伦理诉求要求从直观上把握纳米世界。纳米技术兴起意味着在原子水平上人工建构微细的纳米空间，它倾向于脱离人的直观范畴，因此 Nordmann 把它称为“隐像技术”（noumenal technology）。纳米技术作为隐像技术，其操作超越了人的触摸、直观与控制范围，也即纳米世界是尚未被人类理解、经验和控制的“自在之物”。其伦理学悖论在于它打破了“表征与控制之间的联系”，造成“伦理控制与现象表征之间的不可通约”[9]。为使纳米世界成为人类的经验对象，把现象学-解释学方法引入对纳米技术的思考就成为深化纳米伦理学的重要认识论任务。

纳米世界的纯粹现象学考察主要限于对纳米世界客体的接近性描述，与此相关的伦理学考虑要求主体直观的纳米空间在场，为此纳米科学家和纳米工程师们正在做的工作是“推动纳米空间视觉化的影像战略发展”[10]。IBM 公司的科学家在扫描隧道电子显微镜下使用 35 个氙原子拼出“IBM”字样（这一图像首版于 1990 年《自然》第 344 卷），整个空间跨度不到 3 纳米，在纳米技术领域取得了巨大突破。尽管对纳米科学家和纳米工程师来说，想象纳米的长度并不是一个重要问题，但纳米世界尺度的确超越了人类的直观想象。在 2004 年 12 月 7 日荷兰阿姆斯特丹召开的“科学影像”大会上，Eigler 围绕纳米空间的直观想象指出：“如果你能够想象得到十亿分之一的任何别的事物的话，那么你就会胜出我的水平”。这里进一步可以追问的是：借助扫描隧道电子显微镜获得的纳米结构图像，究竟在多大程度上反映了纳米世界所指的那种精确表征呢？就其与人类经验的关系来说，纳米世界显然存在三个层次：一是作为自在之物的纳米世界，包括纳米量级的技术人工制品，它构成了对人类经验的超验限制；二是可以进入人类经验视野的纳米世界，包括数据表、技术图像等（Eigler 的 IBM 字眼即属于这一层次的纳米世界）；三是能从理性上把握的纳米世界，如纳米微粒的数学模型等。显然，前者较后两者更加远离人类的经验直观范围。所以人既然并不能直接接近其意欲表征的第一层次的纳米世界，便只能尽力通过第二、三层次的纳米世界，特别是技术图像来理解其传达的现象内容。正如美国技术哲学家 Joseph Pitt 指出："这倒不在于我们不知道如何解释图像向我们表征的东西，而在于在没能知道扫描隧道电子显微镜及其随行计算机程序产生的结果是否为真实的精确图像条件下，就提前担当了表征性创造"[11]。也就是说，纳米技术作为"隐像技术"，代表着人工世界超越直观的无形化或微型化趋势。

纳米技术就其无形化趋势来说，其认识论挑战是推动第一层次的纳米世界视觉化战略发展，以便科学家、工程师、政策制定者和伦理学家乃至公众，能在直观世界中提出与讨论纳米技术的伦理关联问题。2004 年是纳米现象学之年，这一年围绕纳米技术图像问题召开了三次研讨会，除 12 月的阿姆斯特丹会议外，还有 3 月的美国南卡罗莱纳大学"纳米科学与纳米工程影像与想象"会议和 12 月的德国柏林"科学影像"专题研讨会。2005 年 5 月，还有美国比勒菲尔德跨学科研究中心也组织了专题研讨，集中讨论"纳米空间影像"问题。这些研讨的主旨是，围绕"纳米技术图像"，通过纳米系统的符码化，将第一、三层次的纳米世界变成第二层次的可视纳米世界。Thomas Staley 为此指出，纳米技术视觉化发展实际上存在三种选择[12]：一是坚持人接近纳米世界存在限制，纳米世界与中观世界差距太大以致不可能桥接起来，从而无法做到虚拟原子经验；二是将对纳米世界的较少功能性经验同颇富创造力的现象学想象结合起来，建立适当的纳米空间模型，力争做到对纳米世界的客观描述；三是从现象上接近纳米世界是可能的，只是包含了与常规经验不同的信息内容，从而造成两者不可通约或不对称。这里第一种选择只能是无所作为，剩下只有后两个选择。例如，围绕"量子围栏"（在金属铜表面使用铁原子围一个圆圈）构造，Eigler 和 Brodbent 分别以"橙色围栏"和"蓝色围栏"展示不同的技术图像构造能力。这两幅技术图像的技术内容几乎相同，但它们有着超越技术本身的意向。"橙色围栏"是针对显而易见的图像观念，配以自己的选择、个人交往欲望和主体接触经验，试图描述与 IBM 字眼一样的单向视觉图像。但是，这一技术图像如同"拉普拉斯妖"或"麦克斯韦妖"一样，更接近于一种决定论的科学假设或技术解释，而非实体的纳米世界现象接触。相比之下，"蓝色围栏"更契合虚拟现实图像，其编码的色彩程序有助于人眼的方向定位，达到了色彩强调的原初图像效果。这里 Eigler 即使强调以观察者身份来亲身接触纳米世界（也即第二种选择），那也不是直接对原子现象的具体观察，而是一种经验地参与纳米世界。因此 Staley 强调与其过于宣传亲身接触纳米世界，毋宁说是如 Brodbent 那样对纳米世界的现实虚拟（第三种选择）。

目前所有纳米技术图像化处理，虽然与第一层次的纳米世界存在着不可通约性或不对称性，但它们却能将纳米技术纳入人类经验范畴，展示对纳米技术可解释的现象学-伦理学-解释学选择弹性。一旦进入到解释学范畴，哲学家便可以在更加广泛的意义上对纳米技术路线给予构造。Martin Meyer 等人正是这样，按照时间（现在与未来）和技术（具体技术与目标），把纳米技术的未来发展愿景分为六种进路，即从现实技术到未来技术（扫描隧道电子显微镜）、从现实技术到未来目标（大量纳米材料开发）和从未来目标到未来技术（如设计超薄层结构涉及诸多未来目标，未来目标受到许多现有技术应用激励，这些构成了达到未来超薄层结构设计水平的技术起点）、从未来技术到未来目标（Drexler 的纳米机器设想）、从现实目标到未来技术（Smalley 的生物模拟方法）和从现实目标到未来目标[13]。最后一个进路实现源于用户的需求解释，目前还缺乏技术基础，其余五种进路作为纳米技术的具体展开，基本上反映了纳米技术发展进程。前三者均有良好的技术基础，属于现世主义范畴，特别是第二进路更是成为瞻望和诟病纳米技术的现实基础。后两者（第四、第五进路）显然属于非现世主义范畴，两者的不同在于，第五进路可以通过对现有技术做出解释并设定未来技术目标，第四进路基本上属于科学幻想。从 Drexler-Smalley 之争看，第四、五进路实际上是两种可选择的纳米技术范式。

在科学意义上，Drexler 的纳米机器设想和 Smalley 的生物模拟方法是两种根本不同的分子装配方法，具有不可通约性。前者虽然是以工程原型为基础，但却从机械论观点和纯粹理论上探索分子装配器的可能方式，其本质是建构一种不违背相关物理原理的理论模型，采取的方法是自底向上方法。相比之下，Smalley 的生物模拟方法则是基于可探测或可控制效应，强调实际的化学结构细节适应，采取的是自顶向下方法。两者之间的不可通约性只是表明无法以其中一种方法设定的标准评判另一方法的适当性或充分性，但这并不意味着不能比较双方涉及的理论、概念和方法乃至工具要求。如果由此进入到纳米技术实践中来，那么就可以将这一争论置于第一或第二进路所蕴含的工具关系中加以看待。正是在工具意义上，两者可以达成一种“最小化通约”或“最小化视域融合”，这就是纳米现象的产生、稳定和控制必须要诉诸工具：对于 Drexler 来说，如果在其纯粹理论方法中不考虑工具要求，就等于忽略掉分子机器适应纳米空间的关键问题；对于 Smalley 来说，坚持制备可控制和可探测设备实际上就是强调适当工具要求。Otávio Bueno 正是以这种工具关系为基础，围绕 Drexler-Smalley 之争指出：“双方毕竟拥有共同的承诺，即适当的工具对控制纳米现象的不可或缺”，但 Smalley 引入一个工具要求，就是确定分子机器是否可能“至少在原理上，取决于是否能够获得可探测结果”，所以“较 Drexler，Smalley 主张的整个建议似乎更有胜算”[14]。这并不意味着 Smalley 的整体方案是完全可行的，但强调工具要求毕竟需要将有关纳米技术的各种争论纳入到现世主义中加以解释，以便展示各种方法在建构纳米技术过程中的作用及其选择。这里可以从两个方面表明这种工具关系的重要作用：一是既要在理论上借助工具认识物质的原子和分子现象，又要在实验中借助工具建构纳米世界图像、促进纳米制品稳定化和创建纳米世界模型，以有利于科学的想象；二是如果实验工具显示的纳米世界并非来自自在之物的绝对尺度，那么工具关系表明的纳米世界图像就只能成为纳米技术的隐象参与解释的重要来源。也就是说，我们并不能在实证论、客观论、还原论、机械论和决定论上强调认识和控制纳米世界，把纳米技术看做“单纯是一种对微细物理空间的客观性描述或操作”，而应是“一种向美学、社会学、伦理学乃至政治学开放的解释学活动”，以便整体地把握纳米世界的结构-功能及其涉及的广泛社会伦理意义，“避免以单一的微型机械化决定论决定人类的未来前景”[15]。

12.3 纳米伦理学的本体统摄维度

纳米伦理学的实践探索在认识论上并不限于现象学-解释学活动，它的发展必然要进一步在科学理解上突出纳米伦理学的独特地位。在这种意义上，最近有不少学者以“纳米技科学”（nanotechscience）来称谓与纳米技术相关的学科领域。在纳米科学家那里，纳米技术被看做是在纳米量级（nanoscale）——10^{-9}纳米上对物质的理解和控制。在这一量级上，某些物质会产生某些特殊性质，由此来制造出相应产品。纳米伦理学的实践探索和人类经验维度，都是着眼于这种量级的技术操作进行预测和反思的。在这种意义上，纳米量级自然成为理解纳米技术的核心议题。如果不把纳米技术简单地看做一个未知领域，那么从科学理论上理解纳米量级问题就成为纳米伦理学的一项重要认识论任务。Nordmann为此以“纳米技科学”之名，提出以“封闭型理论”来认识纳米量级问题。所谓“封闭型理论”是说，诸如牛顿经典力学、麦克斯韦电磁理论、热力学和统计力学以及非相对论量子力学等，这些理论都取得了自身的终极历史形式、适用范围、批判免疫力和永久正当性。Nordmann由此认为纳米量级研究包含如下三个特征[16]：一是量子力学与经典力学之间存在根本不同，经典理论无法描述量子现象，量子理论也不适合描述经典现象；二是纳米量级现象包括知识和技术旨趣，无论对量子水平以上的经典物性（如颜色、导电性等）还是对量子水平以下的量子化现象（如量子化电导）来说都是一种“异域”；三是纳米量级研究者只能诉诸来自量子和经典力学的大型理论包，完成对纳米制品的新颖性质、行为或过程的科学解释。这意味着使纳米技术成为具有科学意味的方面并不能从任一封闭型理论视角加以描述，而使纳米技术成为可能的方面则只能同时启用两个封闭型理论视角加以解释。现在人们把纳米世界描述为一种复杂的、自组织的、充满新奇的化学-生物世界，强调主动性纳米机器制造。但目前所谓第一代纳米技术的成就仅仅限于新型纳米材料（被动性纳米结构）制造，只有待第二代纳米技术诞生后才能将分子活动并入纳米技术系统，制造出主动性纳米结构或系统。从与纳米量级相关的封闭型理论看，除相应的理论规划和形式化之外，人们至今未看到任何神奇的主动性纳米结构的诞生。诸如“选择性表面”、“自清洁表面”、“精致材料”、“自助运动”等这类纳米量级现象的描述性或纲领性术语，虽然都具有特殊意义，但在理论上不过是来自纳米世界之外的隐喻，而非现实的主动性纳米系统。也就是说，人们并不能从与纳米量级相关的封闭型理论观点看到纳米量级现象的特别的复杂性，相反却发现“理解和控制纳米量级现象的困难无法获得适当表达”[17]这既表明科学理论对纳米技术的认识盲区，也表明必须启动要更多的学科来深化对纳米技术的理解和控制。

尽管纳米量级相关的封闭型理论解释并不能解决理解和控制纳米量级现象的困难，但回到理论的封闭型特征上来，显然表明纳米技术的多理论解释同时在场。这意味着我们并不能以一种还原论的哲学观点来看待纳米量级问题，却可以将它看做一种跨学科或边疆学科。Bernadette Bensaude-Vincent 在为国际化学哲学杂志 *HYLE*（2009 年第 1 期）纳米技术哲学专辑写的编者按中，注意到纳米技术使许多学科边界模糊起来。这不仅表现为纳米科学与纳米技术难以区分，其研究目标无论是实践的还是认知的，原子、分子和大分子这些基本物质单元都被看做是器件、发动机或机械一类的功能单位，而且也表现为力图消除人与机器、自然与人工物界限的 NBIC 汇聚技术纲领，似乎“生物的就是纳米的”，生物工程师可以“跨越生命产品与人工技术产品之界限”，甚至“为了技术目的可以将生命物质工具化”[18]。正因如此，才有了诸如纳米生物技术、纳米化学技术等诸多学科名称出现。与这种微观上的跨学科边界问题探讨不同，Vitaly G. Gorokhov 最近在宏观上将“纳米技科学”界定为“自然科学与工程科学的结合”[19]。纳米技科学一方面类似于经典自然科学，表现为基于数学和实验数据对自然现象的解释谋划和对自然事件进程的程式预测，另一方面如同工程科学一样表现为新实验情境的方案设计和自然界或技术中未知的新纳米系统结构谋划。从纳米理论运算到纳米系统结构谋划，对这一过程既涉及参数计算和数学建模，又必须要进行工程功能谋划。也就是说，工程问题必须要转化为科学问题，进而转化为通过演绎法解决的数学问题。目前纳米量级研究不外乎自底向上（微观层次的分子装配）和自顶向下（宏观层次的化学合称或生物模拟）两种方法，前者代表了纳米理论谋划分析，后者代表着工程谋划综合。纳米技科学作为自然科学与工程科学的结合，显然类似于系统工程，既是大规模的、复杂的人-机系统分析和设计，又是微观的纳米系统分析和设计。Gorokhov 在方法论上显然涉及纳米人工制品的结构-功能二元特性。与此相一致，Mare J. de Vries 使用结构-功能方法在更广泛的意义上讨论纳米量级研究的学科边界问题[20]。Vries 按照非意向性（结构方面）、意向性（功能方面）和综合性（结构-功能综合方面）分析了大量与纳米研究相关的因素，这些因素在学科上不仅涉及数学、物理学、化学和生物学等，而且还涉及心理学、逻辑学、文化学、社会学等，更涉及经济学、美学、法学、伦理学和宗教学等，呈现出纳米技术的多学科在场。正是这种多学科在场特征，允许纳米技科学哲学综合纳米工程与纳米科学、纳米现象操作与控制各个方面，使纳米共同体更好地理解和控制纳米技术实践。

无论是纳米量级问题还是学科边界问题，都表明了纳米技术的异质性。正如前面指出，即使诉诸技术范式概念，也存在着多样化的纳米技术进路类型。面对这种异质性，纳米伦理学必须要诉诸纳米技科学概念，在本体论上达到对纳米技术的总体性理解甚至控制。Meyer 等人为此把纳米技术看做一种“范式系统”，由此来统摄各种纳米量级研究进路，其内部各种进路的差异可以诉诸“认知功效”（epistemic utility）加以区分[21]。这里所谓认知功效，是指各种技术范式或进路的预测性影响、利益相关者针对这些不同影响所赋予的积极或负面价值、适应不同技术进路实现的技术手段以及相关评估的有效性，主要是侧重于对纳米技术手段及其影响评估，突出纳米技术范式系统的意向优先性。与此同时，目前还有不少学者诉诸“知识图”、“学科群”、“主题网络”这类概念，赋予纳米技术以“超级本体论”的学科地位，因为纳米技术在涉及人类各个智力领域方面，确实达到了一个顶峰。尽管人们在系统论意义上强调相关学科的相互关系，部分涵盖了整体论的含义，但如果发挥 Vries 的结构-功能二元论方法，则可以将纳米技科学学科群分为两大类：一类是非意向的“主题网络”，既有基础研究方面的生物学、化学、物理学、数学、工程、计算和工业应用等，又有具体技术层面的纳米结构、纳米设备、纳米电子学等；二是意义相关的“意向网络”，包括毒理学、环境学、心理学、政策学、经济学、社会学、文化学、伦理学等。这种二分法的问题在于，人们在纳米技科学意义上总是倾向于将前者看做本体论学科群，把后者看做是附属学科群，这样就必然导向非意向的优先性。为了克服这一问题，Michiko Tanaka 利用目前盛行的自顶向下方法，为纳米量级研究提供了一种“元本体论”（meta-level ontology）统摄，即把纳米科学和纳米技术作为顶层元级概念，把纳米物理学、纳米化学、纳米材料科学、纳米生物医药科学和纳米技术工程五个学科作为底层元级概念[22]。这与其说是适应学科分类或文献学的本体论统摄需求，毋宁说是把非意向学科作为本体论的优先性追求，从而把纳米伦理学排在了非优先地位。

以上意向与非意向的本体论纠结，基本上还在于纳米技术究竟是基础科学还是应用科学的问题上。其实，纳米研究者既是纳米科学家，又是纳米技术家。辩证地说，纳米技术既不是基础科学，又不是应用科学。以往曾把基础科学和应用科学看做是对自然的描述、认识和改造，也即推动“自然物的人工化”，但现在纳米技术已经远远超越了这种界定，扩大到追求“人工物的自然化”（如 Drexler 的纳米装配器设计正是为了实现这一目标），成为所谓“真正的技术”。Xavier Guchet 为此认为纳米技术传递出来的是一种“自然操作观”（operational view of nature），因此应该把纳米技术看做一种“操作科学”（science of operations）[23]。就这种操作科学而言，对自然物与人工物加以区分已经没有意义，因为纳米技术的终极形式在于，它按照人工物的自然化方向消除任何原有的自然结构。这里不仅自然与人、人与机器不再有区别，而且结构与功能、手段与目的区别也不再有意义，所有这些都不能决定什么存在什么不存在和何为本源何为衍生。Peter Galison 把这称为纳米技科学的“本体论无差异”（ontological indifference）[24]。例如，分子电子学研究者并不需要确定电子是否存在，而是注重电子传输的简单论的图像解释，并使用电子轨道、电子波函数等概念，描述量子世界的非物质性几率特征。分子电子学研究者正是以本体论无差异的技科学特权，发展了对电子传输的复杂的和精致的量子力学描述。同样的，纳米量级研究者也不是通过相关技术手段对自然之物的客观还原，而是在实验室中造就对自然的“驯养之物”或“替代品”。纳米技科学的这种本体论无差异在研究者那里被理解为表征的“无私利性”，但就伦理学来说纳米研究者的纳米世界描述不过是一种工具性的理性解释，除此之外它还包含其他意义的解释学弹性。因此所谓本体论无差异也应该被理解为多重意义的解释学参与。Nordmann 由此认为，对纳米技术的理解和控制应着眼于纳米世界图像的巨大潜力，从追求“认知确定性”过渡到实现多学科群的“系统稳健性”。这既有自然科学和工程的纳米世界建构，又容纳“自然的社会科学”的纳米世界设计参与，由此来推动纳米技科学发展成为“社会健康的技术”[25]。在这种意义上，纳米伦理学正是力图通过本体统摄，以技术与社会的共同演进，推动实现纳米技术的健康发展目标。

参考文献

[1] Bostrom N. Why I want to be a posthuman when I grow up. In：Gordijn B，Chadwick R. Medical Enhancement and Posthumanity. Berlin：Springer，2008：108.

[2] Kurzweil R. The Singularity is Near: When Humans Transcend Biology. New York: Penguin, 2005: 9.

[3] Roco M, William Bainbridge. Converging Technologies For Improving Human Performance. http://www.wtec.org/Converging Technologies/Report/nbic-complete-screen.pdf [2002-12-30].

[4] Joy B. Why the future doesn't need us. Nanoethics-the ethical and social implications of nanotechnology, 2000: 17-39.

[5] Nordmann A, Rip A. Mind the gap revisited. Nat Nanotechnol, 2009, (4): 273.

[6] Rip A. Technology assessment as part of the co-evolution of nanotechnology and society: the thrust of the TA program in nanoned. Paper Contributed to the Conference on "Nanotechnology in Science, Economy and Society", Marburg, 13-15 January 2005.

[7] Collingridge D. The Social Control of Technology. New York: St. Martin's Press, 1980: 11.

[8] Grunwald A. From speculative nanoethics to explorative philosophy of nanotechnology. Nanoethics, 2010, (4): 91-101.

[9] Nordmann A. Noumenal Technology: Reflections on the Incredible Tininess of Nano. Techné: Research in Philosophy and Technology. Berlin: Springer, 2005, 8 (3): 4.

[10] 李三虎. 纳米现象学：微细空间建构的图像解释与意向伦理. 哲学研究，2009，(7)：87-89.

[11] Pitt J. When is an image not an image. Techné, 2005, 8 (3): 31.

[12] Staley T W. The coding of technical images of nanospace: Analogy, disanalogy, and the asymmetry of worlds. Techné, 2008, 12 (1): 16.

[13] Meyer M. Osmo K. Nanotechnology: Generalizations in an interdesciplinary field of science and technology. HYLE, 2004, 10 (2): 157.

[14] Bueno O. The Drexler-smalley debate on nanotechnology: Incommensurability at work. HYLE, 2004, 10 (2): 95.

[15] 李三虎，纳米现象学：微细空间建构的图像解释与意向伦理. 哲学研究，2009，(7)：91.

[16] Nordmann A. Philosophy of nanotechnoscience. In: Schmidt G, Krug R, Vogel V, et al. Nanotechnology, vol. 1: Principles and Fundamentals. Weinheim: Wiley, 2008: 221.

[17] Nordmann A. Philosophy of Nanotechnoscience. In: Schmidt G, Krug R, Vogel V, et al. Nanotechnology, vol. 1: Principles and Fundamentals. Weinheim: Wiley, 2008: 7.

[18] Bensaude-Vincent B. Boundary issues in bionanotechnology: Editorial introduction. HYLE, 2009, 15 (1): 2.

[19] Vitaly G G. Nanotechnoscience as combination of the natural and engineering sciences. Philosophy Study, 2012, 2 (4): 257-266.

[20] Marc J. Vries D. Analyzing the complexity of nanotechnology. Techné, 2005, 8 (3):

62-75.

[21] Martin M, Osmo K. Nanotechnology: Generalizations in an interdisciplinary field of science and technology. HYLE, 2004, 10 (2): 165.

[22] Tanaka M. Toward a proposed ontology for nanoscience. http://www.cais-acsi.ca/proceedings/2005/tanaka_2005.pdf [2005-12-30].

[23] Galison P. The Pyramid and the Ring. Presentation at the conference of the Gesellschaft für analytische Philosophie (GAP), Berlin, 2006.

[24] Guchet X. Nature and artifact in nanotechnologies. HYLE, 2009, 15 (1): 5-14.

[25] Nordmann A. Philosophy of Nanotechnoscience. In: Schmidt G, Krug R, Vogel V, et al. Nanotechnology, vol. 1: Principles and Fundamentals. Weinheim: Wiley, 2008: 16-20.

13

哲学与纳米技术伦理学*

纳米技术是一项未来科技，但在当代就已经有人对它的伦理和社会意义提出了质疑。由此可见，纳米伦理学要成为独立的专业伦理学（Bereichsethik），还需要为其存在的合法性辩护。与将一般伦理学的原则应用于新的技术领域的想法[1]相反，专业伦理学认为，对于新领域提出的问题而言，是没有可以直接借用的原则和先例的。生物伦理学的发展就表明了这一点。20世纪的生物科学、医学技术和竞争型社会的发展，使怀孕分娩、死亡和健康的标准置身于科技支配的特定条件下。想要权衡思考这些伦理问题，就要先理解它发生的特定条件①[2]，但这一模式是否对于作为未来科技的“新兴技术”也同样有效，还有待商榷。人们也就此而展开了对纳米技术伦理学的讨论。如果该专业伦理学的具体问题和疑难都必须基于对纳米技术和纳米技术科学研究的专业理解，那么为纳米伦理学辩护就完全取决于我们对纳米技术的认识和理解。由此，就像在生物伦理学领域一样，除了一般性的科学和技术研究之外，科学哲学也会在这里发挥作用。

这种对科学哲学与纳米伦理学关系的反思完全是个性化的，得出的是一种

---

* 本节作者为阿尔弗雷德·诺德曼，由曹莉莉译，王国豫审校。

① 通过权衡思考尚未被质疑的价值观来凸显自己，伦理学的这种专家文化范式受到了包括彼得拉·格林（Petra Gehring）等人在内的批判（见文后参考文献［2］）。然而她还是低估了这一范式在生物伦理学和纳米伦理学范围内被质疑和被讨论的热烈程度。冈奎莱姆（Canguilhem）的经典之作“正常与反常”（das Normale und das Pathologische）或福柯（Foucault）的“生物权”（Biomacht）一方面通过分析，使人们理解生物医学的实际情况，而这种理解正是生物伦理学作为专业伦理学的前提；另一方面，又有助于人们在生物伦理和纳米伦理可以生效的情况下进行批判性的自问、有助于固化正常和反常的概念、稳定生物权状况。从这个意义上说，本文有助于我们自问。

含糊不规范的结论①[3,4]。在可疑又尚未被质疑的假设基础上建立起来的，是一种特殊的、受制于需求的纳米技术的伦理学研究。此外，科学哲学的分析也可以充分地暴露出那些需要被公众批判、需要被伦理学和道德哲学充分讨论的纳米研究视角。

13.1 对受需求驱动的纳米伦理学的批判

从纳米技术出现伊始直到今天，无论是埃里克·德雷克斯勒（Eric Drexler）的“前瞻研究所”（Foresight Institute）、米哈伊尔·洛克（Mihail Roco）的“国家纳米技术计划”、还是现今欧洲委员会的科研政策，都从未间断地要求进行伦理学方面的、与纳米技术的深远影响相适应的同步研究。但只要是涉及某项刚刚郑重开始的、有巨大前景的科研活动的中长期影响，这种研究就会趋向于跳过当下，将新事物的这些起源放到实验室去观察，然后再由此将目光迅速地转向未来，好像所有实验室里的预言都已然成为现实。这是一种成问题的现象，但它却已经深刻影响了公众，特别是科学和技术政策方面对纳米技术的认知。尽管伦理学的同步研究鉴于其普遍的创新和改造潜力而显得十分重要，但是伦理和社会意义上重大的行动需求却远离了成熟的公众或政治的介入。因此，一方面，与纳米技术发展的这种态势相适应，那些重大的有决定意义的研究都发生在远离现实的实验室里。在那里，专家们为未来确定发展方向。而另一方面，人们关注的是那些在未来将变得重要的决策，即当人们一旦必须面对这些新的发明和科技体系时，显现出来的问题。这意味着研究人员需要具有伦理方面的敏感性，意味着现在就要准备好迎接未来的挑战，意味着伴随研究需要全方位化。但对于当下的决策，人们却并没有要求政治的分析或公众的讨论。对于当下而言，仅仅是要营造一种整体上能促进创造和革新的氛围。以前瞻、谨慎和从长远考虑为名的一般性活动对此都有所帮助。

13.1.1 在实验室里确定发展方向

这种研究现状的问题，尤其是从科学哲学的视角来观察，表现在三个方面。首先我们来分析以下这种观点，即实验室研究人员的敏感性决定一切。这种观点是建立在研究过程的社会建构主义观之上，反过来又以科学决策是建立在决定论的基础上的为出发点。当实验和理论相悖时，当对提出的问题进行选

① 纪念活动总是能招致很多过于个性化的回顾，这其中也不乏概括性的。想对纳米伦理学有一个入门式的或者是概括性了解的读者，阅读阿敏·格鲁瓦尔德（Grunwald）的这本书（见文后参考文献[3]）会使您受益匪浅。您也可以在诺德曼（Nordmann）的文章中（见文后参考文献[4]）领略一种较为客观化的表述方式，本文在以下内容中将对作者这些既有批判性又有建设性的文章予以综述。

择研究时，当寻找最适合的材料时，虽然会有各种经验视域和客观情况的制约，但对于研究人员来说，他们仍然还是有一定的选择空间的。那么这时，伦理学的观察视角就可以发挥作用了。所有这些，从科学哲学角度看，都是被认可的。但是如果要将涉及深远、以整体技术进步为目标的决断主义置于研究人员的掌控之下，就是一个错误的结论。当科学界的决策遭遇假说的真伪问题时，也就是当这些问题完全局限于科学之所需和所能范畴时，社会建构主义就会引起争议。而技术研发的路线和实验室研究领域只是发生短暂的交叉。它的发展源头要远早于实验室研究阶段，可以追溯到现有的技术设施、社会需求和政治目的，尤其是国家及私人的投资决策。而一个深思熟虑的思想，在完成学术实验阶段之后，还要经过一系列的研发及应用实验，然后经过产业化、商业化，以及社会兴趣、接受等步骤。如此说来，认为在纳米技术实验室就可以为人类的未来选定方向，不仅是高估了研究过程的决定意义，而且也误解了其研究对象和有效范围[5]。

13.1.2 为未来做好准备

同样有问题的是将纳米伦理与未来的行动与决策联系起来，而面对这个未来，我们充其量只能做好准备。在“对推测的纳米伦理的批判”的大标题下，这种与未来的关联已经受到了全面的批评，目的是为了限制或部分修订纳米伦理的有效应用范围[6]。从科学哲学的角度看，作为这一学科（纳米伦理）基础的未来概念，将一些还只是初期的、受智力或技术控制的不可预知的东西强加给认知，这首先就是有问题的。但是科学哲学的批判却能触及更深层次的问题。例如，如果研究过程确实与将来相关联，那么是哪种形式的相关？

科学在面对未来的本质时几乎是高调的漠视。我们不可以将一个从历史角度理解的终极目标强加给自然。时光之箭不可逆转，过去、现在和未来的本质区别从来不会遵循机械的惯例。而在最后，对于所有的声明来说，其事先的声明都等于是对还未过去的东西的预言和对既成事实的回顾。在所有以上情况中，未来都与当代相适应，同时又截然相反。好像只有这样，才有可能让未来与那些所谓的必将实现的实验室成果关联起来。这种想法取缔了从历史角度对未来的理解，好像在未来的那个世界里，一切将与现在迥然不同。

现在还有一种来自规范科学的截然不同的未来关联说。谁要是正视这种观点，就不会再问及未来世界里的行动、决定和结果。这种观点将未来看作是一个无法到达的目标，但却会对当代产生引导或规范性作用。这里的未来，预示着一个更美好的世界，那时，我们的假说的真伪将得到证实；在这里，未来被看作是被确诊为有缺陷的当代的对照物，它展现了一种更美好的世界的可能性；它不像时间坐标上的某一点，一个我们可以行动或决定、塑造或前瞻的时空。追寻这个不可到达的未来，将是一个没有终点的认识过程。在这个过程中，所有的知识会一直承受批判和修正；这是一个致力于真理的过程，但是在这个过程中，却从来不能判定我们是否已经到达真理。

从历史角度，按照规范的科学概念推想到的是认知的进步；反过来不从历史角度看，就将是一个有待认知的世界。这一几乎是根本性的差别却被受需求驱动的伦理学同步研究所忽视：未来或者是当代的延续，不会和我们已知的世界有历史性的区别，它也因此是可以推测和预见的；或者，未来与我们熟悉的世界不同，那么从我们的这个世界出发，未来既不可塑造又难以预想，它（这里指我们的世界）充其量可以用来衡量当代。关键技术研究的伦理学同步研究现在应运而生，正是因为纳米技术蕴含着全新的、完全不同的、改变世界的行为能力，即建立起一个从历史角度看来特殊的世界的能力。但是这种刚刚获得的能力所产生的影响应该是可知的，大致就像我们按照自己的标准，在一个熟悉的世界里观察今天的技术造成的影响一样。

13.1.3 在抽空的当代做好准备

过高地评价实验室里做出的决定，并将目光投向其在未来世界产生的影响，这种做法越过了当代现实。因此，它们的行为准则和评价标准都降低为“使有可能”及“准备”。为了负责任的研究活动而制定措施，以营造一个有利于创新的环境 。负责任的研究和创新的措施包括：通过制定自愿行为守则来提高实验室研究人员的伦理敏感性、进行人文及社会科学方面的伴随研究、争取公众的参与、进行前瞻性技术评估或预期防治的设想等。所有这些措施应该保证，在这种营造的环境中创造性潜能的自由发展只产生好的东西。尽管这些听起来很天真，但在纲领计划中还是经常出现，当然也受到了批判性的评论。现在，科学研究之所以具有了重大的社会意义，并不是因为它有目的地针对具体的疑难，而是从革新本身角度考虑，在“可持续性发展”或“效率”的标题下。对于伦理学方面的考量来说，采取这种方案，就意味着它不涉及现存的问题或冲突，甚至不以取得暂时的权威性结论为目的，而是以持续性对话及调节性言论的方式来讨论对未来的担忧和疑虑。此种方式的谈话和评论看似摆脱了利益的束缚，伴随着整个研究过程，也许会起到抑制和改变的作用，也许不会[7]。从科学哲学的角度看，这种做法的首要问题就是把轻信变成了美德，从而自始至终毫无疑问地相信新技术，相信它们似乎承诺的一切。与所有参与者（包括支持者和反对者、研发者和使用者、记者和从事同步研究的科研人员）的宽宏大量相应的，还有慷慨的科研项目资助（例如欧洲旗舰项目）。

因为对关键性技术研究的创新潜能的信心是建立在特定的思维模式之上的[8][9]，所以当人们观察和分析这些思维模式时，来自科学哲学的批判会更加深刻。例如，在高度抽象的层面上，科技伦理可以涉及“持续发展”的思维模式，这种模式认为资源和能源的极限取决于科技发展的现状，而且这种极限有可能继续扩展。在具体问题层面上，科技伦理可以涉及那些有待实现的“双赢”情况。按照“双赢”的设想，安全不必以牺牲个人隐私为代价，而是能以更高的安全级别更好地保护个人隐私，就像持续的经济增长和持续的生态发展可能实现和谐统一一样。从零和游戏的经济自明性到一切皆有可能的加和博弈或双赢，与之相应的，是从一个因为局限而需要不断维系的世界过渡到一个可以持续开辟的新世界。最后还有第三种思维模式，就是源自系统论特殊背景的弹性系统构想。这些弹性系统不能通过高度敏感的转变点来定义，但是可以通过它的性能、压力和刺激来吸收，来超越体系的边界、革新自我。所有这些思维模式的共同之处是，它们都超越了传统的科学假设。这种在面对复杂的现象世界时克服认知疑难的恭顺的努力逐渐消失，随之而来的是一种有些傲慢的自信，它认为世界是可以通过科技来塑造、管理和更新的。

这种普遍存在的自信不是针对某种特定的科技，它仅仅是未来科技得以实现的毋庸置疑的前提条件。有朝一日，我们将不得不面对源自于这些科技的仪器、程序和体系。今天，在人们孜孜不倦地讨论将来会是什么样子的时候，批判精神却在面临问题（这些问题包括今天就应该确定下来的优先权问题、对科研投资的解释说明、研究到底应该是受疑难驱动还是受好奇心驱动）时将公众意见和政治参与排除在外，而仅仅满足于让尽可能多的东西成为可能，以及对所有可能出现的东西表示惊讶①。

13.2 纳米伦理学的科学哲学基础

提出一个有建设性的、与受需求驱动的纳米伦理学对立的相反的模式并非易事。哲学方面的理论并不少，类似的关键词或标题有“技术未来的解释学”[10]或“作为社会实验的纳米技术介绍”[11]。但是如果有谁对这项未来科技的影响感兴趣，就不会满足于对未来预期的分析和对研究项目的形而上学批判[12]，或者对纳米技术现实实验中的认识过程的制度化设计[13]。努力打破纳米医学建立起来的，对独特的崭新的未来的定影，或许可以理解为对这类相反

① 这种相当笼统的论断首先指的是对所谓的新兴科技（如纳米技术、合成生物学、机器人制造、神经科学研究、无处不在的计算和对它的限制）的讨论和管理。气候巨变之后出现了一种值得称赞的较强的问题导向趋势，但即使在这里，这种对未来科技发展的极端信任也是令人生畏的强大。

模式的反抗。在这里，纳米医学被理解为医学科学化和技术化进步史中的下一个篇章[14]。在将纳米医学情境化的过程中，哲学观、历史观和社会科学的观点应该发挥作用。这些观点在以往的有关设备医学、生物权力、还原论和决定论、生殖医学和安乐死的批判性讨论中曾经得到过培育，纳米医学伦理学也因此而不再仅仅是那些外行们围着圆桌努力审慎地表达出来的担心和疑虑。因此，利益的公平分配问题成为全球性主题。这里所涉及的不是“人类增强”，而是一种纳米医学支持的、容易市场化的自我“健康状态”诊断技术。这种改变观察视角和转移主题的做法不适应需求，让人无力抵御的强大的需求表明了这一点。任何研究都不得不正视，如果纳米医学成功了，人们就不必再死于癌症，而这会对我们的社会体系产生影响①。

要建立纳米伦理学的独立学科，就必须找出纳米技术特别的、或许是没有先例的性征。但是在这个过程中，不要先去操心纳米技术有朝一日可能会产生什么样的影响，而是要局限在纳米技术研究现已取得的成果范围内，因为这里才需要一个纳米技术科学的理论。事实上，广义上的伦理反思视角是对科学理论定义的纳米技术研究观的补充。下文将概述总结一些前期的尝试，即人们为界定纳米研究自己的科学或技术科学理论领域而做出的努力[15,16]。

首先要说的是经典科学理论对纳米研究中存在理论和形成理论的意义的质疑。人们认为，在纳米研究中重要的不是寻找新的理论，而是拓展理论的应用范围，并经过进一步观察而得出结论：纳米技术研究不可能确定其知识及能力界限；其次，尽管只是有关小的等级秩序问题，但纳米研究已经证实自己不是本质上的定量研究，而是发生在以相似性为基础的模型、结构和影像之间的转换过程中。因此，人们对纳米技术科学这种压倒批判精神的影像威力心存担忧；第三，人们对纳米技术研究项目的态度导致出现了一种困境，即不按照“现在是什么”来评价事物，而是一定要把“它将来可能成为什么”纳入进来[17]。纳米技术科学的知识不是由一系列的真伪命题或假设组成的，而是涉及一种作用知识，即关于物质在不同结构或过程中如何共同起作用[18]的知识。因此，连纳米毒理学角度的研究也从对材料组分的评价转向单纯的、对系统行为的即时观察。第五类科学理论的问题涉及实验及群体实验的模式，这种模式将社会作为它的实验室[19]。这种情况也同样适用于对观察概念的理解。这里所谓的观察，并没有严格遵循自然观察的原则，而是通过观察技术的相互认可来夯实自身。对于纳米研究的观察来说，这意味着它可以不被置于道德原则的有色

---

① 将情境化的研究方法与需求驱动的伦理学提出的不可理喻的问题加以清晰的对比的这一决定，在压力之下演变为通过图解的方式强调后者的特殊重要性。

眼镜之下接受审视，然后被贴上一个好或坏、可靠或不可靠的标签；也意味着它可以创建一种拥有非程序化观察程序的强大体系，这些程序会在一种持续预警机制中共同发挥作用。这里要提到的第六种观点关于纳米技术科学研究实践的视角，也抛出了一系列问题。这些问题涉及自然和物的概念、认知极限及对该极限的承认、毒理学规范、人们对社会现实实验的学习过程，以及对待现象与幻象的方式和态度等等，具有不同程度的伦理或社会重要性。以上这些是否足够可以证明纳米伦理学有作为独立学科存在的必要，本文不敢妄加断言。但如果纳米伦理学确实想成为一门独立的专业伦理学，却只能通过这种途径证明，即关注实验和研发过程，而不是基于对纳米技术有朝一日有可能会产生的某种影响的期待。

参考文献

[1] Ebbesen M，Svend A，Flemming B. Ethics in nanotechnology：starting from scratch? Bulletin of Science Technology Society，2006，26：451-462.

[2] Gehring P. Fragliche Expertise：Zur Etablierung von Bioethik in Deutschland. In：Hagner M . Wissenschaft und Demokratie. Berlin：Suhrkamp，2012：112-139.

[3] Grunwald A. Auf dem Weg in eine nanotechnologische Zukunft：Philosophisch-ethische Fragen. Freiburg：Alber，2008.

[4] Nordmann A. Nanotechnologie. In：Grunwald A. Handbuch Technikethik. Stuttgart：J B Metzler，2013：338-342.

[5] Nordmann A. Underdetermination and overconfidence：Constructivism，design thinking，and the ethics Politics of Research. In：Simone B，Tsjalling S. Ethics on the Laboratory Floor. Houndmills：Palgrave/Macmillan，2013：213-225.

[6] Nordmann A. Die unheimliche wirklichkeit des möglichen：Kritik einer zukunftsverliebten technikbewertung. In：Miriam E，Katrin G，Christoph R，Verbesserte Körper - gutes Leben? Frankfurt：Peter Lang，2012：23-40.

[7] Arianna F，Nordmann A. Beyond conversation：Some lessons for nanoethics. Nanoethics，2010，4（2）：171-181.

[8] Nordmann A，Astrid S. Lure of the ‘Yes’：The seductive power of technoscience. In：Mario K，Monika K，Sabine M，et al. Governing Future Technologies：Nanotechnology and the Rise of an Assessment Regime. Dordrecht：Springer，2010：255-277.

[9] Astrid S，Nordmann A. The political economy of technoscience. In：Carrier M，Nordmann A. Science in the Context of Application. Dordrecht：Springer，2010：317-336.

[10] Grunwald A. Synthetische biologie als naturwissenschaft mit technischer ausrichtung plädoyer für eine hermeneutische technik folgenabschätzung. Technik folgenabschätzung - Theorie und Praxis. 2012，21（2）：10-15.

[11] Ibo V P. The Introduction of nanotechnology as a societal experiment. In: Arnaldi S, Lorenzet A, Russo F. Technoscience in Progress: Managing the Uncertainty of Nanotechnology. Amsterdam: IOS Press, 2009: 129-142.

[12] Dupuy J P. Some pitfalls in the philosophical foundations of nanoethics. Journal of Medicine and Philosophy, 2007, 32 (3): 237-261.

[13] AndreasL, Gammel S, Nordmann A. Observieren-sondieren-regulieren: Zur gesellschaftlichen einbettung nanotechnologischer entwicklungs prozesse. In: Gammel S, Löch A, Nordmann A. Jenseits von Regulierung: Zum politischen Umgang mit der Nanotechnologie. Heidelberg: Akademische Verlagsgesells chaft, 2009: 3-93.

[14] Thorsten K, Nordmann A (als Berichterstatter). Ethical and societal aspects of nanomedicine. NanoMed: A Report on the nanomedicine economic, regulatory, ethical and social environment. NanoMed Round Table Extended Report, 2010: 11-17.

[15] Nordmann A. Philosophie der Nanotechnowissens chaft. In: Gammel S, Lösch A, Nordmann A. Jenseits von Regulierung: Zum politischen Umgang mit der Nanotechnologie. Heidelberg: Akademische Verlagsgesellschaft, 2009: 122-148.

[16] Nordmann A. Philosophy of technoscience in the regime of vigilance. In: Hodge G, Bowman D, Maynard A. International Handbook on Regulating Nanotechnologies. Cheltenham: Edward Elgar, 2010: 25-45.

[17] Bernadette B V, Loeve S, Nordmann A, et al. Matters of interest: The objects of research in science and technoscience. Journal for General Philosophy of Science, 2011, 42: 365-383.

[18] Nordmann A. Was wissen die technowissens chaften? In: Gethmann F. Lebenswelt und Wissenschaft: Kolloquiumsband des XXI Deutschen Kongresses für Philosophie. Hamburg: Meiner, 2011: 566-579.

[19] Astrid S. Experiments in Practice. London: Pickering and Chatto, im Erscheinen.

14

纳米技术伦理问题研究的几种进路*

从“纳米伦理”这一术语的提出到如今已有近十年的时间，在此期间有关纳米技术伦理问题的争论进行得异常激烈，议题主要集中在纳米材料的安全问题、纳米器件与个人隐私、生物纳米技术中的人类增强、纳米技术利益与风险的公正分配等问题。从方法论和理论背景角度看，大致有四种研究路径。这四种研究路径在很大程度上也是当下高科技伦理研究的基本方法。

14.1 作为向导的恐惧

对纳米技术的伦理学反思起源于人们对纳米技术风险的恐惧和担忧。

1986年德雷克斯勒（Eric Drexler）出版了《创造的发动机》（Engines of Creation）一书，在书中他提出了“自我复制组装机”这一贯穿全书的核心概念。他的自我复制组装机受到诺伊曼（John von Neumann）关于自我复制机器和费曼关于分子操纵可能性的早期观点的启发。分子组装机是一个可以运用程序从简单化学成分中建造任何分子结构或器件的分子机器。这个纳米尺度的组装机可以将分子以任意方式摆放，构建任何化学上稳定的结构，并且能够由程序设定来创造他们自己的复制品，启动自我复制将可能导致一个已有组装机的指数增长，进而可以构造某个宏观尺度的物体。然而，德雷克斯勒也清楚地看到了这个矛盾的结果，“运用组装机我们将能够再造或毁灭我们的世界”[1]，“创造的发动机”也可能是人类“毁灭的发动机”。

德雷克斯勒的纳米技术概念同时导致了乌托邦梦想和末日噩梦，并在后来的伦理争论中占据支配地位[2]。2000年，美国计算机工程师乔伊（B. Joy）在

* 本节作者为王国象，发表于2014年01期《东南大学学报（哲学社会科学版）》。

《连线》(*Wired*)杂志发表了“为什么未来不需要我们”一文，特别指出了纳米技术与计算机技术、基因技术等结合将带来的毁灭性力量，“在基因工程、纳米技术和机器人中的毁灭性的自我复制威力极有可能使我们人类的发展戛然而止”[3]，其危险远远超过包括核武器、生物武器、化学武器在内的大规模杀伤性武器。2002年，美国畅销书作家克莱顿(M. Crichton)发表的《纳米猎手》(*Prey*)[4]一书中再次将“自我复制的纳米技术”概念引入了公众的视野，书中展示了一群从实验室逃脱的纳米机器进入到环境后对生物圈的破坏性作用。自此，对纳米技术的恐惧、抵触情绪在全世界蔓延。国际环保组织ETC(Action Group on Erosion，Technology and Concentration)发出了“纳米技术将我们引向深渊”以及“No Small Matter”的呼吁，呼吁中止纳米材料的环境排放和商业应用，禁止自我组装纳米材料和颁发纳米技术专利[5]。

可以说，从恐惧纳米技术到呼吁中止纳米技术的研发，这本身就是一个包含着人们的价值评估的行动。人们之所以拒绝纳米技术，是因为对其可能带来的危险后果的恐惧。由于纳米技术本身的不确定性、纳米技术后果的不确定性，人们对其的评估只能是基于自己的直觉、情感等做出的判断。这也就是汉斯·尤纳斯所说的“恐惧的启示”(the heuristics of fear)。在尤纳斯看来，当危险是未知的，不知道要保存什么、为什么保存的时候，一种非逻辑和非方法的对要避免什么的感知就是重要的。它更直接、更紧迫地使我们知道什么是我们不想要的“恶”，并确认我们想要的“善”。因此，道德哲学必须首先求教于我们的恐惧来学习什么是我们真正珍视的东西[6]。而恐惧会是一个更好的向导。

然而，我们也必须看到，“恐惧的启示”具有明显的情感主义和直觉主义特征。虽然，将道德判断诉诸人的情感和直觉在一定程度上能够引起人们的重视和共鸣，但是也不得不面对带有过多的主观主义和非认知主义色彩的批评，在这种“恐惧的启示”中所达到的道德判断的意见一致并不是由某种合理的方法来保证的，而毋宁说是通过对待不同意见的情感、态度等造成某些非理性的影响来保证的。这样一来，对待特定技术的道德判断很可能就成了个人主观好恶的表达，缺乏对其的背景以及恐惧的时间和空间特征的分析，进而可能瓦解这种道德判断的客观性。

因此，虽然从个人的视角出发，当我们不确定纳米技术可能的后果的时候，通过恐惧这样一种情感，可以知道某些后果是我们不想要的和要避免的，这也是保存自我的方法；但是，从整个社会的视角出发，纳米技术的发展绝不是单个人就能决定的，纳米技术的发展与政治、经济、文化等社会系统联系密切，很大程度上是一个社会行动，如何避免可能的灾难性后果，仅仅求助于恐惧恐怕无济于事。“恐惧的启示”带有的个人主观色彩往往将讨论限制在乌托邦或敌托邦的幻想中。

14.2 后果主义的评估

认为对新技术的伦理评估最终取决于技术活动所产生的实际后果，这显然是遵循一种目的论的方法论原则。从目的论出发，唯一能够作为道德评价依据的只能是行动本身所产生的实质性结果，某种行为的善恶好坏的性质和程度最终取决于该行为是否以及在何种程度上实现或达成了主体的目的。因此，从这种目的论原则出发，对新技术的伦理评估往往把关注的重心集中在特殊行为及其后果，而忽视了行为的活动情境、内在动机等，带有明显的结果论或效果论倾向。

在很大程度上，对纳米技术的利益和风险的争论往往被还原到对其可能后果的推测，甚至带有过多的“未来主义色彩”[7]。对纳米技术伦理问题的争论不知不觉地陷入了后果主义论证的窠臼，而后果主义论证在很大程度上是难以避免的，因为技术发展总是采取一种特别的说服方式：如果我们投资新的科学和技术，它将提升我们的知识以及操纵自然界的能力，而当这些知识和能力引起积极的效果的时候就将最终提升人类总体的幸福。然而，将后果主义论证应用到纳米技术中的时候，不得不面临三方面的挑战：第一，有关纳米技术的未来图景现阶段缺乏事实上的可确证性，例如纳米技术将帮助接合人类大脑和计算机，因此仅需要植入一个芯片我们就可以学会法语；第二，有关纳米技术的利益和成本比率缺乏可确证性，纳米技术的利益和成本比率不仅仅是一个科学问题，还涉及不同人的风险感知差异，如纳米技术的支持者和反对者、专家和一般公众对风险的看法是不一样的；第三，有关纳米技术的利益是否真是利益是成问题的，这涉及不同人的不同价值判断。这三个方面的挑战也使后果主义的评估陷入了困境，因为典型的后果主义常常具有强势的实证经验主义取向，把当下的行为结果视为唯一的评价根据，而由于纳米技术的不确定后果使得这种评估缺少事实上的确证性。

目前，对纳米技术伦理问题的研究，无论是从义务论视角还是从功利主义视角出发，后果主义立场都占据主导地位。在这里，伦理问题起于纳米技术的可能应用，且往往等同于可能的伦理后果。在讨论纳米伦理问题的早期文章中，或者通过呼吁对其后果的分析（后果主义的）或者提出普遍接受的价值（义务论的），大多数作者都提供了一系列可能的利益冲突和极化判断[8]。例如，在生物纳米技术和纳米医学方面，纳米材料学的发展使得具有更好生物相容性的医疗植入物（如整形外科植入物、心脏瓣膜等）成为可能，生物纳米器件、生物传感器等的发展使器官移植和替换（如人造视网膜、人造耳蜗）以及更高效的信息处理和存储等成为可能。这些可能性既有可能带来人类利益和生活质量的提升，又有可能带来一系列的伦理、社会问题，特别是人类增强问题[9]。莫尔（James Moor）和维克尔特（John Weckert）指出，“理论上，通过纳米技术和无线传输，一个人的大脑运行可以在其不知情的情况下被窃听，大脑信息被传输，阅读某人的思想可能比较困难，但是捕捉特定的指示性的心理状态可能会相当简单”[10]，即纳米器械或纳米植入物可能带来对个人隐私的侵犯或他人行动和思想的控制。对于纳米人类增强技术对社会的影响，林（Patrick Lin）和艾豪夫（Fritz Allhoff）指出，我们可以期望增强的人（enhanced person）具有更强的生产力或更有创造性的突破，但很难计算的是，是否这些收益超过其成本或风险，乃至收益或成本的可能性[11]。从上面的例子可以看出，和所有的后果主义论证一样，它存在两个重要缺陷，一方面，它难免陷入功利主义的风险与利益权衡，而在一个价值多元的世界里，伦理信念不同于可协商的利益，人们很难就此达成共识；另一方面，鉴于纳米技术的不确定性，从后果出发的伦理评价由于其结果的推测性而难免走向乌托邦或敌托邦的幻想，这两种判断对纳米技术的发展都是有害的。

由于纳米技术的不确定性，对纳米技术伦理问题的义务论的和功利主义的分析得出的观点各异、莫衷一是。因此，在纳米技术伦理问题研究中出现了一种新的倾向，即从技术评估的视角出发将纳米技术不确定的危害性后果主题化为纳米技术的风险问题，纳米技术的风险是什么，我们是否应该接受纳米技术的风险？进而，把风险看作是从纳米技术的应用中兴起的唯一问题，其他问题被重新设定为依赖于风险的量级。换句话说，分配公正、增强以及公众被充分恰当地告知的需要等问题被重新描述为技术发展的传统风险和副作用的一部分。其后果是，主要的伦理问题仅仅被看作愿意（或不愿意）接受这些风险的问题[8]。纳米技术的风险问题在技术政策和风险管理文献中被广泛讨论即是这种倾向的表现。例如，卡汉（Dan M. Kahan）就指出，需要系统研究公众对纳米技术风险和利益的感知和态度等，并以此促进对纳米技术的公众协商[12]。因此，纳米技术的伦理问题在很大程度上被转化为纳米技术的风险评估问题。

然而，后果主义的风险评估框架面临的首要困难是它涉及对科学和技术发展做预测。这种预测不但要面对未来的推理中的认知不足，而且还要面对其可能后果的不确定性。正如罗森博格（Nathan Rosenberg）所指出的，新技术是以一种非常原始的条件和其效用不能立即识别的特性进入世界的，潜在的应用、系统的整合、问题解决的短视、通过需求测试等使得新技术的预测是不确定的[13]。因此，纳米技术的风险评估，包括各种已有的风险评估方法，都面临着很大的困难。后果主义的风险评估框架求助于假定潜在的负面效应已经被识别，但是又不可能在讨论中量化这些风险，因为缺少相关数据或对其不确定的、不精确的本质的了解。即使我们能够量化这些风险，伦理学的意义在此也是成问题的，“如果伦理学是计算，那么每一个伦理问题都能够被假定为有一个答案，不管我们是否有能力决定它，即使这个计算表明其在实践中不可能实施”[14]。

综上，对纳米技术的伦理评估和风险评估都难以摆脱后果主义的影响，而对于纳米技术来说，其后果的不确定性使得无论是伦理评估还是风险评估都更难以发挥作用。这种后果主义的评估不但面临认知上的不足，而且对纳米技术的发展也很难产生积极影响。

14.3 基于语境主义的审慎

对纳米技术的评估面对的是一个以不确定性、无知、模糊为特征的认识论上的新情况。这些特征不能仅仅通过评估来完全把握。对纳米技术的伦理反思必须超出对其后果的考量，将其放在特定的语境中，关注其发展的条件和背景、过程和方式等，只有这样才可能把握住纳米技术提出的挑战的丰富意义。

“迄今识别出的与纳米技术有关的伦理问题，都并不是单纯或主要由纳米技术领域的本质特征所引发的，而是由于纳米技术在微观、中观和宏观社会语境上的偶然的外部特征所引发的”[15]。舒默（J. Schummer）也指出，纳米技术的新奇之处并不在于其技术上的特殊性，而在于它所表现的科学和技术在社会中的角色的远景。对他来说，纳米技术的独特性在于它采取了一种围绕着社会建立起来的边界（如生命和非生命的，自然和人工的，甚至自然科学和社会科学）上嬉闹的独特形式[16]。因此，在STS的视域下，通过对纳米技术产生于其中的社会和文化语境的理解，我们可以摆脱对纳米技术风险的后果主义评估的困境。

鉴于纳米技术的不确定性和对其的认知局限，伦理学可以作为审慎的复杂形式（sophisticated forms of prudence）发挥作用。这表现在关注纳米技术创新的文化意义和社会嵌入性，关注纳米技术发展的动机和范围，思考如何可持续和负责任地发展纳米技术等。可以说，这里纳米技术的伦理问题不再被理解为风险和利益的权衡，而是作为一种以伦理的方式处理纳米技术不确定性的尝试[8]。如联合国教科文组织的一个报告中提出的要反思科学的结构、公众信任和负责任等问题[17]，欧盟委员会在其《纳米研究行动守则》中提出纳米技术发展要遵循公众易于理解的、预警的、可持续的、包容的、透明的等原则[18]，这些审慎的行动指南关注的是纳米技术提出的挑战的复杂的和整体的维度。除了呼吁参与到负责任发展中，还有学者从认识论和社会角度反思纳米技术的不确定性，指出要从更宽广的视角超越风险问题。如绍姆贝格（R. Schomberg）强调“集体责任”的重要性，尤其是在意外后果和集体决策中个人的负责和发展超个人的评估机制[19]。

还有学者提出必须要发展新的伦理反思形式，关注纳米技术历史的和哲学的根源以及科学和技术在我们的社会中的地位等问题，只有这样才能把握纳米技术提出的问题的复杂性。迪皮伊（J-P. Dupuy）和格林鲍姆（A. Grinbaum）也认为纳米技术的真正挑战是其风险的不确定维度。为了从根本上理解纳米技术的不确定性，我们不能停留在考察其可能的后果，而应该探究促动纳米技术研究项目的“形而上学研究计划”（Metaphysical Research Programme）。这种方法致力于通过探究纳米技术所承载的图像的社会和文化维度厘清纳米技术所代表的远景、观念、自然观等。只有这样，我们才有可能获得一种伦理反思的不同模式，一种超越审慎的伦理学，即“持续性规范评估”（ongoing normative assessment）[20]。

可以说，上述这些研究都试图打开纳米技术发展的“黑箱”，展示纳米技术与社会之间的密切关系。现代技术研究已经从技术决定论转向建构主义的方法，强调技术与社会的共同进化，技术发展并不是完全自主的，在某种程度上是一个社会互动的随机结果。特定技术产品的开发和设计是在其影响的社会领域中发生的，涉及不同行动者的不同的爱好、目标、资源和权力等因素。借助于经济学和社会学等社会科学方法可以厘清技术发展与社会相关因素之间的关系，更好地描述技术与社会文化等因素的冲突，从而能够为技术政策的制定和技术冲突与风险的管理、沟通等提供行动上的依据。如舒默对语言、文化传承、经济与政治等社会文化因素怎样影响人们对纳米技术伦理问题的感知的研究[21]，文森特（Bernadette Bensaude-Bincent）对纳米技术的两种文化的区分[22]，加斯科尔（George Gaskell）等人对欧洲和美国的公众对纳米技术创新背后的文化支持要素的实证研究[23]等。但是，技术冲突并不只是关于技术手段和工具的冲突，也是关于未来图景、人性图像以及社会规划的冲突，因此技术冲突具有道德含义[24]。只做描述性的努力必然无法把握技术冲突中的规范维度。如果这个规范的维度导致了与个人或社会团体的道德信念相冲突，那么对技术的伦理反思就是必不可少的。

基于语境主义的审慎主要是从STS的技术研究视角揭示纳米技术的发展与社会之间的关系，从而期望为纳米技术的发展指明道路。然而，这种对待技术发展的审慎并没有把握住技术冲突的道德内涵，也即往往停留在对其做静态的描述性努力，而缺少必要的规范性反思。进而，伦理学的反思在应对纳米技术冲突中没有发挥其应有的作用。

14.4 面向可行性的行动框架

纳米技术是不确定性的技术。首先，纳米技术本身的不确定性，包括其定义、范围等。众所周知，纳米是一个尺度概念，但这个尺度单位的技术定义融合了学科之间的界限，几乎所有的学科都有纳米的踪影，科学家们可以从不同的学科、不同的角度研究纳米，这直接导致了研究方法的不确定性，从而人们也很难完整地认识其特性；其次，纳米技术的应用与后果的不确定性。纳米技术又被称为“促能技术”（enabling technology），可能改善几乎所有领域中的现有技术，几乎可以应用于从航空航天到实践生活的任何领域。与传统技术的明确的、直接的目的相比，纳米技术的目的性并不明确，尤其是在所谓的“汇聚技术”中，其发展的目的、方向和结果更是难以预测；再次，纳米技术的伦理的、法律的、社会的后果的不确定性。纳米技术在很大程度上还是属于未来的、可能的技术。有关纳米技术的所有可能性都有可能变为现实，但由于我们的认知局限等使得我们不确定它将带来何种社会伦理问题。

由于纳米技术本身的不确定性、应用与后果的不确定性等，恐惧的启示与风险的评估往往陷入对纳米技术的未来可能性的推测，忽视具体的技术发展；而语境主义的解释又经常是静态地对技术与社会关系的经验性描述，缺少规范维度和必要的对可能性的思考。加之，行动是一个链条，我们必须认识到纳米技术涉及研究、设计、开发、应用以及后处理的整个过程，而不仅仅是行动的结果，纳米技术研发的过程性和动态性决定了以往静态的伦理评估模式的过时。纳米伦理研究中两种广为流行的模式：伦理在先模式（ethics-first model）和伦理在后模式（ethics-last model）。这两种广为流行的模式都陷入到了一个错误的二分法之中，纳米伦理不是某种我们可以在先或者在后完成的东西，而是需要随着技术的发展及其对潜在后果的更好理解持续不断进行的。也即，需要一种动态的伦理学方法[10]。当前，伦理学如何摆脱被动评估并发挥积极引导的作用成为摆在我们面前的一个艰巨任务。

对纳米技术发展的语境主义理解，已经在一定程度上展示了当前技术文化具有很强的动态特征，然而，现有的哲学和伦理学都没有合适的词汇来适应这个动态特征。应用伦理学完全集中在人及其行动以及规范上。这种伦理理论的出发点不是行动后面的预设就是行动的后果。对于前者，问题是行动背后的原则是否满足伦理标准，特别是它能否普遍化；对于后者，问题是行动是否能够增进大多数人的幸福等。由于其人文主义的和人类中心主义的自我图像，加上其技术盲区（technology blindness），应用伦理学不能再继续前进。从而，停留在主要把技术看作是工具、一种中立的资源，或者把技术描写成威胁[25]。这不但是一个理论上的无能，而且对于技术发展具有不利影响。

但是，到目前为止，对于上述问题已经开始有新的尝试。如实用主义伦理学就对于应对当前技术文化的动态特征具有重要的借鉴意义。实用主义的道德核心直觉围绕着共同生活和工作的可能性。实用主义伦理学中的以过程为导向的“冲突管理”对于我们应对技术文化的动态特征具有重要意义，它强调的是伦理讨论中的参与者绝不可能脱离生活的文化形式的地点和时间限制视角，其目标在于发展出提高相互尊重和促进平等共存理念的工具。通过渐进化打破二元论和相对化僵硬的二分法，考虑程度而不是界限，只有这样才可能在一个多元社会中保证不同伦理信念的平等共存。技术发展的评估与评价经常揭示出深层的、根本的价值冲突。目前，对于纳米技术的伦理评估和技术评估所呈现出的多种多样的价值冲突，表明在不同的个人或社会团体中形成一个共同的伦理信念是不可能的。因此，寻求不同价值观念之间的平等共存也许是走向合作解决冲突的最重要的起点。这方面具有代表性的是美国的米哈尔·洛克（Mihail Roco）。对于如何处理纳米技术的伦理、法律和社会问题，他提倡公众参与和教育，以及建立全球性的协商与合作机制等，以此来促进纳米技术的可持续和负责任地发展[26]。

基于中国哲学中关于行与可行性的思考，我们认为对纳米技术的伦理问题研究要想走出所面临的知识困境和道德两难，必须从可能性出发，寻找和探索可行性——可能性实现的边界条件，从而构建一个切实可行的伦理框架，引领纳米技术的发展走向我们可以接受的方向。对于纳米技术可行性的考察可以从谁认为可行、对谁可行、什么可行、可行性的外在条件有哪些、可行性的内在条件有哪些以及可行性的依据是什么等六个方面来分析；在对纳米技术进行可行性分析时还要把握具体化、即时性、动态性、整体性等战略性原则[27]；最后，还要在可行性研究中引入公众的可接受性[28]，因为公众的可接受性能够反映技术冲突中的规范性维度，展现技术活动的文化的、伦理的边界条件。因此，鉴于纳米技术的不确定性，基于可接受性同时面向可行性的行动框架既关注技术活动的经验的、事实的、描述的层面，又关注其非经验的、价值的、规范的层面；同时，又试图把握技术活动的动态性和过程性，发挥规范性和程序性的价值引导、制度保障作用。

14.5 结　论

目前，已有的方法对于纳米技术的不确定性或者无能为力，或者不能把握其丰富意义。这一方面是由于高科技的不确定性带来的动态特征，另一方面是应用伦理学本身的定位存在问题，它从不去适应这个动态特征。因此，未来的技术伦理学应该主动参与到技术活动的社会建构中去，关注技术发展的动态性和过程性，兼具灵活性和连贯性；同时发挥规范性的价值引导和程序性的制度保障作用。当务之急是构建一个动态的、具有可行性的行动框架。基于可接受性同时面向可行性的行动框架有望满足上述要求，但也还需要具体内容和步骤上的论证和细化。

参考文献

［1］Drexler K E. Engines of Creation：The Coming Era of Nanotechnolog. New York：Anchor Press/Doubleday，1986：14.

［2］Gordijn B. Nanoethics：From utopian dreams and apocalyptic nightmares towards a more balanced view. Science and Engineering Ethics，2005，11（4）：521-533.

［3］Joy B. Why the future doesn't need us. Wired，8（04）.

［4］Crichton M. Prey. New York：Harper Collins，2002.

［5］ETC Group. Nanotechnology：ETC' S view. http：//www.etcgroup.org/issues/nanotechnology［2013-06-09］.

［6］Jonas H. The Imperative of Responsibility：In Search of an Ethics for the Technological Age. Chicago & London：The University of Chicago Press，1984：27.

［7］Nordmann，A. Rip A. Mind the gab revisited. Nature Nanotechnology，2009，4（5）：273-274.

［8］Ferrari A. Developments in the debate on nanoethics：Traditional approaches and the need for new kinds of analysis. Nanoethics，2010，4：27-52.

［9］Jotterand F. Beyond therapy and enhancement：The Alteration of human nature. Nanoethics，2008，(2)：15-23.

［10］Moor J. Weckert J. Nanoethics：Assessing the nanoscale from an ethical point of view. In：Baird D，Nordmann A，Schummer J. Discovering the Nanoscale. Amsterdam：IOS Press，2004：305-306.

［11］Lin P. Allhoff F. Untangling the debate：The ethics of human enhancement. Nanoethics，2008，(2)：251-264.

［12］Kahan D M. Nanotechnology and society：The evolution of risk perceptions. Nature Nanotechnology，2009，(4)：705-706.

［13］Rosenberg N. Why technology forecasts often fail. The Futurist，1995，29（4）：16-21.

［14］Dupuy J P. Some Pitfalls in the philosophical foundations of nanoethics. Journal of Medicine and Philosophy，32：237-261.

［15］McGinn E R. What's different，ethically，about nanotechnology：Foundational questions and answers. Nanoethics，2010，2：115-128.

[16] Schummer J. Nanotechnologie: Spiele mit Grenzen. Frankfurt: Suhrkamp, 2009.

[17] UNSCO. The Ethics and Politics of Nanotechnology. UNSCO, Geneva, 2006: 17-19.

[18] European Commission. A code of conduct for responsible nanosciences and nanotechnologies research. A Commission Recommendation of 07/02/2008. http: //ec. europa. eu/research/consultations/nano-code/ consultation _ en. htm [2013-06-10] .

[19] Schomberg R. From the ethics of technology to the ethics of knowledge assessment. In: Guojon P. et al. The Information Society: Innovation, Legitimacy, Ethics and Democracy. Boston: Springer, 2007: 39-55.

[20] Dupuy J P, Grinbaum A. Living with uncertainty: Toward the ongoing normative assessment of nanotechnology. Techné, 2004, 8: 4-25.

[21] Schummer J. Cultural diversity in nanotechnology ethics. Interdisciplinary Science Reviews, 2006, 31 (3): 217-230.

[22] Bernadette B B. Two cultures of nanotechnology. HYLE-International Journal for Philosophy of Chemistry, 2004, 10 (2): 65-82.

[23] Gaskell G. Eyck T T, Jackson J, et al. Imagining nanotechnology: cultural support for technological innovation in Europe and the United States. Public Understanding of Science, 2005, (14): 81-90.

[24] Grunwald A. Die Bewältigung von technikkonflikten: Theoretische möglichkeit und praktische relevanz einer ethik der technik in der moderne. Zeitschrift für philosophische Forschung, 1996, 51 (3): 437-452.

[25] Keulartz J, Schermer M, Korthals M, et al. Ethics in technological culture: A programmatic proposal for a pragmatist approach. Science, Technology & Human Values, 2004, 29 (1): 3-29.

[26] Roco M C, Mirkin C A, Hersam M C. Nanotechnology research directions for societal needs in 2020: summary of international study. Journal of Nanoparticle Research, 2011, 13 (3): 897-919.

[27] 王国豫. 纳米技术：从可能性到可行性. 哲学研究，2011，8：97-103.

[28] 王国豫，李磊. 纳米技术伦理研究的可行性与可接受性. 道德与文明，2012，4：130-134.

15

人类利用药物增强的伦理考量*

“据英国《星期日泰晤士报》18 日报道，一些制药公司正在开发的增强记忆力药片很快将投放市场。尽管这些药物目前主要用于治疗老年痴呆症等疾病，但很可能在未来几年内，直接销售给健康人群，帮助人们在工作或考试中取得成功，服务更大的市场人群。”① 事实上，医学上早有用于治疗儿童注意缺陷伴多动症（ADHD）的利他林（methylphenidate）和安非他明（amphetamine）、治疗自发性嗜睡症和发作性睡眠的莫达非尼（modafinil）等，也有一些人将这些神经系统兴奋类药物用于提高注意力、振作精神……但是这则报告突出强调可以让“健康人”使用，显然超出了治疗的目的和应用范围。权且承认这类药物确实能够达到研究人员预期的技术目的，但是却引起了相关的社会和伦理问题：什么样的健康人可以用此类药物，仰或该药物是面向所有的人？在什么情况下可以使用？是否应该按处方服药？这类药物对使用者的健康（包括短期的和长期的）是否有影响？使用后会对社会造成什么影响？不使用者是否会处于劣势地位？是否因此而带来竞争中的不平等？对诸如此类问题的关注，实质上涉及一个核心的议题，即人类利用药物提高身体和心智能力的可能性与可行性问题。这也是当前有关人类增强的伦理问题研究中的一个重要问题。

---

* 本节作者为冯烨、王国豫，发表于 2011 年 03 期《自然辩证法研究》。

① 参见：记忆力增强药物即将投放市场 . http：//www. most. gov. cn/gnwkjdt/200902/t20090202_67032. htm. [2009-02-04].

15.1 什么是人类增强？

“人类增强”是一个既古老又年轻的重要议题。自人类诞生以来，人就一直力图拓展自己在时间和空间上的行为能力。通过食物、药物、运动等来增强体质、延年益寿的尝试都可以看作是人类增强愿望的实现。随着科学技术的发展，人的行为能力已经得到了很大的拓展，而当代高新科学技术的出现，如纳米技术、生物技术、信息技术和认知科学的出现和融合（简称 NBIC 汇聚技术），又给人类增强带来了全新的含义和特征。显然，基于基因技术和纳米技术等现代技术的人类内在自然的改良和增强，与仅仅外在地利用技术手段扩展人的认知和行为等能力的增强有着本质的区别。然而，目前有关什么是人类增强的问题，无论是概念上的界定还是实践中的判断，都还处于激烈争论阶段，还没有形成一个明确的、统一的定义[1~5]。尽管如此，通过比较分析，我们不难发现新技术背景下人类增强有如下特征。

第一，功能的逾越性特征。人类增强不同于治疗，是一种逾越治疗的功能性增强。治疗的目的在于治病，而增强的目的在于提高人体某项功能，使其超出人体正常功能水平，或者为人体增添新功能。阿尔茨海默病（俗称老年痴呆症），是一种持续性高级神经功能活动障碍性疾病。患这种病的人记忆力明显减退，如忘记讲过的话、做过的事或重要的约会等，同时，思维分析和判断能力、视空间辨别功能、计算能力等也有所降低，严重者不认识朋友或亲人的面貌、也记不起他们的名字，甚至生活不能自理，吃饭、穿衣、洗澡等均需人照顾。治疗阿尔茨海默病的药物意在治愈患者的这些障碍，使其恢复到健康老人的正常生理功能状态，如基本生活能够自理、认识亲友、能够和别人交谈，等等。但是，若将此类药物用于健康老人，使其精力更加旺盛、记忆力更强、思维更敏捷、行动更迅速等，甚至超过了大多数年轻人的活力；或者将此类药物用于儿童、青年人，使他们获得同龄人无法比拟的记忆力和精力，从而提高学习成绩和工作效率等，则明显超出了治疗的范畴。很明显，前者属于治疗，而后者则属于增强，因为它帮助药物使用者获得了超出同龄人健康水平之上的认知和行为能力。也就是说，人类增强是指使作为个体的人获得正常功能之上的体力、智力或行为能力等的一种医学手段，具有功能逾越性特征。例如，使用类固醇的运动员可以超越体能极限，以达到提高运动成绩的目的，就属于一种体能的增强类型。

第二，前提的预设性特征。人类增强有一个潜在的预设前提，即必须以健康人的正常生理心理功能和智力水平为比较标准，在此基础上增强者得到了“逾越的能力”。而“健康人的正常生理心理功能和智力水平”即人体的正常功能，一般主要按照生物学和医学的标准进行判断，同时辅以人类学、社会学、心理学以及统计学的综合标准，如抑郁症、失眠、健忘、嗜睡等精神类疾病，主要是人体器官的功能性损伤而非结构性损伤，借助于先进的医疗手段如CT、大脑功能磁共振成像（fMRI）等检测不到异常状况，单单依据一种标准会得出片面甚至错误的判断，必须综合多项标准才能得出比较准确的结论。这与 Noman Daniels 引入的"物种典型的正常功能"作为区分治疗与增强的标准，具有类似的含义，而且这种方式的优点在于：它可用于个体情况，也可用于物种情况。"至于物种，例如我们认为它有正常的预期寿命（平均寿命）。在个体情况，如果干预使一个人恢复到物种标准的正常功能，这种干预属于'治疗'类，否则就是增强。"[6]

第三，工具的植入性特征。人类增强与人体的内置工具密切相关，即人类增强使用的药物、机械器件等工具，是直接植入人体内的，成为人体不可或缺的一个组成部分。这类工具不同于我们居住的房屋、乘坐的飞机火车、生产使用的收割机、发电机等大型工具，也与我们随身穿的衣服、携带的笔记本电脑、手机等小型工具明显不同，它们直接进入人体组织内部或者直接与人体组织相接，参与人体的新陈代谢生命活动过程，而后者则在人体之外，尽管也"延长"了人类器官、增加了人身体的功能，但它们仅仅是人类体验、掌控外部世界的延伸性工具，可随时随地与使用者分离。研究表明，金属氧化物纳米颗粒（二氧化钛和三氧化二铁等）具有生物相容性，能够改进传统的牙修复树脂材料[7]。因此，利用纳米技术来改善人体假肢和其他植入物的生物相容性，可使植入人体的增强器件更容易与人体整合成一个完整的整体。尤其是纳米药物，具有颗粒小、比表面积大、吸附能力强、表面反应活性高以及靶向性强等特性，容易进入人体特定部位如血液、肝细胞内部，成为人体不可分割的一部分，甚至参与特定基因的表达与调控，其工具的植入性特征更加明显。

根据以上特征，通过饮食、体育锻炼以及利用飞机等工具来提高人类能力的行为显然不属于人类增强的范畴，因而也不是当前有关人类增强伦理讨论所关注的对象。它们既不改变人种个体的结构，也不会带来人体固有功能的全新提高。而增强药物的使用则直接干预基因的结构及其功能的表达。2004 年新华网报道：法国波尔多大学科学家布卢诺·邦滕皮及其研究小组发现，大鼠发生记忆活动时活跃的区域正好是 *c-fos* 基因记忆所对应的区域，从而证明了 *c-fos* 基因与记忆存储和调出的区域的内在联系①，继而用药物诱发这类基因突变或用转基因的方法，可以增强其记忆力。如将这类药物用于人体，以改善人的记

---

① 参见：基因一变能成记忆超人？www.XINHUANET.com [2004-07-20].

忆力，则属于“通过技术手段提高人的身体和心智的能力”[8]的范畴，因为它使人获得了正常功能之上的能力或引入了人类“从未有的全新能力”，这不仅表现为数量的增加，更多的是体质和智力的改进与提高。据此，某些人所希望进行的没有理由根据的增强，如想变成水生动物的人植入假蹼、人工鳃等[9]，被排除在人类增强范畴之外。

在对人类增强进行此界定的基础上，下面我们将着重探讨人类利用药物增强的可能性后果与可行性条件。

15.2　人类利用药物增强的可能性后果

15.2.1　增加了增强者的健康和安全风险

生产安非他明缓释制剂的英国制药公司新闻发言人说，“这些药物也存在危险，它可能使人的血压上升，人们不应该使用那么多。”科学研究证明，不同种类、不同剂量的兴奋剂都会对人身心产生不同程度的危害，导致内分泌失调，女性男性化，伤肝、伤肾，甚至引起癌症、猝死等。事实上，这类增强药物在体育运动、战争中的危害早已为人所知。

早在1960年，丹麦运动员詹森猝死比赛途中，震惊赛场内外。后经尸体解剖，证明是服用了中枢神经刺激剂——苯丙胺的结果；1967年，英国自行车运动员辛普森也因服用苯丙胺而猝死于环法自行车比赛中……第二次世界大战中，安非他明这种药品就在美、英、德、日士兵中分发，以消除疲劳、增强忍耐力；伊拉克战争中，美军食用安非他明或其他强效兴奋剂，以抗疲劳……但是这类药物具有极高的成瘾性和危害性，服用后会使服用者产生亢奋作用并进入一定程度的虚幻状态。2002年，两架美军战斗机飞行员服用了安非他明药物，以保持长时间飞行期间清醒状态，但药物的副作用却令两人处于精神恍惚状态，导致在阿富汗误炸加拿大步兵部队，造成4人死亡。同时，这类药物也会让大脑和肌肉极度疲劳，退役后的士兵会迅速衰老。

大多数药物对人体健康的影响是长期的，须经十几年甚至更长的时间才能发现，而且副作用难以消除，甚至终身不可恢复。例如，长期使用生长激素会导致人体肢体和器官变态生长，“神经刺激剂使人亢奋、疯狂。麻醉剂有致幻作用，当药物引起的欣快感消失后会带来焦虑、沮丧情绪，而且麻醉剂会成瘾，引起严重性格改变。类固醇等会使人产生敌意和侵犯行为，而药物作用消失后，又使人产生自卑和抑郁，常会出现发怒、暴力倾向等躁狂行为，以及神经系统障碍和失眠。滥用药物者停止用药后，还可出现停药综合征，出现神经质、注意力不集中、自杀意念等精神障碍。”[10]使用兴奋剂的运动员，不仅其身体直接受到伤害，而且还会出现心理变态、认知功能异常。

目前，已有研究人员发现，使用药物提高注意力、增添精力的学生，其短期记忆的提高是以其长期记忆的损耗为代价的。

任何药物都具有两重性，不管哪种药物都不可能绝对没有副作用。纳米药物尽管在疗效、控制药物的释放速度、通过生物体的各种屏障、设定药物的靶向性等方面具有优越性，但是一些纳米材料显示出毒性特征。台湾学者对纳米微粒进行毒性研究发现，“纳米微粒因细小到可穿透血管，且进入动物心肺后占据的表面积很大，易造成肺发炎、损伤，氧化压力指标也随之上升，引发血管阻塞、心肌发炎及退化等各种症状”①。瑞士科学家发现，氧化锌纳米微粒和石棉均能大幅度减少培养液中人体和啮齿动物细胞的活性，但“他们目前所进行的试验还无法获取难溶纳米微粒对细胞所产生的长期影响”②。纳米药物的生物学效应、作用机制及其毒性的消除措施以及与人体相互作用的后果，还不十分清楚。因此，利用纳米药物进行增强的人，承担着健康和安全方面的巨大风险。

15.2.2 破坏了社会公平竞争制度，增加了未增强者的压力，减少了他们参与竞争的机会

实现全人类的增强，如超人类主义者（transhumanist）所言的，人类经过增强过渡到后人类（posthuman）时代，目前还只是一种假想，犹如科幻小说。但按照 M. C. Roco 在 2002 年报告中的预计，能够使“人体会更持久、健康、精力充沛，更容易修复，且对多种压力、生物威胁和老化过程有抵抗力”的 NBIC 汇聚技术有可能在未来 10～20 年的时间内实现[11]。因此，在不远的将来，实现个体水平上的人类增强，不是不可能的。

就个体水平进行的增强者而言，增强者进行增强的理由，在很大程度上是要获得相对于未增强者的优势。如果大家都增强，站在同一起跑线上，那么相对的优势不存在，增强也就失去了意义。如果大家记忆力都是同等的好，那么也无需进行分出胜负的测试。例如，公安警察类招生考试对录取考生的视力、听力、身高等方面有较高的要求，生物科学专业则要求被录取考生不能是色盲，医学院校则要求更不能是色弱……很多学生尽管考试成绩很高，但因身体某一方面低于标准而落选。如果视力不达标的考生进行增强，在其眼里植入一

① 参见：台湾学者发现：纳米毒性可能冲击人体健康．http：//life.dayoo.com/health/200502/24/60551_4139999.htm.

② 参见：瑞士科学家进行纳米微粒毒性测试．http：//www.cutech.edu.cn/cn/kjjj/gwkj/2006/04/1180236649943141.htm.

种使其具有远视和夜视能力的高分辨率眼镜①或者在其大脑中植入能够广泛接收和传播信息的数字探测器，那么该考生以显著的优势被录取，未增强者则落选。但这实质是一种欺骗行为，破坏了社会的公平竞争制度，给未增强者带来了极大的压力，减少了他们参与竞争的机会。

诚然，人类个体存在着差异性与多样性，人与人的智力和体力是有区别的，有些人的记忆力惊人，能够短时间记住大量信息；有些人反应迅速、动作敏捷；有些人则擅长奔跑……这些差异是由于先天的自然身体因素和后天所受的教育、培养等社会因素共同作用形成的，而不是靠药物等技术手段的内化促成，但是利用药物进行的增强进一步扩大和加深了这种优势差异，导致人与人之间不平等的分化进一步加剧。增强者由于增强而获得的起点优势，进一步使其获得其他社会优势，尤其是在竞争存在的场合，如考试、体育比赛、工作面试等，从而破坏了机会平等原则，扰乱了社会秩序，也导致一系列的社会伦理问题出现，因为这类增强更具有极大的隐蔽性、不可觉察性和欺骗性。

15.2.3 忽视人的自主权，漠视人的尊严

很多情况下，增强不是自己主动做出的选择。其一，被周围环境所迫，不增强就处于劣势，就会在竞争中被淘汰，为了提高工作效率、学习成绩、完成老板的任务，个体只好选择增强。其二，个体的增强行为影响到后代人（下一代或下几代人）的增强，尤其是生殖细胞的基因增强涉及对后代人基因的改变。个体在进行增强时，如基于胚胎植入前诊断的基因修饰或剪切等，只是父母从自己的角度即自己现有的思想意识和社会环境出发，为后代进行的设想和设计，无法也不可能征询未出生者的意见。未来之人只有被动接受上代增强结果之份，毫无选择的机会。其三，家长为孩子、医生为病人或其他无完全行为能力的人“当家做主”，让他们被迫增强。这些人不同于未出生的未来人，他们有部分的行为能力和意识，但不能完全自主，须由其监护人或看护者帮助或代替其作出选择。在我们的现实社会中，人们普遍赞同身材高大强健者，很多家长唯恐其孩子身高低于他人或者希望高于他人，而选择利用人造重组生长素对孩子进行增强。但是，究竟成人身材多高才能达到要求？标准是什么，是孩子的预期身高还是其父母的身高？在许多标准仍不能精确量化的情况下，家长为孩子选择的身高增强不仅具有盲目性，而且忽视了孩子的自主性。其四，战争中的士兵、航空飞行员及从事危险作业的雇员等，是由其国家或上级主管强

---

① 这里指将高技术多功能眼镜植入人眼中，就像视神经是人自身眼球的组成部分一样，有别于嵌入人眼且可以随时取出的隐形眼镜。

制性地对其实施某种增强。

这四种情况下的增强都是消极被动的。不论其动机是为了自己、国家、雇主的利益，还是为了孩子、病人的前途考虑，它们的共性在于影响了被增强者的自我判断能力，从而使其失去自主性、人格尊严受到严重的侮辱。

德国著名哲学家康德认为，人是有理性的存在者。理性之人能够按照自己的意志做出决定。“大自然中的无理性者，它们不依靠人的意志而独立存在，所以他们至多具有作为工具或手段的价值，因此我们称之为‘物’。反之，有理性者，被称为‘人’，这是因为人在本性上就是目的自身而存在，不能把他只当做‘物’看待。人是一个可尊敬的对象，这就表明我们不能随便对待他。”[12]人是目的，而不是手段。上述种种被动增强显然是把自己或他人作为实现某一“目的”的“物”——手段或工具，从而使人丧失了自主性、丧失了人之为“人”的尊严！

15.2.4 导致“增强鸿沟”出现，加深社会贫富分化，影响社会稳定

从个体层次看，增强者因为体能或智能的增强而获得越来越多的优势。我们将这种现象称为“优势累积效应”，也就是美国科学史研究者罗伯特·莫顿（Robert K. Merton）所提出的“马太效应”。它是由一种优势而带来另一种优势，如此不断累积而形成更强的优势。例如，使用增强记忆类药物的学生考入好的大学，接受好的教育，其能力和素质得到较高的提高，继而找到好的工作，经济报酬高、人际交往广……未增强的学生则考入一般大学或者考不上大学而加入“打工者”队伍，相应地，其能力和素质得不到多少提高，只能从事一般的工作，劳动报酬低而且工作时间长……增强者与未增强者之间这种由于增强而产生的一系列社会优势差异，我们称之为“增强鸿沟”。

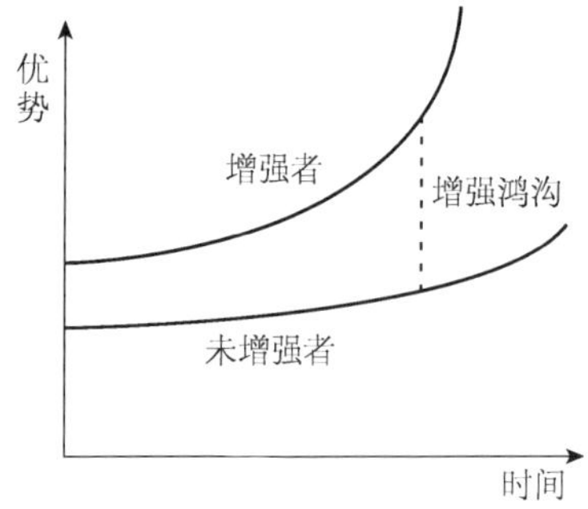

图 15.1 增强鸿沟示意图

这种优势积累效应及其后果——增强鸿沟，可用图 15.1 数学图形更直观地表示出：增强者的优势曲线是一种快速增长的抛物线，而未增强者的优势曲线则缓慢增长，二者之间的差距越来越大，呈现出逐级加大的趋势，最终出现难以跨越的“增强鸿沟”。从国家层面看，这种增强鸿沟最终会导致国家的社会结构逐渐出现贫富两极分化，激化社会矛盾，影响社会稳定和发展。

15.3 人类利用药物增强的可行性条件

从总体上讲，当前学术界对人类利用药物的增强表现出三种态度或立场：①强烈支持：认为人类利用药物增强百利而无一害，应该全力支持。②强烈反对：认为人类利用增强利小于弊，应该全面禁止或管制。③谨慎观望：针对人类利用药物增强的具体措施，应视技术的可行性和人们的可接受性而定。

技术乐观主义者一般表现出强烈支持人类增强的态度，我们将这些人称为“亲强派”（pro-enhancement persons）。这在美国表现比较明显，许多科学家、技术工程师、政策制定者以及未来学家等都持这种态度，主张对人体进行改造和增强，特别是那些超人类主义者，认为增强是实现“超越”人们潜能的途径，并提出了一些通过技术手段改造人体的具体途径。例如，Nick Bostrom 就是一个超人类主义者，他认为人类增强将导致“后人类”生存模式，“后人类生存模式是非常值得的。……人类成为后人类是非常好的。”[13]

与此针锋相对的态度是强烈反对人类增强，认为这是一条通向弗兰肯斯坦怪物的黑暗之路，最终导致人类的毁灭。我们将持此态度的人称为“疏强派”（anti-enhancement persons），如技术悲观主义者、生物保守主义者、生态女性主义者等，他们反对利用技术手段对人体进行任何改造。弗朗西斯·福山将超人类主义定为“世界上最危险的想法”，他担心增强技术的使用可以摧毁作为人类平等尊严和权利基础的X因子；生命伦理学家乔治·亚那、洛里·安德鲁斯和罗萨里·奥伊萨西也认为：与酷刑罪和种族灭绝罪一样，对人类进行“可遗传的基因改造”是一种“违反人性的犯罪”[14]。

大多数人对人类增强持谨慎观望的“中立”态度，介于强烈支持与反对之间。为了与另两派明确区分和对照，我们不妨将其称为“中强派”。有关人类增强的许多技术刚刚起步，而且大多还处于设想阶段，这些技术对人类自身以及国家和整个人类社会的影响还处于不确定阶段。因此，绝大多数科学家、工程师、哲学家、伦理学家以及普通大众都对人类增强持比较慎重的态度，主张对每一项增强技术的本身成熟程度以及其可能带来的社会伦理影响，进行全面的考察和深刻地分析，最后得出是否赞同的决定。我们和德国著名哲学家胡比希（Christoph Hubig）属于此派①。

以上三种态度或立场都有许多为自己观点辩护的理由，在此不一一列出，

---

① 2010年9月20～26日，胡比希教授来大连理工大学讲学，笔者与胡比希教授就纳米技术的伦理问题进行了较深入的交流。胡比希教授明确表示：对纳米技术介入的人类增强技术持谨慎态度，在证据不充分的情况下，轻易赞成或反对是不负责任的。

但是他们的共同点在于：都对人类增强的现状、实施以及前景表现出高度的关注，都认为有关人类增强的问题是“21世纪科学和社会研究领域中最重要的议题”[15]。

在我们看来，在对人类利用药物增强的后果还不能完全确定和控制的时候，笼统地谈论它的伦理和社会后果并进而得出应该或不应该，是不负责任的。人类的历史有多长，人类增强的梦想就有多长。事实上，随着社会的进步，特别是医学和生物学的发展，人类在身体和心智方面的能力已经有很大的提高。合理的、在一定技术条件和法律、伦理的规范框架下，利用药物提高人的能力不是说绝对不可行的。问题在于什么时候可行，可行性的条件是什么。

其一，技术上的成熟是人类利用药物增强可行性的首要条件。已有的科学研究表明，使用增强记忆类药物虽然可以迅速提高人的短期记忆能力，却会降低人的长期记忆能力，即人脑迅速记住的大量信息持续的时间比较短，很快就会忘记。而且，人类增强往往会带来更长期、更深刻的健康伤害。近年临床发现，部分使用生长素增高的孩子，后来的增长速度明显减慢，专家的解释是“如果诊断不明确就滥用药物增高，反而会使孩子骨龄增加，过早停止发育”①。因此，药物从实验室研究到动物实验、再经过长期的临床试验观察，要确保其试验效果的可靠性，或者保证其对人健康的危害性降低到最小。换句话说，药物的副作用或不良反应与其对人体的积极疗效相比，其安全风险要降低到可以忽略或零风险的程度，才能被用于健康人的增强。同时，给药途径要仔细研究，不同的药物，给药途径不同，疗效也大相径庭。例如胰岛素类药物皮下注射效果最佳，经皮下组织到达血液组织。针对不同的药物型，研究最合适的给药方式（口服、静脉输液、肌注或透皮吸收、直接滴入等）。再者，人体具有很强的特异性，在某人身上效果明显的药物，也许对另一人无效、甚至有不良反应，技术上要采取有针对性的措施，分别对待。此外，还要研究增强药物效果的累积效应。增强类药物在人体内如何降解？是否会出现人们所熟知的DDT在生物链中富聚的类似现象？长期累积的效果又是什么？对增强者和未增强者分别产生哪些影响？技术上需要长期进行跟踪研究，才能解答这些问题，才能逐渐走向成熟。

但是，技术上能够做的，未必就是伦理上应该做的。二者之间不具备数学上的一一对应关系，而且前者不是后者的充分条件，可用公式表示：技术上可行的不等于伦理上应该的。因此，对于技术上已经成熟的增强药物，还必须进一步考察其在伦理上是否应该，是否能够被人们所接受。

---

① 参见：滥用药物增高孩子发育停步．广州日报，2008年12月12日，B9版．

其二，伦理上的可接受性是人类药物增强可行性的基础，必须制定切实可行的伦理规范。“亲强派”认为，人类增强代表了人类追求美好生活的愿望，这种自我改善的愿望在道德上是值得赞扬的。而且，人类增强使人情绪更宁静沉着、体质更强健、智力更发达，从而可以提高生产力和创造力、延长生命。因此从效果论或功利主义、实用主义的观点看，应该支持人类增强。“疏强派”则认为，人类从一开始就在进行改变自然、改变自身的努力，这是人类发展的历史事实，但是从“是”能不能推出“应当”的问题即“休谟难题”，体现了理性与道德、事实与价值的关系。休谟认为“是”与“应该”之间存在着一条无法跨越的逻辑鸿沟，我们无法从经验事实推导出确定的价值判断。按照这种理论，人类自古以来追求增强的尝试不能成为证明人类增强在道德上应该如此的论据。

当然，在我们人类的智力已经发展到能够利用技术来增强自身的时候，没有必要非要等待千百年自然的缓慢进化。但是，有关人类增强的激烈争论表明，我们必须详细考察增强在伦理上的可接受性。①医疗资源的供给要保证以治疗为目的医学应用优先。与处于疾病折磨的痛苦患者争夺医疗资源，进行更强能力的增强，首先是不道德的，不能得到人们的普遍认可。②增强应该在不影响公平竞争的情况下实施，也就是说增强不能用于竞技的目的。体育比赛中、战争中以及考试时使用兴奋剂药物的增强，不仅违反了“公平竞争”、“人是目的”的义务论伦理原则，也有悖于“不伤害”和“有利”的生物伦理原则，都是人们不可接受的。③坚持知情同意原则，实施增强的机构应使被增强者了解有关增强的详细信息，包括相关的利益和潜在的风险等，以便其在全面了解增强后果的基础上自主作出是否增强的选择。④增强应在充分尊重地区性文化的基础上实施。不同地区、不同民族、不同时期，人们所接受的文化熏陶不同，表现出相异的多元化价值观。在某一地区某一时期被认为具有“优势”的增强目标，在另一地区或时期可能成为“劣势”。我国封建社会所崇尚的女人“三寸金莲”之美被现代人视为摧残人性而抛弃；马戏团表演者追求小巧、柔性、灵活而非高大威武的身材。人类利用药物的增强尤其要注重考虑文化的多元性，也许有些人认为记忆力的增强是一种痛苦的抉择，因为这将使其无法摆脱某些希望忘记的记忆。

然而，伦理上的可接受性只是为人类药物增强提供了一个可行性空间，要进行具体的实施措施和途径，还必须求助于政策法规及国际协议的合理强制。

其三，相关行政管理制度和法律法规的健全是人类药物增强可行性的保障。尽管有理性的个人有自主的权利，可以自由地选择是否进行某类药物增强，强行阻止或干预就是干涉别人的自由。但是现实中，人的自由是相对的，不存在绝对的自由。一个显而易见的例子是，大家只有都遵循交通法规，道路才能畅通、才能提高速度、节省时间，否则交通无序，谁也不能通行。因而，必要的限制有利于更好的实现人的自由。对人类药物增强也是如此，必须进行管制，健全相应的行政管理制度和法律法规是必要的。①药物的生产、使用要符合《药品生产质量管理规范》（Good Manufacture Practice，GMP）、《中华人民共和国药品管理法》、《医疗机构药品质量监督管理办法》等相关法律法规，国家食品药品监督管理局和各地方食品药品监督管理系统进行严格检查和考核，把好质量关。②对于技术上比较成熟、伦理上能够接受的增强药物，国家应制定相应的监管措施，尤其是在当前医疗资源紧缺的情况下，在坚持自主原则的前提下，确立优先增强人群的区别对待原则，比如从事危险作业的职员、需要集中精力学习的学生优先。同时，需制定详细的药物实施细则，例如，对增强药物的类型、剂量、时间以及增强者的体质进行严格的限定，并由专业人员具体操作。③制定相关的行政条例和法规，坚决杜绝技术上不可能的、伦理上不可接受的药物增强，严格禁止竞争场合（如体育比赛、考试）出现各种增强行为，正如高考不允许携带计算器、手机等通信工具一样。④建立有关增强的国际协议，以防止跨国进行的药物增强行为。在体育运动比赛中，国际奥委会和其他国际体育组织已经确定了禁用的药物和禁用方法，提出参赛运动员接受医学检查的义务及处罚违反者的制裁条款，并且不断进行补充和修正。其他领域的药物增强也应该制定相应的国际规范，以明确是否应该增强、如何增强等方面的具体操作，以创造一个统一的、公平的国际“药物增强”环境。

总之，人类利用药物增强的问题关系到人类的未来，需要综合考虑人身的健康与安全、人的自主与尊严、社会的稳定与发展以及未来人的权益，综合考虑现行的伦理和法律因素。在此基础上，对用于增强的药物和技术进行全面的评估，最终才能决定某项具体的增强措施是否可行以及其可行的伦理和政策法规等条件，不可一概而论。

参考文献

[1] Lin P，Allhoff F. Nanoethics and human enhancement：A critical evaluation of recent arguments. Nanotechnology Perceptions，2006，2：47-52.

[2] Chadwick R. Therapy. Enhancement and Improvement. In：Gordijn B，Chadwick R. Medical Enhancement and Posthumanity，2008.

[3] Lin P，Allhoff F. Untangling the Debate：The Ethics of Human Enhancement. Nanoethics，2008，2：251-264.

[4] Allhoff F, Lin P, Moor J, Weckert J. Ethics of human enhancement: 25 questions and answers. http: //www. humanenhance. com/NSF _ report. pdf. Accessed 27 Nov 2009.

[5] Allhoff F, Lin P, Steinberg J. Ethics of Human Enhancement: An Executive Summary. Springer Science+Business Media B. V. 2010.

[6] Chadwick R. Therapy, Enhancement and Improvement. *In*: Gordijn B, Chadwick R. Medical Enhancement and Posthumanity, 2008: 28.

[7] Acosta-Torres L S, Lopez-Marln L M, Nunez-Anita R E, et al. Biocompatible Metal-Oxide Nanoparticles: Nanotechnology Improvement of Conventional Prosthetic Acrylic Resins. Journal of Nanomaterials, 2010 (2011): 8.

[8] 王国豫．纳米技术的伦理挑战．中国社会科学报，2010-09-21，第一版．

[9] Lin P, Allhoff F. Untangling the Debate: The Ethics of Human Enhancement. Nanoethics, 2008, 2: 256.

[10] 中国反兴奋剂中心．兴奋剂严重危害人的身心健康．中国医药报，2008-04-22，第B07版.

[11] Roco M, Bainbridge W S. Converging technologies for improving human performance: Integrating from the nanoscale. Journal of Nanoparticle Research 2002, 4: 281-295.

[12] 周辅成编．西方伦理学名著选辑（下卷）．北京：商务印书馆，1987.

[13] Bostrom N. Why I Want to be a Posthuman when I Grow Up. *In*: Gordijn B, Chadwick Medical Enhancement and Posthumanity, Springer Science+Business Media B. V. 2008.

[14] Bostrom N. A History of Transhumanist Thought. Journal of Evolution and Technology, 2005, 14: 19.

[15] 2009 Human Enhancement & Nanotechnology Conference. http: //www. humanenhance. com/conferences/2009-human-enhancement-nanotechnology-conference/.

16

纳米技术在食品中的应用、风险与风险防范*

纳米技术在食品中具有广泛的应用前景。2003 年 9 月，美国农业部第一次提到纳米技术在食品工业中的应用，认为纳米技术会改变食品加工、生产、包装、运输等环节，从而改变整个食品产业[1]，自此，全球纳米技术食品工业有了很大的发展。2009 年，Helmut Kaiser 咨询公司的统计结果显示，全球市场有超过 2500 种使用纳米技术的产品，其中登记在册的食品产品和化妆品计 480 种，包装材料有 95 种[2]。其应用领域主要包括：抗菌或易于清洁的食品包装材料；食品添加剂，如抗块剂、增白剂；维生素食品强化剂；低脂食品胶囊等。然而另一方面，有关纳米技术在食品中的应用是否应该被允许或受限制的争论也非常激烈。其主要原因在于，食品是种特殊的商品，与人体的健康息息相关。而纳米技术和纳米材料在食品中应用是否会对人的健康与环境造成不良影响并没有得到确切的证明。某些纳米材料的生物学效应尚不明朗。在这样的情况下，主张将纳米技术应用于食品工业中的人们认为，纳米技术对于改善食品、添加物与补充物的质地、风味与生物利用率具有重要的作用，而其负面效应尚不能确定；反对将纳米技术应用于食品工业的人们则认为，纳米技术虽然有利于开辟食品新产业，但人类对于食品原料的新功能尚有许多未知领域，尤其是业界尚未形成统一的针对纳米食品的生物安全性评价标准。两种观点看似相反，但其论据都是从知识论的角度，认为纳米技术在食品工业应用中的风险，取决于人们对纳米技术生物效应的研究。将纳米技术在食品中应用的风险问题看作是纯粹的科学问题，认为对纳米技术风险的研究主要是科学家的事情。然而，风险并不等于危险，风险不仅是一个事实问题，更多地与人们对风

---

* 本节作者为王国豫、朱晓林，发表于 2011 年 07 期《自然辩证法研究》。

险的认知、风险文化和对风险的解释相关。面对纳米技术风险的不确定性，分析影响公众风险认知的因素、构建一个理性健康的风险文化是有效防范纳米技术在食品应用中的风险的关键。

16.1　纳米技术在食品中的应用

纳米技术在食品中的应用主要分为两大类，即在食品添加剂和食品包装上的应用。

纳米材料具有良好的吸收性、超微性和分散性，可以提高食品的活性和生物利用度，纳米粒子所具有的缓释作用，可以在人体内缓慢释放有效成分，保持较长的功效，同时避免功能性成分的副作用。纳米技术在添加剂中的应用，一方面可以减少添加剂的用量，提高添加剂的利用率；另一方面利用纳米粒子所具有的缓释作用可以用来使食品保持较长的功效，同时能提高食品的稳定性及安全性[3]。

纳米食品添加剂主要有两大类，一类是天然的食品添加剂，主要来源于动植物中。比如说，作为食品添加剂的类胡萝卜素。类胡萝卜素具有提高营养、增强免疫力以及抗氧化剂的功能。人体自身不能合成类胡萝卜素，必须通过外界摄入；但类胡萝卜素在许多植物中含量较低，在一般食品中含量相对较小。因此，为了提高食品中的类胡萝卜素的含量，人们从天然植物中分离出纳米类胡萝卜素添加剂。例如，德国BASF公司生产的纳米级类胡萝卜素，作为一种食品添加剂，它的优点是有利于人体吸收，并能有效延长食品的保鲜期[4]。第二类是由化学合成的纳米食品添加剂。其主要作用是增加食品的保鲜功能，防止腐败变质，改善食品的感官性状，包括色、香、味、形，以及保持或提高食品的营养价值。例如，防腐剂、抗氧剂在防止食品腐败变质的同时，也保持了食品的营养价值。二氧化钛（TiO_2）就是常见的食品添加剂中的一种，主要用于肉制品、鱼糜制品、糖果、烘焙食品、奶酪、调味料和食品补充剂中（包括牙膏）[4]。

纳米技术在食品工业中首次实质性的应用始于将纳米材料应用于食品包装[5]。估计现在大约有400～500种纳米包装产品用于商业用途，未来10年预计将有1/4食品包装使用纳米技术[6]。纳米技术能够提高材料的阻隔性能，改善材料耐热性能，形成抗菌表面，修复小的裂口和破损；纳米技术还可以用于检测食品中微生物指标和生化指标的变化；纳米包装可以释放抗菌剂、抗氧化剂、酶、香味和营养素等以延长产品的寿命[7]。用于食品包装的纳米材料在啤酒、饮料、果蔬等食品包装工业中已经投入使用，并取得良好的效果。例如，杜邦公司将纳米二氧化钛加入到塑料中，生产的“杜邦抗光剂210”可以减少紫外线对透明包装食品的破坏[8]。德国的化工巨头拜尔公司（Bayer）研制出一种含有硅酸盐纳米粒子的透明塑料薄膜，应用到食品包装材料，具有更轻、强度更大、耐热性更好的特点，而且能够阻隔氧气、二氧化碳和水蒸气等气体成分，有效预防食品的腐败变质。美国安姆科（Amcol）公司利用纳米复合材料制造的啤酒瓶，解决了传统树脂瓶保质期短，容易引起啤酒败坏和酒精挥发的问题。柯达（Kodak）公司利用纳米技术研制的抗菌包装材料能吸收包装内的氧气从而阻止食品变质，并实现商业化应用[5]。随着纳米技术的进一步发展，未来运用纳米技术研发的智能包装系统还具有潜在的提高食品质量的性能。

16.2 纳米技术的不确定性与风险

纳米技术在食品工业中具有广泛的应用前景。但是另一方面，纳米材料在食品中的应用同样也具有潜在的危险。其中部分原因与纳米颗粒的小尺寸效应有关。

16.2.1 纳米材料的毒理学效应

仅以我们常用的食品添加剂二氧化钛为例。研究表明，二氧化钛的粒子尺度不同，其毒理学效应也不同。根据全球化学品分类标准（GHS），155nm 的二氧化钛颗粒属于无急性毒性级别[9]。而尺寸在 100nm 以内的二氧化钛就具有一定的毒性。毒性实验结果如表 16.1 所示。

表 16.1 不同尺度二氧化钛毒性实验结果[10]

纳米材料	尺度及状态	毒性实验结果
二氧化钛	20nm	破坏 DNA（体外实验）
	30nm，金红石与锐钛矿混合形式的二氧化钛	在大脑的免疫细胞中产生自由基（体外实验）
	尺度未知，金红石与锐钛矿混合形式的二氧化钛	暴露 UV 光线下，人体皮肤细胞中的 DNA 遭到破坏（体外实验）
	3～20nm，金红石与锐钛矿混合形式的二氧化钛	高强度阻碍皮肤和肺细胞功能。锐钛矿毒性比金红石粒子强 100 倍（体外实验）
	25nm、80nm、155nm	25nm、80nm 粒子引起雌鼠肝肾损伤，二氧化钛在肝、肾、脾、肺组织中累积（体外实验）

上述研究表明，二氧化钛的毒性与纳米粒子的尺寸有直接的关系。纳米粒子比其他的大粒子在体内具有更强的吸附力，更容易占据人体细胞和组织[11]。人体是一个复杂的系统，其保护机制很难有效去除存留在肺、胃肠道及其他器

官中的纳米粒子[12]。因此，人体摄入纳米粒子有可能会对健康造成潜在的威胁。虽然现今纳米技术在食品工业中的应用主要表现在添加剂的使用和包装材料的制作上，目前还没有关于纳米添加剂的毒性以及纳米粒子从食品包装中转移到食品中进而对人体健康发生影响的相关数据，但是研究证明，传统聚合物和化学添加剂在食品行业中的使用确实能从食品包装中转移到食品中[13]。也就是说，无论是人工合成的食品添加剂还是食品包装材料，使用纳米技术都有可能增加人体摄入纳米粒子的可能性。

尽管目前毒理学已经能够给出一些结论，比如说，纳米粒子的毒理学效应与尺寸有一定的关系，但这并不等于说尺寸决定毒性，纳米粒子的毒性与纳米粒子所处的环境和体系同样存在着密切的关系。此外，什么是纳米材料？什么是纳米技术？纳米食品的标准是什么？天然纳米材料与人工纳米材料的界限在哪里？诸如此类的问题至今尚没有确切的答案。

16.2.2　纳米材料定义的不确定性

纳米材料难以界定是食品纳米技术风险评估过程中所面临的第一个难题。纳米（nanometer）是一种度量单位，1nm 等于十亿分之一米的长度，即 10^{-9} m。2008 年 9 月，国际标准化组织（ISO）公布的 ISO/IS27687 技术规范："纳米技术-纳米对象的术语和定义-纳米颗粒，纳米纤维和纳米盘"，对核心术语如纳米尺度和纳米物质已经做出了界定：[14]一是，纳米材料的尺度（至少有一个维度）范围在 1～100nm 之间；二是，由于纳米尺度的原因展现出特有的性能。"纳米物质"是由不同的粒子、团块、集合体组成的物质。然而，许多纳米尺度的材料虽然由小于 100nm 的物质组成，但是在胶束系统它们是以聚合的或集结的状态分散在产品中，直径达到 300nm。对于这样的材料能否称为纳米材料，国际上至今没有统一的标准。

16.2.3　纳米食品标准的不确定性

从广义上来看，任何一个流程中只要使用了纳米技术、工具或纳米材料，即使在最终的产品中找不到纳米的成分，也可以被称为纳米食品；从狭义来说，最终产品中存在纳米材料的颗粒被称为纳米食品。狭义上理解的纳米食品又由其中纳米材料颗粒的大小及成分的含量所决定，是不计含量的统称含纳米颗粒的食品为纳米食品，还是依据纳米颗粒的含量将食品分为不同的等级？这也是食品行业急需解决的问题。

16.2.4　天然与人造纳米材料界限的不确定性

天然纳米材料与人工纳米材料的区分也很难界定。自然界中存在广泛的天然形成的纳米材料，如蛋白石，动物的牙齿等都是由纳米粒子构成的天然纳米材料。在食品和化妆品中的天然纳米材料只在最近才被发现。天然纳米材料在食品和食品加工产业中起着重要作用。食品科学和工艺学学会（IFST）指出，纳米材料是强有力地控制、测量、操作食品成分的工具，也可以构成食品加工的重要组成部分。天然的纳米材料包括：天然蛋白质，尺寸范围在 10～100nm 之间；多糖和油脂分子也可以存在纳米尺度；果胶阻止乳剂分离成油和水，组成二或三个维度的纳米结构；淀粉多糖等。目前，专家认为，还看不出由天然纳米材料引起的任何风险[15]。

食品产业中早已经使用许多纳米材料，如天然纳米组成的纳米乳剂。在食品中使用的纳米乳剂并不被大多数的风险评估者视为“新奇的”纳米材料，因为人们有长久的使用它们的经验。类胡萝卜素是食品中天然存在的物质，人工合成的纳米类胡萝卜素作为食品添加剂成功用于生产中，有利于人体吸收，并延长食品保鲜期。迄今为止，在食品工业中使用天然纳米材料和人工合成纳米材料的结果有什么明显的区别尚不清楚。在一定程度上，被人们广为接受并使用的化学、生物纳米结构与具有特殊性能的人工合成纳米材料之间的界限也不分明。

由于在食品生产中的纳米技术存在着以上不确定性和模糊性，人们很难要求在纳米食品的包装上对纳米产品进行明确标注，这也是今天，一方面市场上纳米产品琳琅满目，另一方面我们很少能找到明确标注纳米食品的产品的原因之一。有科学家通过实验证明，在没有标示纳米食品的食物中检测出纳米材料的成分，如速溶咖啡[16]。产业界对食品中使用纳米技术、纳米材料的采取博弈的态度：一方面他们积极宣传纳米技术在食品中应用的特殊、有效性能，以利用公众对纳米技术等新兴技术的盲目崇拜而影响消费者的选择；另一方面，一旦涉及纳米技术的负面效应，他们便缄口不言，因为大多数产品中几乎都没有明确标示“纳米食品”，而检测中人们也很难找出纳米粒子。如此，就更毋庸说纳米技术在食品中应用的风险了。

16.3 风险认知与风险防范

科学上不能确定应用纳米技术的危险或者纳米材料的毒性，是否就意味着纳米技术不存在健康和环境风险？显然，对纳米技术风险的认知与我们的风险文化相关。

长期以来，我们习惯于将风险与客观危险等同。以为风险都是可以通过科学的预测、统计和相关的数据描述和表征的。实际上，风险不仅具有客观性，风险更多地是一种文化建构，与主体对风险的感知和决策相关。据考证，风险

(risk)这个词来源于阿拉伯语，最早在中世纪用于高利贷理论[17,18]。高利贷在这一意义上被理解为对风险借贷的补偿。16世纪末，随着航海业和商业的发展，风险被用来计算与不确定和危机四伏的未来交往的可能性。风险的意大利语 riscara 意思相当于冒险[17]。在这里风险指向的显然不只是可能出现的危险，还与人们的行为决策相关。当今学术界大部分学者都主张将风险和危险相区别，不是将风险看作是一种客观存在的自然现象，而认为风险是一种主观的建构[19]。玛丽·道格拉斯（M. Douglas）从文化人类学的角度出发，将风险定义为一个群体对危险的认知，其作用在于辨别群体所处环境的危险性，属于社会结构本身具有的功能，“每一种社会生活形态都有自身特有的风险列表”[22]。贝克将现代社会定义为风险社会，将风险理解为“现代性的反思”[23]，从现代技术对环境的威胁出发，揭示现代性对人类产生的影响。冯·戴乐（Van den Dale）认为风险是社会文化的组成部分[24]；卢曼（N. Luhmann）认为风险与决策相关[17,23]。也就是说，风险绝不是纯粹客观的，可以用数据和数值描述和确定的。我们不能说飞机有风险，而只能说做飞机有风险。飞机机械师能够确定的是飞机上的每一个零部件及其整体运行的功能和状况，有没有潜在的危险，但是不能确定其风险。也正是在这个意义上，卢曼认为风险和主体的感知、选择、决策相关。尽管对风险的评估和判断与知识相关，但由于其发生几率的不确定性和未来特征，以及风险与机遇的并存，同样一件事情是否被看作有风险、人们是否愿意承受这一风险，不仅与主体的感知也与地区性的文化有密切的关系。此外，风险还是具有时间规定性的概念。它们总是相对于某时某刻，相对于我们的认知水平和价值指标而言的。随着时间地点的变化，风险和机遇的客体来源和主体感知双方都会发生变化[24]。

如果我们不是单纯地从科学的“事实”与风险发生的几率出发，而是从人们对风险的感知与态度出发去理解风险，那么我们对于纳米技术在食品中应用的风险的防范就不会陷入客观不确定性的困境。有人认为，如果承认纳米技术存在风险，就会影响纳米技术在食品工业中的应用。事实上，问题不在于承认纳米技术是否存在风险，而是要区别风险与危险。承认风险是风险防范的前提。只有理性地看待风险，充分估计纳米技术应用在食品中的不确定因素和风险，以透明、坦诚和负责的态度对待纳米技术在食品中的应用，既不夸大事实也不隐瞒隐患，给公众选择的权利，那么，我们才能构建一个理性的风险防范文化。

16.4 纳米技术在食品应用中的风险防范

既然纳米技术在食品中应用的风险既有客观性、又和人们的感知与决策相关，那么，在客观风险难以确定的情况下，提高主体对风险的意识和认知，将选择权和责任交给相关的责任主体和风险主体，就是对风险的最好的预防。

由于纳米技术在食品中的应用涉及从研发、生产到消费的不同阶段和不同的主体，我们认为，相应的风险防范也应该从不同阶段的不同主体出发，明确各个时期各自的责任，以构建一个立体的风险防范网络。首先，在产品的研发阶段，涉及的责任主体是科学家。研发阶段是技术发展的上游。科学家对食品中的纳米粒子的毒理学研究，是风险认知的基础。即便在此阶段科学还不能完全确定某一具体的纳米物质的毒性，从预防原则出发，科学家有义务告知生产商、政府管理部门和公众相关的添加剂或包装材料所涉及纳米物质的成分以及含量，其中可能存在的风险。其次，在产品的生产和检验阶段。生产阶段是风险防范的关键阶段。企业的管理人员、技术人员和工人以及政府管理部门都是该阶段的责任主体。鉴于目前有关纳米技术和纳米材料的定义和标准化还未确定，可以一方面比照化学品的生产规范加强生产过程中的风险防范，另一方面，必须在其产品包装上清楚注明“纳米”字样，明确注明使用纳米技术的信息，包括纳米级添加剂的使用剂量、食品包装中纳米技术的使用情况等。标注方式应分为两种，一种是非特殊标注，即在生产环节中有使用纳米技术，但最终的产品中可能并不含有纳米的成分，这种方式可以从广义上理解纳米技术及纳米材料的定义；另一种是特殊标注，应清晰地注明“纳米食品”的标记，包含所使用纳米材料的成分及所含比例，这样有利于对食品安全的监管，同时保障消费者自由选择的权利。无论哪种标注方式都应该在产品中说明什么地方采用纳米技术（添加剂、食品包装或其他生产食品的环节），并应该有效注明食品的什么性能得到了提高[25]。最后，在产品的消费阶段，这一阶段的责任主体和风险主体是政府职能部门与消费者。政府的职能是检查和验证标注的真实性，以保证信息的可靠性。风险的真正主体是所有的消费者。消费者根据自己对纳米技术的认知和产品的相关信息，决定自己是否选用纳米技术相关食品。目前，市场上转基因大豆油基本上是采用了这样的做法。

公众作为纳米食品的直接消费者和接触者，他们对纳米食品风险的感知在一定程度上决定了纳米技术的发展。作为纳税人和风险主体，他们毫无疑问有权利了解纳米技术在食品中的风险。但是另一方面，公众对技术风险的理性认知也是一个过程。在这当中，科学家和媒体与公众的对话，可以帮助公众提高对纳米技术的认知与风险意识。鉴于纳米技术在食品中的应用涉及多个利益主体，构建科研机构、生产商、政府公共行政机关在责任防范上的可追溯性和层级问责制度也是加强风险防范的重要举措。可追溯性既包括食品及食品中材料来源的可追溯性，也包括责任的可追溯性。可追溯性的目的在于可以清楚地知道食品中所用成分的来龙去脉，从原材料的最初来源到成型产品的最终去处，以及每一环节的责任主体。层级间责制，可以将利益相关者的责任与利益挂钩，构建立体的责任与风险防范网络（表 16.2）。

表 16.2　不同阶段各主体风险防范的职责

	科学家	生产商	政府职能部门	公众
研发阶段	研究纳米产品的毒性	了解纳米技术	了解纳米技术	了解纳米技术
生产阶段	指导生产商，协助监管部门	明确标注成分 严格生产规范	对生产过程监控、检查	了解纳米技术
消费阶段	普及知识； 与公众对话	与公众对话	普及纳米知识与风险知识； 与公众对话	全面了解纳米技术

16.5　结　语

纳米技术在食品行业中的应用是一个新兴的领域，与人们的日常生活息息相关，这一行业的良性发展不仅促进纳米技术的发展而且在很大程度上可以提高人们的生活质量。在纳米技术发展之初我们应该充分认识到纳米技术可能带来的利与弊、机遇与风险，既不盲目崇拜纳米技术，也不能谈虎色变，将纳米技术的风险等同于危险。为此，必须加大对纳米技术知识的普及，提高公众对纳米技术及其风险的认知，在加强对纳米技术在食品中应用的风险的研究和食品企业的管理的同时，构建一个理性的风险文化是防范纳米技术风险的重要途径之一。

参考文献

[1] Joseph T，Morrison M. Nanotechnology in agriculture and food. A nanforum report. http：//www. nanoforum. org [2006-04-13].

[2] Helmut Kaiser. Nanobased Products Inventory 2009 and Commercialization. http：//www. hkc22. com/nanobased products. html.

[3] 高尧来，温其标．超微粉体的制备及其在食品中的应用前景．食品科学，2002，23(5)：157-160.

[4] 袁飞，徐宝梁等．纳米技术在世界范围内食品工业中的应用．食品科技，2007，2：17-20.

[5] 孙炳新，马涛．国外纳米技术在食品工业中的应用研究进展．食品研究与开发，2008，9：173-175.

[6] Reynolds G. FDA recommends nanotechnology research，but not labelling. http：// www. food production daily-usa. com /news/ ng. asp? n = 78574-woodrow-wilson nano-

technology hazardous [2008-01-24].

[7] Cha D, Chinnan M. 2004. Biopolymer-based antimicrobial packaging: A review. Critic Rev Food Sci Nutrit 44: 223-237.

[8] ElAmin A. Nanoscale particles designed to block UV light. Food Production Daily. com Europe. 18 October 2007. Available at: http: //food produ ctiondaily. com/news/ng. asp? id=80676 [2007-11-30] .

[9] 常雪灵，祖艳，赵宇亮．纳米毒理学与安全性中的纳米尺寸与纳米结构效应．科学通报，2011，2：111.

[10] Friends of the Earth Europe. Out of the laboratory and on to our plates: Nanotechnology in food and agriculture. www. foeeurope. org/activities/... /Nano _ food _ report. pdf. 25 [2008-03-01].

[11] Chen L, Remondetto G, Subirade M. Food protein-based materials as nutraceutical delivery systems. Trends Food Sci Technol, 2006, 17: 272-283.

[12] Oberdörster G, Oberdörster E, Oberdörster J. Nanotoxicology: an emerging discipline from studies of ultrafine particles. Environ Health Perspect, 2005, 113 (7): 823-839.

[13] Franz R. Migration modelling from food-contact plastics into foodstuffs as a new tool for consumer exposure estimation. Food Additives and Contaminants, 2005, 22 (10): 920-937.

[14] Grobe A, Renn O, Jaeger A. Risk governance of nanotechnology applications in food and cosmetics. IRGC, 2008: 7.

[15] Grobe A, Renn O, Alexander J. Risk governance of nanotechnology applications in food and cosmetics. IRGC, 2008: 7.

[16] Dekkers S. Presence and risks of nanosilica in food products. Nanotoxicology, 2010: 1-13.

[17] Bechnann G. Risko als Schlusselkategorie in der Gesellschafts theorie. In: Bechmann (Hrsg.) . Risiko und Gesellschaft. Grundlagen und Ergebnisse interdisziplinarer Risikoforschung. Westdeutscher Verlag, 1997.

[18] Priddat B. Unsicherheit und Risiko. Ein Essay zur Theoriegeschichte: Hamburger Institut fur Sozialforschung, 1990.

[19] Gutmann M, Hanekamp G. Grundzuge rationaler Risikobeurteilung. In: Grunwald A. (Hrsg.) . Rationale Technikfolgenbeurteilung. Konzepte und methodische Grundlagen. Heideberg: Springer, 1999.

[20] Douglas M, Wildavsky A. Risk and Culture. Berkeley: University of California Press, 1982.

[21] 乌尔里希·贝克．风险社会．何博闻译．南京：译林出版社，1992：19.

[22] Daele W van den. Restriktive oder konstruktive Technikpolitik? . Frankfurt am Main : Suhrkamp, 1989: 171.

[23] Luhmann N. Die Moral des Risokos und das Risiko der Moral. In: Bechmann (Hrsg.).

Risiko und Gesellschaft. Grundlagen und Ergebnisse interdisziplinaerer Risiko forschung. Westdetscher：Verlag，1997.

［24］王国豫．技术伦理学的理论建构研究．大连理工大学，2007：117.

［25］Möller M，Eberle U. Nanotechnology in the food sector. European Parliament，Science and Technology Options assessment（STOA），2009，12：78.

第3部分

纳米技术安全与伦理问题的善治

17

纳米技术风险管理的哲学思考*

17.1 纳米技术、风险及其管理

作为一个跨学科概念，“纳米技术”的含义并不确定。正如美国伦斯莱塞理工学院教授爱德华·伍德豪斯（Edward Woodhouse）所言，“任何定义都不能囊括与纳米技术相关的复杂的研发和政策问题”[1]。这种含义不确定性表现在两个方面：①不同利益群体对纳米技术的理解和认识有所不同；②纳米产品层出不穷，各类产品的机理、设计理念以及具体应用语境并不完全一致。“美国国家纳米技术行动”曾给出了一个较宽泛的理解：“纳米技术是在大约1～100nm（十亿分之一米）尺度范围内，在原子、分子和大分子水平上的研究和技术发展，其目的是理解纳米尺度的现象和材料，创造和使用具有新奇性质和功能的器件、装置和系统”[2]。用尺度来定义一项技术，从一个侧面反映出纳米技术概念化的困难。

作为一项新兴技术，纳米技术的实际应用也不确定。在纳米尺度上，由于量子效应、限域效应、分子识别以及相对表面积增加，使物质特性发生极大改变。纳米技术与现代生物技术、信息技术、认知技术整合在一起，形成“会聚技术”（主要是有源纳米结构的产品），对人类自身及其演化会产生更为深远的影响。纳米技术也被称为“促成技术”（enabling technology），即纳米技术本身并不是目的，而是一种用于促成其他技术体系用以达到一定经济社会效益的手段[3]。

英国学者希拉里·萨克里夫（Hilary Sutcliffe）认为，在技术不确定性的

---

* 本节作者为王前、朱勤、李艺芸，发表于2011年02期《科学通报》。

基础上，纳米技术的实际影响还表现为另外两方面的不确定性：①社会不确定性，即纳米技术的使用对人和环境的影响，以及公众对于纳米技术风险的认知，存在多种不确定因素。政府、公司和其他社会团体的行为也会对纳米技术的社会不确定性产生一定影响。②商业不确定性，即企业可能面临纳米产品的商业化带来的改变未来标准和管制手段的风险[4]。

纳米技术在技术、社会和商业三方面的不确定性的相互作用，使纳米技术风险在其产生原因、表现形式和社会后果等方面比传统技术更加复杂。国际风险治理理事会（International Risk Governance Council，IRGC）将纳米产品及其研发过程的演变划分为无源纳米结构、有源纳米结构、纳米复合系统、异构分子纳米系统 4 个主要阶段，并指出了各个阶段可能会涉及风险的纳米产品[5,6]。当前，有关纳米技术风险的考虑主要可分为两类：①无源纳米结构部分的风险，主要是纳米技术应用于新材料开发时产生的风险；②从有源纳米结构到异构分子纳米系统阶段的风险，这部分风险产生于人体与纳米结构的混合体（hybrid），表现形态更复杂。随着纳米技术及其他相关新兴技术的发展，受技术哲学中的经验转向政治学对治理理论的关注以及公共管理领域对参与理论的不断完善的影响，欧美学界展开了有关纳米技术风险管理的学术讨论。

这里的“管理”并不完全等同于“处理、整修”等字面意义。与一般意义上的管理行为相比，纳米技术风险管理既包括正式的政府机制，也包括非正式、非政府的机制。它更加重视在政府的引导和控制下，各群体（政府、社会团体、研发机构、科技人员、企业和社会公众等）共同管理纳米技术朝着人类幸福和社会和谐的方向发展，这里的管理更加具有柔性、反思和对话的特点。从目前国际纳米技术发展的状况来看，禁止或者严格限制纳米技术研究，不可行也不现实。因此，对于纳米技术风险而言，需要运用管理的方式。

17.2　纳米技术风险管理的困境：认识论和方法论视角

纳米技术的风险及其管理有别于传统技术或其他新兴技术。从认识论和方法论视角透视当前纳米技术风险管理的困境，有助于认识管理困境产生的根源，从而使其管理更加有效。

17.2.1　前纳米阶段经验对纳米技术风险管理的影响

17.2.1.1　“前纳米阶段”技术经验的延续

部分纳米技术专家的专业背景来源于“前纳米专业”，这部分专家对纳米技术风险管理的经验或多或少地保留着思维上的“惯性”，即运用前纳米阶段的经验进行纳米技术风险的管理。这种现象目前在国内外部分实验室有所体现：①在防止纳米粉尘对实验工作人员造成人身安全影响方面，所采用的仍然是“普通防护口罩+实验室防护服”的方案，从而很难避免纳米颗粒进入人体内。②部分纳米技术实验室对实验过程中产生的废弃物并没有经过特殊处理，而是以传统方式直接排放到一般实验废弃物处理通道甚至是生活污水的管道中。美国亚利桑那州立大学教授艾瑞克·费希尔（Erik Fisher）曾在科罗拉多大学伯德分校的一个纳米技术实验室做了为期 14 个星期的“田野考察”。研究发现，该实验室曾将纳米加工过程中产生的打磨液直接排放到生活污水管道中，而实验室研究人员一开始并没有意识到这个问题的严重性[7]。

17.2.1.2 风险评估专家和政策制定者依赖传统管理方法

某些技术风险评估专家及相关政策制定者并不了解纳米技术风险评价和政策形成的特殊性，因此在进行纳米技术风险管理时依然采用传统的（前纳米阶段的）风险管理方法。这部分风险管理方法主要包括可接受风险方法、成本-收益分析方法、可行性研究方法（或称最适用技术方法）、预防性方法。

亚利桑那州立大学法学院的加里·马琛特（Gary E. Marchant）等人对纳米技术领域依赖传统管理方法的倾向进行了批判[8]。在他们看来，尽管传统方法在管理前纳米阶段技术风险方面产生了一定成效，但是在纳米技术领域内运用这些方法之前需要对其进行反思。以“成本-收益”方法为例，该方法是技术风险管理领域内最为传统的方案，它发端于美国技术评估办公室的早期工作。然而在纳米技术领域，有关技术风险成本和收益的计算（包括公众的心理测量范式）具有很强的不确定性。由于纳米产品的种类繁多并且功能各异，因此很难从整体上计算纳米技术的成本和收益。如果对纳米产品逐个进行“成本-收益”分析，则将失去纳米技术的实际应用所能够提供的大量风险管理资源，使得“成本-收益”分析片面化。

17.2.2 其他行业经验对纳米技术风险管理的影响

鉴于当前人们对于纳米技术风险尚未产生独特的认识，纳米技术风险管理的某些经验常常源于其他行业（如转基因食品）的以往经验，在纳米产品商业化风险管理过程中尤其如此。

英国爱丁堡大学教授罗宾·威廉姆斯（Robin Williams）对这样一种理论假定提出了质疑，并以纳米技术风险管理借鉴转基因食品管理的经验为例做了具体批评[9]。部分研究者认为，由于公众健康和环境问题都是纳米技术和转基因技术风险管理的主题，转基因技术风险管理的经验可以“移植”到纳米技术领域，以至于当前用于政策分析的框架和工具都以此为基础。英国兰卡斯特大学教授罗宾·格罗夫-怀特（Robin Grove-White）等人在肯定这种“移植式”思维方式的价值同时，也从认识论视角评论了其不足之处[10]。在格罗夫-怀特等人看来，这种风险管理思维本身就存在着一种“认识论风险”，很难验证其他行业历史材料的真实可靠性。

17.2.3 纳米技术风险管理的“知识鸿沟”现象

当前纳米技术风险管理领域内存在典型的“知识鸿沟”（knowledge gap）现象。正如美国生物纳米技术与环境纳米技术研究中心执行主任克瑞斯腾·库林诺斯基（Kristen Kulinowski）所言：“我们当前正处于这样一个尴尬的中间区域：我们有足够的信息认识到那（纳米技术风险）是一个问题，但是我们却没有足够的信息如实地告诉政策制定者们应当如何去施行（管理风险）”[11]。与纳米技术知识自身的飞速发展相比，相关利益者（专家、研发企业、政策制定者以及公众）对于风险管理知识的认识不足，相关利益者之间对于风险管理知识的理解也处于不同层次，缺乏相互沟通。

17.2.3.1 专家有关纳米技术影响的知识不足

就无源纳米结构而言，技术风险管理专家们对毒性及其在生物体内的积累、纳米材料的暴露率等方面的知识了解不足。就有源纳米结构以及更加复杂的纳米结构而言，研究人员主要是对纳米技术对人类演化的影响了解不够（如纳米技术与生物技术、认知技术等新兴技术的会聚作用，包括纳米结构对人类健康、人口出生率以及大脑理解和认知等方面的影响）。

美国学者 J. C. 米勒等人认为，当前有关纳米毒理学的数据仍然具有不确定性[12]。比如流行病学研究数据并不可靠。由于每个人接触颗粒的量几乎不可能精确测得，因此很难将超微粒与死亡确切地联系起来。由动物试验得到的纳米材料的毒性数据并不能确切地推测出纳米材料对人体的毒性。对于同种物质，短时间内大量频繁地接触产生的效果并不能完全等同于长时间稍低剂量地接触的效果。此外，人体接触物质的方式比受试体多得多。现有数据一般都集中在吸入纳米材料后对呼吸系统组织的损害上，并没有研究纳米材料在进入人体循环系统后的整体毒性，缺乏人体与各种纳米材料的接触程度的信息。

17.2.3.2 知识生产链中的“选择性接受”现象

从知识生产模式的视角看，当前纳米技术的研发过程更多的是一种多学科协作活动。一个纳米器件的研发，往往需要来自材料科学、化学工程、能源科学、化学工程等多学科理论和实践上的合作。在合作的知识传递过程中，往往存在着一种“选择性接受”现象：即一个环节的知识生产者倾向于只接受上一个环节知识生产者提供的与之相关的技术知识，而忽略了技术知识背后的安全、风险等方面的知识。同时，该环节也倾向于只是向下一个环节传播其所需要的技术知识。在整个知识生产和传播的链条中，知识生产节点之间缺乏与风险管理相关的知识分享和交流，这部分知识并没有在传播中得到很好保存。这种“选择性接受”现象使得纳米技术研发者仅仅对纳米器件的某一部分知识较为了解，而缺乏整体上对纳米结构系统的风险认知。

17.2.3.3 普通公众对于纳米技术的一般性认识不足

与纳米技术专家丰富的专业知识相比，普通公众对于对纳米技术对于人类健康和环境影响的认识更为不足，他们很难理解高度概念化的纳米技术术语。此外，媒体对于纳米技术及纳米产品的“有意识地”单向转播（如通过纳米技术诱人的优势掩盖其可能存在的风险，或者通过将纳米技术作为一种高新技术“标签”使得产品更加具有商业价值），在没有得到确切消息证明这类技术不会带来伤害的前提下，使得公众对纳米技术产生了矛盾的心态，在某些文化群体中甚至产生反对情绪。

总的看来，普通公众对于纳米技术的一般性认识不足，将会对纳米技术风险管理带来三方面的障碍：一是使得纳米技术对于人类和环境的潜在社会风险不易被察觉；二是普通公众对于纳米技术的认识层次不一，降低了公众参与纳米技术风险管理的效率；三是不利于纳米技术的风险沟通，增加了纳米技术产业化以及纳米技术企业运营的风险。

知识鸿沟现象在纳米技术风险管理方法论上的直接后果之一，是与管理相关的法律法规、政策以及管理制度滞后于纳米技术的发展。美国技术社会学家威廉姆·奥格本（William Fielding Ogburn）在其著作《社会变迁：关于文化和先天本质》一书中，将技术文化（包括法律法规、政策以及管理制度）落后于技术发展的现象称为“文化滞后”（cultural lag）现象[13]。这一现象在纳米技术风险管理中表现得尤为突出。

17.2.4 “流模型”：技术发展过程的线性思维模式

传统纳米技术风险管理的另一方法论问题，是将技术发展的过程看成是一种线性的“流模型”（stream model）。这种流模型运用“流”这一隐喻，将技术发展的过程看成是一种自上而下的三阶段过程：①以制定研发政策、发展战略、技术预见、技术评估等为主的上游阶段；②以研究和开发为主的中游阶段；③以市场调节、社会应用、消费者使用等为主的下游阶段。流模型的最初形式可追溯至美国科学政策专家万尼瓦尔·布什（Vannevar Bush）的“线性模型”，即坚持“基础研究→应用研究→开发→生产”的发展模式。

受传统技术风险管理方法的影响，纳米技术风险管理起初专注于下游，即纳米技术社会化使用过程中产生的风险问题。然而，由于下游的纳米产品已经成型，即便是意识到纳米技术风险的存在，也很难进行有效管理，相关的监督和法律制度也显得太迟。这种下游管理模式常常会倾向于以已经发生事故造成的危害为研究对象。

在意识到上游参与管理模式局限性的基础上，近年来兴起了“公众上游参与”的运动，即在原来只有科学家、工程师、政策制定者参与的上游决策阶段，加入了公众意见。这一转向的理论基础是：将作为纳米技术最终接受者的公众纳入到决策主体当中，尽可能民主而周全地避免技术给公众健康带来的风险。然而在上游阶段，更多地也只是对纳米技术产品的期待和想象，很难完全预料在中游研发阶段纳米技术存在的风险以及下游使用阶段具体纳米产品存在的风险。目前只有为数不多的文献关注于从纳米技术中游研发阶段进行风险管理。在关注纳米技术风险管理的中游进路中，由于纳米技术知识的专业性强，常常很难将风险管理理论应用于研发活动。

17.2.5 技术控制主义：纳米技术风险控制的乐观主义倾向

在对纳米技术风险管理的态度上，还存在着一种技术控制主义的情绪。这种技术控制主义常常表现为对纳米技术风险可控制性的乐观主义倾向。

17.2.5.1 相信技术风险不会迅速扩散

相信技术风险不会迅速扩散，可以说是当前纳米技术风险领域内的一种“民俗心理学”（folk psychology）。部分专家持有这样一种信念：和其他技术风险一样，纳米技术风险在短时间之内并不能带来巨大的社会危害。笔者之一在美国科罗拉多矿业学院一个从事能源技术的实验室从事人类学研究时发现，该实验室中的研究人员多数具有这样一种“民俗心理”：尽管纳米粉尘在实验室非常普遍，然而在小规模的实验室条件下的技术风险几乎可以忽略，真正的技术风险管理可以在产业化、商业化过程中得以消除，实验室里要做的只是在理论上论证其合理性。受这种心理的影响，实验人员常常不太在意在实验过程中采用相关防护措施。

17.2.5.2 通过局部技术指标调整防范和降低风险

技术控制主义的第二种主张是：即便是技术风险扩散了，也可以通过局部技术指标调整防范和降低风险。加利福尼亚大学圣巴巴拉分校教授威廉姆·弗罗伊登伯格（William Freudenburg）认为，风险评估内容中的一个重要问题是使风险评估的方法倾向于具有分析性。这种常规的风险概率计算方法，就是把系统分解为构成的要素，再计算每一个要素的风险概率。例如，检查每一根泵、每一根管子、每一道阀门、每一个继电器、每一个驱动轴等等，并且分别计算所有这些零件发生故障的可能性。弗罗伊登伯格指出，最令人烦恼的技术风险分别与系统问题或者联合问题（同时发生两个或更多非独立问题）相关，同时也与那些在系统运行一段有效时期后才产生影响的因素有关[14]。

17.2.5.3 用新的技术手段限制和消除技术风险

技术控制主义的第三种主张是：可以用新的技术手段限制和消除技术风险。这一做法本身并没有太大问题，技术史上很多技术问题最终还得依赖技术进步来加以解决。只是在包含不确定性的纳米技术领域内，需要对这一理念加以反思。

奥地利学者哈里·奥维特（Harry Otway）生动地描述了专家们这种过度乐观主义的“群体肖像”，尽管看上去有点武断，但值得深思。在他看来，专家被他们自己学科的已有智慧蒙蔽了双眼，他们并没有意识到现阶段的知识并不是终极知识。当他们的确认识到自己的错误时，他们也会相信未来的发展将会提供一个“解决办法”。他们过于自信，不情愿改变他们的观点[15]。此外，在国际科技竞争日益加强以及科技资源稀缺的情况下，部分纳米技术研究者常常倾向于先将研究项目申请下来，优先掌握科技资源，然后运用新的技术手段限制和消除可能存在的技术风险。

因此，从认识论和方法论的视角来看，在纳米技术风险管理过程中，应当准确而客观地理解纳米技术可能带来的社会风险，所做出的判断也应当建立在对纳米物质和纳米产品的科学分析基础之上，既不能“夸大其词”，也不能“视而不见”，从而保证纳米科学技术健康有序地向前发展。

17.3 走向全局治理：实现善治的纳米技术风险管理

从科技管理的视角来看，管理的最终目标是走向善治（good governance）。联合国亚太地区经济与社会委员会认为，一项好的管理行为应当包括8个主要特征：参与式的、舆论导向、负责任、透明、响应性、有效和高效、公正和服从法治[16]。

在这一总体原则的基础上，笔者认为，纳米技术风险管理倡导应该逐步发展为一种“全局治理”（global governance）模式。这种管理模式的“全局性”主要包含两个方面：①全局思考，即从社会动力学视角综合考虑纳米技术产业上游、中游和下游的潜在风险，综合考虑纳米技术的技术、社会和商业多方面的不确定性，使各个相关专业的和社会的利益群体广泛参与到纳米技术风险管理的全局之中。②全球策略，即在国家安全性原则下，加强纳米技术风险数据的全球性交流与共享。

17.3.1 全局思考：社会动力学视野下的纳米技术风险管理过程

对纳米技术风险管理进行全局思考的理论基础源于社会动力学视野下的技术管理模式（图 17.1）[17]。与传统流模式不同的是，这一管理模式更加强调上游、中游和下游之间的互动关系，特别是强调了中游阶段的特殊作用，这种社会动力学视野下的技术管理模式主要有以下几个特点：

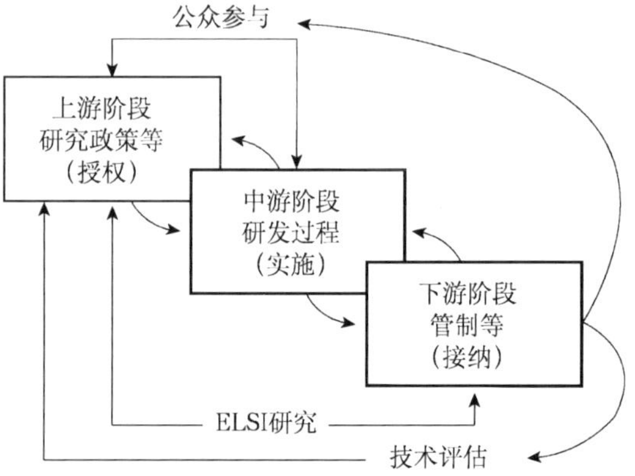

图 17.1 社会动力学视野下的技术管理模式

17.3.1.1 开展建构式技术评估与实时技术评估

荷兰特温特大学教授阿里·里普（Arie Rip）等人在社会动力学技术发展观以及技术的社会形成（SCOT）等理论基础上，提出了“建构式技术评估”（constructive technology assessment，CTA）模式。特温特大学哲学系教授彼得-保罗·维尔比克（Peter-Paul Verbeek）对此进行了修正[18]。CTA 强调纳米技术风险的管理既要关注下游的社会应用阶段，还要关注上游研究政策阶段和中游研发过程阶段，并重视三阶段之间的社会动力学关系，而有关纳米技术的“伦理、法律与社会影响”（ELSI）研究也要贯穿始终。CTA 将纳米技术的发展看成是社会建构的产物——多种社会力量相互对话和协商。里普等人将 CTA 方法应用到纳米技术管理的一个实例是“社会-技术剧本”（socio-technical scenarios）。该方法从宏观、中观和微观 3 个层次绘制纳米技术的“社会-技术”演化动力学图谱，以纳米颗粒为例分析政府、立法机构、保险公司、研究机构、公众等群体对于纳米技术风险形成及其管理所施加的协同影响和互动关系，从而对纳米技术风险管理的未来趋势做出预测[19]。

与之类似，亚利桑那州立大学教授大卫·加斯顿（David H. Guston）和丹尼尔·萨热威兹（Daniel Sarewitz）提出了“实时技术评估”（real time technology assessment，RTTA）模式。在CTA基础上，RTTA引入政治、经济和伦理等其他方面因素，对技术发展的社会动力做出“实时”描绘和评估。

17.3.1.2 重视纳米技术发展的中游调节机制

在分析了技术发展的“流模型”不足的基础上，费希尔提出了“中游调节”（midstream modulation）机制。中游调节机制关注技术发展的中游（研发）阶段，其理由在于：其一，中游阶段与政策制定的上游阶段紧密相连，对中游的关注将有利于制定合理的纳米技术政策以促进实验室的负责任创新行为；其二，纳米技术产品在中游阶段属于被塑造状态，对中游纳米技术研发模式的研究将有助于负责任纳米产品的生产，从而降低纳米技术可能带来的社会风险；其三，从事纳米技术的工程师和技术专家是技术风险管理的重要资源，他们是实现“善治”的重要保证。

中游调节机制关注的核心问题是如何打开纳米研发阶段的知识黑箱。实际上，多数学者在此之前已经指出，实现这一目标的途径之一是加强社会群体（主要是人文社会科学家）与科学家、工程师群体之间的对话。然而，如何实现这“两种文化”之间的对话，其思路并不清晰。费希尔在这方面做了有益的尝试，他提出了“嵌入式人文学者”（embedded humanist，EH）方案[20]。在此基础上，费希尔建立了基于“机遇—考虑因素—选择方案—后果”（OCAO）的四维决策型，模拟研发过程中纳米技术专家的决策过程。

EH方案的理论基础来源于法国社会学家布鲁诺·拉图尔（Bruno Latour）等人的实验室人类学研究。然而，与一般描述性人类学研究不同的是，EH更加侧重于在访谈过程中嵌入“软干预”（soft intervention）的过程。通过将OCAO决策模型运用到与纳米技术专家的访谈过程中，可以了解专家进行纳米技术风险相关决策的认知模式。研究发现，纳米技术专家们在日常实践中并没有清晰地意识到其管理技术风险的思维结构。软干预还将有利于提高专家们整理和反思风险管理经验的能力，为风险的全局治理提供可利用资源。人文学者通过在实验室中的人类学研究，将有助于其认识和了解纳米技术知识的“制造过程”，从而有利于制定切合纳米技术发展的风险管理政策。

17.3.1.3 综合考虑纳米技术的技术、社会和商业多方面的不确定性

在走向纳米技术风险的全局治理时，还需要综合考虑纳米技术的技术、社会和商业等多方面的不确定性。就企业家们而言，可能他们并不愿意去考虑在开始一项新的纳米技术商业活动时会出现的纰漏，但是商业计划必须揭示所有相关的风险[12]。如果企业可以隐瞒新纳米技术可能带来的社会风险，再加之相

应的公共关系措施与公众沟通风险，极有可能使公众对纳米技术产生不信任感，从而给从事纳米技术开发的企业带来商业风险，影响到整个纳米技术研发和产业链。

17.3.1.4 相关利益和社会群体的民主参与

走向纳米技术风险的全局治理，需要相关利益和社会群体的民主参与。首先，需要重视公众在参与风险管理中的作用，重视公众的智慧。纳米技术可能带来的环境与社会影响与公众密切相关，公众在风险管理运动中表现积极，他们善于依照自己的信念和价值来表达其目标。但同时也要注意到，公众并不总是对的。部分环保组织常常过于激进而富有煽动性的感情色彩，而忽略了对科学事实本身的考察。其次，需要促进纳米技术跨学科研究各领域专家对于技术风险、安全等方面的知识共享和交流。各领域专家之间关于纳米产品安全性知识的共享和交流，可以极大地降低纳米产品设计和研发过程中产生的风险，同时也可以丰富纳米技术风险管理的理论资源。再次，政府、企业和研究机构的管理者要注意“警惕性衰减”现象，即风险管理者对于技术风险的警惕性常常会随着时间推移而有所衰减，直到下次发生事故才会突然加强[14]。

17.3.2 全球策略：国际纳米技术风险管理资源共享

17.3.2.1 建立纳米技术风险管理全球合作体系

在全球化视野下致力于纳米技术风险管理，需要建立纳米技术风险管理的全球合作体系。如欧盟下属的“科学、经济和社会理事会”曾专门成立了“全球治理科学专家委员会”，并组织来自于世界各地的科学管理专家参与项目研究和报告撰写。建立纳米技术风险管理全球合作体系的一个重要方面是建立国际范围内的法律法规，以避免产生纳米技术风险的全球性危机[12]。由于纳米技术开发也可以秘密地在别的国家进行，因此决策者可能无法确定事故或故意失误的风险。此外，恐怖主义组织如果刻意隐瞒并利用其研究成果，将会给全球安全带来很大的风险。

17.3.2.2 国家安全条件下纳米技术研究数据的全球共享

当前纳米毒理学研究的一个重要障碍就是缺乏足够的纳米技术研究数据，包括纳米技术社会影响方面的数据。因此，在国家安全条件许可的前提下，加强全球纳米技术研究数据的共享是必要的。通过国际间的纳米技术研究数据共享，一方面能够降低纳米技术风险管理所需要的成本（人力和财力），另一方面也使得有关纳米技术风险的分析、评价和管理更加符合统计学规律，可信度更高。企业研发部门之间的全球性合作能够整合纳米技术研究的资源，使之能够具有充足的智力和财力资源促进技术进步，进而能够发现并降低纳米技术研发中可能带来的风险。此外，还能够有效地避免因为纳米技术不确定性而带来的商业风险，从而为社会生产出对环境和人群更加友好而可靠的纳米产品。

17.3.2.3 跨文化背景下的纳米技术风险比较研究

全球性纳米技术风险管理还需要进行跨文化背景下的纳米技术风险比较研究。不同文化背景的人群对于纳米技术风险的认知和体验有所不同，开展不同文化背景下的比较研究，一方面可以使纳米技术风险管理的一般性规律更加科学化，同时也可以从文化人类学和社会心理学的视角探析传统文化（地方性文化）对于风险的形成、认知和管理等方面的影响。

总之，只有从“全局性思考”和“全球性战略”两个方面出发，对纳米技术风险进行考虑周全的管理，才能使得纳米技术风险管理走向最终的“善治”，使纳米产品在真正意义上给人类带来便利和幸福。

参考文献

［1］Woodhouse E. Nanotechnology controversies. IEEE Technol Soc Mag，2004，23：6-8.

［2］UNESCO. The Ethics and Politics of Nanotechnology. http：//unesdoc. unesco. org/images/0014/001459/145951e. pdf［2007-12-20］.

［3］Meyyappan M. Nanotechnology：Challenges and the way forward. In：Fisher E，Selin C，Wetmore J. The Yearbook of Nanotechnology in Society. New York：Springer，2008：227-239.

［4］Sutcliffe H. How can business respond to the technical，social，and commercial uncertainties of nanotechnology? In：Fisher E，Selin C，Wetmore J. The Yearbook of Nanotechnology in Society. New York：Springer，2008：197-198.

［5］IRGC. Nanotechnology risk governance：Recommendations for a global coordinated approach to the governance of potential risks. http：//www. irgc. org/IMG/pdf/PB _ nanoFINAL2 _ 2 _ . pdf［2007-12-20］.

［6］Renn O，Roco M. Nanotechnology and the need for risk governance. J Nanopart Res，2006，8：156-157.

［7］Fisher E. Ethnographic invention：Probing the capacity of laboratory decisions. Nanoethics，2007，1：155-165.

［8］Marchant G，Sylvester D，Abbott K. Risk management principles for nanotechnology. Nanoethics，2008，2：43-60.

［9］Williams R. Compressed and foresight and narrative bias：Pitfalls in assessing high technology futures. In：Fisher E，Selin C，Wetmore J. The Yearbook of Nanotechnology in Society. New York：Springer，2008：265-289.

[10] Grove-White R, Kearnes M, Miller P, et al. Bio-to-Nano? Learning the Lessons, Interrogating the Comparison. Lancaster: Lancaster University Press, 2004.

[11] Morrissey S. Understanding nanotechnology. Chem Eng News, 2007, April 16: 35-37.

[12] J C 米勒，等．纳米技术手册——商业、政策和知识产权法．周正凯，等译．北京：科学出版社，2009：36，37，122，127.

[13] Sesto S. Technology and social change: William fielding ogburn revisited. Technol Forecast Soc Change, 1983, 3: 183-196.

[14] 威廉姆 R. 弗雷敦．捷思推理法、偏误、非大众：风险评估中的专家知识及误差．见：谢尔顿·克里姆斯基，多米尼克·戈尔丁．风险的社会理论学说．徐元玲，等译．北京：北京出版社，2005：258-283.

[15] 哈里·奥维特．公众的智慧，专家的误差：风险的语境理论．见：谢尔顿·克里姆斯基，多米尼克·戈尔丁，编．风险的社会理论学说．徐元玲，等译．北京：北京出版社，2005. 242-257.

[16] UNESCAP. What Is Good Governance? http://www.unescap.org/pdd/prs/ProjectActivities/Ongoing/gg/governance.asp.

[17] Fisher E, Mahajan R, Mitcham C. Midstream modulation of technology: Governance from within. Bull Sci Technol Soc, 2006, 26: 485-496.

[18] 朱勤．技术中介理论：一种现象学的技术伦理学理论．科学技术哲学研究，2009，27：101-106.

[19] Rip A, Kulve H. Constructive technology assessment and socio-technical scenarios. In: Fisher E, Selin C, Wetmore J. The Yearbook of Nanotechnology in Society. New York: Springer, 2008: 265-289.

[20] Fisher E, Mahajan R. Midstream Modulation of Nanotechnology Research in an Academic Laboratory. Paper presented at the American Society of Mechanical Engineers International Mechanical Engineering Congress and Exposition, Chicago, November 5～10, 2006.

18

更早的参与，更好的科技？

——简述欧美纳米技术的上游参与*

自2000年美国宣布启动“国家纳米技术计划”（NNI）之后，纳米技术迅速在全球范围内掀起了研究热潮，各主要国家都对纳米技术的研发给予了高额投资。然而，作为一项使能技术（enabling technology），纳米技术并非一个具体的技术领域，而是各种既有技术在纳米尺度汇聚的结果[1]，其发展及其社会后果充满了不确定性。欧美公众对纳米技术各种潜在风险表示出了种种担忧。

为了避免重蹈转基因技术的覆辙，欧美发达国家在启动纳米技术发展计划不久，就将与之相关的社会和伦理问题早早地提上了议事日程。由于纳米技术自身发展尚在襁褓之中，公众对纳米技术的态度也尚未定型，于是，与以往相比，欧美纳米技术伦理和社会问题的研究与实践呈现出了鲜明的“上游参与”特征。

如果我们将包括对技术的伦理、社会和法律议题（ethical，legal and social issues，ELSI）研究以及相关的公众参与活动统称为与技术发展相关的“伦理考量”，那么，本文所谓的“上游参与”，就“上游”而言，指的是各种旨在突破将伦理考量局限在产品应用阶段这一技术发展“下游”，使之更早地嵌入技术发展过程的努力；就“参与”而言，则意味着让伦理考量在型塑技术发展轨迹中扮演更加积极主动的角色，而不仅仅是技术后果的分析者。

这种“上游参与”是否会带来更好的技术发展？换言之，更早的参与必然带来更好的发展吗？

18.1　公众到“上游”参与技术发展

作为伦理考量嵌入技术发展过程的一个重要组成部分，公众意见的表达和

---

* 本节作者为胡明艳，本文主要内容发表于2014年04期《科学与社会》。

反馈，自疯牛病危机爆发后，就受到了欧美各国政府的高度关注。这在英国尤为明显。

2000年，英国科技政策领域发布了两份重要的报告，一份是调查疯牛病的菲利普斯报告，一份是英国上议院科学技术委员会发布的《科学与社会》报告。这两份报告都明确指出，英国科学政策的制定已经出现了信任危机。一个重要原因是传统的单向科学传播的“缺失模型”[2]。为了重获公众信任，两份报告都强调政府和科学共同体应该有更大的公开性和透明性。上议院的报告更是呼吁“同公众的直接对话应当从可选的附加物转向基于科学的政策制定和研究组织与学术机构的活动，而且应该成为这一过程的一个常规组成部分。”[3]

英国政府对此给予了积极的回应，并在2003年夏组织了一个名为“转基因国家?”（GM Nation?）的全国性公众参与活动。此次参与活动本身被设计成“创新的、有效的和审议的”，同时“由公众形成的”，其目标在于“向政府就公众观点、尤其是草根阶层观点的性质和范围提供有意义的信息，以便为决策制定提供信息。”[4]组织方虽力求保持各方观点的平衡，但讨论开展前，各利益相关者立场已很明确，广为接受的公众话语也已形成。而且，转基因农业已处于投资和发展循环的晚期，产品都接近大规模商业化，所以，公众参与已不太可能影响转基因技术发展轨迹。

为了避免另一场疯牛病或转基因争议的发生，让科学技术政策的制定过程更加民主化，在纳米技术兴起之后，英国的公众参与机制有了新的体制化努力。

早在2003年，英国政府就委托英国皇家学会和皇家工程学院（RS/RAEng），让其“识别该技术的应用，在当前和将来，可能引发出什么健康和安全、环境、伦理和社会影响或者不确定性”[5]。

经过1年多的调研，2004年7月，代表RS/RAEng的独立工作组和秘书处以《纳米科学和纳米技术：机遇与不确定性》为题发布了调查结果和建议。报告从三个方面认为纳米技术还处在“上游”：一是很多影响纳米技术未来轨迹的重要决策，尤其是关于研发资助和基础设施的决策都尚未作出；二是纳米技术的社会和伦理影响尚不确定，很多都还是假设性的；三是公众对纳米技术的态度尚不固定，公众对纳米技术的认识程度还比较低。根据该报告对1005名15岁以上的英国公民所做的调查，只有29%的受访者说听说过“纳米技术”，只有19%的受访者可以对“纳米技术”做出某种形式的定义。该报告建议，当技术的发展还处在“上游”时，需要对纳米技术未来开展建设性的和积极的讨论。此时，根深蒂固和极端化的立场尚未出现，公众讨论尚可以为技术发展的关键决策提供信息，使用公众的参与预期未来的相关争议，通过建立共识，可以减少冲突[5]。

2005年，英国政府对此报告做出了正式回应，原则上肯定了报告中开展上游公众参与的建议。此后，英国各种政策讨论开始关注要将公众参与置于技术创新过程的“上游”——一个公众参与可以影响研究决策、在技术发展路径已经锁定或者极端化立场出现之前的阶段。因为，下游参与通常在争议已经出现在产品或过程的市场进入点上的时候发生，对于影响决策来说太晚了。上游对话则具有通过让公众参与新的问题，而形成社会和科学之间不同关系的潜力。正如英国财政部报告中所指出的，“要让（公众）争论在科学技术发展过程的上游发生，而不是在技术等待被利用、却被由于缺乏公众参与和对话而导致的公众质疑阻挡住了的下游”[6]。

2005年以来，英国政府和民间已组织开展了10个有关纳米技术的公众项目。这些项目旨在形成和改善公众参与实践，促使并探究公众观点的形成，以及影响纳米技术政策和研究。

其中，较有代表性的有以下6个项目（表18.1）。

表18.1 英国纳米技术公众参与主要项目的情况简介[7]

项目名称	项目主要目标	实施方式
纳米陪审团 (Nano Jury UK)	A. 促成不同观点和利益群体彼此开展有教育意义的对话； B. 探索审议过程在拓展纳米技术研究政策讨论上的潜力； C. 为人们关于纳米技术的知情观点影响政策提供可能的工具；	采取类似法律陪审团的方式，让一群参与者作陪审员，通过讨论并会见一系列“证人”，检验纳米技术的社会意义。最后，“陪审员们”提出建议，做出最后“判决”。
闲谈 (Small Talk)	A. 支持科学传播者在科学家和公众之间展开有关纳米技术对话的努力； B. 更好地理解公众和科学家关于纳米技术的期待与担忧； C. 与政策制定者、科学共同体分享该项目的发现。	该项目一共组织了20次、累计超过1200名参与者参加的活动，并开设了一个网站，以期为热衷纳米技术公众参与的科学传播组织提供建议。
纳米对话 (Nano-dialogue)	A. 在关于纳米技术社会争论方面实验上游公众对话的新方法，为相关的公众、政策和科学争论生产智识和实践策略； B. 确保这些对话实验可以影响机构的政策制定和优先发展项目的设定过程。	开展了4次上游公众参与实验： A. 纳米技术和环境的人民调查（组织了三次审议工作坊）； B. 参与研究委员会（组织了3次包括科学家、公众团体、研究委员会成员参加的工作坊，讨论公众参与在研究委员会决策制定中的角色）； C. 纳米技术与发展（关注纳米技术在饮用水供应中的角色，召开了为期3天的由政策制定者、政治家和两个公民组织的代表参加的工作坊）； D. 公司的上游参与（运用情景工作坊，讨论纳米技术在护发产品、口腔护理和食品中的应用）。

续表

项目名称	项目主要目标	实施方式
纳米技术、风险与可持续性(Nanotech-inologies, risk and sustainability)	A. 探讨将公众反馈整合进技术创新过程的做法，是否会改善纳米科学家和一般大众之间对话？ B. 在纳米技术研发的哪个阶段提出公众议题是现实的？	A. 访谈生物技术管治的主要相关者，汲取生物技术的教训； B. 研究纳米科学家、政策制定者，旨在识别出纳米技术发展的社会、文化和政治预设； C. 组织5个焦点小组，与公众代表会晤； D. 召开由科学家和焦点小组成员参加的互动工作坊。
公民科学(Citizen Science)	鼓励年轻人通过讨论和争辩形成关于科学议题及其社会和伦理影响的看法，并且，通过教授年轻人如何依照自己的看法行动来激发他们身上的公民意识。	采取了包括“脱口秀”式的讨论、网络资源、教学道具和在线游戏等多种形式，有100名青少年学生参加，为期一天。最后，由学生们投票：哪些纳米技术研究领域应获资助？纳米技术应在多大程度上受到管治？
公民审议会议(Democs, Deliberative Meeting of Citizens)	让小群体的人也能参与到纳米技术政策议题中来。	参与者阅读一系列卡片，选择他们认为最重要的话题进行讨论，最后就一个话题表述自己所青睐的政策立场。

虽然“上游”公众参与的倡议受到了英国政府、学界和产业界的肯定，但其具体实践始终伴随着种种质疑。

首先，仅仅在时间上的早期参与是否就意味着“上游”参与？这就涉及上游参与的真正目标：是为了安抚公众对新技术的担忧，还是真正要摆脱传统的“下游”角色，变成技术未来发展轨迹的积极型塑者之一？的确，公众参与存在一个悖论：通常，在影响决策制定的余地最大的时候，公众对一项议题及其影响的意识恰恰最低。此时，人们有理由怀疑，政府推行上游参与可能是抓住机会向尚不清楚情况的公众灌输官方观点，从而限制公众所关注的话题范围(例如，只关注可以量化的风险和管制议题等)，让上游公众参与变成一种新的“缺失模型”。力推上游公众参与的英国著名智囊机构Demos成员詹姆逊·威尔斯顿（James Wilsdon）等就犀利地指出，上游参与有时被描绘成应对技术影响的一种方式，并非有助于型塑技术发展轨迹。人们希望公众参与可以用来阻截争议——一种我们早早地吞下然后不用再担心的预防药[8]。对此，威尔斯顿认为，作为让技术决策更加民主化的努力，真正的“上游”参与不仅体现在切入的时间点，还需要避免将“下游”的问题直接搬到“上游”。这意味着不是仅仅询问人们是否接受某个产品，而是要求他们去探索更加宽广的议题，例如：为何要发展这个技术，不是其他的技术？谁需要它？谁在控制它？谁从中受益？我们可以信任它吗？它对我和我的家人将意味着什么呢？它会改善环境吗？[8]

其次，在公众意识较低的情形下，“上游”公众参与是否会造成风险的放大？有学者担心：上游参与中的社会科学议程将把我们更深地带入泥沼中。在那里，我们将没有确凿的证据基础去做出关于科学发展的决定。此时，技术决策将根据有关最新事件的公众观点之变化而变化。而这些事件将被媒体运动放大或调节[9]。所以，打开上游争论本身也许就会带来公共争议。然而，亲身参与了英国首个上游公众参与项目“纳米陪审团”（Nano Jury UK）的提·罗杰斯-海顿（Tee Rogers-Hayden）等的研究则表明，尽管风险放大在很多情况下是一个重要的现象，但只有随时间累积起来的因素综合起来时，才最有可能发生。风险放大在英国纳米陪审团自身的运行过程中没有出现。例如，绝大多数陪审团建议似乎都是平衡的。科学和商业共同体无需害怕早期的公众参与只会强调负面后果或者关于风险的担忧。伴随着对更加包容性的过程和与科学家更多互动的渴望，纳米陪审团最后提出的建议也显示出对双向科学-社会对话的热情。因此，至少当前，没有迹象表明各种因素的混合会导致风险的放大[10]。

再次，“上游参与”的提法本身蕴含着张力。虽然公众的“上游参与”力图改变技术决定论对伦理考量在技术发展中的被动定位，但“游”这一线性流的比喻暗示技术选择是不可避免的，而且干预和型塑技术轨道相对容易。这一形象经常贯穿上游公众实践中。然而，这与STS共同体中广泛接受的一个理念——科学-社会关系是共同生产的、可变的和情境以来的——产生了冲突[11]。

此外，公众的上游参与对科技政策的实际影响力有多大？这也是当前上游公众参与实践所面临的重要挑战。因为倘若无法产生实际效力，那么极易挫伤公众参与的积极性，甚至会带来公众的愤世嫉俗与疲劳。

18.2 到上游“参与”技术发展

除了公众的上游参与，另一种形式的“上游参与”则体现为与人文社会学者开展的有关ELSI和技术评估研究。

就ELSI研究而言，早在1990年，美国启动“人类基因组计划”（HGP）时，就开始拨专款研究与基因信息使用有关的ELSI问题[1]，以应对和预期绘制和排列人类基因对个人和社会的影响，检验伦理、法律和社会的后果，激发对这些问题的公众讨论，并提出政策选择方案，从而确保基因信息得到有益的使用，希冀在问题出现之前就提出可以避免负面影响的建议[12]。从实际效果上来看，尽管ELSI研究产生了大量的发表物，但它常常因为缺乏对科学研究和科学政策制定过程的影响力而备受批评。有学者指责，由于研究经费受制于科学家管理者（scientist-adminstrator），缺乏独立的组织去决定何种研究需要探讨伦理的、社会的和法律的问题，所以，发表出来的ELSI的研究，在范围上总是由相应的科学家划定，只是关注技术发展的内部和下游问题，而无法反应公众的利益；在结果上，也总是与政策制定过程无关，而只不过是一大堆给其他学者、健康专家看的专业学术文献[13]。

可见，早期的ELSI研究没有很好地被整合进科学政策过程和研发过程。然而，欧美政府在发展纳米技术时对有关伦理和社会问题的高度关注，提供了既往ELSI研究中人文社会科学的被动角色的机遇。例如，有学者就兴奋地宣称："（我们）要努力用社会科学打开科学和创新的'黑箱'，以便那些塑造科学发展的默会假设向更广泛的公众监督敞开，将更强的反思意识引入科学家的专家世界，期待创新过程间接地增加对人类需求和期待的敏感度，从而获得更大的适应力与可持续性。"[14]

那么，怎样才能在纳米技术发展过程中实现上面各种关于新的ELSI研究的美好憧憬？

一个有代表性的做法是美国学者艾瑞克·费希尔（Erik Fisher）所提出的"中游调节"进路。费希尔认为，虽然实际的技术发展过程并不是一个上游（授权、资助）——中游（研究、制造）——下游（应用）的线性过程，但若借用"河流比喻"来表述研究政策、研发工作与末端应用这几个相互重叠又流动的阶段之间的关系，那么，"上游"并不限定在"研发的上游"，也包括"中游"，即实施或制定战略性愿景与目标的研发决策阶段。他通过让自然科学家和人文社会学者彼此合作探究，来拓展和改善技术研发的决策制定过程，将伦理考量嵌入实验室中。具体地，一名"嵌入的"（embedded）人文社会学者深入实验室，进行为期12周的参与研究，同与之合作的自然科学家讨论他们的日常科学活动，使之产生批判性反思。一份半结构的决策协议作为参与者对话的基础，来协调这些合作性的互动。随后，互动的结果按照"中游调节"的框架来评估。中游调节在三个反复的阶段中发生：①事实上的调节（de facto modulation）阶段：不论是在实验室做实验，还是在设计监管政策，自然科学家都很少系统地反思其所处的社会和伦理语境；②反思性调节阶段：自然科学家认识到和系统地反思了决策制定的社会和伦理语境，不过，除了对个人或组织所处的更广阔的语境的意识有所提升，什么也没有改变。③审议调节阶段：在研究或制定战略性决策时，自然科学家将上一步骤中被提升了的反思性意识置于工作中。这会改善产品或决策过程[15]。

就技术评估进路而言，始于美国的早期技术评估同样深受技术决定论影响，仅对技术可行性及可能后果的预测分析，但20世纪80年代兴起的参与式技术评估则不再被单纯地看做向决策过程输入客观、中立的知识，利益相关者在技术发展过程中的实际介入越来越受到重视。1986年，荷兰学者里普（Arie

Rip）等人创建的建构性技术评估（Constructive Technology Assessment，CTA），就是其典型代表。与以往技术评估将技术的影响看做技术对环境的被动作用不同，CTA将评估的重点从对技术后果的预测转移到技术设计与开发本身，认为技术发展各个阶段都与相关社会因素的参与密切相关。使用者和其他利益相关者从一开始便参与技术发展之中。技术的发展应是一个包括社会学习在内的不断反馈的过程。技术的影响是行动者主动寻求或避免的结果[16]。因此，CTA可被界定为：通过尽可能多的相关社会因素的持续参与，为实现技术与社会发展的最佳结合而扩展关于技术的决策过程[17]。

具体到纳米技术的社会和伦理风险，秉持CTA进路的荷兰学者Arie Rip强调，我们不仅要关注纳米技术的社会应用阶段，更要关注纳米技术早期政策制定过程和研发实施过程，让有关纳米技术的ELSI研究贯穿纳米技术发展的全程。这一理念在荷兰的国家级纳米技术评估项目“TA NanoNed”中进行了初步的尝试。Rip等人采用了“社会-技术情景”的方法，首先，让社会科学家根据对纳米技术发展现状的调研，从宏观、中观和微观三个层面，从政府、立法机构、保险公司、科研机构、公众等群体对某一项具体的纳米技术应用（例如，纳米颗粒，纳米芯片等）描绘出“社会-技术”的演化构想，从而对纳米技术未来的社会影响作出趋势预测；然后，社会科学家通过召开工作坊的方式，将各个利益相关者召集起来，共同探讨纳米技术潜在的风险问题，并由此反馈给与会的技术政策制定者和科学家，以便让公众和社会的意见得以影响纳米技术的实际发展进程[18]。

上述人文社会科学家“上游参与”实践效果如何？德国学者阿明．格雷瓦尔德（Armin Grunwald）等根据其所在的德国ITAS研究所的经历做了初步的评判。他们将伦理考量型塑纳米技术未来发展的抱负分成强、弱两种版本。所谓“强版本”，即，直接影响纳米科学技术的研发；所谓“弱版本”，即，影响公众、科学家与利益相关者对纳米技术的认知。这两名学者认为强版本的直接干预技术议程的构想不成功，弱版本的干预对技术发展的感知与理解，得到了检验[19]。因为，社会上根深蒂固的“（科技）价值中性论”有其复杂的社会、经济和历史原因，并不会在短时间内因为当前兴起的各种伦理参与实践而被动摇。

18.3 结 论

由于纳米技术是新型的使能技术，它面临着技术的、商业的和社会的多重不确定性。在转基因生物技术发展受阻的教训面前，欧美各国政府在发展纳米技术的时候，从一开始就对有关的伦理和社会影响给予了关注。不论是公众参与，还是人文社会学者对相关伦理社会问题的研究，都呈现出了“上游参与”的鲜明特征。由此，曾经被排斥在科技决策过程之外的公众，曾经被局限在科技后果的分析与预测角色的ELSI研究和技术评估，开始借由“上游参与”获得了整合进科学技术实际发展过程的可能。

虽然就实际操作过程和效果来看，近年来在欧美展开的各种“上游参与”尚处在实验探索阶段，还面临着种种质疑与挑战。但是，无一例外地，它们都突破了技术推动者单方面决定技术发展路径的既有模式，而主动地将曾经被忽视的公众利益诉求考虑了进来。各种形式的伦理考量已经不再被简单等同于科技进步的障碍，而开始成为科技未来发展图景的塑造者之一，扮演了相当积极的角色。相较于对纳米技术潜在社会和伦理影响的避而不谈、视而不见，当前欧美纳米技术发展过程中所涌现出来的这种多层面参与行为，不论最终是否能够如愿让纳米技术最大限度地造福人类、避免危害，它本身就构建出了一幅更加“负责任”的技术发展图景。我们可以说，更早的参与，就其现状而言，并不必然给我们带来更好的科技，但是，它让我们以更加公开、包容、负责任的方式去发展科技，让我们更有希望获得更好的科技、更好的未来！

参考文献

[1] Godman M. But is it unique to nanotechnology? Reframing nanoethics. Science and Engineering Ethics，2008，(14)：391-403.

[2] Rogers-Hayden T，Pidgeon N. Moving engagement “upstream”? Nanotechnologies and the Royal Society and Royal Academy of Engineering’ s inquiry. Public Understanding of Science，2007，(16)：347.

[3] House of Lords，Science and Society. http：//www. publications. parliament. uk/pa/ld199900/ldselect/ldsctech/38/3802. htm [2013-12-20].

[4] GM Nation. The Findings of the Public Debate. http：//www. defra. gov. uk/environment/gm/debate/index. htm [2013-12-12].

[5] Royal Society & Royal Academy of Engineering. Nanoscience and nanotechnologies：Opportunities and uncertainties. http：//www. raeng. org. uk/news/publications/list/reports/nanoscience_nanotechnologies. pdf [2009-10-14].

[6] HM Treasury. Science and innovation investment framework 2004～2014. http：//news. bbc. co. uk/nol/shared/bsp/hi/pdfs/science_innovation_120704. pdf [2013-12-1].

[7] Gavelin K，Wilson R，Doubleday R. Democratic technologies? The final report of the nanotechnology engagement group. http：//www. involve. org. uk/assets/Publications/Democratic-Technologies. pdf [2011-01-12].

[8] Wilsdon J. Paddling upstream：New currents in European technology assessment. In：

Rodemeyer M, Sarewitz D, Wilsdon J. The future of technology assessment. Washington, DC: Woodrow Wilson International Center for Scholars, 2005: 22-29.

[9] Tait J. Upstream engagement and the governance of science. EMBO Reports 10, 2009: 21.

[10] Rogers-hayden T, Pidgeon N. Reflecting upon the UK's Citizens' Jury on nanotechnologies: Nano Jury UK. Nanotechnology, Law & Business, 2006, (3): 177.

[11] Delgado A, Kjølberg K L, Wickson F. Public engagement coming of age: From theory to pracitce in STS encounters in nanotechnology. Public Understanding of Science 1, 2010: 1-20.

[12] Department of Health, Human Services & Department of Energy (USA). 1990. Understanding our genetic Inheritence. http: //www. genome. gov/10001477 [2011-03-13].

[13] Yesley M S. What's ELSI got to do with it? Bioethics and the Human Genome Project. New Genetics and Society, 2008, (1): 1-6.

[14] Macnaghten P, Kearnes B M, Wynne B. Nanotechnology, governance, and public deliberation: What role for the social sciences? Science Communication, 2005, (27): 268-287.

[15] Fisher E, Mahajan R L, Mitcham C. Midstream modulation of technology: Governance from within. Bulletin of Science, Technology & Society, 2006, (6): 485-496.

[16] Rip A, Misa J T, Schot J. Managing Technology in Society: The approach of Constructive Technology Assessment. London: Pinter, 1995.

[17] Schot J, Rip A. The past and future of constructive technology assessment. Technological Forecasting and Social Change, 1996, (54): 251-268.

[18] Rip A. Constructive technology assessment and socio-technical scenarios. *In*: Fisher E, Selin C, Wetmore J M. Yearbook of Nanotechnologyin Society: Presenting Futures, Vol. 1. Dordrecht: Springer Science+Business Media B V, 2008: 49-70.

[19] Grunwald A, Hocke P. The Risk debate on nanoparticles: Contributions to a normalisation of the science/society relationship? *In*: Kaiser M et al. Governing Future Technologies. Sociology of the Sciences Yearbook 27. Dordrecht: Springer Science + Business Media B V, 2010: 157-177.

19

纳米技术 ELSI 研究的国际学术力量分布及社会动力分析*

19.1 引　言

纳米科学研究始于 20 世纪 80 年代。近年来，随着纳米技术的迅猛发展，纳米产品逐渐渗透到人类社会的各个领域，已成长为各国高科技发展的核心竞争领域，美国等 60 多个国家已将其列为国家战略予以重点扶持。与此同时，随着纳米技术研发和产业化的不断深入，其伴生的安全与风险问题也逐渐显现，纳米技术的伦理道德约束、法律监管、社会风险认知等问题将直接影响到纳米技术的未来健康发展，亟待明确。

社会公众往往因现代科学技术发展的负效应而对科学技术本身及其结果产生怀疑，人文社会科学研究对于阐释科学技术的社会功能发挥了很好的解释作用，因此引发了越来越多的公众关注。始于 20 世纪 90 年代初的“人类基因组计划”提出伊始就明确了“伦理、法律和社会影响研究计划”（ethical，legal and social implications reseach program，ELSI）的实施方针，标志着伦理、法律与社会问题研究首次面向工程技术领域，为发现和预见人类基因组计划的伦理、法律和社会后果，激发社会公众对此类问题的关注与讨论，提供了切实的可行的平台[1]。基因技术的 ELSI 研究及其广泛的公众参与表明，社会公众对科学技术发展的认知与态度，对于科学技术的发展路径意义重大，批判视角的 ELSI 研究有助于增进公众对科学技术的了解和反思，有助于提高社会对科学技术发展的治理能力。

进入 21 世纪以来，纳米技术成为与基因技术同样备受争议的高风险领域。

---

* 本节作者为刘中梅、侯海燕。

针对纳米技术发展的风险，有关组织和国家发出了明确的警示。联合国教科文组织（UNESCO）指出，各国需要注意启动或强化纳米技术的风险监管，既包括纳米材料对人体和自然生态系统的生物和化学效应风险，也包括纳米材料的处置（泄漏、溢出、循环和集聚）风险；2004年英国皇家学会和皇家学院发表了《纳米科学与技术：机遇和不确定性》的研究报告，探讨了纳米技术在目前和将来可能引发的健康、安全、环境、伦理和社会问题；英国皇家学院与皇家工程学会认为，面对纳米材料存在的潜在风险以及国际环保团体呼吁停止纳米材料研发的呼声，加强政府的管理机制，增强公众对政府的信任是当务之急[2]。

纳米技术的发展同样离不开相关的伦理、法律与社会层面的研究，构建纳米技术的伦理和社会规约，对纳米技术的理性发展具有很强的现实意义。事实上，在世界范围内，纳米技术的ELSI研究已经引起越来越广泛的关注和重视[3]。在美国等发达国家，纳米技术的ELSI研究以及公众参与的民主浪潮在公共管理的各个领域展开，纳米技术的伦理与风险评估正在突破传统的专家咨询的单一模式，开始了以利益相关者为主导的公众参与伦理评价模式。

通常，高技术发展中公众、企业与政府的通力合作，可以适度抵消新技术、新材料对环境和健康的负面影响[4]。公众参与纳米技术的早期发展阶段有明显的好处，它可以通过对潜在问题的辩论和想象，预知纳米技术未来的利益和风险的轨迹，为未来的风险治理提供参考，因此，公众的认知与参与程度将从一个侧面决定纳米技术风险治理乃至创新的方向。高技术决策所涉及的专业知识远远超出以政府为代表的决策者的知识范畴，“在政策和监管决策中，科学活动的一个重要作用是产生有助于减低风险和不确定性的知识和信息。”[5]政府的科学技术管理部门应代表并反应公众的诉求。美国在2008年的《会聚技术报告》中强调提高国家技术治理能力，加强高技术治理中面向公众的沟通、咨询与参与，让公众对科学技术活动本身作出价值判断，提高科学技术社会问题的个人与公众决策能力[6]。纳米技术的ELSI研究有助于提高公众对纳米技术的认知与接受程度，也有助于提高政府管理者在纳米技术发展决策中的可靠性和稳定性。

19.2 纳米技术ELSI研究的国际学术力量分布状况

19.2.1 纳米技术ELSI研究总体状况的文献计量分析

以纳米技术的人文社会科学视角的研究文献为基础，可以初步判断各国纳米技术伦理与风险治理的知识基础和能力。本文使用的数据来源是 Web of Science（WOS）数据库，该数据库是汤森路透（Thomson Reuters）公司旗下的全球最大、覆盖学科最多的综合性学术信息资源，本研究选取科学引文索引（Science Citation Index，SCI）、社会科学引文索引（Social Science Citation Index，SSCI）。检索的时间范围限定为 1960 年至 2012 年，检索结果显示，纳米技术 ELSI 研究领域的发展总体呈现出了从无到有、稳步增长、逐步升温的趋势（图 19.1）。

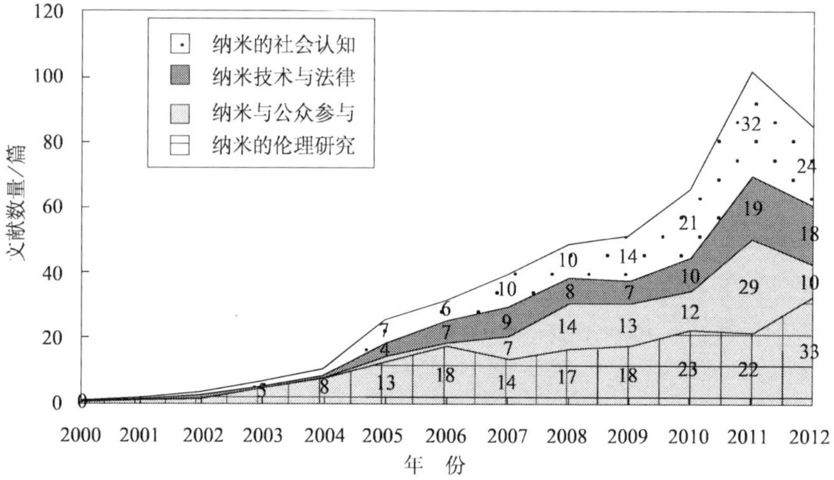

图 19.1 纳米技术的 ELSI 社会研究领域研究的文献情况

我们将纳米技术的 ELSI 研究划分为四个分支领域：①纳米技术的社会认知；②纳米技术的法律研究；③纳米技术的公众参与；④纳米技术的伦理研究。由图 1 我们发现，纳米技术的伦理研究始于 2001 年，以后逐渐稳步增长。2011～2012 年，文献数量增长幅度最大，可见纳米技术 ELSI 研究逐步引起学界重视。纳米技术的社会认知领域研究，1999 年收入 Web of Science 数据库的仅有 1 篇文献，从 2004 年后开始稳步增加。纳米技术的公众参与研究始于 2005 年英国兰卡斯特大学的麦克诺登（Macnaghten P.）发表的《纳米技术的治理与公共评议中社会科学应担当什么角色?》，此文后来成为该领域被引用频次较高的几篇论文之一。

从高产的研究机构来看，在纳米技术的 ELSI 相关研究中，综合发文数量 5 篇以上高产机构占总数的 47.9%，如表 19.1 所示。我们发现纳米技术的 ELSI 研究机构以大学为主。居前十一位的研究机构中，美国有以威斯康星、亚利桑那为代表的 8 所大学，英国有卡迪夫大学和伦敦大学两所大学，瑞士有联邦理工学院。值得关注的是，发文量达到 5 篇的研究机构中除了加拿大、俄罗斯和瑞典的著名大学外，中国台湾地区的台湾大学也跻身前列。

表 19.1　纳米技术 ELSI 的研究的高产机构

研究机构	国家（地区）	文献量/篇	百分比/%	研究机构	国家（地区）	文献量/篇	百分比/%
威斯康星大学麦迪逊校区	美国	18	5.36	伦敦大学	英国	6	1.79
威斯康星大学	美国	18	5.36	新墨西哥大学	美国	6	1.79
亚利桑那州立大学	美国	17	5.06	哈佛大学	美国	5	1.49
卡迪夫大学	英国	11	3.27	莫纳什大学	美国	5	1.49
南卡罗来纳大学	美国	11	3.27	台湾大学	中国台湾	5	1.49
加利福尼亚大学系统	美国	10	2.98	北卡罗来纳州立大学	美国	5	1.49
康奈尔大学	美国	8	2.38	俄罗斯科学院	俄罗斯	5	1.49
瑞士联邦理工学院	瑞士	8	2.38	渥太华大学	加拿大	5	1.49
明尼苏州双城大学	美国	8	2.38	宾夕法尼亚大学	美国	5	1.49

上述研究中，有 104 篇文献的研究得到了相关基金的资助，其中资助两项以上研究的基金占 23.8%，最为突出的是美国国家科学基金会，资助了 20 项研究，资助度最高。其余资助均为 2～3 项，有欧盟、英国利华休姆信托基金、美国政府机构（如国立卫生研究院和环保署），以及美敦力公司（Medtronic）、西能公司（Nanosphere）、医药公司（Medicines Company）等企业，这体现了美国资助纳米技术 ELSI 研究的多元化社会力量。

在纳米技术 ELSI 研究国家地区的分布中，美国所占的比例最高，为 40.4%。此外，以英国为代表的欧盟成员国在这一领域的研究成果也很突出。在亚洲，中国台湾地区较为突出，日本、新加坡和中国内地也开始进入这一领域。在纳米技术的法律规制研究领域，美国是最为高产的国家，发表的文献所占比例为 16.84%，英国为 15.79%，两国相对领先，德国、西班牙均为 8.42%，荷兰、比利时、丹麦、瑞士、法国和意大利等西欧国家紧随其后，欧洲其他国家尤其是欧盟成员国都显示出对这一领域的重视；此外，日本、澳大利亚、巴西、芬兰、南非、瑞典等有所占比例平均为 2.1%，亚洲地区的中国、印度、韩国也开展了纳米技术法律监管方面的研究。

19.2.2 纳米技术的认知和公众参与研究的状况

纳米技术的认知和公众参与研究文献总体数量不多，可以看出这是一个学科交叉研究的新兴领域。该领域排名前十位的高产研究机构均为国际知名大学（表 19.2），其中，属于美国的是以威斯康星和亚利桑那大学为首的 6 所大学；瑞士在此领域有两所代表性的大学，即瑞士苏黎世联邦理工学院和苏黎世大学。英国的卡迪夫大学排名第 3，其纳米社会认知领域的研究尤为突出，发文量居第一位。此外，澳大利亚的莫纳什大学综合研究力量也进入了前列。值得关注的是，欧洲国家纳米技术社会认知的研究成果与美国接近，足见欧盟对纳米技术社会学科维度研究的支持，在纳米社会认知和公众参与领域研究领域显示了突出的实力。

表 19.2 纳米技术的认知与公众参与研究的高产机构

研究机构	所在国家	纳米技术认知研究比例/%	纳米公众参与研究比例/%
威斯康星大学	美国	6.52	12.97
亚利桑那大学	美国	7.61	9.92
卡迪夫大学	英国	8.70	4.58
瑞士苏黎世联邦理工学院	瑞士	3.26	11.45
南卡罗来纳大学	美国	3.26	4.58
明尼苏达大学	美国	3.26	3.82
加利福尼亚大学圣塔巴巴拉分校	美国	2.17	3.82
莫纳什大学	英国	4.35	2.29
康奈尔大学	美国	2.17	3.05
苏黎世大学	瑞士	3.261	2.29

19.2.3 美国对纳米 ELSI 研究成果的基金资助

我们将 WOS 数据库中美国纳米技术 ELSI 研究文献的基金资助信息提取出来进行分析，以寻求美国纳米 ELSI 研究成果显著的原因。在 WOS 的数据库中分别将纳米技术的伦理与法律研究作为第一组基金资助识别目标，将纳米技术的社会认知与公众参与研究作为第二组基金资助识别目标，将资助机构来源辨析分类形成表 19.3。

表 19.3　美国纳米技术 ELSI 研究的多元资助

研究资助来源	纳米技术的伦理与法律（资助数目/个）	纳米技术的社会认知与公众参与（资助数目/个）
国家科研管理机构	美国国家科学基金会（22）	美国国家科学基金（28）
国家行政机构	美国环保局（2） 美国食品药品管理局（1） 美国国家卫生研究所（6）	美国环保局（4） 农业部（1）
大学	亚利桑那大学纳米社会研究中心（1） 加利福尼亚大学圣芭芭拉州分校纳米研究中心（1）	威斯康星麦迪逊研究院（4） 康奈尔大学（4） 加利福尼亚芭芭拉分校纳米技术与社会研究中心（3） 美国亚利桑那州国家大学社会中的纳米技术中心（1） 杜克大学纳米技术的环境研究中心（1） 华威大学（1）
基金	雅培公司（2） 爱科美恩公司（2） 百时美研究所（2） 美敦力公司（2） 西能公司（2） 美国医药公司（2） 爱科美思仪器公司（2） 美艾利健康管理公司（2） 爱惜康设备公司（2）	美国奥斯卡利亚基金会（1）
其他	美国国立卫生研究院人类基因研究组（4） 美国心脏健康协会（2）	国家社会科学中心（1） 纳米科学研究中心（1） 国家健康研究所（1） 伍德威尔逊研究中心（1） 美国食品安全协会（1） 美国国家癌症研究所（1） 宾夕法尼亚州社区和经济发展机构（1）

由表 19.3 可以看到，两个领域的研究资助来源主要以美国国家科学基金会为主，此外，美国环保局、食品药品管理局、农业部和卫生研究院作为美国国家政府的行政机构也资助了相关的研究。在社会资助力量中，大学既是研究主体，也作为资助者，为该领域的发展提供资金来源。其他社会研究机构和协会也在资助中起了举足轻重的作用。

在资助基金的来源上，纳米技术的伦理和法律领域的研究主要来源于美国的食品、医疗保健等知名公司。在纳米技术的社会认知和公众参与的基金资助方面，大学和社会科学研究机构的资助更突出。值得关注的是除了国家决策机构和社会学者关注纳米技术的伦理、道德、法律风险问题，企业也开始资助纳米技术的社会科学研究。总体上，美国的纳米技术 ELSI 研究得到了来自社会多元力量的支持。

19.3 美国纳米技术的ELSI研究领先的社会因素分析

19.3.1 美国国家战略的先导作用

美国是最早从国家战略层面启动纳米技术研发的国家，也是最早提出倡导纳米技术的ELSI研究的国家。美国ELSI研究的兴起与发展是与当代社会对科学技术发展的社会影响进行反思分不开的。20世纪70年代，美国社会学界对克隆技术的社会思考促进了科学治理理念的萌生，并付诸实施于多学科交叉研究领域。随着美国在国家科学技术政策层面对纳米技术发展的支持，纳米技术的社会科学研究受到美国ELSI研究体制化、专业化发展的影响和推动。2000年，美国提出“国家纳米计划”（NNI）的同时，将纳米技术的公众接受程度作为未来评估纳米技术发展的一个关键因素，并将其作为促进纳米技术发展的一个重要研究课题。2007年美国“国家纳米技术计划”明确地将支持纳米技术负责任的开发作为主要目标之一。其中，纳米技术的安全有效开发主要涉及两方面的问题：一是纳米技术对环境、健康和安全的影响；二是因纳米技术产生的伦理、法律和其他相关的社会问题[7]。

19.3.2 美国促进纳米技术ELSI研究的机制保障

2001年美国国家科学基金会出版的《纳米科学和技术的社会影响》指出，NNI必须包括纳米技术对社会影响的研究，解决具有挑战性的重点问题；建立研究中心和机构的网络基础设施；加强伦理、法律、社会影响方面的研究；充分利用纳米技术服务于国家[8]。为了提高公民的技术素养，培育有知识、善思考和有能力的公民，美国已针对高等教育、非正规教育等不同教育层次的公众积极参与纳米技术沟通等几个方面开展了相关工作，为美国发展纳米技术风险决策中引进公众参与做了准备[9]。

纳米技术的社会认知等领域的研究将有助于改变由于纳米技术的重大突破引起的人们对纳米技术期望过高、过热、或者过分恐惧与担忧的状况。美国在NNI框架下，设置了专门的管理运行机构——美国纳米科学技术中心(NSTC)。美国纳米科学技术中心下设纳米技术中心和纳米科学中心，纳米技术中心下设国家纳米技术协调办公室（NNCO）和纳米科学工程技术中心(NSET)，二者并列。国家纳米技术协调办公室设立的宗旨是听取来自自然科学界、社会科学工作者、私人机构和公众对纳米技术未来发展的机会和风险的态度，以及对纳米研究机构投入的反馈。国家纳米技术协调办公室为广大公众搜集和公布信息，包括宣传册子、研讨会报告、纳米技术相关的资讯、教育资源、投资机会以及其他信息。相关信息透明度很高，都能在相关网站上看到。由国家纳米技术协调办公室设计、组织和管理相关网站，同时提供有关纳米技术和国家纳米技术计划活动的最新资讯。国家纳米技术协调办公室职员以及公共信息机构人员的联系十分密切，增强了其资讯的传播效益，国家纳米技术协调办公室组织关于纳米认知领域互动的网络交流、市民平台、研讨会以及其他教育活动[10]。

美国NNI在公众参与领域做了建设性的准备工作，在启动纳米技术研究的同时也较为关注公众对纳米技术的认知，通过建立制度架构为公民与纳米技术管理者的沟通搭建了平台。提高国家技术治理能力要加强高技术治理中面向公众的沟通、咨询与参与，使公众对科学技术活动本身作出价值判断，提高科学技术社会问题的个人与公众决策能力；促进并鼓励建立公众与投资方对话的论坛；创建并传播有关纳米科学与技术的新的信息材料，定期将公众对纳米技术的重要意见等信息反馈给联邦机构及其他政策制定者和科学团体。美国NNI组织发起了政府、工业界、公众和专家关于如何平衡纳米技术利益和风险关系的论坛讨论[7]。其中ELSI工作组近年来对纳米技术的研究和计划推动过程中可能衍生的伦理、法律和相关议题进行辨识、沟通、治理与规范，研究成果显著，这将为纳米技术研究发展及产业化提供建议及规范[11]。在纳米技术的ELSI研究领域，美国还依托亚利桑那大学纳米中心管理论坛成立了国家公民技术论坛，为纳米技术的公众参与提供了交流平台，其相关学术研究成果也十分显著。

19.4 结　语

从纳米技术的ELSI研究文献计量分析结果来看，美国在纳米技术的社会科学研究上实力最强，欧盟成员国也较为突出。我国是纳米技术研发大国，但在纳米技术的伦理、法律与社会问题研究却明显滞后，而我国纳米技术风险研究在伦理学、技术哲学等社会科学领域尚处于起步阶段。

社会科学领域的ELSI研究决定着纳米技术的发展方向，纳米技术的法律监管直接影响到纳米产品的市场化进程。为了保证我国纳米技术的发展优势地位，我国急需加强对国际上纳米技术ELSI研究范式及其发展趋势的关注。我国在国家发展战略层面强调加强纳米基础研究和应用基础研究，选择我国优势学科，加快实现产业化。在这个框架中，纳米项目的规划和执行主要局限在在科学研究和技术应用转化领域，加强纳米伦理与社会的研究，推动我国纳米技术在工程领域与社会科学的交叉研究显得尤为重要。同时，纳米技术的伦理反思、法律监管、公众认知与参与为公众与科学共同体的交流提供了广阔的空间，也为我国社会科学领域工作者研究提出了新的任务。

参考文献

[1] 黄小茹 . ELSI 研究的进展与趋势 . 科学与社会，2012，2（1）：56-65.

[2] Royal Society and Royal Academy of Engineering. Nanoscience and nanotechnologies：opportunities and uncertainties. London：The Royal Society & The Royal Academy of Engineering Report，2004：61-64.

[3] 侯海燕，王国豫，王贤文，等 . 国外纳米技术伦理与社会研究的兴起与发展 . 工程研究：跨学科视野中的工程，2011（4）：352-364.

[4] 白晶 . "纳米：监管与创新——人文社会科学的角色"学术研讨会纪要 . 中国医学伦理学，2009，22（2）：158-160.

[5] 布鲁斯德恩 . 充满风险的事业，加拿大变革中的基于科学的政策与监督体制 . 陈光，王海芸，朱桂琴，译 . 上海：上海交通大学出版社，2001：369.

[6] 陈强，鲍悦华，程好 . 重大科技项目的过程管理与系统机制研究 . 北京：化学工业出版社，2011：78.

[7] Roco M C，The Long View of Nanotechnology Development：The National Nanotechnology Initiative at 10 years. 2011：1-28.

[8] 边疆 . 美国 NSF《纳米科学和技术的社会影响》之要点 . 全球科技经济瞭望，2001（09）：54-55.

[9] Rogers J D，Youtie J，Kay L. Program-Level assessment of research centers：Contribution of Nanoscale Science and Engineering Centers to US Nanotechnology National Initiative goals. Research Evaluation，2012，21（5）：368-380.

[10] 杨莺歌 . 美国纳米计划机构间协调机制 . http：//www. istis. sh. cn/list/list. aspx? id=7084［2011-04-25］.

[11] 伦理、法律与社会影响办公室 . 政府公共服务与责任伦理 . http：//www. npopss-cn. gov. cn/n/2013/0717/c362257-22228059. htm［2013-07-17］.

20

我国公众对纳米技术的认知分析

——基于大连地区纳米技术公众认知的实证调查*

20.1 引　言

纳米技术被认为是引领 21 世纪技术革命的核心技术。随着纳米技术的飞速发展，尤其是近几年来纳米技术产业化和纳米技术产品市场化的推进，纳米技术已经开始进入人们的生活：部分计算机芯片、防皱的裤子、DVD 播放机、自洁玻璃、防晒霜中的遮光剂等产品，都是应用纳米技术的实例。美国伍德罗·威尔逊国际研究中心网站的统计数据表明，全球市场正式标称的纳米产品已超过 1317 种[1]。然而，纳米技术所带来的不仅是巨大的经济和社会效益，同时也蕴藏着一定的安全和伦理问题[2]。从技术的社会建构出发，公众对纳米技术的认知，是公众对纳米技术的价值判断的基础。因此，了解公众对纳米技术的态度尤其是对风险的认知和可接受性，对于制定相关的政策，增强公众的风险意识，促进公众参与纳米技术的规划与善治，最终推进纳米技术的全面发展具有重要的意义。

美国早在 2000 年 2 月正式启动"国家纳米技术计划"（National Nanotechnology Initiative，NNI）的同时，就已经将提高公众对纳米技术的认知，吸收公众参与纳米技术的讨论问题列入研究规划。2004 年，美国多家调查机构开始了全国范围的纳米技术公众认知调查。结果显示，在美国"听说过纳米技术"的比例分别为 2007 年的 56%，2009 年的 62%，2010 年的 67%，说明有 50%

---

* 本节作者为刘莉、王国豫、刘晓琳、曹枥元，发表于 2012 年 04 期《大连理工大学学报（社会科学版）》。

以上的人至少听说过纳米技术，且总体上呈上升趋势[3]。而在欧洲，2007 年德国风险评估联邦学会（The Federal Institute for Risk Assessment，BfR）也主持了“纳米技术公众认知调查”。结果显示，有 67%的人“听说过纳米技术”，高于美国 2007 年的调查结果，与美国 2010 年的数据持平[4]。美国和德国的调查数据说明发达国家公众对纳米技术已经有了较高的认知度[5]。尽管这些调查的结果并不一定十分全面、准确，但是通过比较还是可以发现，它们都不同程度地反映了各国公众对纳米技术的认知水平，而且也从一个侧面反映了这些国家公众对纳米技术的态度。

从 2009 年开始，我国在纳米研究方面的论文和专利的数量已经跃居世界第一，成为纳米技术发展的大国之一[6]。但遗憾的是，我们对中国公众纳米技术的认知现状以及公众对纳米技术的态度还了解甚少。为此，本课题组 2010 年 5 月 2011 年 2 月在大连市的不同区域，对不同年龄、不同教育程度和不同职业的公众群体进行了广泛深入的问卷调查，并在此基础上，对公众认知状况产生的原因进行了一定的分析，以期为我国政府制定相关的纳米技术发展战略提供政策依据。

20.2 研究方法与数据来源

20.2.1 调查方法和目的

本次调查采用封闭式调查问卷研究方法，旨在通过调查分析，了解公众对纳米技术的认知程度及其态度，为制定纳米技术公众认知政策提供实证依据。

20.2.2 样本选取与问卷设计

大连市作为抽样调查的样本，其原因在于：首先，大连市属于一个中等发达城市，在中国 2011 年城市 GDP 排名中居全国第 14 位。大连市文化教育水平处于中等水平，拥有高等院校数量居全国第 22 位；大连市是科研院所、高等院校聚集的地区，中国科学院大连化学物理研究所、大连理工大学都承担了大量的国家纳米科学技术的研究与开发项目；大连市委市政府将纳米技术作为新兴战略型产业中的核心技术，在中央振兴东北的战略规划下，大连市政府大力扶持新兴高科技产业，已经拥有了一定数量规模的纳米技术企业。

本次调查对象是大连市公众，充分考虑性别、年龄、教育程度等变量的平衡（表 20.1）以保证研究的普遍意义、课题组在大连市商场、街道、学校、社区、车站等公共场所随机发放问卷 3600 份。现场填写，当场收回。回收有效问卷 3491 份。回收率为 96.97%。通过 SPSS16.0 统计软件对数据进行整理、合并、分析。

为了了解公众对纳米技术的认知程度、途径以及对纳米技术风险和伦理问题的认识，本文对调查的主要内容的设计包括以下三个方面：①对纳米技术的了解程度、途径及其态度；②对纳米技术安全性及其伦理问题的认识；③公众对纳米技术安全风险的认知权利问题。并围绕着这三个问题对不同性别、年龄、职业、教育程度的人群的认知状况进行了分类比较。

表20.1 调查样本情况（$n=3491$）

人口统计学变量	类别	人数	百分比/%	人口统计学变量	类别	人数	百分比/%
性别	男	1931	55.3	职业	经济	171	4.9
	女	1560	44.7		教育	119	3.4
年龄	10～19岁	928	26.6		政府	117	3.4
	20～29岁	1626	46.6		企业	312	8.9
	30～39岁	369	10.6		自由职业	421	12.1
	40～49岁	281	8.0		科学研究	38	1.1
	50～59岁	148	4.2		学生	1819	52.1
	60岁以上	139	4.0		农业	70	2.0
受教育程度	初中及以下	741	21.2		部队	33	0.9
	高中中专技校	894	25.6		其他	391	11.2
	大专	362	10.4				
	本科	1305	37.4				
	研究生及以上	189	5.4	住址	农村	619	17.7
收入/元	1000以下	1889	54.1		乡镇	614	17.6
	1000～3000	966	27.7		县级市	479	13.7
	3000～5000	358	10.3		地级市	1033	29.6
	5000～8000	121	3.5		副省级城市	510	14.6
	8000以上	157	4.5		省会或直辖市	236	6.8

20.3 公众认知现状分析

20.3.1 公众对纳米技术认知的基本状况

20.3.1.1 对纳米技术的了解程度、途径及其态度

本次调查表明，大连地区79.4%的公众表示“听说过纳米技术”，高于美国同时期（2010年的67%）的认知水准。其中42.8%的被调查者接触过纳米技术产品，77.9%的人认为应该对纳米技术进行深入的开发利用。说明在我国，纳米技术的概念已经得到了广泛的传播，而且产业化的程度也较高，公众

对纳米技术的期待也较高。目前由于还没有统一的行业标准，这些挂着纳米技术产品名头的商品是否一定是纳米技术产品，还有待于甄别。调查中通过交谈我们了解到，公众对纳米技术的认知多来源于广告和冠以纳米概念的商品，这一认知属于被动接受。从认知心理学的角度看来，任何认知都是具有选择性的，与接受者或被接受者的情感趋向相关，比如说与期待以及前理解相关。改革开放 30 多年，我们把科学技术作为第一生产力，大量引进国外的先进技术，全面支持国内企业的技术创新。科学技术和生产力迅猛发展的同时，人民的生活水平也有了极大的提高。政府和媒体的导向与改革开放成功的经验无疑都会对我国公众对纳米技术的认知选择产生积极影响，公众对新技术的期待度自然较高。此外，对纳米技术的认知也与对其他技术尤其是对高新技术的偏爱呈正相关。在被问及的人群中，有 63%的人平时就比较关注和喜爱新技术。

20.3.1.2 对纳米技术安全性及其伦理问题的认知

纳米技术的安全性问题是近年来关于纳米技术风险与机遇讨论中的一个重要问题。由于纳米技术与其他新兴技术一样面临着市场化的压力，而纳米技术的风险，特别是与其他技术结合后所带来的后果往往具有长远性、累积性和潜在性，因此，有关纳米技术对健康与环境的潜在风险和社会伦理影响的讨论已经成为纳米伦理研究的一个主要议题。这也是需要公众提高风险意识的一个重要原因。在本次调查对象中，有 38.7%的公众考虑过纳米技术的安全性问题，39.2%的人认为纳米技术存在伦理问题，57.4%的公众认为“纳米技术的风险与利益并存”，55%以上的受访者相信“纳米技术将有可能引发下一场工业革命”。这一结果除了与公众对纳米技术的期待相关外，也和公众对纳米技术认知的途径和渠道相关。因为，大部分公众对纳米技术的认知来源于纳米技术产品广告，也就是说公众是作为广告的受众而获知纳米技术的相关信息的。值得注意的是，广告的主体是企业，企业作为纳米技术利益相关者，其目的在于利润而不是传播科学知识。而且广告大多喜欢用极端的、暗示的语言夸大纳米技术产品的效用，对纳米技术的安全性自然避而不谈。显然，这一传播渠道的特殊性对我国公众对纳米技术安全性和伦理问题的认识发生着重要影响。

20.3.1.3 对纳米技术安全风险的认知权利问题

公众对纳米技术安全风险的认知权利问题是一个敏感而重要的问题。由于纳米技术的研发不仅涉及企业的利益，而且也关系到国家是否能够在未来国际技术竞争中取得制高点、话语权、甚至关系到国家安全问题，在目前纳米技术的风险并不十分明朗的情况下，是否应该告诉公众，特别是生产人员，纳米技术存在的潜在风险，一直是个敏感的问题。企业作为纳米技术的主要开发者、生产者，并不希望工人了解纳米技术的潜在风险。而目前我国还没有相关法律对从事纳米技术的工人的职业健康提供保护。但是，另一方面，随着我国开放程度的提高和公众公民意识的增强，人们对自身权益的要求也发生了很大的变化，维权意识逐渐增强。调查显示，77.2%的人认为“工人对纳米产品生产过程中的安全隐患具有知情权”，82.4%的人认为“企业应就民用产品中纳米技术的安全性对公众履行告知义务”。因为纳米粒子的无孔不入，不仅会直接影响纳米技术生产者的健康，在纳米技术产品的运输、存储和消费过程中，如果有纳米粒子释放在环境中，也会对公众的健康和环境造成影响。此外，纳米技术风险的知情权还涉及风险与利益的分配公正问题。

20.3.2　公众对纳米技术认知的分类比较

以公众的性别、年龄、职业、教育程度为外源变量（自变量），以纳米技术公众认知程度作为内源变量（因变量）进行分析，结果如下。

20.3.2.1　公众对纳米技术认知的性别差异

社会性别对公众纳米技术认知有影响但并不显著。所谓“社会性别”是指在个人社会化过程中因为社会文化、习俗、制度等原因形成的性别意识、性别角色和性别行为模式。两性在生理和心理上存在的诸多差异，常使两性对事物的认知有所不同。本次调查显示，我国公众对纳米技术的认知水平就总体而言，男性高于女性，但差别不大。在对纳米技术“听说”、“知道”、“接触过”三个认知层次上，男性的认知水平都是略高于女性。这说明尽管社会性别对纳米技术认知有一定的影响，但是，随着男女在受教育的机会上趋于平等，尤其是对于年轻一代而言，性别对纳米技术公众认知的影响并不明显。

20.3.2.2　公众对纳米技术认知的年龄差异

公众对纳米技术认知的年龄差异较为显著，表现为愈年轻纳米技术认知程度愈高。其中，20～29岁公众纳米技术认知程度最高：“听说过为84.7%”、“知道为68.9%”、“接触过为44.7%”，而最低的是60岁以上的公众，三项数据分别为66.2%，48.2%和43.9%（图20.1）。其原因可能是，20～29岁的公众是接受新事物最多最快的群体，他们接受着最先进的教育，有着比较扎实的知识基础和较为成熟的心智，所以对新兴技术的认知往往最容易跟上时代的脚步。而随着年龄的增长，人们的心理逐渐趋于保守熟悉的东西更容易带来安全感，对新鲜事物保持着谨慎的态度。因此年龄成为对纳米技术的认知一个较显著的影响因素。

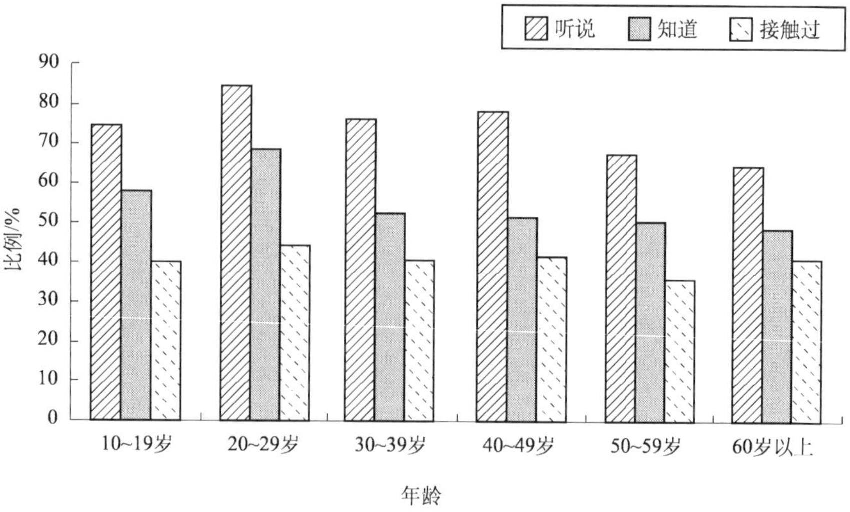

图 20.1 年龄对纳米技术公众认知的影响

20.3.2.3 公众对纳米技术认知的职业差异

不同职业的公众对纳米技术认知的程度差异较显著。表现为从事教育、科学研究者和学生对纳米技术有较高的认知，其次分别是政府、经济、企业、自由职业和部队的公众，认知度最低的职业是农业（图 20.2）。其原因可能是不同的职业占有和接触到的社会知识不同，教育工作者、科学研究人员、学生、政府人员和从事经济的社会公众往往是引领社会进步和先进科技的人。而其他群体因从事的职业、需要的专业知识及社会经历不同故呈现出参差不齐的纳米技术认知水平。

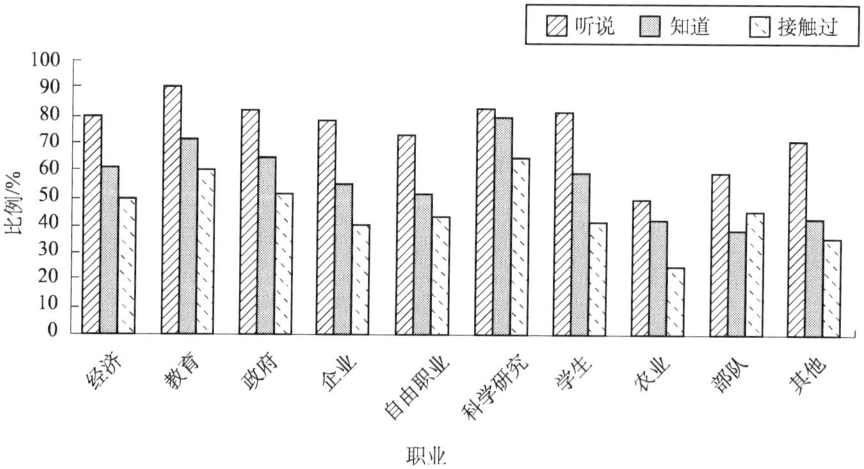

图 20.2 职业对纳米技术公众认知的影响

20.3.2.4　公众对纳米技术认知的教育程度差异

随着教育程度的升高，纳米技术公众认知水平呈现出明显的上升趋势（见图 20.3）。一般而言，高教育程度对应着高文化、高素质和较高的学习能力。对于像纳米技术这样的前沿技术 一方面他们学习和接触相关技术的机会与渠道较多，另一方面，他们主动学习的动力和能力也更强。说明教育是提高公众对纳米技术方面认知水平的一个有效手段和途径。

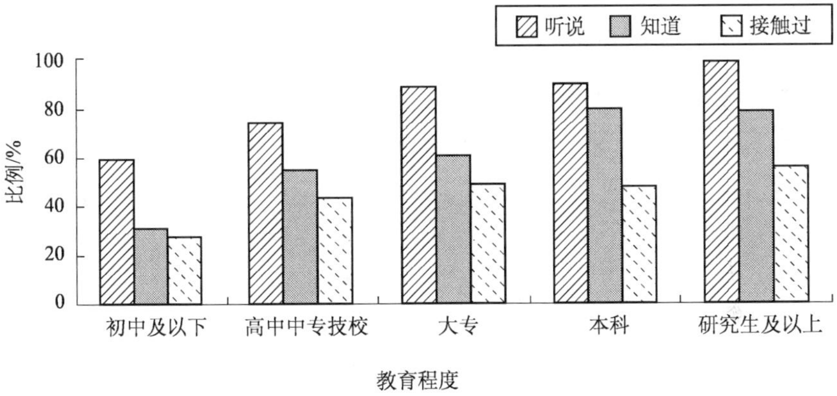

图 20.3　教育程度对纳米技术公众认知的影响

20.4　结论及建议

随着纳米技术逐渐走进我们的社会生活，公众对纳米技术的理性、全面的认知变得越来越重要。特别是公众对技术安全风险认知，体现了风险社会公众的知情权和选择权。提高公众对纳米技术的认知和理解，可以有效地防范纳米技术的风险，维护公众自身的权益，保障安全和健康，从根本上推动纳米技术的健康、可持续发展。通过调查研究，本文得出以下结论和建议。

20.4.1　我国公众的纳米技术认知度较高，但普遍处于被接受的状态

调查显示，我国公众对纳米技术认知的程度较高，这一结果令人振奋。但本文的调查数据也表明，不同群体对纳米技术的认知程度差距较大，年长者、农民、和受教育程度较低的公众对纳米技术的认知水平还亟待提高。反思本次调查的结果可以发现，公众的认知多来源于各种广告和纳米产品宣传，基本处于被接受的状态。接受是主动的、自主的选择，而被接受反映了人主体性的消解。鉴于纳米技术蕴含了一定潜在风险，应该从社会公正的基本诉求出发，思考公众是否愿意接受和应该接受的问题。从纳米在环境中的暴露以及纳米技术与信息技术生物技术和认知技术的汇聚来看，纳米技术终将改变我们的行为方

式和生活方式，成为环境的一部分，并将构建我们的未来生活。从这个意义上讲，每一位公众都有参与选择的权利。这就要求我们在决定纳米技术的发展时，应该更加透明开放，比如，通过论坛等形式让公众发表意见，参与决策，只有如此，公众才有可能走出被接受的困境，理性规避纳米技术可能带来的风险。

20.4.2 我国公众的纳米风险意识和安全意识还有待提高

调查结果显示，我国公众风险意识和安全意识相对淡薄。大部分公众自称接触过纳米技术产品，但所接触的是否真的是纳米技术产品，无从判断。因为目前的纳米产品市场良莠不齐，一些伪纳米产品，打着科学的大旗，对人们的科学观念和日常消费都产生了误导，这既不利于保护公众的合法权益，长此以往也必将阻碍真正纳米产品的开发利用。因此，相关部门应在纳米技术研发的初始阶段就要研究制定纳米技术的标准和法规，在加强纳米技术毒理学研究的同时加强对纳米技术生产过程的监管，特别是加强对纳米技术市场广告的管理和监督，向公众说明真相。对所有的纳米技术产品进行标识，以保证公众有权选择是否使用纳米产品。此外，在风险管理中，科学家也应负责任地向公众全面介绍纳米技术的特点，包括其潜在的风险，确保公众在获得利益与承担风险中作出合理判断。

20.4.3 我国公众对纳米技术知识的需求强烈

调查表明，81.9%的公众认为应加强对纳米技术知识的普及教育。这一方面反映了公众对纳米技术的兴趣和期望，也说明对我国纳米技术知识的普及工作还未有效开展，结合国外的先进经验和时代特点，对我国纳米技术公众认知的教育普及应注意做好以下三项工作：第一，应挖掘媒介的教育功能，构建科学全面的纳米技术认知体系。现代传播学的研究表明，媒介具有强大的环境塑造和教育功能。因此，应广泛利用电视、报纸、网络等传统媒体，并大力开发手机短信、触摸媒体等新媒体，通过制作有关纳米技术知识和相关产品的纪录片、宣传片、公益广告、数字电影等方式，整合各类认知媒介与渠道，使纳米技术不再神秘，提高公众对伪纳米技术的甄别能力，也防止有人打着科学的旗号进行伪科学的传播。第二，在普及提高纳米技术公众认知的过程中，应针对不同人群的特点通过灵活多样的形式，满足各层次人群的需求。第三，应加强学校教育，重点提高青少年对纳米技术的认知。2011 年第八次中国公民科学素养调查报告表明，目前我国公民科学素养水平（3.27%）相当于日本、加拿大和欧盟等主要发达国家和地区在 20 世纪 80 年代末的水平。反思这一差距，科普教育在学校教育中的缺位是重要原因之一。就纳米技术知识的普及而言，美国的相关工作已经开展，在美国国家科学基金会项目的支持下，2009～2010 学年美国学者 Pelleg 等人走进课堂为美国高中生开设多种形式的纳米技术课程，通过调查问卷，他们发现“课程有效地改变了学生的纳米技术认知，因为项目实施前，学生关于纳米技术的认知多形成于大众文化、电影和电子游戏”[7]，很难达到科学客观的要求。虽然在我国应试教育的重压之下，纳米技术知识进课堂落实起来会有一定困难，但是如果我们科技工作者和志愿者能够作出一些努力和尝试，实现杜兰特所言的“把科学作为‘公众的知识来看待’”相信对青少年培养科学兴趣，提高科学素养，增强科学能力还是会大有裨益的。

总之，如同纳米技术本身，纳米技术公众认知的研究和普及教育工作是一项异常复杂艰巨的工作。我们应该加强对公众纳米技术认知的调查研究，促进纳米技术知识的科学传播，为公众全面理性地认知纳米技术、积极参与纳米技术的公众治理、审慎明智地选择纳米技术提供新的视角。

参考文献

[1] The Project on Emerging Nanotechnologies (PEN) . PDA releases food, cosmetic nanotechndogy for public comment. http://www.nanotechproject.org/news/archive/9237 [2012-01-02].

[2] 王国豫，龚超，张灿. 纳米伦理：研究现状、问题与挑战. 科学通报，2011，68 (2)：2-4.

[3] Hart Research Associates. Awareness & Impressions of Synthetic Biology a Report of Findings [R]. Washington DC: Hart Research Associates, 2009.

[4] Zimmer R, Hertel R, Bog F. Perceptions about Nanotechnology-Representative Survey and Basic Morpho-logical-Psychological Study. Berlin: Federal Institute for Risk Assessment Press Office, 2008.

[5] Peter D. Awareness of and Attitudes toward Nanotechn-ology and Federal Regulatory Agencies. Washington, DC: The Woodrow Wilson international Center for Scholars, 2007.

[6] 白春礼. 纳米技术的安全与伦理论坛序言. 科学通报，2011，68 (2)：1.

[7] Pelleg B, Figueroa M, Van Kouwenberg M, et al. Implementing nanotechnology education the high school classroom. http//: ieeexplore. ieee. org/xpls/abs_all. jsp? ar number =6142886. [2012-09-22].

21

公众对纳米技术利益与风险的评估*

21.1 引 言

“新技术的成功越来越依赖于安全评估与风险感知”[1]，作21世纪核心技术之一的纳米技术亦是如此。20世纪90年代以来，随着纳米科技的迅速发展，纳米技术已经被逐渐应用于电子、军事、汽车、化妆品和医疗等行业，给人类生活带来了新的福音。根据美国“国家纳米技术计划”（*National Nanotechnology Initiative*，NNI），纳米技术指的是理解和操控约在1～100纳米范围内的物质，主要包括纳米科学、工程和技术[2]。纳米尺度的物质或结构具有不同于常规物质的理化性质，新的性质催生了一系列新的应用，例如海水淡化过滤器、抗污的衣服，高性能的体育用品，速度更快的计算机，更有效的护肤品和防晒霜等[3]。伍德罗·威尔逊国际中心在新兴纳米技术项目中的调查结果显示，截至2014年1月，全球已有超过1600多种正式标称的纳米产品[4]。但是另一方面，越来越多的证据表明，可能正是新型纳米材料所伴随的风险与不确定性，给人类健康与环境造成了威胁，对社会与伦理提出了挑战。已有的毒理学研究表明，纳米材料可经由皮肤、呼吸道、消化道、药物注射等途径进入人体，并在体内引发不同程度的器官毒性，对肺部、神经、心血管、遗传、胃肠道、肾部等均有影响[5]，相较于常规颗粒，纳米颗粒更易穿过生物膜、细胞、组织和器官[6]，对人类健康与安全造成了更大的潜在风险。

鉴于新技术的社会建构，公众对于纳米技术的态度在某种程度上决定了纳米技术未来的发展方向。转基因技术在发展过程中所遇到的阻力表明，如果缺

---

* 本节作者为滕妍、张晶、王国豫。

乏与公众之间良好的沟通，那么公众可能从技术的接受者变成技术的反抗者。因为风险与安全并不仅仅是一种客观事实，也是一种主观感知[7]，在社会价值多元化的时代，不同人群从不同的角度出发，对纳米技术利益与风险的感知可能完全不同，态度也可能大相径庭。因此，了解公众对纳米技术利益与风险的评估情况，让公众全面准确地理解纳米技术，将对纳米技术未来的可持续发展具有重要意义。

欧美十分重视开展关于公众对纳米技术风险认知的研究。Siegrist 等人于 2007 年对瑞士德语区的 46 位专家和 375 位公众进行了比较研究，结果表明，公众对纳米技术的风险评估高于专家[8]，对纳米技术应用的威胁感知与对政府的信任是影响公众风险评估的重要因素。2008 年，Vandermoere 等人通过网络调查的形式收集了 752 位法国公众对纳米食品和纳米食品包装的看法。数据显示，大部分（81.5%）受访公众对纳米技术并不熟悉，对纳米食品与包装的支持度（“支持”在该研究中被定义为选择“利益大于风险”）分别只有 16.6%和 20.7%。文章指出，公众对纳米技术的熟悉度是影响人们对纳米食品包装的利益风险评估的显著因素，然而，该要素与纳米食品的风险利益评估无显著相关性；加强公众对政府机构的信任可能是未来提高公众对纳米食品包装接受度的重要渠道[9]。在对纳米技术利益与风险的评估方面，Peter D. Hart 研究机构在美国进行了连续三年（2006～2008）的调查。在此期间，每年都有超过 40%的公众对利益与风险的评估表示“不确定”，2007 年和 2008 年的调查结果趋于稳定，均有约 20%的人认为“利益大于风险”，25%左右的人认为“利益等于风险”，5%左右的人认为“利益小于风险”[10]。

我国在纳米技术研究方面的论文和专利数量已跃居世界第一位，相比之下，在有关公众对纳米技术的可接受性方面的研究还很少。仅有的数据是刘莉等人于 2012 年发表的成果，研究指出我国公众对纳米技术的认知度较高（在 3491 名受访公众中，79.4%听说过纳米技术，42.8%接触过纳米技术产品），但是缺乏风险意识与主动性。[11] 本文的研究是在刘莉等人调查基础上的跟踪与深化，旨在进一步理解和分析公众对纳米技术风险与利益评估的状况及其社会心理要素，为政府制定相关政策提供建议和支撑，确保决策能更多地符合公众的利益，促进纳米技术的健康可持续发展。

21.2　研究方法

本次研究采取问卷调查的方法。2013 年 4 月到 7 月期间，项目组在大连市市内四区和旅顺口区发放问卷，共回收有效问卷 741 份，并通过 SPSS 软件对数据进行统计分析。

21.2.1 问卷设计

项目组从国内外相关文献资料与问卷中选取了部分问题[8,12,16]并设计了其他问题。项目组成员开展了三次深入讨论，并与调研员进行了沟通。除此之外，项目组进行了十次公众意见征询，经过多次修改，最终形成了调查问卷。问卷的主要内容包括：样本的基本信息，对纳米技术的熟悉程度，所掌握的纳米技术知识量，对纳米技术利益、风险的认知与态度，对相关人员的信任，对纳米技术的关注程度、情感以及支持程度等。

21.2.2 样本选取

本次调查，作为2010年刘莉小组调查的继续，仍然选择了大连地区作为代表。主要理由如下：首先，大连是一个中等发达城市，在2013年由中国城市竞争力研究会所发布的城市综合竞争力排名中，大连位居第16位。同年12月，大连被评为19个全国新一线城市之一。大连市科教文化事业处于中等水平，拥有普通高校22所，各类科研机构两百余个，其中大连理工大学、大连化物所等数个科研团体都承担了纳米技术的研发工作，除此之外，大连还拥有相当多的纳米技术相关企业在从事纳米技术的项目开发。按照国家产业布局和振兴东北老工业基地的规划部署，高新技术和新兴产业已经成为大连市建成新型工业体系的先导力量，政府的大力支持，为纳米技术在大连的发展创造了良好的环境。

本次调查分析的样本是741位年满十八周岁的大连市常住人口，平均年龄为35.5周岁（表21.1）。为确保样本的广泛、多样性，项目组在大连市市内四区及旅顺口区的多个公共场所（如公园、广场、社区委员会、购物中心门口）随机发放问卷，并以调研员的私人网络为辅助途径。

表21.1 样本人口特征 (n=741)

人口特征	类别	人数/人	百分比/%
性别	男	315	42.5
	女	426	57.5
居住区域	中山区	63	8.5
	西岗区	64	8.6
	沙河口区	156	21.1
	甘井子区（含高新园区）	353	47.6
	其他（主要为旅顺口区）	105	14.3

续表

人口特征	类别	人数/人	百分比/%
最高教育程度	未上过小学	9	1.2
	小学	44	5.9
	初中	121	16.3
	高中（包括职高和中专）	110	14.8
	大专	154	20.8
	大学本科	224	30.2
	硕士	65	8.8
	博士	14	1.9
2012 年总收入	无收入	151	20.5
	有收入，15 000 元或以下	162	22.0
	15 001～30 000	159	21.5
	30 001～45 000	115	15.6
	45 001～60 000	79	10.7
	60 001～75 000	17	2.3
	75 001～90 000	18	2.4
	90 001～105 000	14	1.9
	105 001 元或以上	13	1.8
	其他	10	1.4

21.3　数据结果与分析

21.3.1 公众对纳米技术的熟悉度及知识量

调查结果显示，样本中 88.4%的大连市民听说过纳米技术，高于刘莉等人 2012 年 79.4%的结果[11]，说明随着纳米技术在中国的发展，纳米技术的知名度在公众中也有明显的提高。与国外相比，高于 2009 年美国 63%的结果，而英国、加拿大、日本的同期结果与美国相当[17]，均低于本次调查的数据。在对纳米技术熟悉程度的划分上，62 人（8.4%）表示“听说过许多”，302 人（40.8%）表示“听说过一些”，291 人（39.3%）和 86 人（11.6%）分别表示“听说过一点”和“一点都没听说过”。由此可见，绝大多数受访民众是听说过纳米技术的。进而，我们通过六道判断题对样本所掌握的纳米技术知识量进行了调查（例如，“纳米技术涉及肉眼看不到的材料”、“自然界存在纳米结构的物质”以及“纳米技术是通常在 1～100 纳米大小范围内理解和控制物质的技术”）。结果显示，虽然样本中绝大多数人表示听说过纳米技术，且接近半数的人表示听说过一些或许多，但样本实际掌握的纳米技术知识量却很少，样本纳米技术知识量的平均值仅为 1.61 分（范围为 0～6 分），公众对纳米技术熟悉程度的具体情况如下图（图 21.1）。

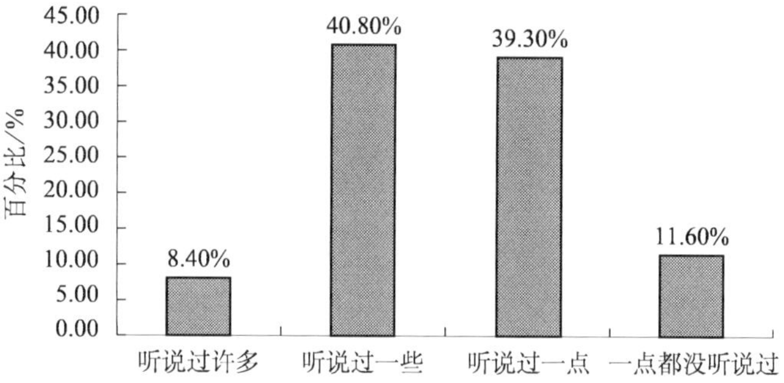

图 21.1 我国公众对纳米技术的熟悉程度

21.3.2 公众对纳米技术利益与风险的评估

公众对纳米技术的评估就是对纳米技术所能带来的利益与风险的评估。这一评估也关系到公众对纳米技术的接受度。本次调查结果显示，绝大多数人认为纳米技术的利益大于风险（72.87%），15.65%的人认为利益小于风险，11.47%的人认为利益等于风险。相比 2004 年 Cobb 和 Macoubrie 的美国电话调查结果，中国公众对纳米技术利益与风险的评估情况更加正面，在“利益大于风险”中所占的比例较美国公众更高（图 21.2）[13]（我们选择与此研究作对比的原因是，近年来的欧美研究不汇报对利益风险比例的直接评估，而是将利益与风险作为回归分析的自变量或因变量；2005～2008 年的研究设置了“不确定”选项，与我们的结果不具有直接可比性；Cobb 和 Macoubrie 的研究结果对于其同期研究具有代表性[10,18]）。除此之外，本次的样本认为纳米技术最有可能带来的利益是“纳米技术可能有助于带来新的生活方式”，最有可能带来的风险是“纳米技术可能导致国与国之间的军备竞赛”。相比 Scheufele 等人

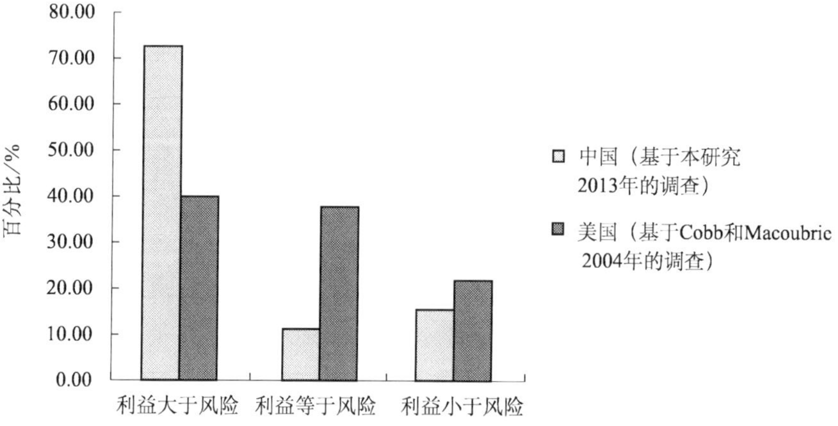

图 21.2 中国与美国公众对纳米技术利益与风险的评估结果对比

2007 年对美国公众的调查结果，美国民众认为纳米技术最有可能带来的利益是“纳米技术能够革新电脑产业”，最有可能带来的风险是“纳米技术对个人隐私的侵犯。”[19]

21.3.3　知识量与公众对纳米技术的风险评估

以上分析表明，公众对纳米技术利益与风险的评估趋于正面。那么究竟是什么原因导致了这样的结果？我们通过多元回归使用 13 个自变量进行了分析，最终得出了 4 个可能影响“纳米技术利益与风险比例”的相关变量（$p<0.05$），按照影响程度高低排列依次为：认同“技术对人与环境构成危险”，“对科研人员的信任”，“对纳米技术的担忧程度”以及“对纳米技术的关注程度”。其中，当人们越不认同“技术对人与环境构成危险”时，他们越会认为纳米技术带来的利益大于风险，对纳米技术担忧程度越低，就越会认为纳米技术带来的利益大于风险，另外两个变量与利益风险比例呈正相关。其余 9 个自变量不能解释因变量的变化，包括：关于“纳米技术的知识量”、“听说过纳米技术的程度”、“对纳米技术抱有期待”、“对纳米技术感到愤怒”、认同“技术让人们的生活更舒适”的程度、“对公司领导的信任”与“对政府官员的信任”。纳米技术的知识量与负面情感（即愤怒、担忧）对利益风险比例评估亦不呈现交互作用（interaction effects）。多元回归的结果显示，知识量与公众对纳米技术利益风险的评估不呈现显著相关性。然而，这并不意味纳米知识量与人们对纳米技术的态度无关。我们通过多元回归分析发现，对纳米技术的听说程度及纳米知识量与对纳米技术的支持度呈正相关，虽然关系强度不高[20]。可以推断，权衡纳米技术的利益与风险时，人们似乎并不依据知识资源，但在判断纳米技术的发展是否应当得到支持时，知识在一定程度上，是起作用的。因此，在理解公众对纳米技术的认知时，不能过度强调知识的重要性，也不应忽视它。

在多元回归所体现的四个相关变量中，“对纳米技术的担忧程度”属于情感的范畴，“对科研人员的信任”则属于信任范畴，其余两个变量与对科学和环境的整体看法相关。这里值得注意的是对信任和信心的概念区分，信心的建立是基于拥有知识、经验等可确保事件在未来按预期发展的证据，所以信心对应的受众是纳米技术的专家学者；而信任的前提条件是没有掌握足够的知识和经验，从而只能依据共同的价值观，对相同意图或价值做出判断，以此作为彼此信任的桥梁。所以若要在公众同政府、科研人员、商家等群体间建立信任，就应致力于共同价值观的构建，只有这样才能彼此理解、携手共进。除此之外，政治、宗教及其他个人因素等也有可能成为影响公众评估纳米技术利益与风险的因子。

21.3.4 需求与公众对纳米技术风险的评估

公众对纳米技术风险的评估还可以用马斯洛的需求层次理论来解释。马斯洛在《动机与人格》一书中系统提出的需求层次理论，主要包括生理、安全、交往（归属与爱）、尊重与自我实现等五个层次[21]。按照马斯洛的理论，通过多元回归所得出的四个相关变量可以解释为人类的几种不同需求。在四个相关变量中，“技术对人与环境构成危险”涉及人身健康和环境安全问题，属于第二层需要。当人的基本生理需求得到满足之后，就希望求得远离痛苦和恐惧的安全需要，健康与环境安全就是其中的两种。“对科研人员的信任”涉及情感问题，属于交往需要。个人渴望与他人建立互相理解、互相信任的关系，这样不仅可以得到归属感与依赖感，也可以增加安全感。“对纳米技术的关注程度”属于马斯洛晚年所提出的求知需要，这种需要不同于前面三种（生理、安全、交往）低级的需要，这种对探索与求知的渴望是可以从内部得到满足的高级需要，是通往自我实现的必经之路。“对纳米技术的担忧程度”因涉及担忧对象的不同，所以在需要的划分上也有所不同。担忧纳米技术可能对人身健康、环境、国家与个人的安全构成负面影响属于安全的需要；担忧纳米技术可能会侵犯个人隐私、控制人脑思维、拉大贫富差距属于尊重的需要。总的来说，影响“纳米技术利益与风险比例”的四个相关变量来自公众对安全、交往、尊重以及求知的需要，这也部分地解释了情感、信任等影响因子背后的来源。

21.4 总结与建议

本次调查研究显示，公众对纳米技术利益与风险的评估趋于正面。多元回归分析的结果表明，公众所掌握的纳米技术知识量的高低对“纳米技术利益与风险评估”不呈现显著相关性。但公众对纳米技术的风险评估可以用需求理论来解释，这表明，公众往往从非知识性的因素出发对纳米技术进行评估，如情感、信任等。依据情感、信任等非知识性因素得出的结果可能不是客观的，甚至是有失偏颇的，但却是真实的情况。这种情况也是高新技术在公众评估中所面临的普遍问题，即在对科技知识量掌握偏低的情况下，公众对技术的评估往往依据的是非知识性的文化、精神等因素，背后体现出普通民众对安全、交往、尊重及自我实现的关注与需要，就像 Kahan 所说的那样：“人们可能以片面的、但符合其文化和政治的方式来理解和加工信息”[1]。要更好的理解这一现象并试图加以正确引导，可以借鉴凯恩斯提出的信念理性理论，信念理性指的是一种建立在不确定性条件下的，基于论据关系而非自然事实行事的人类行为理论[23]，简而言之，论据的获得不是仅仅依据工具理性，而是经常靠直觉、情感等非理性因素。现实社会中，个体知识与偏好的不确定性加上环境的不确定性使得人们很难做出符合理性的抉择，而信念理性指向的是“一个直觉本能和理性计算的双重过程”[22]，综合了归纳与演绎，直觉与知觉，避免了单纯依靠理性或感性的极端。这种不确定性的前提与纳米技术所面临的处境是类似的，公众在评估中依靠情感、信任等非理性因素具有一定的合理性，但只有将工具理性与价值理性结合运用才能全面准确地评估纳米技术，才能避免对纳米技术做出有失偏颇的判断。为此，一方面，要加强对公众进行纳米技术的启蒙教育，培养理性思维方式，增加知识量，让公众更深入地了解纳米技术。另一方面，要通过召开听证会、座谈会、民意调查等方式增加公众与科研人员、政府、企业等相关方的沟通，通过相关监管部门对企业和科研机构进行监督管理，加强科学家、工程师的伦理责任感，并建立伦理委员会，对有伦理争议的项目进行审核，努力提高公众与科研人员、政府、企业等相关方的互信。特别是对于企业来说，由于目前我国对于纳米技术应用的监管还没有统一的标准，关于纳米技术的相关产品在质量上也是良莠不齐，所以，企业要想获取消费者的信任，就应该承担起社会责任，遵守企业伦理，充分保障消费者的健康权与对产品信息的知情权，产品的包装上应该标出简洁明快的附加信息，而不是专业词汇的堆积。只有获取足够的信息，消费者才能按照个人意愿做出明确的选择。

总之，纳米技术的发展绝不仅仅是政府和科学家的事情，公众对纳米技术的认知、评估和态度都对纳米技术的发展有着十分重要的影响。公众只有更全面、更深刻地认识纳米技术、评估纳米技术，才能更好地参与到纳米技术的决策中来，保障利益，规避风险，促使纳米技术未来和谐有序地发展。

参考文献

[1] Kahan D M, Cultural cognition of the risks and benefits of nanotechnology. Nature Nanotechnology, 2008, 4 (341): 87-90.

[2] National Science and Technology Council Committee on Technology. National nanotechnology initiative: The initiative and its implementation plan. http: //www. nano. gov/sites/default/files/pub _ resource/nni _ implementation _ plan _ 2000. pdf.

[3] Macoubrie J. Nanotechnology: Public concerns, reasoning and trust in government. Public Understanding of Science, 2006, 15 (2): 221-241.

[4] The Project on Emerging Nanotechnologies. Consumer products inventory: An inventory

of nanotechnology-based consumer products introduced on the market. 2015. http: //www. nanotechproject. org/cpi/.

[5] Gurulingappa P, Gautam K. Health hazards associated with nanomaterials. Toxicology and Industrial Health, 2014, 30 (6): 499-519.

[6] Holsapple M P, Farland W H, landry T D, et al. Research strategies for safety evaluation of nanomaterials, part Ⅱ: Toxicological and safety evaluation of nanomaterials, current challenges and data needs. Toxicological Science, 2005, 88 (1): 12-17.

[7] 王国豫，朱晓林. 纳米技术在视频中的应用、风险与风险防范. 自然辩证法研究，2012，28 (7)：9-24.

[8] Siegrist M. Laypeople's and experts' perception of nanotechnology hazards. Risk Analysis, 2007, 27 (1): 59-69.

[9] Vandermoere F, Blanchemanche S, Bieberstein A, et al. The public understanding of nanotechnology in the food domain: The hidden role of views on science, technology, and nature. Public Understanding of Science, 2011, 20 (2): 195-206.

[10] Peter D. Hart Associated. Awareness of and attitudes toward nanotechnology and synthetic biology [EB/OL]. 2008. http: //www. nanotechproject. org/process/assets/files/7040/final-synbioreport. pdf.

[11] 刘莉，王国豫，刘晓林等. 我国公众对纳米技术的认知分析——基于大连地区纳米技术公众认知的实证调查. 大连理工大学学报（社会科学版），2012，33 (4)：59-64.

[12] Cacciatore, Michael A, Scheufele, et al. From enabling technology to applications: The evolution of risk perceptions about nanotechnology. Public Understanding of Science, 2011, 20 (3), 385-404.

[13] Cobb, M. D, Macoubrie, J. Public perceptions about nanotechnology: Risks, benefits and trust, Journal of Nanoparticle Research, 2004, 6 (4): 395-405.

[14] Gaskell G, Eyck T T, Jackson J, et al. Imagining nanotechnology: Cultural support for technological innovation in Europe and the United States. Public Understanding of Science, 2005, 14 (1): 81-90.

[15] Ho S S, Scheufele D A, Corley E A. Making sense of policy choices: Understanding the roles of value predispositions, mass media, and cognitive processing in public attitudes toward nanotechnology. J Nanopart Res, 2010, 12 (8): 2703-2715.

[16] Scheufele D A, Lewenstein B V. The public and nanotechnology: How citizens make sense of emerging technologies. Journal of Nanoparticle Research, 2005: 7 (6): 659-667.

[17] Besley J C. Current Research on Public Perceptions of Nanotechnology. Emerging Health Threats Journal. 2010, 3 (8) . http: //www. ncbi. nlm. nih. gov/pmc/articles/PMC3167657/.

[18] Satterfield T, Milind K, Beaudrie C E H, et al. Anticipating the perceived risk of nanotechnologies. Nature Nanotechnology, 2009, 4: 752-758.

[19] Scheufele D A, Corley E A, Dunwoody S, et al. Scientists worry about some risks more

than the public. Nature Nanotechnology，2007，2：732-734.

[20] Zhang J，Wang G Y，Lin D.（Accepted）. High support for nanotechnology in China：A case study in Dalian. Science and Public Policy.

[21] 马斯洛．动机与人格．许金声等译．北京：华夏出版社，1987：42-79.

[22] 张雪魁．知识，不确定性与经济理论．上海：上海人民出版社，2010：61；72.

22

纳米技术的善治：政府调控与公众参与*

纳米技术是发展最迅速和影响最广泛的新兴科学技术领域之一。与此同时，它的发展也带来了一些潜在的安全、伦理和社会问题。为了促进纳米技术的安全与可持续发展，并确保纳米技术与社会的和谐共生，需要在纳米技术发展的早期阶段研究其潜在的负面效应和可能带来的伦理与社会问题，积极探索有效的解决途径。由此，人们提出了对纳米技术的“善治”。与政府治理不同，纳米技术的善治提倡公众“自下而上”的参与和政府“自上而下”的调控相结合，以共同应对纳米技术中的安全与伦理问题。

22.1 公众参与的善治

善治作为一种社会管理过程，强调吸纳广泛的社会成员参与到科学技术的决策、发展中，以促使公共利益的最大化。在利益和价值多元化的社会中，通过多种途径的沟通、整合不同的利益和价值观念，通过谈判、调解、妥协等多种方式化解冲突，是善治得以实现的基础。善治在遵循法制的前提下，融合参与、共识导向、责任、回应、透明、效率、公平等原则，在制定决策过程中不仅考虑多数人的意见，也尽量顾及少数人的观点和利益，减少治理中出现的不和谐因素。善治是政府与公众积极有效的合作，是民主的体现。要保证民主的充分实现，保障政府与公众合作，关键在于赋予公众参与政治管理的权利。可以说，善治的主体除了政府、科学界、企业界外，更重要的是公众的参与，公众是善治的坚实基础，公众的参与不仅仅涉及政治参与，同时也包括公众对其他社会生活的参与，公众可以作为主体直接参与善治过程，或者通过各种组织参与科学技术的活动过程。

---

* 本节作者为王国豫、朱晓林。

公民参与的思想最早可以追溯到古希腊时期。古希腊对政治的理解是公民参与城邦的活动。亚里士多德在《政治学》中写道："一种政体如果要达到长治久安的目的，必须使全邦各部分（各阶级）的人民都能够参加并且怀抱着让它存在和延续的意愿。"[1]卢梭"人民主权"的思想所强调的也是公民对政治的积极参与，"民主的实质是社会成员参与社会的管理"[2]。可见，公民参与政治活动的思想由来已久。治理是对政治活动的管理手段，治理意味着吸收各种利益团体参与到政治活动中，体现了政府与不同利益集团的双向互动，改变了传统的政府管理的模式。可以说，公众成为治理活动的主体之一契合公众参与政治活动的思想，公众参与治理活动符合西方政治学理论的传统。公众参与纳米技术的治理也具有现实的可能性。纳米技术的应用后果与公众的切身利益息息相关，公众既可能是技术应用的受益者，也可能是技术风险的直接承担者，在这种情况下，公众应该获得相应的权利与机会，对那些影响他们自身利益的科学技术相关决策表达自己的看法，把这些意见以适当的形式反映到政策的制定过程之中，以使科学技术的发展更充分地反映公众的意见。并且公众也有权利知悉技术决策的结果。由此，公众对技术决策的参与就具有了合法性。

22.2　政府调控的纳米技术的善治

纳米技术经过二十多年的基础和应用研究，在商业化使用方面不断增长，它的应用几乎将渗透到生活的各个方面，包括衣食住行及能源、信息交流等方面。部分计算机芯片、食品的包装材料、化妆品的添加剂等都是应用纳米技术的实例。据不完全统计，目前在消费品目录中有 1317 种纳米产品，由 587 家企业生产，分布于 30 个国家[3]。几乎所有"财富 500 强"企业在最近几年都涉足了纳米技术相关的功能材料、电子器件、化工以及药物等领域。然而，纳米技术所带来的生活方式的改变并不像人们期待的那样都是积极的、正面的。人类已被各种各样的纳米粒子包围。也有研究显示，某些微粒（如从柴油机里释放出的粒子）可能会对人体的健康造成潜在威胁。[4]已有的相关研究证明，由于纳米粒子的"无孔不入"，在研发、生产、储存、运输以及后处理过程中可能进入人体和环境，对人体健康和生态环境带来潜在的风险。[5]

纳米技术正在改变人们的生活。一方面，纳米科学的应用和技术的发展以前所未有的方式深入而广泛地影响到人们生活的各个层面，给人们带来便利；另一方面，纳米技术应用的不确定性大大增强，风险并不总能事先确定，在公共健康、环境等领域可能对人们的生活和健康带来潜在的危害。如何积极利用纳米技术的正价值，减少其负价值？要解决这一问题，需要从全局考虑纳米技术的发展趋势，协调各有关利益方，发展共同的知识基础，使科学发展和决策过程相互支持。

纳米技术是一种有着巨大潜能的技术，正如NNI的宗旨——引导一场可以造福社会的技术和工业革命。对纳米技术活动的控制与导向已成为各国政府的重要权责，欧美及中国等政府都积极制定符合国家利益的纳米科技政策，国家通过对技术的投入形式和强度，来塑造或影响技术进步的领域和方向。

美国是最早实施纳米技术计划的国家。早在2000年，美国国会就通过了“国家纳米技术计划”（NNI）。国家纳米计划意在国家层面上调拨经费投入并协调纳米技术的研发活动。2011年，美国在创新战略中仍将纳米技术列为国家重点优先领域。在2011年将投入近18亿美元的经费预算[6]。欧盟第七研发框架计划（FP7）和欧委会于2011年11月推出的新一期欧盟研发创新计划（2114～2020年）“2020地平线”（*Horizon 2020*），均把纳米科学与纳米技术列入重点优先领域，加大公共资金的支持力度[7]。中国也出台了纳米技术的发展战略。2001年，由科学技术部、国家发展计划委员会①、教育部、中国科学院和国家自然科学基金委员会等单位联合发布了《国家纳米科技发展纲要》。2011～2020年，中国纳米科技发展战略目标是在若干有重要应用前景和研究基础的方向上取得重大进展，解决纳米科学中的若干重大共性和关键问题。在纳米材料、器件和系统、测量表征、生物医学等方面取得国际一流水平的成果；加强综合型人才队伍建设；并对实现发展目标所需的体制、资源、人才等方面的政策提出建议[8]。

由此可见，世界各国均投入大量资金以保证纳米技术研究的顺利开展。经过十余年的发展，纳米技术已经获得初步应用，纳米技术产品也形成了一定的市场规模。从各国的未来发展目标可以清晰地看出，政府重视纳米技术的进步对社会发展的作用。国家政策影响纳米技术研发经费的投入，主导技术未来发展目标、方向和领域。负责任的发展纳米技术以及注重社会公众关心的健康、安全，建立与公众对话的机制已经列入国家发展规划中。政府有责任管制技术的应用，以避免技术给社会带来未能预料的负面影响。政府积极制定有益于促进纳米技术可持续发展的政策，国家层面的政策调控推动了纳米技术的发展。

在纳米技术发展早期就制定符合技术发展路线的国家政策，是实现国家利益的需要。国家为了确保科学技术的领先地位，投资对纳米技术的研究就是对未来的投资，这是最大的国家利益，因此必须实施国家层面的纳米计划。但是，传统单一的自上而下的政策制定与管理机制是远远不够的，一方面，纳米技术的决策需要依赖科学家的建议，另一方面，纳米技术在很大程度上还是一

① 现为国家发展和改革委员会。

个正在发展中的可能性的技术，对其认知的局限，使得科学家并不能给政治家提供决策中所需要的全部知识。这就需要构建一个复杂的认知基础，吸纳所有相关学科的知识，并汇集那些可能被影响群体的建议，以应对决策时遇到的不确定性。不仅如此，公众作为纳米技术产品的直接消费者和接触者，他们对纳米技术的风险的感知在一定程度上也决定了纳米技术的发展。纳米技术的风险主要集中在对人体健康和生态环境的潜在危害、对社会安全的威胁以及对伦理道德的挑战等方面[9]。作为风险主体，他们毫无疑问有权利了解纳米技术在发展中的风险。因此，决策者应当致力于改善这种协商交流的条件，给予受影响群体以及处于政治和社会边缘化的社会公众发言权[10]。

22.3　公众的参与及其困境

公众参与科技决策，不仅是纳米技术发展的需要，也是科学技术决策民主化的表现。对纳米技术的善治更需要从下到上的公众参与，因为纳米技术作为一种系统活动，它的活动范围、实施和结果已经扩大到整个社会，公众与政治家、科学家一样是纳米技术活动的主体。公众参与可以增加决策过程的合理性，提高纳米技术善治的有效性。尽管公众并不了解纳米技术，但公众可以通过参与技术决策的过程，全面了解纳米技术的机遇与风险，表达自己对纳米技术的接受的意愿。如果把纳米技术看成一个完整的生命周期，那么从技术的研发、生产、应用及监管等不同阶段，是由不同的主体在各个过程中起作用的。因此，公众参与在每个阶段的作用也有不同。

首先是基础研究阶段，研发是技术发展的上游阶段，纳米技术的风险主要来源于实验室环境。科学家共同体是起决定作用的主体，根据纳米材料和纳米技术的特征预测技术的可能后果，这对于评价纳米粒子对健康和环境的风险，制定相应的风险防范措施起重要作用[11]。在这一阶段，普通公众不可能参与实验室研究，也很难理解技术中的晦涩术语。但可以把实验室中的工作人员看作特殊的公众，为普通公众代言，他们可以拥有两个不同的身份参与到实验过程，这样有利于在基础研究阶段听到公众对纳米技术的理解与期待。

其次是产品的生产和检验阶段，这是风险防范的关键阶段，风险主要来源于工厂等生产环境。企业的管理者、技术人员和工人以及政府管理部门都是该阶段的责任主体。管理者通过与科学家的沟通获得有关风险的准确信息，并有义务及时告知工人产品在生产过程中可能存在的风险；生产线的工人对工作场所的安全条件及生产环境的优劣有更直观的亲身感受，他们有权利向上级反映工作环境中的不安全因素。公众通过在生产环节的参与，可以直观的了解纳米技术的潜在风险。公众可以不定期的观摩纳米产品的生产流程，通过与管理者、一线工人的直接交流，深刻了解产品的生产过程所产生的风险，以及产品对消费者的潜在风险。为公众参与纳米技术的治理提供一种可以实现的方式。

最后，产品的消费及监管阶段的责任主体是政府职能部门，而风险的真正主体是所有的消费者。这是更广泛的公众可以参与的阶段，可以有效促进利益主体之间的对话。多种利益相关者在消费阶段都汇聚成-消费者-这样一个共同的身份，这为利益相关者之间的对话提供了平台，他们通过消费者的视角重新审视纳米技术中可能存在的风险。消费者根据自己对纳米技术的认知和产品的相关信息，决定自己是否选用纳米技术相关产品。

虽然就技术本身而言，纳米技术专家们懂得最多，但对于技术的真正影响或潜在影响，受影响的团体或公众同样有发言权。因而公众参与将直接有利于影响的识别和分析。使纳米科学技术相关的伦理、文化和社会等更为广泛的议题引起注意和重视，使决策可以更广泛地考虑民意和技术的可接受性，从而更为科学、合理。

公众参与纳米技术决策的优点主要包括四点：其一，公众参与可以提高治理的有效性。公众参与政策的制定使得科学治理更透明，政策制定者也可以藉此了解大众的需要和期望；其二，公众参与增加了纳米技术决策的可行性。公众参与使得决策更容易被公众认可和接受。公众在参与纳米技术决策的过程中，需要理解复杂的技术问题，同时也需要了解技术的可能后果，公众对技术的深刻理解为参与决策提供更坚实的基础；其三，通过了解更广泛的观点、知识和经验，有可能形成新的、原创性的思想，创造更为主动的、有科学意识的公民[12]；其四，促成专家与非专家之间的良性对话，建立起双方沟通和对话的机制。有助于克服消极的偏见，打破科学家、一般公众和决策者之间的障碍。

公众参与纳米技术治理的过程是技术发展的客观需要，也是公众参与权与知情权的体现。美、英等国已经相继开展纳米技术领域科学与公众对话的活动，普及纳米技术领域的科学知识，鼓励公众参与纳米技术的研究与实践。但是，由于历史和文化的原因，中国的公众参与纳米技术决策仍然面临着很大的挑战。

首先，公众对纳米技术认识的不全面影响技术决策的有效性。在公众看来，纳米是先进科学技术的同义词，他们相信纳米可以带来新的东西，或大大提高现有物品的功能，然而纳米技术对多数人来说只是一个似懂非懂的名词。对普通民众而言，纳米技术发展的速度及其本身的复杂性超出了公众的理解能力。即使公众对重要的科学问题感兴趣，也会因为知识储备不足而缺乏对纳米技术的准确理解，加之缺乏科学的引导，因此很难表达自己的意见，更无从对相关政策进行评价，使得公众参与技术讨论和决策受到很大的限制。

其次，公众获取科学信息的渠道相对较少。对大多数公众而言，纳米技术相关信息的获取主要是通过媒体的宣传。刘莉等通过对大连地区纳米技术公众认知的实证调查，指出我国公众对纳米技术的认知度较高。这一结果除了与公众对纳米技术的期待相关外，也和公众对纳米技术认知的途径和渠道相关。因为，大部分公众对纳米技术的认知来源于纳米技术产品广告，也就是说公众是作为广告的受众而获知纳米技术的相关信息的[13]。媒体作为传播科学技术的中介只是将他们获得的信息传递给广大公众，使公众更多的听到、看到、知道与纳米技术有关的信息。但是囿于媒体人自身对纳米技术的了解程度，他们宣传的信息可能是片面的。而且也不乏有人为了某种目的而传播经过处理的不完全真实的信息。科学的不全面传播有可能给公众造成认知缺陷。因而在对诸如纳米技术这样的高科技的选择和接受上很容易受媒体的左右。

再次，科学与公众对话还不足。由于科学家大多关注自身研究，对纳米技术的表述和传播主要还是凭借其特定的知识和教育，依赖于学科中的专门术语，这种专业性的技术话语在一定程度上影响了公众对于纳米技术的理解，客观上也阻碍了公众参与纳米技术的决策过程。技术专家之间的紧密联合，形成了一个强大的、有组织的、积极参与政治的共同体，阻碍了公众对决策权力的共享或者在一定意义上使公众参与的努力无效[14]。比如，1977 年，美国在制定关于 DNA 的科学和技术研究的国家政策的过程中，科学家和技术专家联合努力来阻碍公众意见的制度化[15]。

最后，公众参与的民主化程度不高，在技术决策中公众没有足够的发言权与公共事务政策制定和管理的不够透明、具体相关。从上而下的决策传达给公众的信息通道不畅通，公众不仅没有获得信息的渠道，也缺乏表达意见的平台。对纳米技术等高技术而言，公众关心更多的是对新型技术产品的追求，因而扮演的也主要是消费者的角色。公众被排除在技术创新和风险治理活动之外，也不能对技术决策的效果做出评价。

22.4　结　语

尽管纳米技术的发展更多地来自于顶层设计，纳米技术发展战略的制定走的是一条从上到下的路线，但是，纳米技术要想获得可持续发展，仅仅依靠从上到下的路线是不够的。公众不仅是纳米技术产品的消费者，也同样应该是纳米技术决策、过程管理的参与者。公众对纳米技术的认识、态度决定了纳米技术的发展轨迹和可持续性。为此，需要创建一种民主的氛围，让公众了解纳米技术，实现公众与科学界、政府管理者及利益相关群体之间的一种对话、交流与协商，以共同推动纳米技术的健康和可持续发展。

参考文献

[1] 亚里士多德．政治学．北京：商务印书馆，1998：188.

[2] 科恩．论民主．北京：商务印书馆，1988：273.

[3] The Project on Emerging Nanotechnologies. Consumer Products. http：//www. nanotechnology. org/inventories/consumer/ [2011-10-07].

[4] 龚威．重视对纳米技术风险的研究．世界科学．2008，3：42-44.

[5] 王国豫．纳米技术：从可能性到可行性．哲学研究．2011，8：98-104.

[6] National Nanotechnology Initiative. National Nanotechnology Initiative Strategic Plan (2011)．http：//www. nano. gov/sites/default/files/pub _ resource/2011 _ strategic _ plan. pdf.

[7] 科技部．研发创新创造欧盟纳米科技的未来．http：//www. most. gov. cn/gnwkjdt/201203/t20120312 _ 93110. htm.

[8] 国家自然科学基金委员会，中国科学院．未来10年中国学科发展战略·纳米科学．北京：科学出版社，2012：XI.

[9] 费多益．灰色忧伤：纳米技术的社会风险．哲学动态，2004（1）：23-36.

[10] 谈毅，仝允桓．公众参与技术评价的意义和社会背景分析．自然辩证法研究，2004（9）：66.

[11] 王国豫，龚超，张灿．纳米伦理：研究现状、问题与挑战．科学通报，2011，56（2）：96-107.

[12] 樊春良，李玲．中国纳米技术的治理探析．中国软科学，2009（8）：54.

[13] 刘莉，王国豫等．我国公众对纳米技术的认知分析——基于大连地区纳米技术公众认知的实证调查．大连理工大学出版社（社会科学版），2012（12）：59-64

[14] 张惠敏，陈凡．论技术决策中的公众参与．科学学研究，2004（10）：477.

[15] James D W. DNA folly continues. New Republic．New York：Plenum Press，1979：14-15.

23

欧美纳米技术研究行为准则比较分析*

23.1　纳米技术概述

美国国家科学技术委员会给出的定义是“纳米技术是指在纳米尺度（1～100nm的范围内），所进行的科学、工程及技术。纳米科学和纳米技术是对这种极小事物在多种学科如化学、生物、物理、材料科学及工程等领域的学习和运用”[1]。

纳米技术与传统技术有很大的不同，最重要的差别在于其中介性和不确定性。

（1）中介性。纳米技术又被称作促能技术（enabling technology），此处的促能是指纳米技术能够作为一种中介手段，通过与其他技术相结合而达到提高它们能力的目的。通过这种中介作用，传统技术能够达到原本无法实现的目标，纳米技术为科学技术创造带来了无限可能。

（2）不确定性。一方面，纳米技术激活了物质本身性能的不确定性。例如金属金，常态下的金性质十分稳定，但是在纳米尺度的金则表现得十分活跃。另一方面，这些与常规物质化学成分相同的纳米尺度的物质在进入动物、人体或滞留自然环境后所带来的影响以及其引发的问题也是不确定的[2]。这种不确定性引发了人们对于纳米技术的疑虑和恐惧，进而引发了对纳米技术伦理问题的研究和探讨。

近年来，随着纳米技术的不断发展，公众对于纳米技术研究也存在不少疑虑。问题主要集中在以下三个方面：

---

* 本节作者为李书鸿、王国豫。

(1) 安全问题。由于纳米粒子尺度极小，极易进入人的体内，如皮肤表层、心肺等内脏器官，这必然带来健康方面的隐患。另外，纳米技术有可能会被用在武器制造领域，利用纳米技术开发的新型的大规模杀伤性武器必然导致新的国防安全问题，还可能引发国与国之间的军备竞赛。

(2) 医学上的伦理挑战。纳米技术在人类增强（指我们通过技术手段提高人的身体和心智的能力）方面的应用会引发对“人”的定义的不确定性。如果我们不对人类增强问题进行限制，诸如赛博格（Cyborg）、生命产品（Biofact）等技术的发展会使人与机器、生命体与人工产品之间的界限变得模糊，人与自然将难以区分[3]。

(3) 社会公正及伦理问题。普通的纳米行业从业人员的薪资、身体健康、工作环境等基本需求得不到保障，他们的实际所得与付出相距甚远。相反，掌握核心纳米技术的公司及少数个人却能够利用这种技术获得惊人财富。这无疑加剧了社会贫富两极分化，公正问题频发。纳米技术引起的另一个社会伦理问题则体现在对隐私权的侵犯。

联合国教科文组织（UNESCO）在 2006 年发布的一份名为《纳米技术的伦理与政治》（*The Ethics and Politics of Nanotechnology*）的报告中指出，人们对于纳米技术风险的关注主要集中在两个方面：纳米微粒的危害与暴露风险。这涉及纳米微粒对人体或自然生态系统的生物和化学影响，以及纳米微粒的泄露、流失、传播和富集问题，以及由此给人体或者生态系统带来的危害。但是因为种种复杂性，我们无法完全认识到纳米微粒的危害与暴露风险，当前最为紧迫的问题便在于如何制定并执行相关准则来约束和规范纳米技术研究[4]。

鉴于纳米技术的潜在威胁以及引发的社会关注，对于纳米技术研究进行监管及号召相关机构负责任地研究纳米技术显得尤为重要。

23.2 欧美现行纳米技术研究行为准则

为了能够有效地减少纳米技术引起的问题，并为已出现问题提供解决之道，欧美各国通过欧盟及国家政府、行业协会、非政府组织（NGO）和企业等不同主体制定了纳米技术研究行为准则，希望借由这种相对统一的行为以及道德所遵循的普遍原则，来规范以及监督纳米技术的研究与发展。

23.2.1 欧盟及国家政府

23.2.1.1 欧盟委员会

由欧盟委员会制定的《负责任地开展纳米科学和纳米技术研究行为准则

2011》(*Code of Conduct for Responsible Nanosciences and Nanotechnologies Research, 2011*)。其中列出了七项基本原则及行动指南。

(1) 公共福利原则。纳米技术和科学研究首先应该符合个人和社会福利并且尊重人的基本权利，同时研究基金也只能用于对公共社会有利的项目，鼓励发展具有广泛积极影响的研究。

(2) 可持续性原则。安全及符合伦理的研究应该为欧盟的可持续发展做贡献，并且有利于达成联合国千年发展目标。研究不应该对人类、动植物和环境造成任何威胁。要求基金会对所资助的研究可能引发的对社会、环境和人类健康的影响进行监管。

(3) 预防原则。研究应该预先考虑到对环境、健康和安全的潜在影响，确保安全性，在不阻碍创新的情况下尽可能规避风险。在安全风险评估结果未得出时，纳米物质不得进入人体及相关产品中。

(4) 公共参与原则。研究过程要透明化，研究结果要告知公众。鼓励所有利益相关者都参与到研究行为准则的制定中来，并希望准则能够广泛传播。

(5) 卓越原则。研究应该符合最佳科学标准，在公布研究成果之前要进行严格的核查确认，保持科学严谨性。

(6) 创新原则。研究应该拥有高度的创造性、灵活性及规划能力，促进创新与发展。

(7) 责任原则。研究者和研究机构要对研究所产生的当下的影响及将来可能会对社会、环境和人类健康产生的影响负责。为了保证利益相关者真正遵从准则及其他相关法律法规，委员会要求成员国提供有效的途径对研究进行监管[5]。

23.2.1.2　德国

Nano Connect SCANDINAVIA 在 2011 年发布的《欧洲纳米技术景观报告》(*European nanotechnology landscape report 2011*)中指出，德国经欧盟认证的纳米技术企业数量在全体欧洲国家中位居第一，大幅领先于第二位的英国[6]。

为了能够可持续地并且负责任地发展纳米技术，德国政府在 2006 年建立了联邦政府纳米委员会(German Federal Government's Nano Commission)，目的在于通过这样一个全国性的中心对话平台，引导社会各界对纳米技术潜在利益与风险问题展开交流，从而推动对纳米技术的负责任的发展和利用。2011 年，德国联邦政府纳米委员会发布了一份题为《纳米技术的负责任利用》(*Responsible Use of Nanotechnologies 2011*)的报告，总结概括了 2009～2011 年纳米委员会的主要活动和讨论结果，并对纳米技术的未来发展提出了建议：首先要积极开展纳米技术危害研究和相应社会学研究，增加相关领域的科研经费，弥合纳米材料在生命循环圈管理的差距，重点研究纳米材料在消费品应用和对环境方面的影响。对参与创新过程的公司而言，初步的对新技术应用的利弊评估可以成为有益于他们战略性决策的一个重要部分。调查发现，德国的主要公司和行业组织，包括巴斯夫（BASF）、德国事故保险（DGUV）、德国油漆和印油行业协会（Vdl）、联邦职业安全和卫生协会（BAuA）等都明确地把负责任地利用纳米材料基本原则写入了各自的网页、立场文件和行为规范指导中，因此跟踪实施负责任地利用纳米材料显得十分重要。另外，纳米物质管理法规也应尽快制定并付诸实施。委员会在这份报告的最后提出了一个“绿色纳米”的概念，即在可持续利用纳米技术的过程中要包含生物模拟过程，尽可能利用生理兼容的制造过程，预防和减少与有害结构、状态、物质、功能的接触，达到风险最小化。并且提高资源利用率和对环境的应对技术，防止和减少副反应、垃圾以及排放，降低材料和能源的消耗，加强环境监督和修复[7]。

作为于 2007 年发布的《纳米技术倡议——行动计划 2010》（*Nano Initiative Action Plan 2010*）的深化提高，德国联邦教育与研究部在 2011 年推出了新的纳米技术五年计划：“纳米技术行动计划 2015”（*Action Plan Nanotechnology 2015*）。该行动计划希望通过对德国纳米技术的科研支持、安全负责任地鉴别处理纳米技术的危害、完善法律法规、加强交流与公众对话及国际合作等方式保持德国在纳米技术领域的国际优势[8]。

23.2.1.3 美国

作为纳米技术发展强国，美国联邦政府相关部门均在纳米技术领域制定监管原则，以利于执行现行法规和弥补国会在针对纳米技术立法的欠缺。由于美国政府尚未颁布具体的、以行为准则形式出现的纳米技术研究条例，此处将要介绍的是由总统管理和预算办公室、科学和技术政策办公室以及贸易代表办公室联合发布的《白宫纳米技术监管原则》（*White House Nanotechnology-Regulation-and-Oversight-Principles 2011*）。

该原则主要指出在法律允许情况下，为了解决由纳米技术和纳米材料引起的问题，联邦政府机构应该将重点放在解决信息获得及沟通、科学决策、及时监管这三方面，具体表现为充分掌握纳米材料及纳米技术对人类健康和环境影响的信息，积极与公众等利益相关方沟通其中的潜在风险和利益，加强各部门及国际合作，解决更为广泛的纳米材料相关问题；基于可靠的科学证据做出决策，将科学判断和政策判断相分离；遵守法律法规，用符合标准的监管方式评估风险和收益，监管过程中要灵活变通，并考虑到对于安全、健康和环境的影响[9]。

虽然《白宫纳米技术监管原则》不像欧洲的纳米技术研究行为准则那样明确具体，但是作为奥巴马政府在纳米技术政策方面的基本原则，它在对纳米技术的监管上有十分重要的宏观指导意义。

23.2.2 行业协会及非政府组织

23.2.2.1 英国皇家学会

由英国皇家学会、Insight投资、工艺创新中心和纳米技术工业行会共同发布的《负责任的纳米准则》（*The Responsible Nano Code*，*2008*）也提出了若干建议以规范、引导纳米技术相关企业的研究行为。作为企业，在面对不同对象时所需要遵守的准则也各不相同。董事会作为公司的决策机构应该向公众宣布并做到其关于负责任地管理纳米技术的承诺，在日常商业策略风险评估中考虑纳米技术相关利益和风险，指定高级管理人员或委员会承担纳米技术相关责任及监督准则的落实情况；从业人员的健康和安全也应当是公司的考虑重点，制定并不断改进政策，为工作在生产、制造、分发、使用、处理、回收纳米材料及纳米产品过程中的员工提供高水准的保护措施，公开纳米技术研究的相关标准和协议，通报违背管理规则和安全条例的行为，鼓励通过论坛等分享如何保证工作的安全性等信息；鼓励商业伙伴之间的合作参与，提高准则的采纳率，并向消费者提供与纳米材料及其产品的加工、运输、储存、处理和回收等相关信息；在对待公众（包括消费者、股东、学者及普通民众等）方面，公司应保证信息的透明公开，通过网站、年度工作报告、研讨会和发布会等方式与公众就纳米技术研究进行交流，关注公众健康、安全以及环境风险[10]。

23.2.2.2 瑞士零售业联合会

瑞士零售业联合会（IG DHS）发布的《纳米技术行为准则》（*Code of Conduct for Nanotechnologies*，*2008*）主要明确了对其成员及制造商、供应商的责任与要求。准则强调产品安全是当务之急，只有那些被最近科技证明在生产使用过程中对人类、动物及环境无害的产品才能列入许可范围。当有新发现表明某些材料或物质不适合在某些地区使用时，IG DHS成员应当立即采取必要的应对措施。IG DHS成员有责任向制造商和供应商询问关于纳米技术的信息，必须积极关心与纳米技术有关的法律及科学的最近进展，还应当确保消费者知晓产品中所含有的纳米技术信息。IG DHS要求制造商和供应商在风险管理及职业健康、生产安全、储存、运输等方面考虑到涉及纳米技术的部分。IG DHS成员应该向制造商和供应商询问以下信息：纳米产品较之于传统产品的优点；纳米产品效果的证明；纳米产品技术规格；对人类、动物及环境的潜在风险等[11]。

23.2.2.3 非政府组织

在纳米技术的商业化的过程中，尚有许多研究还未得到落实，相关的伦理、法律等监管机制尚未完善，导致了潜在的风险与危害。NGO 作为消费者，公众利益的代表及时发挥了监督管理作用，对负责任地发展纳米技术做出了重要贡献。

作为环保组织地球之友（Friends of the Earth）德国分支的非盈利、无党派组织 NGO BUND（Friends of the Earth Germany）在 2007 年发布了名为《负责任地管理纳米技术》（*For the Responsible Management of Nanotechnology*）的宣言。其中主要列举了纳米技术和纳米粒子对于人类健康以及环境的作用和潜在风险，表达了对于纳米技术的可持续发展的关注，还就如何负责任地发展纳米技术问题提出了参考意见。该宣言指出：在处理纳米技术问题时应该严格遵守预防原则，及时向公众宣传相关知识、数据、使用方法和应用领域；纳米技术需要明确严格的社会监管规则，纳米技术风险和危害的数据收集、分析、评估及管理的重要性和量级需要一个制度方案进行规范；需要研究出新的纳米材料毒性评估方法，从而确定纳米物质与初始宏观物质在性质上的区别。因此，核对校准的重任就落在了生产责任人和配方设计师身上，他们必须提供必要的相关数据；对人类、动物和植物接触率的评估及风险的认证要严格按照标准执行，重视生命周期的完整性以及造成影响的长期性[12]。

另外，国际技术评估中心（International Center for Technology Assessment）于 2012 年发布了《纳米技术与纳米材料监管原则》（*Principles for the Oversight of Nanotechnologies and Nanomaterials 2012*）向世界各国提出负责任地发展纳米技术的倡议[13]。BUND 和德国联邦市民生态组织联盟（Federal Association of Citizens Environmental Initiatives-Germany BBU）都对此给予积极回应，在发布后的第一时间签署了此文件。

23.2.3 企业

德国著名的跨国化学公司巴斯夫股份公司（BASF The Chemical Company）在其网站上发布了公司所制定的《纳米技术行为准则》（*Nanotechnology code of conduct 2004*）。主要内容包括四个部分。

（1）生产。保护人类生命和环境是公司的首要原则。我们识别在实验室、工厂、包装设备及储存设施中会给员工造成的风险并通过适当的方式规避和消除风险。若是我们的操作引起了任何健康和环境方面的问题，我们将会迅速采取措施予以解决。

（2）风险管理。我们在对新技术的风险管理方面有几十年的经验，我们会全面而仔细地评估任何潜在风险，采取适当措施保护人类和环境，并且正在完善对产品的评估与测试方法。公司希望能够为纳米技术相关法规的制定做出建设性的贡献。

（3）产品安全。公司只生产通过了严格科学技术论证的、对市场安全和环境没有损害的产品。对于健康和环境保护的关注优先于经济利益。

（4）对话。我们致力于开展透明、客观及富有建设性的公开讨论。我们会在第一时间向当局及公众发布新的研究成果[14]。

分别由代表欧盟及国家政府、行业协会及 NGO 和企业这三类不同的主体发布的准则侧重点各不相同。

欧盟委员会作为一个地区性国际政府组织执行机构，其制定的《负责任地开展纳米科学和纳米技术研究行为准则》站在一个相对更为宏观的视角对纳米技术研究者及研究机构提出了建议，重点放在学术规范和学术伦理方面，号召在纳米技术产业链中的处于源头的科研人员承担责任，对全人类及自然环境负责。同时也指出了成员国和欧盟委员会本身所要履行的职责，三方面的有机结合更利于纳米技术的良性发展。同时，该准则也最接近欧洲议会的立法草案内容。

德国联邦政府的目标在于：通过持续地加强纳米技术的创新，把纳米技术作为德国新的经济增长点，强化德国经济，造福国民；推进纳米粒子和纳米产品的危害评估和毒理分析，确保纳米技术的安全和可持续发展；挖掘纳米技术在教育和科研中的潜能，通过科学和经济给予教育和科研以推动力，再反作用于纳米技术研究；开发纳米技术的潜能，以应对气候、能源、卫生、安全和通讯等全球性挑战。

来自美国白宫的官方文件则主要论述了在纳米材料和纳米技术监管过程中联邦政府机构所应履行的各项职责，表现了美国政府对纳米技术研究的重视，倡导对其进行科学合理监管，促进美国经济、社会、文化等领域的全面发展。

Responsible Futures 发布的《负责任的纳米准则》则是从一个集学术，投资和业界立场为涉及纳米技术研究制定了 7 条原则，强调作为生产纳米技术相关产品的公司，在纳米技术研究中不仅要承担公司内部（包括董事会、员工、商务伙伴等）责任，还要对产品受众负责，同时要顾及到公众及社会影响。

代表瑞士零售业者利益的组织 IG DHS 发布的《纳米技术行为准则》中，重点强调的是对其成员及制造商、供应商的责任与要求。在纳米产品流通过程中，零售业发挥了巨大的作用将制造商与消费者相连结。因此零售业者有责任告知消费者纳米技术相关信息，及时帮助双方进行沟通，促进纳米产业的健康发展。

德国 NGO BUND 则是将重点放在环境保护方面，强调要认识到纳米技术及纳米材料对于人类以及环境所造成的影响，并且通过严格的制度和技术手段将风险降到最低。

巴斯夫公司从生产、风险管理、产品安全和对话四个方面将《纳米技术行为准则》的实施具体化，强调了纳米材料及其制造过程中的安全性问题，将人类（包括员工、消费者、社会大众等）健康安全和环境安全放在首要位置；通过提高员工工作场所的安全与卫生标准保障员工的健康；通过风险评估以及严格论证产品的无害性来确保纳米产品的安全性，不对消费者、社会大众以及环境造成伤害；对纳米技术研究中的信息公开透明性以及与利益相关者的主动沟通予以重视。巴斯夫公司通过制定和贯彻实施这项准则对纳米技术的发展进行自我约束，表现出了其负责任地发展纳米技术的决心和自信。

虽然以上准则各有侧重，但它们在纳米技术研究行为中的关键问题上都保持了高度一致：均强调了纳米材料及其制造过程中的安全性问题，都将人类（包括员工、消费者、社会大众等）健康安全和环境安全放在首要位置；通过提高员工工作场所的安全与卫生标准保障从业人员的健康；通过风险评估以及严格论证产品的无害性来确保纳米产品的安全性，不对消费者、社会大众以及环境造成伤害；纳米技术研究中的信息公开透明以及与利益相关者的主动沟通都被给予重视，借由这些方式表达了负责任地研究纳米技术这一决心。另外，这些准则都处于自愿监管机制阶段，措施的强制性和普遍约束力尚需各国通过立法进一步落实。

23.3 中国纳米技术研究现状及应对措施

中国是世界上少数几个从 20 世纪 90 年代就开始发展纳米技术研究的国家之一，经过 20 多年的研究发展，中国在纳米技术领域取得了巨大发展，尤其在纳米材料及其应用、隧道显微镜分析和单原子操纵等方面达到了国际一流水平，一定数量的纳米产品已进入市场。同时，纳米技术安全性问题也早已引起了中国科学界的关注。建立了专门的研究机构（如 2003 年建立的纳米生物效应与安全性实验室），多次召开相关的学术研讨会（如香山科技会议及中科院高能所举办的纳米毒理学与生物安全性评价暨纳米毒理学国际学术会议等），取得了比较突出的成果。但是，中国纳米技术研究还存在着一些需要解决的问题。

（1）缺乏关于纳米技术研究与发展的全面性评估。

（2）缺乏一个关于纳米技术相关的安全性研究的整体性战略。

（3）与纳米技术相关的伦理、法律和社会等议题的研究十分薄弱，与国外研究水平差距较大。

（4）普通公众对纳米技术的了解和认识十分有限。

（5）对纳米产品的监管不足，假冒的纳米产品不断出现，扰乱市场，欺骗消费者[15]。

为了解决上述问题，我们应该适当借鉴欧美纳米技术研究行为准则，对纳米技术研究行为进行监管，保障人类健康安全，促进纳米产业发展。为此，我们应该做到以下几点。

（1）建立全国性纳米技术研究与发展的全面评估机制，对有可能出现的任何风险进行评估，采取适当的措施来降低或消除这些风险。

（2）集各级研究单位、纳米产品制造商及国家监管机构之力，共同建立一个纳米技术安全性研究的整体性战略，为纳米产业的发展进行长远的规划。

（3）鼓励高校、研究院所和群众团体重视与纳米技术相关的伦理、法律和社会议题的研究，鼓励跨学科交流，多吸收借鉴国外经验。

（4）通过纸媒、电视、网络等贴近生活的方式向普通公众传播纳米技术相关知识，减少公众的盲从，疑虑或偏见。

（5）加大对于纳米产品的监管，从产品的研发、制造、运输、消费到回收等各个环节都需要进行监管，确保在整个过程中不会对人及自然造成危害。由假冒的纳米产品造成的扰乱市场，欺骗消费者的行为，可依据现行的法律法规对其惩处，确保消费者利益。

除此之外，还要加强信息公开和公众参与。面对已知的纳米技术及其产品将导致的风险，要勇于公开，以最快速度制定解决方案，保障公众的知情权。在决策中要鼓励公众参与，对于纳米技术提出自己的疑问以及看法，集思广益，有利于决策机构做出明智的决定。另外，国家应该加强立法，对于不正当运用纳米技术给公众及环境造成严重影响的研究机构、商业机构等依法惩处。同时加强纳米技术研究相关准则的建立，这种自愿实施的监管措施可以弥补强制执行机制在某些情况下的限制。

参考文献

[1] National Nanotechnology Initiative (NNI). What is Nanotechnology? http://www.nano.gov/nanotech-101/what/definition#content#content#content.

[2] 王国豫，冯烨．纳米技术的伦理维度探．学习与探索，2012，07：6-9.

[3] 王国豫，龚超，张灿．纳米伦理：研究现状、问题与挑战．科学通报，2011，56：96-107.

[4] UNESCO. The Ethics and Politics of Nanotechnology 2006. http：//unesdoc. unesco. org/images/0014/001459/145951e. pdf [2013-7-5] .

[5] The European Communities. Developments in Nanotechnologies Regulation and Standards 2011.

[6] Nano Connect SCANDINAVIA. European nanotechnology landscape report 2011. www. nano-connect. org/content/download/82806/491556/file [2013-7-5] .

[7] Federal Ministry of the Environment. Nature Conservation and Nuclear Safety (BMU). Responsible use of nanotechnologies 2011. http：//www. bmu. de/fileadmin/bmu-import/files/english/pdf/application/pdf/nano _ schlussbericht _ 2011 _ bf _ en. pdf [2013-7-5] .

[8] Federal Ministry of Education and Research. Action Plan Nanotechnology 2015-2011. http：//www. bmbf. de/pub/akionsplan _ nanotechnologie _ 2015 _ en. pdf [2013-7-5] .

[9] The White House. White House nanotechnology-regulation-and-oversight-principles 2011. http：//www. whitehouse. gov/sites/default/files/omb/inforeg/for-agencies/nanote-chnology-regulation-and-oversight-principles. pdf [2013-7-5] .

[10] Responsible Futures. The Responsible Nano Code 2008. http：//www. nanoandme. org/downloads/The%20Responsible%20Nano%20Code. pdf [2013-7-5] .

[11] Interessengemeinschaft Detailhandel Schweiz. Code of conduct for nanotechnologies 2008. Geneva：Swiss Retailer's Association.

[12] BUND. For the Responsible Management of Nanotechnology 2007. http：//www. bund. net/fileadmin/bundnet/publikationen/nanotechnologie/20090204 _ nanotechnologie _ bund _ positionspapier _ englisch. pdf [2013-7-5] .

[13] CTA. Principles for the Oversight of Nanotechnologies and Nanomaterials 2012. http：//www. icta. org/files/2012/04/080112 _ ICTA _ rev1. pdf [2013-7-5] .

[14] BASF. This is how we implement our Code of Conduct. http：//www. basf. com/group/corporate/nanotechnology/en/microsites/nanotechnology/safety/implementation [2013-7-5] .

[15] 樊春良，李玲．中国纳米技术的治理探析．科技与社会，2009，08：51-60.

24

纳米技术善治的“第三种力量”

——非政府组织在纳米伦理讨论中的作用*

随着纳米技术的迅速发展，社会各界对纳米技术的社会道德和伦理问题的讨论也逐渐激烈。一方面，人们对未来纳米技术的发展充满了信心和期待，不论是学术界还是商业界都将纳米技术看做是能够带领未来产业革命的核心技术。另一方面，各界对于纳米技术应用带来的负面效应越发重视，担心纳米技术的不断发展会影响人类健康、环境保护、社会和谐等方面[1]。其中非政府组织不仅较早地洞察了这一问题，而且对整个讨论起到了重要的推动作用。

24.1 导　论

众所周知，科学技术是一把双刃剑。在技术和经济全球化的今天，科学技术用得好受益匪浅，用得不好则会产生重大的灾害。纳米技术也是如此。纳米技术并不像许多人所期待和认为的那样全部都是正面效应，它既可能是“创造的发动机”，也同时可能会变成“人类毁灭的发动机”，它在研发、生产、储存等一系列的过程中，都不可避免地会给人类本身、自然环境等带来危害[2]。而正是由于产生了对纳米技术的惧怕，才引起了人们对于纳米伦理的思考。而非政府环保组织作为市场和政府之外的第三部门，较早敏锐地洞察到了这一现实问题。国际著名的非政府环保组织 ETC（Action Group on Erosion，Technology and Concentration），作为一个国际知名的非政府组织，不仅仅紧密联系国内的各个民间社会组织，更注重与国家之间的交流合作，特别对于非洲、亚洲、南美洲一些贫困落后的地方给予最大限度的帮助。就 ETC 的主要使命来看，其致力于文化和生态多样性的保护、人权的合理维护、科学技术的研究分

---

* 本节作者为张志刚、王安秋，发表于 2014 年 15 期《河南科技》。

析和战略选择等等。2002 年 3 月 6 日，国际环保组织 ETC 发表了《纳米技术将我们引向深渊》（*Nanotech Takes a Giant Step Down*）一文。同年 6 月，ETC 再次发表《绝不是小事!》（*No Small Matter*）一文。2003 年 1 月，ETC 在巴西举办了世界社会论坛，在会议中发布了名为《大滑坡：原子技术——纳米尺度的聚会技术》（*The Big Down*：*Atomtech-Technologies Converging at the Nanoscale*）的报告。至今为止，ETC 公开发表了大量有关于纳米技术的文章，其认为社会对纳米材料潜在的负面影响研究还较少，并且纳米技术的生产和传播过程都缺乏有效的管理和监督，早在“No Small Matter”一文中就明确指出了纳米粒子可以穿透活细胞并且在动物器官内不断积累，对人和其他生物的健康带来严重威胁①。这一系列的举动都充分说明了非政府组织对纳米问题的关注度之高，也显示出了纳米技术的重要性以及对于纳米伦理研究的必要性。

由于经济社会的不断发展，社会管理与治理的事务不断增多，政府在公共事务治理方面呈现出了一种心有余而力不足的消弭状态，而正是由于政府的低效造就了非政府组织的崛起。非政府组织的大量出现改变了过去政府单一化的公共事务治理结构，形成了一种多元化的治理形态。非政府组织目前在社会管理与治理中的作用日益重要，作为国家和社会之间的一种媒介物，在纳米伦理研究方面起着一种桥梁的连接作用，推进了国家和社会之间的沟通[3]。并且非政府组织作为公民社会的核心要素，对公民社会的发展以及公共治理的进展起着至关重要的作用，使得纳米伦理的讨论能够集合到各方的意见和建议，为纳米伦理的研究提供最充裕的信息要素。

24.2 非政府组织的性质特点与纳米伦理的兴起

美国约翰·霍普金斯大学的莱斯特·萨拉蒙教授曾经从结构——运作的角度来探讨非政府组织，其认为具有以下五种特征的组织就可被称为非政府组织，即组织性、非政府性、非营利性、自治性、志愿性。具体来说，非政府组织属于正规的、具有合法身份的组织，而不是一时兴起的临时组织，它不受政府的领导和支配，而是进行一种自我管理。并且非政府组织可以接受政府的资金支持，但是其存在的目的不是为了营利，而是组织成员为了某一共同的目标而自主、自愿地进行活动[4]。非政府组织的性质特点就决定了其在纳米伦理讨论中具有政府、市场所不具备的优势，为推动纳米伦理研究的兴起和发展提起到了重要作用。

---

① 参见：http：//www.etcgroup.org/search/site/nanotechnology.

24.2.1　机构简练

非政府组织的行政体系一般都比较简练，人员少、机构精、体制活，呈现扁平化的特点，不像政府受到严格古板的行政程序的制约，非政府组织能够灵活反应。并且，非政府组织一般都是由一部分人为了某一个特点的目的，自发形成的组织，它一般具有较强的使命感、责任心[5]。很多时候非政府组织能够提供的不是直接的物质帮助，它通过一种独特的方式，吸引人们的关注，为解决问题提供广泛的思想基础。早在 2007 年，国际环保组织 ETC 向其各成员致信，征集“纳米风险”标示，随后得到了广泛的响应，这虽然不是为纳米伦理的发展做出了直接的贡献，但是，从另一方面来看，这项由 ETC 组织的活动，成功地引起了全球的关注，并且也让大家都关注到纳米风险这一时代话题。很多时候，再多的语言文字也不如直接的图像给人类的冲击大，只是通过非政府组织的一个小小的活动，就成功地吸引了大众的目光，各方就会着力在如何减少甚至消除纳米技术带来的风险，而减少纳米技术带来的风险，正是各方关注纳米伦理的重要原因。ETC 对于纳米风险这一主题的关注，正是由于对纳米伦理的重视，不仅仅局限在文字的宣传，通过灵活变通的方式，将纳米伦理的信念传递到各个其他组织和社会中去。

24.2.2　专业性强

非政府组织一般都具有专业知识和技术设备等方面的优势，大部分非政府组织都是在明确了自身的优势之后，设定了自身的发展目标，并据此招募更多的组织成员。因此，相对于市场和政府来说，非政府组织的人员都具有较强的专业性。ETC 一直关注诸如生物多样性、生物技术、社区知识系统等高新技术方面的问题，最近几年，随着纳米技术的不断发展，特别是在 20 世纪 90 年代以后，其对纳米技术的关注度不断上升，“*No Small Matter*”一文中就指出了纳米粒子穿越活细胞并且积累在动物器官内这一观点，随后在 2003 年发表了“*Nanotech Un-gooed*”一文，提出了“灰色/绿色黏稠物是否会引起工业的第二次错误”这一观点，之后几年还陆续提出了很多专业性很强的问题，这些在科学界和商业界都引起了强烈的关注。所提的这些问题对于一般的机构组织来说都更具专业性和权威性，对于纳米技术的关注，能够为纳米伦理的进一步研究提供更多的契机。

24.2.3　非营利性

非政府组织的一个最重要的特点就是非营利性，这就决定了它具有较强的公共意识、奉献精神，也便于动员社会基层资源，它依靠志愿、博爱、慈善的宗旨和理念感动社会，影响社会[6]。作为一般的社会人，我们对于纳米技术的了解并不够深入，这就决定了我们对于纳米伦理研究的必要性了解甚少。我们看到更多的或许是纳米技术为生活带来的便捷，对于纳米技术产生的危害了解却不够重视。而事实上，对于纳米技术带来的危害受影响最多的其实是群众，非政府组织能够利用其广泛的群众基础和群众影响力，收集更多的纳米技术产生的问题，为纳米伦理的发展提供现实依据。另一方面非政府组织集合各方展开讨论，让人们了解到纳米技术带来的不仅仅是进步的方面，任何事物都具有两面性，因此要正视纳米风险的存在，对纳米伦理的研究也决不可忽视。只有非政府组织才能将双向互利发挥到淋漓尽致。

就目前 NGO 为纳米技术发展做出的贡献来说，主要起的是一种警示作用，这主要是由于非政府组织将更多的目光关注到了纳米技术产生的危害方面。而与此相反的是，由于 NGO 集中火力关注纳米技术产生的威胁和负面效应，这对纳米伦理的研究提供了很大的帮助，就譬如绿色和平组织也在密切关注纳米科技的进展，并推出一系列报告。2003 年 7 月，绿色和平组织委托英国帝国理工学院生命科学院环境科学与技术系，环境政策与管理小组所做的题为“未来的技术，今天的选择”（*Future Technologies*，*Today's Choices*）的报告发表在著名的科学杂志《新科学家》上，文章将纳米技术可能产生的危害进行了归纳分析，指出纳米粒子及纳米产品可能包含未知的安全风险，提出目前对纳米技术的社会和环境后果问题的研究严重滞后，呼吁政府和纳米产业界关注纳米技术的环境和社会伦理问题，认为如果纳米产业界不严肃对待公众关注的负面问题，最终将导致全面被禁的命运[7]。这样一篇文章，对于纳米技术的发展来说或许有一定的阻碍性，但是正是由于对纳米伦理的关注，才能够提出这样的问题，为纳米技术的进一步健康发展提供参考。当然，作为一个中立、公正的组织，不能够仅仅看到纳米伦理关注的消极面，更要积极地促成纳米技术的健康发展，充分利用纳米伦理讨论的结果加以应用。

24.3 非政府组织与纳米技术的善治

善治，善即好，治即治理，是当今社会治理追求的最高境界，实现更好的治理。对于治理理论来说，是在国家、市场、公民社会的结构下对政府能力作用以及第三部门对社会活动管理作用的探讨，将权力主体由国家过渡到社会，因此善治就是充分利用各方力量，使得公共利益最大化。非政府组织能够汇集大量的社会资源，倡导社会和谐发展，并且一直关注社会公益事业、广泛传播科学的发展理念，鼓励群众参与社会管理等，在这一系列的举动中增强了公民的主人公意识，推动了公民社会的发展[8]。由此可见非政府组织作为社会的第三种力量，为社会的善治做出了巨大的贡献。因此在纳米技术的善治中，非政府组织同样作为除政府和市场外的第三种力量，发挥着巨大的作用。

由于不同国家之间对纳米技术的规定并不完全相同，那么在国际合作时，就会出现纳米技术风险和利益分配不均等问题，这就决定了必须要借助一定的组织来制定全球性的指导纳米技术发展的基本原则和框架，真正实现纳米技术发展的“善治”，没有一个统一完备的全球性原则，必然会出现纳米技术发展的不和谐状况，最终阻碍纳米技术的健康发展，这也是我们进行纳米伦理讨论的重要原因之一。而现在人类的发展已经不能仅仅依赖过去那种市场、政府二元模式，在当今全球化的发展趋势之下，需要第三种力量来平衡各方的利益，即非政府组织的力量，主要就是用于填补政府与市场忽略的地带，对于纳米伦理的讨论正能够充分发挥非政府组织的桥梁作用，能够直接地了解市场的状况，将其反馈给政府，三者各行其职，推动纳米伦理的发展。因此具有跨国性质的非政府组织有利于推动纳米问题在全球范围内的治理，以及便于在纳米伦理讨论中听到了更多方的“声音”。另外，在这样一个多元化的社会大环境下，非政府组织的非中心性也能符合善治的理念要求。

24.3.1　促成相关非政府组织进行纳米伦理讨论

纳米技术是一个交叉性很强的领域，它涉及像是量子力学、介观物理、分子生物学、计算机技术、微电子、扫描隧道显微镜技术、核分析技术等等专业领域，而非政府组织的涉猎广泛性，各个组织之间进行一些技术方面的讨论会，则会为纳米伦理的讨论提供更充裕的技术依据。2003 年，绿色和平组织、英国基因观察组织和 ETC 在布鲁塞尔召开讨论会，旨在唤醒公众重视纳米技术的潜在危害[9]。通过这次的讨论会，各非政府组织通力合作，得出了纳米级颗粒的微小程度足以穿透肌肤，进入体内器官，因此纳米技术的使用会对人类的健康造成重大的隐患。正是由于非政府组织之间的相互协作，对纳米伦理问题公开进行讨论，汲取各方信息，才使得纳米技术安全方面取得了新的突破。

24.3.2　加强与政府科技部门的沟通

大部分有关于科学技术方面的非政府组织，不仅仅承担着研究技术的责任，同时更重要的是作为政府科技部门和公民之间联系的桥梁。以美国国家纳米科技计划为例，NNI 美国从 2000 年开始实施的国家科技战略，其计划的主要内容是通过联邦政府协调各联邦机构在纳米科学工程和技术领域研发的一项投资计划，作为一项国家性的重要战略，科技咨询是不可或缺的内容，而纳米技术具有复杂性和不确定性，为了慎重起见，美国政府先后向多家非政府组织提出咨询邀请，像是在 1996～1998 年向世界技术评估中心进行决策前咨询，1999 年向美国总统科技咨询委员会进行战略咨询，还有之后于 2009 年向国家纳米技术咨询小组和其他非政府组织进行实施咨询、立法听证与监督等。这一系列的活动都使得最终的决策更具有全面性和客观性，不仅协调了多元主体的利益，同时还对纳米技术的社会形塑和当代科技治理都产生了重要影响[10]。政府科技部门的目标在社会、经济利益最大化，而非政府组织能够在政府科技部门盲目追求发展的过程中监督其行为，充分考虑纳米伦理问题，将下层建议反馈至政府部门，将纳米伦理讨论的成果公开化，提高纳米伦理讨论结果的实际操作性，将理论转化为实践。

24.3.3 加强与纳米技术研究机构的协同创新

科技非政府组织作为国家科技创新体系中的重要组成部分，需要同创新体系中的其他成员相互协作，不断创新，像是研究院所、大学、企业等等。通过突破创新主体间的壁垒，充分实现“人才、技术、信息、资本”的融合，实现深度合作①。目前非政府组织与政府部门之间的合作还较为密切，但是与研究机构的合作却相对较少。相比于非政府组织来说，研究机构更具有专业性。简单说来，以专业性将政府、非政府组织、研究机构分为上、中、下三个等级，毫无疑问的是研究机构处于专业性的最上等，它不像非政府组织还承担一部分其他的责任，它的主要任务只是科学研究。因此对于非政府组织推动纳米伦理发展这一主题来说，积极加强与纳米研究机构的协同创新，将最新的研究成果最为自己的讨论对象，再将此技术的伦理问题进行讨论后反馈至纳米技术研究机构，作为机构进一步研究的参考。在 2009 年，ETC 曾经针对化学管理国际会议的成果作出过一些质疑，对于这个事件，ETC 就通过发表新闻的方式将自己的见解与相关机构进行磋商，这样对于研究机构来说也为未来的技术研究提供意见参考。

24.3.4 普及纳米伦理信息让社会大众充分了解

虽然全球在纳米技术发展方面已经取得了重要的成果，但是与之相比尤为缺乏的是公众对于纳米技术的认知度。实际中，一部分大众非常期待纳米技术的广泛应用，他们对此持乐观态度，认为纳米技术的推广能够使生活质量进一步提升，对纳米伦理的研究只是多此一举；而与这种观点同时存在的是一部分

---

① 参见：http：//baike. baidu. com/view/8530733. htm.

公众对纳米技术持一种恐惧的态度，认为纳米技术是可怕的技术，会给未来人类生活造成重大的灾难，对纳米伦理的研究只是纸上谈兵解决不了实际问题。这其实都有一定的片面性，而政府在普及纳米技术和纳米伦理知识方面行动力的低下，使得公众寄希望于非政府组织，希望能够通过非政府组织这样一个平台了解到更多的纳米伦理知识，充分明确纳米技术能够给我们带来的双面作用，也让群众了解对于纳米伦理的研究是必不可少的。而非政府组织也应当充分发挥自身的公益性和志愿性，组织志愿者对大众进行纳米知识和纳米伦理普及讲座。美国 Nano Business Alliance 成立了调查纳米技术对环境影响的“Health and Environmental Issues Task Force”协会，它的主要目的并不是进行技术方面的研究或者是调查，而是消除政府及消费者认为纳米技术会对环境产生不良影响的担心[11]，也让公众正确理解纳米伦理问题，并不能够一味的由于纳米伦理带来的问题产生抵制，要知道对于纳米伦理的讨论是为了更好地运用纳米技术为人类社会发展做出贡献。

24.4　结　语

纳米伦理是以对纳米技术的目的、过程以及后果做出的评估作为基础的，而纳米技术处于一个不断发展的过程，具有不确定性，而这种不确定性就是未来纳米伦理发展的重要挑战之一[12]。非政府组织作为纳米伦理讨论中的重要成员，使得纳米技术在传播与发展过程中，获得更多的专业能量，也能够减少由于机制偏差造成的国际间合作的矛盾，更能够减轻政府与市场在纳米技术管制方面的压力，为纳米技术的发展提供良好的环境。非政府组织目前的行为都受到了广大群众的认同，在未来的发展中也应当客观评价政策号召、监督市场的经济行为，同时向群众宣传纳米伦理知识，成为整个讨论中的协调者，发挥连接各方的功能，充分展现“第三种力量”的作用，为纳米伦理的深入研究做出贡献，推动纳米技术的可持续发展。

参考文献

[1] 王国豫，龚超等．纳米伦理：研究现状、问题与挑战．科学通报，2011，56 (2)：96-107.

[2] 王国豫．纳米技术：从可能性到可行性．哲学研究，2011，(8)：97-102.

[3] 郑澎．社会多元治理格局中非政府组织与政府互动性研究．西南交通大学，2006：11-61.

[4] 汪小波，黄晶．国外非政府组织理论研究综述．辽宁行政学院学报，2012，14 (5)：16-18.

[5] 李丹．全球危机治理中国际非政府组织的地位与作用．教学与研究，2010，(3)：69-75.

[6] 安海虎．国外非政府组织的作用研究．陕西师范大学，2010：8-9.

[7] 王国豫，龚超等．纳米伦理：研究现状、问题与挑战．科学通报，2011，56 (2)：96-107.

[8] 林美萍．善治视野下非政府组织发展的境遇与理路．内蒙古农业大学学报，2010，12 (2)：260-262.

[9] 孙茹．绿色和平组织国际资料信息．国际资料信息，2002，(8)：34-39.

[10] 方华基，许为民．科技治理中NGO的制度化咨询——以美国国家纳米计划为例．自然辩证法通讯，2011，33 (4)：57-63.

[11] 任红轩．呼吁应高度重视纳米技术的安全性评估问题．http：//www.people.com.cn/GB/keji/1059/2675011.html [2004-07-29].

[12] 王国豫，龚超等．纳米伦理：研究现状、问题与挑战．科学通报，2011，56 (2)：96-107.

附　录

国外纳米安全与伦理文件汇编

附录 1

纳米技术与伦理——政策和行动*

1. 引言

纳米技术是当今发展最快的技术之一，在药物、能源、制造业及通信产业有着广阔的应用前景。但同其他新技术一样，纳米技术的发展也产生了伦理问题，其可能存在的收益与风险及与对国际科技政策的影响逐渐引起了人们的关注。联合国教科文组织应主动从全球视角出发，展现其伦理维度、探究纳米技术的发展对成员国有何影响，以及采取可能的行动。

2003 年 12 月世界科学知识与技术伦理委员会第三次例行会议在里约热内卢召开，在纳米技术专门会议上初次研究了纳米技术的伦理维度。2005 年 3 月在曼谷召开的第四次例行会议上，诸多议题也涉及了纳米技术的伦理维度问题。会议之后，为研究纳米技术的伦理问题成立了特别专家组，并根据专家组成员的建议起草了政策文件大纲。2006 年，委员会召开特别会议就该大纲进行讨论。同年 11 月 16 日至 17 日，专家组于巴黎对大纲进一步评议。2006 年 12 月委员会第五次例行会议在达喀尔召开，会上讨论了在进一步专家评议的基础上产生的附加建议，也就是下文的《纳米技术与伦理政策建议——世界科学知识与技术伦理委员会》。

纳米技术能够提高发达国家人们的生活水平，也能够解决发展中国家（包括联合国千年发展目标）关心的问题。联合国教科文组织能够利用这一机会为世界提供一套伦理准则，帮助各国认识到纳米技术研发和应用的基本目的。总

---

* 《纳米技术与伦理——政策与行动》（*Nanotechnologies and Ethics-Policies and Actions*）由联合国教科文组织下属的世界科学知识与技术伦理委员会（World Commission on the Ethics of Scientific Knowledge and Technology，COMEST）于 2007 年发布，旨在为世界范围内的纳米技术的研发和应用提供政策建议。参见：http：//unesdoc. unesco. org/images/0015/001521/152146e. pdf.

的来说，需要对纳米技术的潜在收益与风险进行伦理反思，但更重要的是对其进行评估，并公开讨论此类技术的使用目的——鉴于科学技术可解决人类最迫切的需求。

2. 方法

为增强已采取行动之间的关联性，伦理维度研究与国际活动主要涉及以下三类相关人员：哲学家与伦理学家、科学家和政策制定者。以下为三类专家参与下的活动安排，共分为三个阶段。

2.1 第一阶段：确立道德维度

第一阶段，教科文组织组织成立了跨学科专家组，其主要工作是：

（1）回顾关于纳米技术的最佳伦理反思；

（2）寻找国际行动机会。

2005年7月5～6日、12月6～7日，纳米技术伦理专家组在教科文组织的巴黎总部会面，根据专家们已提交的论文及两次会议的讨论结果，专家组最终确定了国际行动提案。

提高意识的第一步举措是将有关专家的论文收录至《纳米技术：科学、伦理与政策问题》中，该书也是教科文组织即将出版的系列图书《科技伦理》中的一部分。

2.2 第二阶段：测试潜在国际行动的关联性

专家的思考不仅要解决科学界的道德上的顾虑，更要在最大程度上解决社会的道德问题，这是非常重要的。在第二阶段，来自纳米技术研发及应用领域的不同学科代表详尽研究了提案中的策略和方法。2006年的巴黎专家评议会初次践行了这些建议。

2.3 第三阶段：提高预备行动的政治可行性

值本报告发布之际，将就前两阶段制定的预备行动的政策可行性咨询主要相关者，并请其参与政策可行性评估。这表明项目初期就确定了相关人员，为潜在行动或是有望采取的行动提供咨询。特定的活动可以以此咨询过程为基础得到执行。

3. 纳米技术的主要特点

3.1 跨学科与交叉学科维度

跨学科是纳米技术的特点之一。“纳米技术”并不特指某种特殊技术，而是具有跨领域的特点。首先，从自然科学角度来看，纳米技术对自然科学学科间的不同点提出质疑；其次，在纳米技术领域，很难将科学与技术分开（科学家和工程师需要合作）；最后，随着人们对纳米级的进一步探索，自然科学与人文科学之间的明显界限正在逐步消失。因此，为了避免相互曲解与误解，必须加强自然科学与人文科学间的建设性交流。

3.2 纳米技术的特性

纳米技术的以下特点引发了特殊的伦理问题。

(1) 不可见性：纳米技术应用过程中的不可见性令控制和追踪其影响变得困难（类似于核技术）。

(2) 快速发展：纳米技术的飞速发展使对其潜在影响（特别是长期影响）的认识和反应都带来了困难。

(3) 军事安全方面的应用：纳米技术在军事、安全方面的应用可能造成它与人权的冲突。

(4) 影响全球：可能对未参与纳米技术研发的国家产生影响。

(5)“纳米差距”风险：可能加剧发展中国家与发达国家间的不平等。

3.3 机遇——纳米技术

纳米技术是“促能技术”，因此需要采用整体主义的方法，要求各学科间真正的交流。在所提议的讨论、教育、研究和政策等行动中都应体现这种交流。同样，纳米技术的发展为促进多学科合作与跨国合作提供了机会，以满足科技伦理的基本需要之一。

4. 伦理框架阐述

4.1 指导纳米技术发展的伦理原则

联合国教科文组织应进一步对纳米技术进行反思，以检查并丰富对纳米技术发展进行指导的伦理原则。

4.2 公共责任与透明度

制定纳米技术投资和研发的政策时，也应高度重视公共责任与透明度原则，特别要注意对军事利益的影响及风险。同时应建立并完善相应的模型，研究这些原则是如何作用于社会的。另外，组织伦理学（比如企业的社会责任）中的概念内涵应得到重视。在制定涉及纳米技术的政策时，需考虑到利益问题，重点强调促进和平与解决争端。

4.3 伦理问题能力建设

联合国教科文组织应完善由现有政策、行为准则、专业机构指导、政策主体和研究机构等元素构成的初级数据库，并促进其发展，使其能为将来的行动提供指导，以加快成员国和公众解决纳米技术伦理问题的能力建设。

4.4 公众参与

规划纳米技术政策应提高公众参与程度，加强包括环境、健康、公会、公共安全等领域的民间团体的参与能力；促进公众讨论模式进一步发展；加强成员国尤其是发展中国家的公众参与能力。联合国教科文组织应参加现有纳米技术公共论坛来确保对话，以跨学科间相互交流、交换观点的平衡方式发展。同时要大力发展纳米技术政策的区域对话，考虑各地区发展水平、社会关注问题等方面的差异。

4.5 伦理问题的媒体推广

利用媒体推广纳米技术伦理问题是必不可少的，应邀请著名媒体人参与向公众普及纳米技术伦理问题的活动。

4.6 国际合作

联合国教科文组织应与经合组织、国际标准化组织等国际组织在纳米技术领域进行密切的合作，共同建立完整的纳米技术伦理框架。

4.7 国际纳米技术与伦理委员会

纳米技术发展迅速，因此，联合国教科文组织应设立国际纳米技术与伦理委员会，负责始终监控并实时反应该领域内出现的伦理问题及这些伦理问题的发展。

5. 纳米技术意识提高及讨论

5.1 平衡、全面、跨学科的公众讨论

为了开展平衡、全面、跨学科式的公众讨论，应首先认识到公众对纳米技术的期望与担忧均在逐步上升，伦理对话也因此受到了正反两方面的影响。随着纳米技术的发展，建立在对全部信息仔细考察之上的真实的、全面的讨论也应得到发展，避免在没有切实证据的情况下做出积极或消极的结论。与此同时，应为公众及政策制定者们提供更加详尽、客观、准确的信息，使他们全面了解纳米技术。联合国教科文组织应帮助成员国加深对纳米技术风险与收益的认识，尤其是那些纳米技术发展相对滞后的国家；提高科学家、工程师的公共使命感以保证纳米技术健康发展；培养普通民众在正确认识纳米技术和积极参与纳米技术政策制定等方面的责任感；使之进一步认识到控制由纳米技术造成社会转型过程中对各方的潜在破坏性影响的需要。公共讨论应考虑到《千年发展目标》。

5.2 环境影响与健康问题

为了使纳米技术的可预见收益最大化，早期、全面、跨学科的公众讨论可以专注在环境影响和健康方面。纳米技术在生产或使用过程中可能与人类产生接触或对环境有影响，一定要对此类纳米技术的机遇与风险加以平衡。

问题在于纳米工程材料的潜在毒性具有科学不确定性。实际上如何确切定义这些材料的毒性还存在疑问。假如定义了纳米材料的毒性，关于如何科学地、无争议地进行毒性测试尚未形成清晰观点。最后，纳米材料毒性方面缺乏系统的研究。正如本身无毒的石棉在某些条件下会产生毒性，纳米材料的毒性也可能需要一段时间才会表现出来，这也是所面临的问题之一。因此，预防原则的适用性问题仍有待研究，但不应因其科学不确定性而停止或推迟必要的讨论（详见本附录 7.1 与 7.3）。

5.3　风险评估

风险分析与标准化问题不仅需要深入的科学思考，而且需要透彻的伦理思考。联合国教科文组织有必要与正在建立风险评估的组织（如经合组织）合作。通过提高意识和伦理教育活动使纳米技术领域的科学家、工程师认识到风险评估的必要性，了解风险评估的概率概念；也可以在纳米技术授权应用过程中推动风险认知、发展管理要求，来达到这一目的。

5.4　纳米药物

在初期、全面、跨学科的公众讨论中，药物中的纳米技术产生了诸多待讨论的问题，新诊断方法（如诊断易感疾病）的出现是其中之一。此外，提高体质的愿景也导致了一系列疑问（哪一部分是人类本身自有的？哪一部分是可被增强的？二者由谁来界定？）教科文组织可以将《生物伦理和人权世界宣言》中的生物伦理原则应用在纳米药物的领域，同时考察医疗领域的纳米技术引起的伦理问题时，应验证这些规则。

5.5　隐私性与保密性

初期、全面、跨学科的公共讨论也应关注隐私性与保密性的基础伦理和法律概念。得益于纳米技术，我们的时代产生了前所未有的监控设施（从纳米摄像机到可全球定位的纳米追踪器），但此类设备的可接受性及使用条件仍有待考察。

5.6　知识产权

初步、全面、跨学科的公众讨论应进一步关注纳米技术知识产权问题。之所以要关注纳米技术知识产权问题是因为纳米技术与生物技术有交汇之处，那么纳米技术伦理方面的考虑自然关系到生命体或基因的专利权；另一原因则是纳米技术逐渐模糊了科学与技术的分界：科学知识属于“共同善”，而技术实践却通常不是。此外，“过专利化”可能有加剧“纳米差距”的风险。基于以上原因，纳米技术的创新专利权可能会越来越具争议性，这一点应在收益与风险评估中予以解决（见 7.6）。

6. 伦理教育

6.1 加强纳米技术伦理教育的总需求

对纳米技术来说，公共参与和教育策略是不可或缺的，同时也需重点对科学家、工程师进行充分的伦理教育。整体看来，科学涉及多种学科，对社会产生了最广泛的影响，自然会产生伦理需求，也就要求对公众进行伦理教育。纳米技术的跨学科性要求在纳米技术领域科学家、工程师等层面进行详尽的伦理教育，而且这种教育应该不断加强。值得注意的是，人文社科领域从事纳米技术的伦理、法律和社会问题研究工作的人员应加强科学方面的教育。非政府组织参与政策的制定，在提高意识、监控发展方面起着中坚作用；政府在投资和可能的法律行动中起决定性作用，因此也应参与到公众讨论中来；指定利益集团尤其重要，来自各种职业的观点都应被考虑在内。总的来说，不同文化背景导致人们对纳米伦理教育的态度也有差别，但在最大程度上鼓励辩证思考的教育在何种情况下都是是可取的。

6.2 项目内容特定附加项

联合国教科文组织启动了“伦理教育项目”（EEP）以满足科学家和工程师的伦理教育。该框架内，纳米技术思考将影响伦理教育的内容。（如第三章与第五章内的内容；纳米尺度条件下，有关通常的物理规律与哲学原则的疑问；预警原则的实施等）。联合国教科文组织应梳理伦理教育的现有项目，重点关注纳米技术；促进此类项目在科学工程课程的引进和发展。同时联合国教科文组织还能够发起提案，寻求伦理教育与纳米技术的平衡。文化多样性可能影响此类项目的发展，这是我们应该注意的挑战。

6.3 指导原则

除了总体上适用于不同地区的主要伦理教育项目外，还可以进一步制定特定伦理指导原则，作为指导基础（自愿履行的指导原则），配合其他教科文组织的教育材料，共同开展教育项目。此类指导原则应通过广泛协商来实现，在现有教科文组织的科学伦理反思框架内进行。指导原则旨在为研究人员提供实践指导，更要为联合国教科文组织成员国在逐步推进完善纳米技术伦理指导建议的过程中提供帮助，特别是在国家、地区层面。该指导原则是联合国教科文组织的一次努力，试提出一种和谐的纳米技术伦理原则，对纳米技术的研究与应用中应采取的行动做出建议。

7. 研发政策需求

7.1 科技知识

迄今为止，我们不了解的纳米技术问题还有许多，需要大量的科研工作。

首先我们应承认缺少对纳米技术的了解，之后为解决这些问题（如环境健康影响、纳米粒子基本性质、如何处理纳米材料、如何分类消费品）进行深入、跨学科的研究（如 3.1 所述）。

7.2　指导政策社会科学研究

为了给纳米技术研究和工业发展政策提供适当指导，判断发展纳米技术及产生影响的社会和经济条件，加强社科研究是必不可少的（见 7.6）。这些研究同样应是交叉学科式的研究（见 3.1 中待解决问题）。

7.3　伦理研究与法律伦理

纳米技术的伦理研究有待发展。与投入到纳米技术的大力经济支持相比，纳米技术领域的伦理研究仍然不足。社会应鼓励伦理学家研究纳米技术伦理问题，同时纳米技术科学工作者应尽量与伦理学家、哲学家交流。在这方面，联合国教科文组织的伦理项目能够为纳米技术伦理问题提供国际舞台，充当伦理问题的信息交换场所，建立伦理政策的信息数据库（作为“全球伦理观察数据库”的一部分）。法律环境也很重要，如涉及消费者、职业健康的法律；企业犯罪过失索赔；纳米技术发展、制造和传播的相关法律。以上领域均应为交叉学科式研究（3.1 中待解决的问题）。

7.4　社会科学研究与研究方法创新

不同的文化是如何预想、定义和界定纳米技术的？相应的伦理问题又是如何产生的？要解决上述问题，就需要进行社会科学研究。同时，应鼓励在构建纳米技术研究问题、优先级、政策和科研手段方面发展创新方法。

7.5　发展伦理、法律和社会问题（ELSI）研究

联合国教科文组织应发展伦理、法律和社会研究，使之成为国家技术研究框架的利器；建议将纳米技术研究中的部分预算分配给 ELSI 研究（人类基因研究就将部分预算分配给了 ELSI 研究）。

7.6　纳米技术与发展

即使是跨学科式的，自然科学研究自身也无法解决纳米技术的价值问题。要解决这一问题，需要结合社会科学研究（见 7.2），一种讨论式的、预警式的，能够清楚审视与表述伦理原则的社会科学研究。因此联合国教科文组织可以帮助成员国甄选对发展来说最适宜的相关技术。注意需将国家或地区层面能解决的伦理问题与国际层面的问题区分开来。比如未来有些国家的资源可能被纳米工程材料取代，那么这些国家就应探索资源的最佳使用方式，并同时发展某种纳米技术。

讨论中应注意以下问题：

（1）特定纳米技术的发展实用性

(2) 对比某种纳米技术对某一国家的益处和害处

(3) 有能力将科研成果转化为有益于发展的应用

(4) 可能产生的环境风险；风险评估和管理

(5) 知识产权对风险收益评估的影响（见 5.6）

(6) 利益共享（同《世界生物伦理与人权宣言》条款）

(7) 发达国家同发展中国家进行国际合作（同《世界生物伦理与人权宣言》条款）

(8) 纳米技术、行动与替代技术、行动的风险收益分析

(9) 管理由纳米技术导致的全球经济结构性改变造成的社会转型

7.7 自愿性指导原则

纳米技术伦理、法律与社会影响初期评估应为制定该领域的标准框架提供机会。如此，如 6.3 提到的科学伦理与纳米技术自愿性指导原则（尤其是安全问题）能够在协商过程中逐步完善，为国家、企业或科技组织提供描述性伦理框架。同时此指导原则能够为国家法规提供参考。

7.8 体制化

应鼓励成立国家科技伦理委员会（相当于 COMEST 的国家地区职能）。此类委员会也为公共辩论和公共交流提供长期平台。

附录 2

欧盟负责任的纳米科学和纳米技术研究行为守则*

《负责任的纳米科学与纳米技术研究行为守则》（下文简称《行为守则》）为成员国、工作人员、研究资助者、研究人员和广义上所有参与（或有兴趣从事）纳米科学和纳米技术（下称纳米科学与纳米技术）研究的个人或民间组织（“所有相关人员”）提供了执行负责的、开放的纳米科学与纳米技术研究方法的指导原则。

《行为守则》与现行法规互补，并不限制或影响成员国可能就纳米科学与纳米技术研究采取更为广泛的、未在《行为守则》之列的保护措施。

同样也鼓励遵守该《行为守则》的相关人员在可能的情况下参考《欧盟基本权益宪章》。

为跟进纳米科学与纳米技术的全球发展和欧洲表现，委员会将每两年对该《行为守则》进行监测和评议。

1. 范围与目的

为保证纳米科学与纳米技术研究在安全、有效、符合伦理的框架内进行，支持经济、社会和环境的可持续发展，《行为守则》希望所有相关人员能够负责行动，共同合作，遵守《委员会纳米科学与纳米技术策略和行动计划》。

《行为守则》涵盖了欧洲研究界所有的纳米科学与纳米技术研究活动。

《行为守则》采用自愿遵守形式，提供了一系列的适用原则和指导原则，指导纳米科学与纳米技术相关人员行动。《行为守则》应巩固、促进《2005～

---

* 《欧洲负责任的纳米科学和纳米技术研究行为守则》（*A Code of Conduct for Responsible Nanosciences and Nanotechnologies Research*）由欧盟委员会下属的研究、科学、经济与社会理事会（Directorate General for Research，Science，Economy and Society）于2009年发布，旨在基于整体的社会福利，促进纳米科学和纳米技术研究以全面、安全、负责任的方式进行。参见：http：//ec. europa. eu/research/science-society/document _ library/pdf _ 06/nanocode—apr09 _ en. pdf.

2009欧洲纳米科学与纳米技术行动计划》中的监管或与非监管方式，推动执行现行法规、应对科学不确定性。

《行为守则》也应成为欧洲国家与第三方国家或国际社会的对话基础。

2. 定义

为达成《行为守则》的目的，将采用如下定义。

（1）纳米物品：没有国际术语的情况下，一般性术语“纳米物品”在《行为守则》中指纳米科学与纳米技术研究产生的产品。“纳米物品”包括纳米粒子及纳米粒子在纳米级、纳米系统、纳米材料、纳米结构材料和纳米产品中的聚合体。

（2）纳米科学与纳米技术研究：广义上说，纳米科学与纳米技术研究指所有在纳米级（1～100nm）研究活动（包括工程制造或非自愿）中产生的人造纳米物品。自然产生的纳米物品不适用纳米科学与纳米技术研究《行为守则》。纳米科学与纳米技术研究《行为守则》的范围覆盖了最基础的研究活动、应用研究、技术发展、巩固科学建议、标准、法规的标准预研究和合作研究。

（3）纳米科学与纳米技术相关人员：成员国、工作人员、研究资助者、研究员、广大参与或有兴趣从事纳米科学与纳米技术研究的个人和民间团体或组织。

（4）民间团体组织：《行为守则》中，民间团体组织指任何非政府、非盈利、不代表商业利益、旨在追求公共利益的合法机构。

3. 一般原则

《行为守则》基于一系列的适用原则，旨在保证利益相关者能在行动中遵守规范。

3.1 意义

纳米科学与纳米技术研究活动应能被公众理解。纳米科学与纳米技术研究活动应在设计、实行、传播和使用过程中尊重基本权利，使其有利于个人和社会的福祉。

3.2 可持续发展

纳米科学与纳米技术研究活动应是安全的、符合伦理的。纳米科学与纳米技术研究活动应有助于持续发展，有助于实现行业持续发展目标，有助于实现《联合国千年发展目标》。无论是现在还是未来，纳米科学与纳米技术研究活动都不应对人、动物、植物或环境造成生态、生理或道德上的威胁，或带来以上各方面的伤害。

3.3 预防

纳米科学与纳米技术研究活动需按照预警原则执行，在鼓励有利于社会、环境研究的同时预估纳米科学与纳米技术产品可能造成的在环境、健康和安全方面的影响，按保护级别执行相应的预警原则。

3.4 包容性

管理纳米科学与纳米技术研究活动应按照法律权利原则对所有相关人员开放，保持透明性，使信息渠道保持畅通。

3.5 卓越性

纳米科学与纳米技术研究活动应符合最高科学标准，包括研究的诚实性标准和最佳实验室管理规范的标准。

3.6 创新性

纳米科学与纳米技术研究活动的管理应在最大程度上鼓励创新、保证创新与增长的灵活性，并按计划推进创新与增长。

3.7 责任性

研究人员和研究机构应对其纳米科学与纳米技术研究活动可能在现在或将来产生的社会、环境和人类健康影响负责。

4. 行动指导原则

本条目所列的指导原则基于条目三下适用原则。指导原则旨在为如何有效管理，重视预防，扩大传播以及成功监测《行为准则》提供指导。行动的主要责任如下，但所有纳米科学与纳米技术相关人员应在能力范围内尽力执行。

4.1 有效管理纳米科学与纳米技术研究

相关人员认识到纳米科学与纳米技术带来了特殊的挑战与机遇，有效的纳米科学与纳米技术研究管理应将相关人员的需求和想法考虑在内。未来可能会出现当前无法预见的挑战与机遇，因此应提前发展责任文化。

4.1.1 成员国应与委员会紧密合作，维护开放、多元的纳米科学与纳米技术研究讨论论坛，以促进关于纳米科学与纳米技术研究的社会讨论，鼓励对纳米科技的希望和担忧进行讨论，促进可能举措及解决方案的出现。相应地，成员国应加强就纳米科学与纳米技术研究利益、风险和不确定性的交流。尤其应注意对低龄人口和老龄人口的影响。

4.1.2 在尊重知识产权的前提下，鼓励成员国、纳米科学与纳米技术研究资助方、研究机构和研究人员将纳米科学与纳米技术知识及信息（如有关标准、参考、标签、研究影响、法律法规等）简单化，使非从业人员和科学界便于获取所需信息。

4.1.3 在尊重知识产权的前提下，成员国应鼓励私人或公共图书馆共享纳米科学与纳米技术研究的最佳实践。

4.1.4 纳米科学与纳米技术研究机构和研究人员应确保在面向科学界大

规模传播之前，对科学数据和结果进行内部评审，以确保数据和结果的清晰，得到不偏不倚的展示。

4.1.5 考虑到纳米科技的潜力，成员国和纳米科学与纳米技术研究组织应确保纳米研究以最高科学道德标准要求自身。应禁止存疑的纳米科学与纳米技术研究（不仅限于剽窃、伪造和捏造实验数据），因为此类研究可能会对健康、安全与环境造成风险，且导致公信力下降，降低研究益处的传播速度。雇主及国家、地区法律有义务保护个人举报研究中的不当行为。

4.1.6 成员国应保证在应用涉及纳米科学与纳米技术研究的现行法律法规方面投入适当的人力、财力。纳米科学与纳米技术研究机构应展示其在遵守法规方面的透明性。

4.1.7 国家和地区伦理委员会、主管当局应评估两用纳米技术研究的伦理审查制度；应重点解决可能阻碍公众知晓有关人类健康的研究结果发布或通知的因素，保护基本权益。

发展包容性的方法

4.1.8 纳米科学与纳米技术研究应包容式的发展，允许所有相关人员就所有发展方向展开初步讨论。

4.1.9 应鼓励成员国、纳米科学与纳米技术研究资助方、研究机构以及研究人员在发展初期多多思考，通过共同参与实践来预测所研究的技术或器物对未来的影响。

4.1.10 纳米科学与纳米技术研究本身应面对所有相关人员开放，及时就纳米科学与纳米技术研究情况通知并支持相关人员，使相关人员积极投入其研究领域的科研活动中。

重点事项

4.1.11 研究机构与标准化组织应尽量使用标准术语以促进科学证据的交流；应鼓励采用标准测量流程，使用适宜参照物以便于对科学数据进行比较。

4.1.12 纳米科学与纳米技术研究资助方应适当投入资金促进纳米科学与纳米技术研究的发展方法研究、风险评估工具研究、纳米级剂量调整及标准化活动。

4.1.13 成员国、纳米科学与纳米技术研究资助方及组织应鼓励纳米科学与纳米技术研究朝着积极的方向发展。科学研究的首要条件是保护公众、环境、消费者和工作人员；减少、调整或取消动物实验。

4.1.14 在现有最优科学数据基础上应开展、发布不偏不倚的评估方案，对资助研究领域的潜在成本、风险及收益进行评估。

禁止、限制性及局限性

4.1.15 纳米科学与纳米技术研究资助方不应资助违背基本权益、基本伦理原则的研究项目，无论其处于研究阶段抑或发展极端（如可致病人造病毒研究）。

4.1.16 纳米科学与纳米技术研究机构不应承担非治疗性质的、易成瘾或以不正当方式增强人体机能的人体增强项目。

4.1.17 在安全性风险评估完成前，应避免涉及纳米物品可能侵入人体的研究项目，如食品（尤其是婴儿食品）、饲料、玩具、化妆品及其他可能入侵人体或暴露到环境中的纳米制品。

4.2 充分预防

由于缺乏有关纳米物品对环境及健康的影响的知识，成员国在从事与纳米技术有关的活动时应采用预警机制，不仅保护最先接触纳米物品的研究人员，还应保护从业人员、消费者、民众与环境。

4.2.1 从事纳米科学与纳米技术研究的学生、研究人员及研究机构在对特殊纳米物品进行操作时，应采用特殊的健康、安全和环境保护措施。根据“2007-2014业内职业健康与安全策略”，应创建特定的指导原则防治纳米物品引发的病症。

4.2.2 纳米科学与纳米技术研究组织应在分类和标记方面使用现有最佳手段。此外，考虑到纳米物体因其规模等级可能会呈现特殊性质（如具体象形图开发），在研究进行之前需告知研究人员及可能接触到纳米物品的人员，使其在作业中进行必须、适当的保护措施，纳米物品的相关研究也必须在此前提下进行。

4.2.3 公共、私人纳米科学与纳米技术研究资助方应要求受资助方提供每项提案的风险评估。

4.2.4 纳米科学与纳米技术研究资助方应在相当时期内监测纳米科学与纳米技术研究对社会、环境及人类健康的潜在影响。

采用预警原则应缩小科技知识的差距，具体研发行动应如下：

4.2.5 纳米科学与纳米技术研究资助方应投入一定力量来研究潜在风险，尤其是纳米物体对人类和环境的影响，特指纳米物品的生命周期，即从产生到消亡（包括回收）。

4.2.6 纳米科学与纳米技术研究机构与研究人员应协调开展特殊纳米科学与纳米技术研究活动，以更好的理解人造或自然产生的纳米物品的毒理学、生态毒理学的基础生物过程。在有充分的生态影响实验、数据和成果的条件下，应向公众公布其研究成果，告知研究成果为积极、消极或无效的。

4.2.7 纳米科学与纳米技术研究机构与研究人员应协调开展特殊纳米科

学与纳米技术研究活动以更好理解纳米科技的伦理、法律和社会影响。同时通信技术以及其与认知学、纳米科技的交汇应受到特殊重视。

4.3 《行为守则》的传播与监测

4.3.1 成员国应采用多种方法，尤其是通过国家、地区层面的公共研究基金来推动《行为守则》的传播。

4.3.2 除现行《行为守则》，纳米科学与纳米技术研究资助方应确保纳米科学与纳米技术研究人员充分知晓相关法律、伦理、社会框架。

4.3.3 《行为守则》的使用情况应受全行业的监管，因此成员国应与委员会合作，共同研究相应措施以确保监管的顺利执行，增强成员国的协同效应。

附录 3

负责任的纳米准则*

1. 负责任的纳米准则之七项原则

该七项原则构成了“负责任的纳米准则”的基础。该准则的制定意在使参与纳米科技产品的研制、开发、制造、零售、处理以及回收的组织机构采用，因而可能部分原则对某些机构具有更强的相关性。

1.1 原则一——董事会问责

各机构都应确保董事会有责任引导和管理其对纳米科技的参与，或必须将责任委托于一名适宜的高级主管或委员会。

1.2 原则二——利益相关者参与

各机构都应确认自己的纳米科技利益相关者，积极主动地与他们建立密切联系，并及时对他们的观点看法予以回应。

1.3 原则三——工作人员卫生与安全

各组织都应确保为其处理纳米材料和生产纳米产品的工作人员提供高标准的职业卫生安全条件。还应考虑到工作人员在产品生命周期的其他阶段的职业卫生安全问题。

1.4 原则四——公共卫生、安全和环境风险

各组织都应实行彻底周全的风险评估，减少纳米科技产品在公共卫生、安全和环境方面涉及的任何潜在风险。此外，还应考虑在整个产品生命周期间的公共卫生、安全和环境风险。

---

* 《负责任的纳米准则》(*The Responsible Nano Code*) 由英国“负责任的纳米准则工作组”于 2008 年 5 月提出，旨在构建一个更加详尽的“基准测试框架”，并利用该框架进行独立评估，以此来评价参与纳米科技产品的研发、生产、零售以及处理的各组织机构的操作在怎样的程度上遵循了这些准则。参见：http：//www. nanotechia. org/activities/responsible-nano-code

1.5 原则五——更广泛的社会、环境、卫生和伦理内涵及影响

各机构应考虑到并致力于解决更广泛的社会、环境、卫生以及伦理方面的内涵问题，并处理好应用纳米科技带来的影响。

1.6 原则六——与业务伙伴建立密切关系

各机构应积极、公开地与业务伙伴建立密切合作关系，以鼓励和推动“准则”的实施。

1.7 原则七——透明性和公开性

各组织对纳米技术的参与和管理应做到公开与透明，并且要对“负责任的纳米科技准则”的实施情况进行定期、清晰的汇报。

2. 良好的实践范例

将以这些范例为基础构建更加具体的“基准测试框架”，将其运用于公司评估，无论公司采用“准则”与否。

2.1 原则一——董事会问责

各机构都应确保董事会有责任引导和管理其对纳米科技的参与，或必须将责任委托于一名适宜的高级主管或委员会。

各机构应怎样确保“准则”的实施，具体范例可包括：

(1) 将纳米技术的责任和“准则”实施的责任分配给董事会，或经董事会将责任制定给一名适宜的高级主管或委员会。

(2) 清晰地说明在组织内部，纳米技术责任与“准则”实施的责任是如何分配的。

(3) 各组织要对自身参与纳米技术的负责任的管理作出承诺。这可能会包括以下承诺：

1) 理解、评估并缓解任意关系到公司参与纳米技术的卫生、安全、社会、伦理等方面的问题。

2) 设法获知、考虑到利益相关者所关注的问题，并加以重视。

3) 支持发展有效的规章制度，并在外在陈述和公共政策游说方面做到负责、透明、一致。

4) 在纳米技术管理方面不断做出改进。

5) 使机构在纳米技术的参与方面透明化、公开化。

(4) 在常规战略性商业风险评估中，将与纳米科技相关的机遇与风险方面的考虑明晰化。

(5) 建立、采用并宣传这样一种机制，使得员工或外部利益相关者可通过该机制向董事会或理事机构就纳米技术参与在社会、伦理、环境、卫生以及安全方面提出问题。

2.2　原则二——利益相关者参与

各组织都应确认自己的纳米科技利益相关者，积极主动地与他们建立密切联系，并及时对他们的观点看法予以回应。

各组织实施“准则”的具体范例可包括：

(1) 确认自己的利益相关者，积极主动地与他们建立起密切联系——即便无法与其观点达成一致。利益相关者团体包括：雇员、顾客（包括企业对企业和最终消费者）、股东、供应商、非政府组织（NGOs），民间社会组织、专业学者、消费者协会、工会、国家政府、国际管理组织以及公众。

参与活动可以以多种方式完成，如参与其他组织运行的项目或自己主动发起的项目，例如，与利益相关者团体的单独会谈，供应商参与培训，利益相关者座谈小组，咨询协商以及网络论坛。

(2) 确认利益相关者（包括那些组织并没有与之有直接联系的、但组织能够在其关注点的处理中发挥作用的利益相关者），考虑其关注问题，并适当地给予回应。在涉及潜在的环境问题以及人类卫生与安全问题时，此条尤其适于应用。

(3) 应展现组织对利益相关者观点的考虑与采纳过程。如认为其观点并不恰当，应给出相关解释。

2.3　原则三——工作人员卫生与安全

各机构都应确保为其处理纳米材料和生产纳米产品的工作人员提供高标准的职业卫生安全条件。还应考虑到工作人员在产品生命周期的其他阶段的职业卫生安全问题。

各组织实施“准则”的具体范例包括：

(1) 制定并修正政策，程序，检验，这可为那些工作涉及纳米材料和纳米产品的研制、生产、销售、使用、处理及回收的工作人员们提供高标准的保护。特别要指出，不应默认假设纳米技术风险和与现有更大尺寸级别材料风险是完全相同的。

(2) 机构应公开采用的相关标准和协议，并公示在使用纳米材料时采取的具体步骤。

(3) 在整个产品生命周期内，机构应对纳米材料和纳米产品的未来用户提供充分信息，例如产品是否采用纳米颗粒，以及如何对它们进行安全操作等。

(4) 对于违反与工作人员相关的安全指南或法规的行为、这些行为的影响，以及对此采取的相关措施，应向相关权力部门公开揭露。

(5) 对相关工作人员安全的信息与良好规范，可通过适当的论坛进行共享——如贸易协会、工会、智囊团以及政府倡议等。

2.4 原则四——公共卫生、安全和环境风险

各机构都应实行彻底的风险评估，减少纳米科技产品在公共卫生、安全和环境方面的任何潜在风险。此外，还应考虑到在整个产品生命周期期间的公共卫生、安全和环境风险。

各组织实施“准则”的具体范例包括：

(1) 将程序落实到位，以确定、评估和最大限度地减少纳米材料或纳米产品在研发、制造、销售、使用、处理及回收期间带给公众、用户，以及环境的风险。特别指出，不应默认假设，纳米技术风险和与现有大尺度级别材料风险是完全一致的。

(2) 应向供应链中其他适当机构强调其可能需要处理的风险。

(3) 向公众公开揭露机构用来评估产品安全的标准和协议，以及在缺少适当的标准、协议或相关立法的情况下它所采取的措施。

(4) 公开展示机构是怎样确定、评估、管理和缓解那些被界定为是与其产品相关的公共卫生、安全以及环境方面的风险的。

(5) 只有在确定产品的纳米技术元素的安全性已得到证实之后，才可将产品投入销售环节。

(6) 为加强全球认知，促进适当风险评估方法的发展完善，各机构应与政府机构、监管机构以及其他机构分享风险评估和防治对策方面的信息，并分享评估结果。

(7) 为促进所有市场上适宜的规章制度与标准的发展完善作出建设性的努力，积极支持政府和独立研究倡议计划，以弥补阻碍纳米技术负责任的发展的信息和研究方面的缺口。

2.5 原则五——更广泛的社会、环境、卫生和伦理内涵及影响

各组织应考虑并致力解决更广泛的社会、环境、卫生以及伦理方面的内涵问题，处理好纳米科技在应用中的影响。

请注意：纳米技术许多潜在的应用和用途可能会产生在社会、环境、卫生和伦理方面更广泛的影响。所有的利益相关者，包括公司、政府、股东、非政府组织、消费群体、专业学者、商业协会、媒体以及广大公众都应负起思考和处理问题的责任。

该原则的目标旨在激励公司去考虑它们可能扮演的角色、该怎样与其他公司处理好关系，以便找出应对问题的恰当方法。

各机构确保“准则”实施的具体范例包括：

(1) 采取步骤来理解纳米技术在社会、环境、卫生与伦理方面更广泛意义上的内涵和影响，并明确机构在解决问题上可能做出的贡献。

(2) 机构应参与相关的研究、协作计划、合作关系、团体或慈善项目，促进人们对纳米技术的深入理解，解决纳米技术引发的问题。

（3）机构应公开其在社会、环境、卫生与伦理问题等方面对纳米技术的评估结果，并公开其采取的相应活动。

2.6 原则六——与业务伙伴建立密切关系

各机构应积极主动、公开地与业务伙伴建立密切合作关系，鼓励和推动“准则”的实施。

各机构确保“准则”实施的具体范例包括：

（1）各组织应合作地、积极主动地与其业务伙伴（包括供应商、消费者以及商业合作伙伴）建立起密切的联系，以此鼓励他们采用“准则”。

（2）向供应商和商业合作伙伴们传达本组织在涉及纳米技术发展与使用方面的政策和必需的行为准则。

（3）向消费者和未来使用者提供关于本机构纳米材料与纳米产品在安全加工、使用、运输、储藏、处理以及回收等方面的恰当信息，并给予指导。

（4）确保机构能够确认并追踪本机构供应链中的纳米技术产品。

2.7 原则七——透明性和公开性

各机构对于纳米技术的涉及和管理应做到公开、透明，应对“负责任的纳米科技准则”实施情况定期汇报。

注意：透明性与公开性是“负责任的纳米准则”所有原则的核心，在各机构实现对“准则”的承诺时，应成为方法考量中的核心要素。

各机构确保实施“准则”的具体范例包括：

（1）与所有的利益相关者就组织对纳米技术的参与与使用问题进行积极、主动的沟通。可以通过组织的网站、年度报告、企业责任报告或其他类似报告方式，以适当的印刷材料的方式，还可通过参与自愿公开披露方案、公共产品数据库、产品标签、研讨会以及其他会议方式实现。

（2）与利益相关者（包括股东）就“准则”的贯彻问题进行沟通，理想状态为每年进行。沟通应包括机构的纳米技术参与，也应包括纳米技术的管理问题。如发生原则不适用或未能得到贯彻的情况，应给出解释。

（3）在推销纳米技术产品时，应恰当使用“纳米”一词，即：当产品并不是纳米的时候，不得使用“纳米”，同时也不得刻意隐瞒纳米材料的使用情况。

（4）用可靠、具体的科学研究证实产品有效性，确保将证实结果提供给利益相关者。

（5）制定政策或改编现有政策，以确定销售、广告、公共关系及促销纳米技术产品的方法途径。

附录 4

美国国家纳米基础研究联盟（NNIN）实验室研究人员伦理责任简明指南*

1 科学家与工程师的四项基本伦理责任

医生的基本伦理责任是不伤害病人。科学家、工程师的基本伦理责任与此类似：不伤害他们的“病人”如同事、客户、雇员、产品使用者或消费者；总的来说，他们的“病人”包括其工作可能影响到的任何人。

“不伤害”原则可分解为三项科学家、工程师基本伦理责任：

（1）不进行已知会对公众利益造成（或存在不合理风险而造成）危害的行为；

（2）阻止由个人、同事或供职机构的工作造成的对相关者的危害；

（3）警告有可能受到伤害的人员或机构，即使该伤害非本人或本机构造成或无法阻止。

第四项伦理责任适用于服务于某组织或客户的科学家、工程师：

4. 尽力保障其雇主或客户的法定利益。

2 纳米技术研究人员的伦理责任

2.1 三大领域

纳米技术领域的伦理责任体现在三大领域。

2.1.1 微观社会层面

微观社会层面主要是指纳米技术研发实验室及制造设备领域。如今纳米技术实验室的首要微观层面伦理问题是安全性。由于危害实验室安全会对实验室

---

* 《美国国家纳米基础研究联盟（NNIN）实验室研究人员伦理责任简明指南》（*Nanotechnology and Ethics: A Short Guide to Ethical Responsibilities of Nanotechnology Researchers at NNIN Laboratories*）由美国国家纳米基础研究联盟的伦理学研究者，科学、技术与社会项目主任罗伯特·麦吉恩（Robert McGinn）于2008年起草。参见：http://link.springer.com/article/10-1007/s11569-010-0082-y.

人员及设备造成伤害，所以应遵守科学家、工程师基本伦理责任中的第一条原则：

伦理责任 1 纳米技术研究人员有伦理责任，不进行已知（或应知的）会破坏纳米技术实验室安全或对实验室安全构成风险的活动。

实际上，这条纳米技术研究人员一般性伦理责任同样适用于间接破坏实验室安全的活动，如涉及新型纳米材料或实验步骤的活动。

a. 新纳米材料

对于新型纳米材料，纳米技术研究人员应牢记以下事实：没有证据表明在宏观级、微观级安全的物质在纳米级同样安全。对于纳米材料，存在于表面的原子所占比例相对高于存在于块体内的原子，从而产生了“量子效应”，这样纳米级物质的性质将大大不同于大级别的同等物质。假如不采取适当的预防措施，部分新纳米级性质可能威胁安全。因此，

伦理责任 2 纳米技术研究人员有伦理责任，在涉及新纳米级元素的工作中应始终采取适当防范措施。

同样，产品设计师有伦理责任确保产品中所用的纳米材料，无论是单独应用还是与其他元素混合使用，具有安全性。

b. 既定实验步骤

纳米技术研究人员为节省时间、资金，提高产量或抢先在竞争者前达成目标，可能在工作中尝试违反既定实验步骤或采取违禁方法。无论出于何种动机，纳米技术研究人员有伦理责任不采用违禁方法，因为违反既定的、经时间考验的实验步骤将产生巨大的安全风险，危害到实验人员、设备以及实验室声誉。而实验室声誉受损可能导致资金来源或运营许可方面出现问题。试图采取违禁方法的纳米技术研究人员应谨记此类危害。简言之，

伦理责任 3 纳米技术研究人员有伦理责任不使用违禁方法。

假设一纳米技术研究人员得知其同事正使用违禁方法，那么该研究员是否应承担伦理责任呢？他应采取自认有效的措施阻止违禁人员继续使用违禁方法，如规劝，组织实验室群体讨论，或向上级报告。作业安全极其重要，因此将在高压干预下才能阻止的违禁行为向上级举报不仅在伦理上可行，还应是研究人员的伦理责任。假如研究人员对违禁行为无动于衷且违禁行为继续发生，则该研究人员违反了 FERSE2 。简言之，

伦理责任 4 在非高压措施未能成功阻止违禁行为的情况下，纳米技术研究人员有伦理责任将此行为报告给上级。

c. 实验室文化

违禁现象的产生提出了一项重要问题：纳米技术实验室文化。假设有实验

室1（下称L1）和实验室2（L2）。L1的研究员均将安全性放在首位，实验室中有醒目标志提醒研究员注重安全，实验室管理人员一再强调安全问题，危害实验室安全行为将受到实验室内部安全委员会的审查并给予肇事者严厉的惩罚，研究员本身注重维护L1的安全性声誉并在同事有危害安全行为时及时阻止。

L2的研究员对安全问题态度不清，将安全性当做口头工作，管理人员未曾强调安全问题，实验室里唯一的标语是“干好你的活！”，危险行为或操作由临设部门处理并且结果通常是“睁一只眼闭一只眼”或轻微处罚，研究人员本身只按照自己的想法工作且不关注其他研究员是否有违禁行为。

显然，L1与L2的实验室文化截然不同。L1是“安全文化”而L2则是“放任文化”。问题的关键在于已有的实验室文化对研究员不负责任的行动（如违禁行为）有阻碍或促进作用。因此，实验室文化对安全性十分重要，它是影响研究人员行为的“幕后”无形力量。

管理人员有伦理责任建立纳米技术实验室文化。

伦理责任5　高层管理者有伦理责任积极促进机构安全性文化的发展。

但研究人员同样在实验室文化方面负有伦理责任：

伦理责任6　实验室研究人员有责任训练、鼓励新入研究员从事巩固实验室安全文化的行为。

伦理责任7　实验室研究人员有责任与在行动或实验中表现出“放任文化”迹象的同事做争论。

未来几十年，纳米技术研究极可能在欠发达国家（下称LDC）中发展，届时，纳米技术设施、知识将从最发达国家（下称MDC）向LDC国家转移。在这一过程中MDC国家的研究人员们有着极其重要的伦理责任：

伦理责任8　纳米技术研究人员及管理人员有伦理责任向LDC国家的纳米技术人员、机构详尽解释并强调建立、维护强大的安全文化的重要性。

2008年12月，部分NNIN工作人员在印度给一群印度、美国学生进行了简短的培训。值得赞赏的是本次课程除了展示最先进的纳米技术知识、设备外，还强调了纳米技术的伦理、社会问题及责任，包括实验室文化与其对实验室安全的重要作用的讨论。

d. 其他伦理问题

除安全性之外，纳米实验室可能产生其他的伦理问题。其中之一是知识产权之争——谁是某项特殊的想法、发现或创新的所有者？——关于支持某项技术声明的数据完整性也存在争议。“研究伦理学”解决了此类问题。由于这些争议多涉及危害或公正，伦理能够适当的评估这些争议。例如，伪造的数据会在生理或经济上危害到竞争者、机构或是按照伪造数据设计的产品及材料的使用者。同样，在出版物中过于信任或不信任对某项研究有贡献的共同作者或学者将会产生有关公正或知识产权的伦理问题。

2.1.2　中级层面

中级社会层面指研究人员与来自一定程度上代表或影响社会机构的人员之间的互动领域。两种互动活动值得引起关注：公共基金及媒体报道。

a. 夸大宣传

涉及公共基金的主要伦理问题是夸大宣传——为宣传者的利益故意做夸大宣传。研究领域的宣传主要存在两个层面。第一是对整个纳米技术产业的夸大宣传，可能发生在主要的政府资助前，宣称纳米技术产业将引发“下一轮工业革命”，“将改变人们的生活”。第二则是对个人研究提案的宣传，为了获得资金支持，研究者可能夸大项目的可行性、成果或重要性。尽管科研基金竞争激烈，而通过夸大宣传获取资金似乎对研究人员来说很重要，这仍是不负责任的伦理行为。

伦理上讲，夸大宣传属于不负责任的行为其原因有二。第一，假如夸大宣传的领域获得了足够的甚至过多的资金，一些有价值的科学研究很可能就得不到资金支持。第二，夸大宣传——这种声称将更多的回馈社会的宣传——可能令公众不愿再继续或增加在科技领域的投资。

为了获得资金，夸大个人研究项目看起来要比过度宣传整个行业更恶劣，但这两种行为均是错误的。假如夸大宣传生效了，那将会增加重大的机会成本：由于夸大宣传的项目或行业得到了足够的甚至超额的资金，而有潜力产生巨大成果的项目或行业将得不到资金支持。假如这些有潜力的项目得到资金支持并成功进行，很可能会减弱甚至消除原有的危害；而在得不到发展的情况下，原有的危害仍将存在。通过夸大某项研究行业而间接令宣传者受益在伦理上也不可行。简言之，

伦理责任 9　纳米技术研究人员有避免夸大宣传的伦理责任。

b. 曲解

媒体报道中一个很值得注意的问题是对科学工程的曲解。为了市场份额，大众媒体报道新技术时常常使用“哎哟，不得了”式的方法，重点突出有冲击力的视觉效果或令人兴奋的预测。审慎的、和谐的、复杂的观点吸引不了观众，因此某一技术的反对者或支持者的观点就不加甄别地呈现在大众面前，即使部分观点有些浅薄。电子媒体及传统媒体对新技术出现的问题、障碍、风险、成本超支以及完成时间方面漠不关心。如此报道容易唤起人们不切实际的期待，或是导致非理性的大众恐慌；也不利于制定公共资源的分配决策。久而

久之，这样的媒体报道可能会降低公众对科技的信任甚至会产生误解。尽管单独某方的行为似乎对整个行业无害，但众多个案叠加后将产生巨大的负面影响，因此，即便是独立的此种行为在伦理上也不可行。

伦理责任 10　纳米技术研究人员有责任不认可对科技发展的歪曲报道，也不应鲁莽地简化或炒作技术项目的成本、利润、风险、问题或是时间进程。

2.1.3　宏观社会层面

“宏观社会层面”指整个社会层面。

一直以来，科研界的主流观点是研究人员的主要伦理责任在于实验室安全、数据完整性、著作权方面，多关注微观或中级社会层面。但对于研究成果对社会造成的影响，研究人员是否负有责任？传统观点认为科研成果无好坏之分，其产生的积极或消极影响取决于使用者。因此依照此观点，科研人员不会甄选其工作成果所达成的目标，对目标（或达成目标过程中）造成的消极结果也不负有伦理责任。物理学家 Leon Lederaman 曾如此评论传统观点：

> 我们不具说服力的但却由来已久的回答是科技本无好坏，要看给谁用。然而抽象上讲，现代科技绝不是安全的。它既可以推动社会发展到新高度，也可能摧毁整个星球。随着民主国家的建立，真正使用科技力量的是人民及其代表。我们提供强大的引擎，而你们来掌舵。

那么从传统角度看来，在社会层面上不是研究人员个体，而是整个社会，对知识的使用负有伦理责任。然而，假设是社会赋予了研究的权利，持传统观念者也需承认研究人员至少对社会负有以下责任：

伦理责任 11　纳米技术研究人员对社会负有伦理责任，他们须尽力创造可信赖的新知识、材料、设备和系统。

这样，对科技发展的个人贡献可能间接的促进社会进步。这一责任与 FERSE 4 相关，而社会也有责任保证研究人员的工作正常进行。

社会（包括私人企业和政策制定者）对技术成果的使用负有重大的责任，同时纳米技术及其他领域的研究人员也应承担一定的责任。科研工作者不能总是以传统观点为借口，忽视提供给社会的“强大引擎”可能造成的风险。研究人员意识到——或应意识到——使用“科技引擎”的“船只”是由某些主流社会组织“领航”的，管理者或政策制定者可能会受到既得利益者的影响，在飞速前进的“航行”中给予其一路绿灯。当代研究人员能够促进其研究成果在社会中的传播，但也不总是能够预见某项研究成果的应用是否会在伦理上“堪忧”。有些情况下便会如此，比如为了满足军事或经济利益而附带产生了伦理上的不确定情况。因此在 FERSE 2 制约下，

伦理责任 12　假如纳米技术研究人员有理由相信其成果（或其研究领域内

的某项成果）投入社会后会对人类产生巨大风险，那么研究人员有责任警示相关权威机构其潜在危害。

2.2　两大应用领域

某些进入社会的产品使用了纳米技术或纳米设备，因此给纳米研究人员带来了伦理问题和责任。本文将关注两大重要纳米技术产品领域。

2.2.1　环境

纳米技术的发展有可能修复某些受污染的环境。比如现在正在研究的有纳米材料氢氧化铝或氧化铁制作的水过滤膜。“普通、廉价的材料及去掉有机溶剂和聚合物的合成法将可能解决某些南部国家的水污染问题，那里的水不适合使用”。考虑到过滤膜可能解决欠发达国家的水质问题，纳米技术产品能够极大地促进全球分配公平。在污染防治方面，摩托车消音器中的催化剂能够将如CO/NO等高污染分子和未燃烧的氢转化为“更环保”的分子，如CO_2、氮气和水蒸气，而铂和钯的纳米颗粒能提高催化剂的反应率。如今研究仍在进行中，以确定能够制造效果最佳的催化剂的纳米级金属、合金和纳米材料结合参数。以上例子应是防治危害类，属于FERSE 2范畴。但政府机构是否会严格管理纳米粒子和纳米材料产品的环境影响仍有待观察。洗衣机中的杀菌的纳米银离子、太阳能电池板上覆盖的纳米薄膜或纳米水墨、制造纳米产品的废水是否会将有毒的纳米粒子通过雨水、废水带到环境当中？我们可能以为不会如此，毕竟大多数发达国家都设有环境保护机构。但直到今天，美国监管机构仍不愿实施新法规管理新型纳米材料。纳米技术产品开发投入了大量资金，鉴于政治经济压力，快速通过新纳米产品的环境法规似乎是困难重重。从伦理角度看仍然存在的一个问题是，负责保护公众健康安全的监管机构常常出于政治经济原因而非科学证据本身来制定政策。

然而，这种情况并不是纳米技术本身造成的。而是由于政府决定什么情况下新知识、材料、产品可以投放到社会中的程序过程有缺陷。无论如何，从FERSE 2出发，纳米技术研究人员要警惕涉及纳米材料与环境的政策制定中，政治和经济的影响。

伦理责任13　在有关纳米材料和环境的法规制定受到了科学事实以外因素影响的情况下，假如纳米技术研究人员能够警示公众，并且其警示行为能够阻止对公众的危害，那么研究人员有伦理责任将政策制定的成本和风险告知公众。

2.2.2　医疗

a. 纳米药物

也许在不远的将来，第一代纳米药物将进入市场。现在研发的纳米囊，通过血液流动将治疗剂、活跃分子直接送到目标细胞，从而提高药效减少副作用。致命的肝疾病（如癌症）可能通过纳米药物尽早治疗。纳米药物的潜在利润令人神往，而从事纳米药物的研究人员也从伦理上得到赞赏，他们的工作将减轻、阻止或治愈严重的健康问题。

b. 纳米器械

人体植入式纳米器械（下称 HINDs）是一项颇具争议的纳米技术医疗项目。HINDs 能够检测体内器官、系统的状态（如血压、脉搏、血糖、心脏活动）并实现无线通信。这项技术有巨大的医学利益。现在研究人员正在尝试利用 HINDs 重塑视力、修正听力紊乱。

“NBIC”全称“nano-bio-info-cogno”，即“纳米生物信息认知学”。“NBIC 集合”则指四个领域有计划的集合：纳米技术，生物技术，信息科学和认知学。有望实现的一项成果开发新型 HIND，用来传递、接受大脑的情况和处理信息的过程。最近，神经医学院院长在文章中提到了其实验室近期的 NBIC 项目：

> 我们已经开始了……创造新纳米工具来探索突触组成、髓鞘形成、神经元增长和大脑肿瘤细胞迁移方面备受争议的问题。我们正在开发纳米工具，这种工具能够移动到神经元内，也能置于神经纤维表面，或是肿瘤细胞内，在精确控制的条件下能够监测细胞活动。同时它能够以多种方式将信息反馈给科学家；比如发出高度复杂成像显微镜能够捕捉的光……如此我们能够打开一扇前所未有的窗，观测到神经细胞的内部工作。

c. 伦理问题

医疗纳米技术发展带来的巨大潜力令人惊叹，但同样也引起了需尽早关注、持续关注的伦理问题，包括纳米技术研究人员的伦理责任。

i. 知情同意

新型纳米技术和纳米设施需要人类作为实验对象。伦理责任要确保被试有知情同意权，而尽快将此类产品推向市场的需求则与伦理责任产生了冲突。根据 FERSE 2，在进行此类实验时，纳米技术研究人员有伦理责任反对任何在患者不知情的情况下，将处于实验阶段的纳米器械植入人体的行为，即便该行为是为了病人的利益。

ii. 公正

新纳米药物使用权是由道德权利决定的还是由经济能力决定？是依照患者的患病程度决定还是使用纳米药物可避免的副作用的严重程度决定？假如由经济能力决定，那么中等收入人群只能使用常规疗法，面对逐渐削弱的药效和越来越重的副作用。这样则可能出现与“IT 差距”类似的“纳米药物差距”。但

“纳米药物差距”显然在伦理方面具有更重要的影响。

iii. 自由选择

政治经济环境可能会迫使人们使用植入式纳米器械预防疾病，尽早获悉身体的问题。但这将极大的降低医疗保险支出。中等收入人群会以较高的成本勉强接受植入器械吗？——因为他们付不起为植入器械所设置的高额保费。假如不接受，那他们只有在症状已经发展到表面可检测的情况下才发现身体的健康问题。

iv. 隐私

HINDs 获取的疾病信息允许何人知晓，又出于什么目的？举例来说，应该把尚未发病但已经检测出存在的不可治愈疾病的信息提供给保险公司或是雇主吗？个人有伦理权利拒绝知晓 HINDs 发现的不可治愈疾病吗？应该违背病人意愿告知其家属由经过授权的 HIND 检查出来的疾病吗？

v. 增强

早期的 NBIC 技术主要应用在治疗剂方面，比如解决脑功能问题。然而，最终 NBIC 技术则为认知增强技术服务。人类的思想和自主性是非常敏感的伦理问题，因此美国民众与 NNIN 研究人员就是否允许认知增强技术发展有巨大的分歧也就不那么令人吃惊了。同胚胎干细胞研究人员一样，从事 NBIC 和 HINDs 认知增强技术的工作人员要对研究的伦理层面足够敏感，并学会全面的探讨，而不是将讨论留给政客、管理人员和牧师。

vi. “新型”人类

HINDs 的广泛发展提出了充满挑战性的新设想：新型人类的出现。对人类来说，也许在生命早期（可能是出生时）植入许多永久性的纳米器械将会习以为常。如此一来，出现潜在的危险病症时就能得到预警，同时在外显病症出现前能够采取合适的治疗措施。也许本世纪内就能够实现这一设想。但纳米技术研究人员应谨记这一设想带来的深切的哲学思考和伦理问题。例如，在实现这一设想之后，没有 HINDs 的人类到底应算作是非正常的，低等的还是伦理上不成立的？

3 结 语

如今科学家与工程师正在探索新的领域，这些领域会给社会带来利益但同时也存在争议，这就要求研究人员拥有混合的能力：一流的技术和敏感的伦理感。Samuel Johnson 曾说过：“没有知识的正义是软弱无用的，而没有正义的知识是危险致命的”。

纳米技术研究人员需记住“隐形客户”（如全社会）的合法利益是至高无上的。他们要高于其他个人或组织的利益，因为某些个人或组织的利益可能会危害公众健康、安全和福祉。正如1931年爱因斯坦在加州理工对同学们所讲的那样：

> “想要研究工作为人类的福祉做贡献，仅仅了解应用科学是不够的。关注人类自身才始终是我们的目标，要关注资源分配、劳动力分化这种仍未解决的大问题，你的才智与创造力不应是对人类的诅咒，而是祝福。在你的图表和方程式中，永远不要忘记这一点”。

附录 5

欧洲碳纳米管生产者协会（PACTE）碳纳米管生产使用行为准则*

1 前言

纳米技术被普遍视为是21世纪的关键技术，对工业中的许多关键部门有着潜在的广泛影响。目前处于开发中的多种纳米材料中，碳纳米管（CNTs）因其良好的性能和在许多工业应用（从材料工程、电子工业到医疗器械和药物传输系统）中可能带来的益处而格外引人注目。因此行业有必要确保这些材料的可持续发展，尤其是卫生、安全和环境（HSE）。牢记这一点，欧洲主要的碳纳米管生产者同心协力在欧洲化学工业委员会（CEFIC）下的部门小组欧洲碳纳米管生产者协会（PACTE）里进行工作。目标是在遵循化学工业“责任关怀全球宪章”核心原则的基础上发展碳纳米管。成果之一就是形成了这个“行为准则”，它指出了在生产过程中应采取的适当措施，并对碳纳米管的进一步加工和使用提出了建议。

2 范围

“良好实践指南”的适用范围是碳纳米管的生产和使用。术语“碳纳米管”指的是一大类在许多参数上（比如长度、直径、开放式或封闭式、纯度、纵横比、凝聚度或形态）都有差异的不同的产品（比如，单层的、多层的）。这些物理-化学特性可能会对特定碳纳米管材料的因性毒性及其暴露可能性（exposure's potential）（比如含尘量）产生影响。

碳纳米管是一种化学物质，因此它们的生产和使用受到现有的化学品法规以及工作者保护条例的限制。碳纳米管潜在的危险性是目前研究活动所关心的

---

* 《碳纳米管生产使用行为准则》由欧洲碳纳米管生产者协会（Producers Association of Carbon Nanotubes in Europe，PACTE）于2008年3月发布。参见：http：//www.nanocyl.com/en/content/download/219/1544/file/PACTE%20Code%20of%20conduct.pdf.

问题，因此当前处理碳纳米管的良好实践的目的是尽可能地减小工人暴露在碳纳米管前的可能性，尤其是吸入性途径。

为了将可获取到的最新知识纳入考虑之中，我们有必要对现今的建议进行一个常规性的审查。

3 保护和防治措施

下面列出一些将要采取的保护和预防措施，按照优先等级由高到低排列：

（1）技术防护设备。必须采用适当的工作流程、工程控制和足够的设备来避免或最大限度地减少碳纳米管的释放。因为有时生产活动不能在密闭的系统中进行，所以强烈建议安装局部排气通风装置。为进一步降低碳纳米管的暴露，应使用合适的真空吸笔（比如，装有高效微粒空气过滤器的）或通过湿清洁法对工作区域进行清洁，不能干扫或使用空气软管。

（2）组织防护措施。在进行与碳纳米管相关的工作之前，所有工作人员必须了解具体的关于材料、步骤以及相关风险的信息，并接受训练，知道如何恰当使用集体、个人防护设备以及控制系统。此外，在正式实施工作步骤之前，必须先将它们生成文件并得到赞成和许可。必须加强监督，以保证符合指示，尤其是符合必要的防护措施。

（3）个人防护措施。因为有时组织防护措施和集体防护设备不能起到将暴露最小化的作用，所以必须使用适当的个人防护措施。进行呼吸防护时必须要基于风险之上，但在大多数情况下，为防止受到由空气传播的碳纳米管的危害，可以使用 FFP2 或 FFP3 型的过滤面防毒面罩（a filtering face piece respirator）。通过使用合适的防护性衣物和手套可以将芥子气对人的影响最小化，这是目前来说最好的实践。此外，接触完碳纳米管之后必须要保持高标准的个人卫生。

4 对工作场所暴露进行监测

依照已有的职业卫生实践，要对工作场所的暴露 exposure 进行监督。

目前，空气传播的碳纳米管还没有被广泛接受的职业接触限值，暴露应被维持在本底值上。由于自然的和偶发的碳纳米颗粒无处不在（比如内燃机排气），为获得背景数据，在进行碳纳米管的生产和使用之前就要进行测量。这样的话，在生产和使用过程中进行的测量就可以被用来评估，从而发现空气传播中发生的变化以及应用的控制措施是否得当。

必须要考虑到目前发展中的测量方法并没有实现标准化，如此一来使用不同方法的比较数据会依照解释不同而异。欧洲碳纳米管生产者协会（PACTE）成员都纷纷参与到诸如 TRASER，纳米安全 II 和纳米毒性等的安全性研究和标准化项目之中，这些项目侧重于碳纳米管描述和暴露评估测量方法的发展。

5　员工健康监测

通过认真评估暴露风险，运用当下最好的实践控制措施，员工健康风险可得到充分的控制。此外，作为额外的防范措施，所有接触化学物质，包括碳纳米管的工人都要接受常规的健康监测，以确保与健康状况变化相关的工作能够迅速得到确定，并及时采取措施确定其原因并进行相应调整。

进行检查的频率和力度取决于对工作场所的风险评估结果。

附录 6

德国 BASF 公司的纳米技术行为守则*

每一项新技术在给人们提供机遇的同时，也会带来一定的风险。纳米技术也是如此。因此我们制定了一套行为准则，以保证对纳米材料负责任的处理。该准则体现了德国联邦政府的原则。

为了充分挖掘科技进步给我们带来的机遇，在制造创新和畅销产品时，我常常使用新技术。只有通过这些产品，我们才能较它们的机遇做出合理的潜在风险评估。这意味着只要我们愿意逐步地去明确机遇和风险，就有可能做出基于新技术之上的革新。作为一个创新型公司，在这个过程中，我们不仅对我们的员工、消费者、供应商和社会，而且对子孙后代，都肩负着特殊的责任。该行为守则明确了我们的工作应当遵循的原则。

1. 我们作为 BASF 的员工，通过特别创造和使用新型的纳米级的材料，开发和使用纳米技术的潜力去制造性能良好、具有新特性的产品。

(a) 保护人类生命安全和保护环境是我们公司的基本原则。

(b) 我们在我们的实验室、生产设备、灌装车间以及仓库我们都为员工确定了风险源，并通过采取适当的措施消除这些风险。如若因我们的操作而对人类健康和环境造成危险，我们将立即采取行动。

(c) 根据现有的科学知识，使用纳米技术制造人造有机体或是能进行自我复制的机器人是不可能的，对我们来说那只是科幻小说而已。

2. 已经到了新技术可被转化为具体的过程和产品的阶段，此时需要更多的专门知识来权衡在创新性产品和过程中相关新技术使用的机遇和潜在风险。纳米技术面临的情况也是如此。我们认真对待这些风险。随着科技进步，我们将

---

* 《纳米技术行为守则》由德国 BASF 公司制定。参见：http：//www.basf.com/group/corporate/nanotechnology/en/microsites/nanotechnology/safety/code-of-conduct.

继续就其对环境和人类健康的潜在危害进行评估。

(a) BASF在新技术的风险管理方面有几十年的经验：我们认真、全面地对潜在风险进行评估，并采取适宜措施来保卫人类和环境。

(b) 我们积极致力于发展一个经过彻底研究的科学数据库，以此为潜在风险评估服务，并努力改善和改进以产品为基础的测试和评估方法。此外，我们积极与来自社会各个领域的合作伙伴讨论纳米科技带来的机遇与风险问题。

(c) 任何时候如果发现现有的立法和指导方针未将纳米技术的发展考虑在内，BASF将建设性地促进立法的拟定。我们的目的是建立起一些风险适宜、可靠的标准来支持相关立法。

3. 长久以来基于纳米技术的产品就是我们发展计划的一部分。我们还计划以后利用纳米技术的潜力来为消费者提供能更有助于他们成功的产品和体系。

(a) BASF只销售那些安全性和对环境影响可以得到保证的产品，这种保证是基于可获取的全部科学信息和技术。

(b) 我们会为我们的消费者和物流合作伙伴们提供有关于产品的安全运输、储藏、安全使用、加工和处理方面的信息。

(c) 比起经济利益方面的考虑，我们更重视安全、健康和环保问题。

4. 在我们的“价值标准”和“原则”之中，我们承诺要在公开和互信基础上开展与社会的对话。我们认为提供关于纳米技术带来的机遇和潜在风险方面的信息是我们的职责所在。

(a) 我们承诺保持透明性，并开展客观的、建设性的公开讨论。

(b) 我们会及时向有关部门和公众公开我们的新发现。

我们是这样实施行为守则的：

纳米技术行为准则	实施
1. 生产 保护人类生命安全和环境是我们公司的基本原则。 我们在实验室、生产设备、灌装车间以及仓库都为员工确定了风险源，并通过采取适当的措施消除这些风险。如若因我们的操作而对人类健康和环境造成危险，我们将立即采取行动。	◆ 在密闭的系统中进行制造，保证安全； ◆ 安全项目； ◆ 纳米项目上的合作； ◆ 纳米装置。

续表

纳米技术行为准则	实施
2. 风险管理 BASF在新技术的风险管理方面有几十年的经验：我们认真、全面地对潜在风险进行评估，并采取适宜措施来保卫人类和环境。 我们积极致力于发展一个经过彻底研究的科学数据库，以此为潜在风险评估服务，并努力改善和改进以产品为基础的测试和评估方法。此外，我们积极与来自社会各个领域的合作伙伴讨论纳米科技带来的机遇与风险问题。 任何时候如果发现现有的立法和指导方针未将纳米技术的发展考虑在内，BASF将建设性地促进立法的拟定。我们的目的是建立起一些风险适宜、可靠的标准来支持相关立法。	◆ 环境和毒理学测试； ◆ 加入诸如以下的国际研究项目： Nano Gem / Marina / Nano Long Term Effects / Nano In Vivo / Nano Safety Cluster / CEFIC LRI / RIPoN (completed) NanoCare (completed) Nanosafe2 (completed) CellNanoTox (completed) HESI/ILSI Nano Safety Project (completed) / NanoRelease (ILSI-USA) / 德国联邦环境部的"纳米对话"； ◆ 参与经济合作与发展组织和国际标准化组织工作小组； ◆ 在德国化学工业协会、欧洲化学工业委员会以及（联合国）协调行动委员会（ACC）的联合工作。
3. 产品安全 BASF只销售那些安全性和对环境影响可以得到保证的产品，这种保证是基于可获取的全部科学信息和技术。 我们会为我们的消费者和物流合作伙伴们提供有关于产品的安全运输、储藏、安全使用、加工和处理方面的信息。 比起经济利益方面的考虑，我们重视安全、健康和环保问题。	◆ 在世界范围内对我们的产品销售安全负责； ◆ 在供应链中负责地行动； ◆ BASF策略：行为准则-安全与健康。
4. 对话 我们承诺保持透明性，并开展客观的、建设性的公开讨论。 我们会及时向有关部门和公众公开我们的新发现。	◆ 利益相关者对话； ◆ 纳米对话论坛； ◆ 发布BASF对纳米材料的安全性研究。

附录 7

德国化工学会守则 接触纳米材料的工作场所行为指南*

就接触纳米材料的职业安全问题，德国联邦职业安全与健康研究所（BAuA）和德国化学工业协会（VCI）于 2006 年春季进行了联合问卷调查，涉及企业均从属于德国化学工业协会的成员企业。此次调查的目的是：了解现阶段化工行业对于接触纳米材料的职业活动采取何种安全防护程序，并在此基础上制定这本《接触纳米材料的工作场所行为指南》，以此来指导和规范在化工行业中与纳米材料有接触的职业活动。

德国联邦职业安全与健康研究所和德国化学工业协会的这两项联合行动的起点，是 2005 年 10 月 11 日至 12 日在波恩举行的以"合成纳米颗粒"为主题的利益相关者对话。

本次调查问卷的统计与分析工作由德国联邦职业安全与健康研究所完成，接触纳米材料的行为指南主要由德国化学工业协会制定。在以上两项工作进行过程中，专家们进行了多次交叉对话。

通过该指南我们可以了解生产和使用纳米材料的工作场所采取的（防护）措施，指南中的建议都基于当前对科学技术的认知情况。

按计划，该指南最多在 2008 年中期之前可以适应知识的不断进步，在此之后则需要进一步细化。

柏林/多特蒙德/法兰克福，2007 年 8 月

1 引言

1.1 背景介绍

就接触纳米材料的职业安全问题，德国联邦职业安全与健康研究所

---

* 参见：http：//www. gewerbeaufsicht. bremen. de/sixcms/media. php/13/Leitfaden%20f%FCr%20T%E4tigkeiten%20mit%20Nanomaterialien%20am%20Arbeitsplatz _ BAuA. pdf.

（BAuA）和德国化学工业协会（VCI）于 2006 年春季进行了联合问卷调查，涉及企业均为从属于德国化学工业协会的成员企业。此次调查的目的是：了解现阶段化工行业对于涉及纳米材料的职业活动采取何种安全防护程序，并在此基础上制定这本《接触纳米材料的工作场所行为指南》，以此来指导和规范在化工行业中与纳米材料有接触的行为活动。

这项调查的对象首先是针对纳米材料的工业制造商和用户。本指南则主要针对已经生产和使用多年的（纳米）产品。尚处在研发阶段的产品，在问卷调查阶段已有所涉及的，本指南也一并列入①。

该指南的目的是为工作场所中生产和使用纳米材料的行为活动提供指导。指南中的建议都基于当前对科学技术的认知情况。

本指南中关注的纳米材料仅限于“经合组织的人工纳米材料工作组”计划进行生产的纳米材料。因为这些计划生产的纳米材料都具有特殊性质或特殊成分。

根据国际标准化组织（ISO）技术委员会 229 提纲（该提纲被经合组织采用，用于制定工作计划）对“纳米技术”的定义，纳米材料既可以被理解为所谓的纳米物质，也可以被理解为具有纳米结构的材料。纳米物质是指在一维、二维或三维空间上具有纳米尺寸（约 1 至 100 纳米）的材料，典型的代表为纳米薄片、纳米棒和纳米颗粒。（其中）纳米颗粒在三个空间维度中均为纳米尺寸。纳米结构材料是指材料的内部具有纳米级结构。典型的代表是纳米物质的聚集体和附聚物。

为了生产以独立的纳米微粒形式存在的纳米材料，通常会使用复杂的化学和物理方法。目前较大规模的商业化生产取得的纳米产品中，纳米颗粒大多数情况下并不是以单独的、颗粒的形式存在的，而是聚集和凝聚了众多颗粒，以复合物的形式存在。

这里的聚集体和附聚物并不是定义意义（见上文）上的纳米颗粒，而是纳米颗粒在其内部彼此结合的纳米结构材料。如果不向其补给更大的能量，想要从这些聚集体和附聚物中释放出纳米颗粒通常是不可能的。

一些纳米材料已经被生产商以粒化、分散、聚合的方式进行了后续加工。这样，在多数情况下，此后应用这些材料时想要（从其中）释放纳米颗粒就不再可能了。

1.2 制备方法

化学工业中制备纳米材料的方法主要有两种：一是气相合成，即在火焰中

---

① 一些初创企业（德国联邦教研部-名单）也参加了这次由德国联邦职业安全与健康研究所和德国化学工业协会组织的联合问卷调查。由此，一些因研究工作而与纳米材料有接触（年用量超过 10 千克）的企业也在考虑之列。

反应生成；二是在溶液中反应生成。在气相反应中，产生的单个的初级颗粒会迅速结合成较大单位。在溶液反应中，由于加入了稳定剂和溶液中的介质，因此可产生独立的纳米颗粒。这些颗粒或以分散的形式被进行加工，或通过蒸发溶剂的方法析出，然后再进行后续加工。

出于技术要求，纳米材料的气相合成主要是在一个封闭的系统中，并且经常配合真空的条件进行。员工可能会在生产过程中，特别是在灌装、采样、清洗保养以及非正常运转等环节，发生身体暴露，这些情况下应从安全技术角度给予员工特别关注。

当工作涉及液体介质时（例如，沉淀反应，溶液中的分离操作），通常通过避免形成气溶胶的方式来防止（员工）吸入气体。

2　对职业安全问题的一般规定

跟接触所有其他的化学物质一样，针对接触纳米材料的行为也有着相应的职业安全法规和相关有害物质使用条例。在这些法令条例的基础上制定出了欧共体相应的方针与准则。雇主需要对所提供的工作对雇员带来可能风险进行合理评估，并要确定需采取怎样的职业安全防护措施。除了要设计和建立的适当工作场所和工作地点外，还需采取措施，尽量减少雇员与物理、生物、化学等制剂的接触。此外，有害物质技术规则的子法律法规也必须予以遵守（例如有害物质技术规则 TRGS 500，有害物质技术规则 TRGS 401）。

对于很多不能溶解的纳米材料，其影响也不容小觑。工作场所中吸入此类极小的颗粒也可导致危险。这种危险并不是由于其体积，而是由于该颗粒复杂的化学成分。

以下步骤即为针对该危险物质（即纳米材料）确定相关条例的过程，以保护接触纳米材料的员工免受危害：

1 信息收集；2 风险评估；3 确定防护措施；4 检验措施效果；5 形成文件。

必须考虑到所有的工序和包括保养，维修，故障和监测等工作场所在内的所有操作条件。

2.1　信息收集

（1）所使用产品的信息（性能，数量，使用方法和使用形式）。

（2）关于（工作）行为的信息（特别是能够导致口鼻吸入、皮肤接触的工作行为）。涉及因接触氧化材料而可能导致火灾和爆炸的危险性行为也包括在内。

（3）可能成为危险物质替代物的相关信息（包括使用该替代物或制备该物质的过程中，可能导致的较低的危险）。

（4）同时，需要收集的信息还包括已实施的相关安全措施的效果，以及职业医学中已实施的预防措施。

(5) 如果存在信息空缺，那么在确定职业安全防护措施时要适当考虑这些空缺的信息所涉及的情况。

信息收集过程中，有关产品性能的信息来自安全数据表、标签说明、生产商的说明、技术和职业协会的规章制度、政府机构和相关组织的出版物以及文献资料等。

2.2 风险评估

风险评估在信息收集的基础上进行。该评估必须依照职业安全法的有关规定进行。在此过程中，不仅要考虑材料本身的危险性，还要考虑到一切可能涉及的其他危险（例如机械或电气设备的风险）。

2.3 确定防护措施

在制定技术、组织以及个人层面的防护措施过程中，必须在风险评估的基础上首先考查采取以下措施的可能性：

(1) 可能的替代物：考查对健康有危害的物质和技术行为能否用危害性较低的物质或技术行为代替（例如，排放有害物质有所减少的变体）。

(2) 技术措施：使用密闭装置，从而尽可能从源头上限制和减少有害气体、蒸气和粉尘的产生。

(3) 组织方面的措施：充足的清洗场所，未使用的工作服的安全保管，其他的卫生防护措施，适当的工作流程的时间设计，培训和指导，（工作间）进出规则等。

(4) 个人防护措施：除了采取技术和组织方面的防护措施外，还应配备个人防护装备。

2.4 检验所采取的措施的功效

与接触其他材料一样，针对纳米材料所采取的防护措施也要进行定期的检测，以确定其是否仍具有效性。即使目前尚未确定影响健康的确极限值，也要查明在这些有助于养成良好的操作实践的防护措施实施后，员工仍暴露于纳米材料下的情况。另外，该指南会在接下来的内容中帮助指明对这些措施的测量程序。

2.5 形成文件

风险评估的文件是一种针对有害物质的指导性技术文件，是对有害物质使用过程中的强制性要求。恰恰是对那些尚未确定其影响健康的极限值的纳米材料来说，将所采取的防护措施、所使用的材料、工作条件和一切相关数据记录下来，更加具有特别的重要性：这将减轻以后评估的压力。

3 相关安全防护建议（适用于接触纳米材料的员工）

相关工作场所采取的防护措施要在风险评估的基础上制定。现行有效的极限值，如可侵入肺泡的粉尘极限值、可能被呼入的粉尘极限值及特定物质的极限值，必须予以遵守。

根据目前的知识，不能排除暴露在纳米材料下会产生特殊影响以及此类影响与微米尺度的较大颗粒所产生的影响有所不同。

按照有害物质技术规则（TRGS）900，一般粉末极限值并不适用于评估超细粉末（这里的超细粉末指的是扩散当量直径小于 0.1 微米粉末颗粒，以及由以上粉末颗粒组成的结块和聚集物）。

通过为纳米粒子或某些纳米材料设定具体的限值，从而减少了以往由于暴露所造成的影响。针对皮肤的暴露，必须注意有害物质技术规则（TRGS）401 中所提出的建议。

建议在制定防护措施时采用以下程序。

（1）替代的可能性

● 使粉末状的纳米材料在液体或固体介质中相互结合。在技术上可行、经济上合理的情况下使用分散体、粘合体或化合物代替粉末状物质。

（2）技术防护措施

● 尽可能使工作在封闭的装置中进行。

● 如果这点无法做到，则应避免粉尘或气溶胶的形成。这与生产所用的材料以及生产条件有着密切相关。也就是说，生产所用的材料和生产条件是造成粉尘或气溶胶的直接来源（例如，生产材料填充过程和排空过程）。用于吸收粉尘的装置必须定期维修，并定期进行功能性测试。

● 抽出空气必须进行气体净化后才可排放。

（3）组织方面的防护措施

● 应该使员工明确自由纳米粒子的特殊物理特性，采取防护措施的必要性以及粉尘可能造成的长期的影响。与此相应的信息还应包括生产过程中有所提示和说明。

● 尽可能限制有可能暴露在纳米材料中的员工的数量。除此之外，未经授权的人员不允许进入工作区。

● 必须提供干净的工作服。工作服必须由雇主方进行清理。工作服与个人衣服必须分开存放。工作场所必须定期进行清洁。沉积的材料或泄漏的材料都必须有单独的装置进行吸收或在湿润条件下擦拭，而不是简单的吹掉。

（4）个人防护措施

● 如果说技术上的防护措施是不足够的，或者说技术上的防护措施无法完全实施，那么类似呼吸系统防护（如防毒面具 P2，FFP2，P3 或 FFP3，根据不同的风险评估进行选择）的个人防护措施便相对合适与方便。根据不同的材料特性可能需要身着防护服、佩戴防护手套以及配有侧护罩的防护眼镜。此外，佩戴呼吸防护设备必须遵守佩戴时间上的限制以及进行职业健康检查。

- 对于 2～200nm 大小的颗粒，随着颗粒粒径的减小，过滤器的效应不断增大。低于 200nm 时，颗粒的扩散性显著增强；因此，流经过滤介质时，颗粒更可能与过滤介质中的纤维组织发生碰撞，进而被粘连在纤维组织上。根据同业工伤事故保险联合会-职业安全机构针对“渗透效率总数”的计量，分别为 14nm 与 100nm 两种不同大小的氯化钠颗粒通过 P3 过滤器的粒子数目分别为 0.011%和 0.026%。而 P2 过滤器显示的颗粒的渗透数目为 0.2%。

- 在选择防护手套的选择，合适的手套材料也是必须考虑的问题。手套材料必须在符合规定的工作条件下，能够有最大限度的使用时长。一个重要的标准是渗入时间（该时间取决于手套材料和材料厚度）。除了要对手进行防护外，其他皮肤区域也要借由防护设备进行必要的保护。其中包括特殊防护服、围裙和靴子。

- 另外要注意的是，除了这里列出的防尘措施外，还需要根据特殊的材料特性采用特殊的防护措施。例如，接触具有氧化性的纳米材料时，需要采取额外的暴露防护措施；接触有活性的或有催化性的纳米材料时，也需采取具体的保护措施。包括针对纳米材料所采取的防护措施在内，所有风险评估中提出的措施都必须遵守。除此之外，还须遵守工作场所限值，以及其他材料的使用方法，例如溶剂使用法则等。

- 所应用的防护措施（例如 PPE）的有效性必须进行检查。

（5）涉及纳米材料的工作场所中风险评估流程图

- 流程图的范围是涉及纳米材料（见附图 1）具体活动。

4 纳米颗粒计量技术的现状与发展

对纳米粒子进行测量会有怎样的作用，目前还没有既定的结论。研究的方向多集中在纳米颗粒表面的特性、微粒的数量、体积以及其结构和组成。其大小似乎已经没有那么重要了。因此，用常见的用重力测量法来确定暴露情况，对于纳米颗粒而言并非主要手段[①]。

对纳米颗粒的测量需使用稳定的设备，它可以确定工作场所空气中纳米颗粒的数目，或者说纳米颗粒的表面浓度。因此，这是一个成本不菲的测量技术，它虽类似于现有技术，但还未得到标准化的验证。

---

① 测量程序和防护措施的适用性由专业合作社总协会（HVBG）进行评估。其他可适用测量程序的信息可参 BGIA-工作簿中的“有害物质测量”。有关呼吸防过滤器的适用性的信息也可通过浏览 HVBG 及各专业合作社的网站获取。

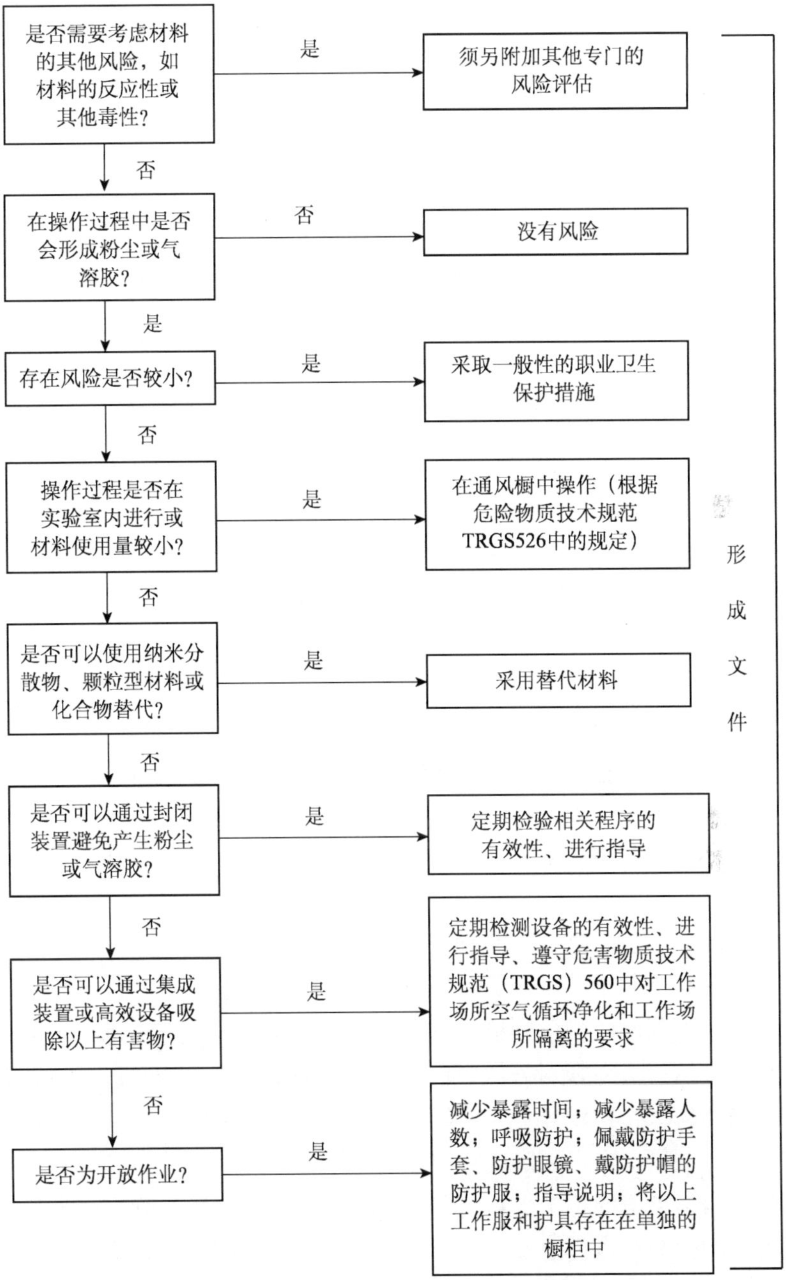

附图 1　工作场所的纳米材料风险评估流程图（吸入途径）

在测量中，工业生产的颗粒与来源于其他条件的纳米颗粒没有明显区别。但在对纳米粒子的测量进行评估时，此类的影响必须注意。例如，在一个吸烟室中约每立方米中有100万粒子，或在繁忙的街道上，每立方米中有10万个粒子。

4.1 测量方法

以下的测量方法在目前阶段是可用的[①]：

● 在纳米测量范围内，用于测量纳米粒子数量最广泛的方法是凝聚核粒子计数器（CPC）。这种方法可以测量粒子的数量，但不能测量粒子的大小和纳米粒子化学组成物[②]的情况。而该检测可通过光散射的方式实现。凝聚核粒子计数器（CPC）经常与预接分馏的方式相结合。纳米颗粒粒径谱仪是在测量纳米粒子大小过程中应用最广泛的仪器，主要用于测量3～800nm范围大小的纳米粒子。纳米颗粒粒径谱仪方法也可用于确定纳米颗粒的流动性或扩散等效直径。通过对该方法进行改变，可以扩展可测量尺寸的范围。然而，由于高昂的测量成本，该方法的适用范围受到了一定的限制。

● 气溶胶质谱法是另一种广泛应用的测量方法，主要用于粒子及其聚合体的线上化学分析，适用范围是超过100nm的颗粒。作为非线上方法，可通过电子显微镜（TEM / SEM）来确定粒子大小、形态及颗粒结构。然而也由于测量成本不菲，没有得到更大程度的推广和使用。能量色散X-射线荧光分析可与电子显微镜结合使用，进而测定粒子的材料以及粒子的空间构成。使用此方法无法得到定量的分析数据。

● 纳米气溶胶取样器（NAS）是另一种方法。与纳米颗粒粒径谱仪相似，其测量纳米粒子的尺寸范围为1～1000nm。例如，可以沉积在TEM图上面，以找出在形态学和元素组成方面相似之处。到目前为止，该方法只能给出一个半定量的评价。

4.2 测量方法在生产实践中的应用

到目前为止，对于纳米粒子的测量都集中于对其浓度的测量。然而，以纳米粒子的质量为基础的测量则更具意义。在高粒子浓度下，纳米颗粒的总重量是比较低的。这里必须强调的是，在空气中对纳米粒子的个体进行测量，可以对不同测量结果进行比较分析，但仅适用于有限的范围内，这是因为如何对暴露的粒子进行测量，尚未制定统一的标准。

通过对工作场所的粉尘总量（可吸入部分）[③] 进行计量监测，是目前认为具有标准化的并易被接受的方法。但在科学界的讨论中，该方法却被看作远远

① 这里对测量方法的描述考虑到了现行和已经明确的程序。

② 在测量技术领域，颗粒的概念不仅用于独立的纳米粒子，也用于结块体和聚合物。

③ 参见BGIA-工作簿，方法7284，以及根据BGIA-方法606进行的微尘测量（可侵入肺泡的粉尘）。

不足。因此，有必要制定一个规范，使其能够方便个人对于粒子数量和粒子大小的测量。可用于确定颗粒数目和粒径分布的纳米颗粒粒径谱仪的测量技术将来也许会为工作领域提供暴露条件下的附加信息。

4.3　测量方法的标准

目前，国际标准化组织（ISO）和德国标准研究院（DIN）正就职业安全相关保护框架标准、测量方法的标准问题不断推进。（包括采样方法，样品处理方法，职业安全监测办法和相关材料标准等）。

4.4　测量方法的安全性研究

在联邦教育部和联邦研究部共同合作支持的“采用纳米技术”（Nano Care）项目中，有众多化工企业和大学科研院所参与其中。该项目致力于研究纳米级的初级粒子的聚合行为或聚集体，以及该聚集体的稳定性。在此基础上，“采用纳米技术”项目对当前可用的纳米颗粒测量方法进行比较，以通过调整和改变材料来确定适合的粒子和溶胶。此外，用以确定粉尘指数的方法也有待开发。①

在其他的一些项目，如“纳米安全Ⅱ”、“Nanoderm”、“Tracer”等项目中，都有化工行业的参与并起着重要作用，此外，化工行业也进行着自己的研究项目。所有目前的研究项目都为“纳米材料的安全性探究路线图和”和“负责任的生产与使用纳米材料”奠定了基础。

2006年11月，德国联邦职业安全与健康研究所（BAuA）、德国联邦风险评估所（BfR）以及德国联邦劳动与社会事务部（BMAS）部长、环境部（BMU）部长、农业部（BMELV）部长连同科学、经济等学术界的代表一起，就纳米技术发展过程中可能存在的风险进行了探讨，并制定了研究策略。

① 放开对由趋向决定的物质和粉尘的测量。

中英文摘要

1 纳米毒理学与安全性中的纳米尺寸与纳米结构效应

摘要：纳米生物效应与安全性是纳米科学中既具有基础科学意义，又事关纳米科技应用前景的关键问题，是纳米技术可持续发展的核心。国际上普遍认为，纳米技术的未来发展取决于两大主要瓶颈能否取得突破：一是纳米尺度上的可控加工与大规模生产技术；二是纳米安全性知识体系与评价方法。针对后者，欧洲和美国都提出了“没有安全数据，就没有市场”（“No Data，No Market”）的方针。为了保障科技和市场的优先权，“科技要领先，产品要安全”已成为发达国家的国家战略。为此，在短短5年内已经形成纳米毒理学这个新兴学科，阐明在纳米尺度下物质的毒理学效应。本文重点分析纳米毒理学与纳米安全性中的纳米尺寸效应、纳米结构效应这两个重要的科学问题及其研究结果，同时简单讨论剂量-效应关系这个传统毒理学的中心法则在纳米毒理学中的变化情况，讨论未来的相应研究内容和方向，同时也帮助读者更为科学、理性地认识和理解物质在新的纳米尺度下所固有的生物学特性，包括毒理学特性。

关键词：纳米毒理学；纳米安全性；纳米尺寸效应；纳米结构效应；剂量-效应

Size and Structure Effects in the Nanotoxic Response of Nanomaterials

Abstract: The biological effects and safety of nanomaterials are of particular significance in nanoscience, and are a key issue in the application of nanotechnology. Nanotechnology therefore needs break throughs in theset wo areas. First, precisely controllable and repeatable manufacturing processes must be developed on an industrial scale. Second, nanosafety knowledge and methodology must be developed, and safety ssessment of nanoproducts must be given a regulatory framework. To prioritize the development of new technologies and to provide new products for the global market, the development of “safe products” must be considered of equal importance to the development of “leading technology” . This has become a national strategy in many countries, and it is why nanotoxicology has quickly become a scientific discipline in the past five years. It is now known that the toxicological effects of nanomaterials are related to many of their properties. In this article, we focus primarily on two of the most important ones: nanosize and nanostructure. The dose-effects on nanotoxic responses are also briefly discussed. Particular focus is given to the differences in dose-effect relationships in traditional toxicology and nanotoxicology. Finally, we discuss the need for future research. Specifically, we identify the most important research topics, which urgently need to be understood, because of the rapid development of nanotechnology and its applications.

Keywords: nanotoxicology; nanosafety; nanosize-response; nanostructure-response; dose-response

2 纳米材料的安全性研究及其评价

摘要：随着纳米材料和纳米技术的迅速发展和广泛应用，人们接触不同种类的纳米材料的机会大大增加。纳米材料与人体接触会不会引起不良的后果？纳米材料对环境是否有危害？当纳米材料和纳米技术与人类的关系越来越紧密的时候，其引起的伦理学、社会和法律问题也越来越引起人们的关注。本文就纳米安全性研究以及相关的一系列伦理学问题，结合国内外各研究机构的实验结果和流行病学调查资料，从纳米材料本身的安全性、纳米材料合成及使用过程中涉及的其他物质与纳米材料的共同作用、纳米材料暴露的安全性评价、纳米材料的风险评估以及纳米材料和纳米技术的有力监管5个方面，简要阐述如何正确认识纳米材料和纳米技术的安全性。

关键词：纳米材料；纳米技术；安全；伦理；风险评估

Safety and Risk Assessment of Nanomaterials

Abstract: Development of new nanomaterials and nanotechnology and their widespread application have increased the risk of human contact with various nanomaterials. Consequently, ethical, social and legal questions regarding the use of nanomaterials/nanotechnology in society need to be addressed. The potential adverse effects of nanomaterials in the human body and the environment need to be investigated. To understand safety assessment and a series of related ethical problems, we summarize the latest experimental results and epidemiological data in this area. A health and safety evaluation of nanomaterials and nanotechnology can be performed using the following five aspects: the toxicity of the nanomaterials themselves, synergistic safety issues related to other chemical substances involved in the production and use of the nanomaterials, evaluation of exposure and risk assessment of nanomaterials, and the effective regulation of nanomaterials and nanotechnology.

Keywords: nanomaterials; nanotechnology; safety; ethics; risk; assessment

3 纳米材料生物效应研究和安全性评价前沿

摘要：纳米技术持续、健康的发展要求我们了解纳米材料的安全性。2004年以来，纳米材料生物效应和安全性研究发展迅速，形成一个跨学科的研究领域，并受到政府、学界、企业和社会公众等的广泛关注。文中叙述了纳米材料安全性评估的迫切性和重要意义，重点讨论了该领域的最新发展方向，包括纳米产品、工作场所和环境的安全等，同时简单讨论了纳米标准化、纳米技术风险管理和纳米伦理研究与纳米安全性研究的关系。

关键词：纳米材料；生物效应；安全性；纳米产品

Progress in Biological Effects and Safety Assessment of Nanomaterials

Abstract: The sustainable development of nanotechnology requires the comprehensive understanding on the safety of nanomaterials. Since 2004, research on the biological effects and safety evaluation of nanomaterials has been developing rapidly and grown to an interdisciplinary field, nanotoxicology. The safety issue of nanotechnology attracts the attentions of the academic, enterprise, government and public. The authors described the urgency and importance of safety evaluation on nanomaterials, and focused on the latest progress related to nano-product, workplace and environment. In addition, a brief discussion on the standardization in nanotechnology, the nano-ethics and the risk management of nanotechnology was presented.

Keywords: nanomaterial; biological effect; safety; nano-product

4 人造纳米颗粒呼吸系统毒性及生物效应的研究进展

摘要：随着纳米技术在全球的迅猛发展，人造纳米颗粒已经广泛应用于生物医学领域，其生物安全性成为研究者的关注热点。由于呼吸道是人造纳米颗粒进入机体的主要途径之一，纳米颗粒对机体呼吸系统的毒性和生物效应的相关研究越来越多。本文首先简要介绍了人造纳米颗粒的暴露途径和纳米药物在治疗呼吸系统疾病中的应用。其后，重点介绍了几种常见人造纳米颗粒对机体呼吸系统的毒效应，并阐述了影响纳米颗粒毒性的因素，为今后人造纳米颗粒的研究和应用提供了有价值的参考。

关键词：人造纳米颗粒；毒理学；生物效应；吸入毒性

Research Advances on the Toxic Effects of Manufactured Nanoparticles on the Respiratory System

Abstract: With the rapid development of nanotechnology in recent years, manufactured nanoparticles have been increasingly used in a wide range of applications in the bio-medicine field. Meanwhile, the bio-safety of manufactured nanoparticles have received more and more attention. As inhalation is one of the primary routes where manufactured nanoparticles can enter the body, a number of studies have investigated the toxic effects of nanoparticles on the respiratory system. This review briefly introduced the application of nano-drugs for the treatment of diseases associated with the respiratory system, and then focused on the toxic effects and potential toxicity mechanisms of several common manufactured nanoparticles on the body's respiratory system. Further considerations of the factors influencing the toxicity of nanoparticles have also been provided. This review intended to provide valuable clues for further research into manufactured nanoparticles and their applications.

Keywords: manufactured nanoparticles; toxicology; biological effects; inhalation toxicity

5 纳米材料在环境领域的应用及其环境生物效应

摘要：纳米材料由于其特殊的性质已被越来越多地应用于环保领域，但同时很多研究也提示了纳米材料可能具有对环境的负面效应。因此，纳米材料应用于环境领域的安全性应该引起人们的关注。本文对纳米材料在环境领域的应用及其生物效应进行简要综述。

关键词：纳米材料；环境；生物效应

The Application and Biological Effects of Nanomaterials in Environmental Fields

Abstract: Due their special properties, many nanomaterials have been applied in the fields of environmental protection. Meanwhile, some research suggests that nanomaterials may lead to negative effects. We should pay attention to the safety issues in the application of nanomaterials. This paper summarizes nano-applications in environmental fields and their biological effects.

Keywords: nanomaterials; environment; biological effects

6 纳米技术的标准化进程和伦理问题

摘要：纳米技术的快速发展和纳米技术产品的逐步进入市场，引起了人们就使用纳米产品对人类健康、安全和环境产生影响的特别关注，这也是目前伦理学所关心的问题。标准化不仅在消除贸易障碍、促进国际技术交流和贸易发展、提高产品在国际市场上的竞争能力方面具有重大作用，对于保障身体健康、生命和环境的安全同样具有重要作用。本文介绍了纳米技术的健康、安全和环境的标准化进程。认为上述工作将促进社会科学和自然科学在纳米伦理问题上的交流与沟通，以期共同解决纳米伦理问题。

关键词：纳米技术；标准化；伦理；健康；安全

The Process of Standardization of Nanotechnology and Related Ethical Issues

Abstract: The process of nanotechnology and the mass production of so-called nano-products raise questions about the application of nano-products for human health. Serious safety and environmental concerns exist. This is currently a topic of interest in ethics research. Standardization has an important role, not only in the elimination of trade barriers, the promotion of international technical exchange and trade development, and the improvement of competitiveness in the international market, but also in the protection of the health and lives of humans and the environment. The development and legal enforcement of a large number of environmental and health and safety standards will protect peoples' health, lives and property and also the environment. The completion of a nanotechnology standardization system may be able to dispel doubts about the ethical issues. The International Organization on Nanotechnologies Standardization (ISO/TC229) pays special attention to standards for health, safety and the environment. The Chinese government takes seriously the use of any new technology related to the health and safety of its people. In China, research achievements on health and safety have received widespread attention from the international academic community. The National Technical Committee on Nanotechnology Standardization (SAC/TC279) will set up a working group on the Health, Safety and Environmental Aspects of Nanotechnologies. This working group will promote interest in nanotechnology ethics and encourage better communication between social and natural scientists. It will also promote the sustainable development of the nanotechnology industry, and contribute to the harmonious development of human society.

Keywords：nanotechnology；standardization；ethics；health；safety

7 纳米技术工作场所的安全性问题

摘要：中国在全球的纳米技术领域中日益发挥着重要的作用，但是迄今为止还没有专门研究和深入地分析中国纳米技术工作场所的安全性问题。本研究调查了中国纳米技术工作场所的300位专业人员，主要从三个纳米实验室和纳米会议招募参与者。结果显示，大多数被调查的纳米研究实验室具有安全规范，但是不到三分之一的参与者指出所在工作场所具有针对纳米安全的规范。另外，大多数被调查的纳米实验室都具有常规的安全防范措施，但是针对纳米技术的防范措施较少。文章认为，关于纳米科学的理论储备不足、检测手段局限和缺少纳米职业安全法规等原因是当前纳米技术工作场所安全防范不足的主要原因。建议管理者提供纳米安全培训和建立适合中国的纳米安全指导性原则，以可以更好地保护纳米技术从业人员。

关键词：纳米研究实验室；安全；中国

Safety Issues of Nanotechnology in the Workplace

Abstract：China has become a key player in the global nanotechnology field，however，no surveys have specifically examined safety practices in the Chinese nano-laboratories in depth. This study reports results of a survey of 300 professionals who work in research laboratories that handle nanomaterials in China. We recruited participants at three major nano-research laboratories（which carry out research in diverse fields such as chemistry，material science，and biology）and the nano-chemistry session of the national meeting of the Chinese Chemical Society. Results show that almost all nano-research laboratories surveyed had general safety regulations，whereas less than one third of respondents reported having nanospecific safety rules. General safety measures were in place in most surveyed nano-research laboratories，while nanospecific protective measures existed or were implemented less frequently. Several factors reported from the scientific literature including nanotoxicology knowledge gaps，technical limitations on estimating nano-exposure，and the lack of nano-occupational safety legislation may contribute to the current state of affairs. With these factors in mind and embracing the precautionary principle, we suggest strengthening or providing nanosafety training (including raising risk awareness) and establishing nanosafety guidelines in China, to better protect personnel in the nano-workplace.

Keywords: nano-research; laboratories; safety; China

8 纳米安全性研究的方法论思考

摘要：近年来纳米安全性研究已引起国内外广泛关注，我国科学家在这一领域已做了大量重要工作。然而，从科学方法论角度来看，现有的研究主要还局限于还原论方法。实际上，纳米安全性问题不仅涉及不同学科，而且其研究对象涉及自然界、人与社会这样复杂的系统。因此，为了真正解决现实世界中的纳米安全性问题，需要在方法论上有所突破，在重视分析还原、寻找确切的因果联系的同时，也要关注整体性、复杂性和不确定性。开展跨学科、跨层次的综合研究，还需要政府、企业、公众与研究人员共同努力。

关键词：纳米安全性；还原论方法；整体论方法；纳米伦理；跨学科研究

Thoughts on the Methodology of Nanosafety Research

Abstract: Recently, research on nanotechnology safety has attracted widespread attention at home and abroad. Chinese scientists have contributed significantly to this field. However, from the perspective of scientific methodology, I believe that most research in China has been limited to the method of reduction. In fact, nanosafety research involves multiple disciplines, and its study must model nature, man and society as a giant complex system. Therefore, to truly solve the nanosafety problems of the real-world, it is necessary to achieve a breakthrough in methodology. It is important to use reductive methods and analyses, and to search for the exact causal links. However, researchers should also be concerned with the integrity, complexity and uncertainty of their study. Often this can be best achieved by pursuing interdisciplinary and cross-level integrated research, and by working with the government, corporate enterprises and the public.

Keywords: nanosafety; reductionism; holism; nanoethics; interdisciplinary research

9 纳米伦理：研究现状、问题与挑战

摘要：20世纪90年代以来，伴随着纳米科学与技术的蓬勃发展，有关纳米技术的社会和伦理问题的研究悄然兴起并逐渐成为一门跨学科的研究领域。本文主要从纳米伦理研究的兴起、纳米伦理研究的主要内容，以及纳米伦理研究所面临的挑战与应对等三个方面评述纳米伦理研究的现状、存在的问题以及未来发展的方向。

关键词：纳米技术；纳米伦理；风险；公众参与；全球治理

Nanoethics：Research Progress，Problems and Challenges

Abstract：With the fast developing nanoscience and nanotechnology，studies on societal and ethical issues concerning nanotechnology have also sprung up and become an interdisciplinary research field since the 1990s. In this article，the state of the art，existing problems and future development of the research on the nanoethics are reviewed. They are discussed in depth revolving the rise of nanoethics，the main research topics and the challenges we are facing.

Keywords：nanotechnology；nanoethics；risk；public participation；global governance

10 纳米技术伦理与社会研究的兴起与发展

摘要：为真实反映国外纳米技术伦理及社会问题研究的兴起与发展现 状，借助信息可视化技术和科学知识图谱，清晰地展示了国外纳米技术伦理与社会研究的发展现状、高影响力学术群体，以及纳米技术伦理与社会研究的热点领域，以期为我国纳米技术伦理与社会问题的研究者们了解国外动态、选择研究方向提供参考。

关键词：纳米技术；伦理；社会；信息可视化；科学知识图谱；

The Emergence and Development of the International Ethic and Social Studies of Nano Science and Technology

Abstract：In order to present the emergence and development of the ethic and social studies of Nano science and technology，the authors uses information visualization technology and mapping of science to show ongoing state of international ethic and social studies of Nano science，including the most influential academic groups and hot-topics. Through 20 years development, the ethic and social studies of Nano science and technology has formed six main highly influential author groups represented by Roco MC, Bainbridge WS, Drexler KE, Schummer J, Kuzma J, Maynard AD and Rip A. The hot topics focus on ethic, law, religious, educational and social issues and global governance research of converging technologies under Nano scale. The international academic community of Nano ethics and social research has developed rapidly since 2001, while China's research is just beginning and almost has no "voice" concerning this field, which is extremely inharmonious with China's leading position of nanotechnology research in the international area.

Keywords: nanotechnology; ethics; society; visualization of information; mapping of science

11 纳米技术：从可能性到可行性

摘要：纳米技术被誉为能使我们获得"新的可能性"的革命性技术。然而，纳米技术所带来的可能性并不都是积极的。为此，作者首先追溯了可能性的概念史。指出可能性可以归纳为两种含义，即相对于必然性的逻辑的可能性，与相对于现实性的本体论的、作为"变动之源"的可能性。继而，分析了纳米技术的可能性。指出纳米技术的可能性包括潜在的可能性与现实的可能性。认为掌握可能性的关键在于确定可能性的条件，即让可能性变成可行性。作者追问了可行性概念的涵义与来源。指出迄今为止的可行性概念来自于可行性研究，主要关注的是技术与物质方面的可行性要素，因而并不适用于对纳米技术的可行性进行系统分析。作者特别回顾了中国哲学中关于行与可行性的思考。指出中国哲学中的可行性概念既考虑到了行的形而上依据和道德原则，更注重权衡可行与否以及怎么行、怎么行得通的战略原则。在吸收了中国哲学中的可行性思想的基础上，作者提出了考察纳米技术可行性的六个要素。

关键词：纳米技术；可能性；可能性的条件；可行性

Nanotechnology: From Possibility to Feasibility

Abstract: Nanotechnology opens up a large spectrum of the possibilities in technology. However, these possibilities involve both hopes and dangers. This spurs us on to reflect upon the concept of possibility and the movement from possibility to feasibility. This article traces the concept of possibility found in classical philosophers, analyzes the potential and realistic possibilities of nanotechnology, and criticizes the current concept of feasibility. It then considers the idea of feasibility in Chinese philosophy, and from there it summarizes the strategic principles of feasibility for developing nanotechnology.

Keywords: nanotechnology; possibility; feasibility

12 纳米伦理学的三个维度

摘要：纳米伦理学致力于探讨纳米技术的伦理和社会意义，目前已经从未来主义、结果主义的预测和控制话语进入到以技术与社会的反思性共同进化为导向的实践探索维度。但纳米技术毕竟是要在原子水平上人工建构微细的纳米空间，它倾向于脱离人的直观范畴。这就要求纳米伦理学的实践探索维度，必须要在现象学上通过视觉化战略，将纳米技术纳入到人类经验中来，为相关利益者提供可选择的技术解释学弹性。同时，原子水平的技术操作也意味着纳米量级的意向和非意向学科群聚集。对这种多学科群，纳米伦理学必须要在本体论上实现多学科群的系统稳健发展，既容纳自然科学和工程的纳米世界建构，又接受“自然的社会科学”的纳米世界设计参与。这样方能以技术与社会的共同进化，推动纳米技术发展成为社会伦理健康的技术。

关键词：纳米伦理学；实践探索；人类经验；本体统摄

Three Dimensions of Nanoethics

Abstract: Nanoethics is committed to exploring the significance of nanotechnology in ethics and society. At this stage, the focus has been moved from the forecast and discourse from the perspective of Futurism and Consequentialism to reflective co-evolution of technology and society oriented practice. However, nanotechnology aims to construct space at the atomic level artificially. It is more likely to be separated from the intuitive categories of people. We should use the visual strategy of phenomenology to bring the nanotechnology into human experience through the practice and investigation of nanoethics so as to provide alternative technologies hermeneutics flexibility to the stakeholders. Meanwhile, the technical operations at the atomic level also mean a group gathering in non-intentions and intentions of nanometer. To this cluster of sub-discipline, nanoethics should achieve healthy ontological development by accommodating natural sciences and engineering and accepting the design from "social science of nature" . So the technology and society could evolve together and promote the nanotechnology a healthy technology which also fits ethical guidelines.

Keywords: nanoethics; practice; human experience; rule by ontology

13 哲学与纳米技术伦理学

摘要：纳米伦理学是否有必要且有可能作为独立的学科而存在？专业伦理学认为，对于新领域提出的问题而言，是没有可以直接借用的原则和先例的。但要为纳米伦理学作为独立的专业伦理学来辩护，就要对当下科技支配的特定历史条件有充分的理解，对纳米技术和纳米科学研究本身有深刻的认知，并对科学哲学与纳米伦理学的关系进行全面的思考。同时，受需求驱动的纳米伦理学同步研究还存在着跳过当下、远离成熟的公众和政治的介入等问题，这也需要科学哲学作为上级学科的宏观指引及其作为外围学科的客观批判。

关键词：纳米伦理学；专业伦理学；科学哲学

Philosophy and Ethics of Nanotechnology

Abstract: Is nanoethics necessary and can be considered as an independent discipline? Classical ethics suggest that to the problem of new fields, we have no direct principlesand examples to apply. If we support that nanoethics is an independent discipline, we should not only have full understanding of the historical backgrounds and the knowledge about nanoscience and nanotechnology, but also carefully think about the between scientific philosophy and nanoethics. Meanwhile, the need forced nanoethics facing many problems, such as missing the reality, ignoring the public and the intervening of politics. So scientific philosophy can play a role of macroscopical guidance as a superior discipline and make an objective criticism as a peripheral discipline.

Keywords: nanoethics; classical ethics; scientific philosophy

14 纳米技术伦理问题研究的几种进路

摘要：从"纳米伦理"这一术语的提出开始，有关纳米技术伦理问题的争论异常激烈。从伦理学方法与理论背景的视角来看，大体有四种研究路径：一是，将伦理学还原为一种"恐惧的启示"，以恐惧为向导反思什么是人类真正珍视的东西，呼吁中止纳米技术的研究；二是，将伦理学还原为后果主义的评估和计算，将对伦理问题的研究看作是风险与利益的核算以及人类是否愿意接受这些风险的问题；三是，将纳米技术放到特定的社会文化语境中，试图打开纳米技术发展的“黑箱”，揭示技术与社会之间的密切关系，以求更好地理解纳米技术与社会文化价值观等的互动；四是，提出伦理学要发挥主动引导而不是被动评价的作用，通过构建一个动态的、具有可行性的行动框架，参与纳米技术的社会建构。最后，通过对纳米技术伦理问题研究方法的分析，进一步指出传统伦理学在高技术社会背景下的局限，提出高科技伦理的新的特征、意义和作用机制。

关键词： 纳米技术；伦理学；可行性；行动

Four Approaches to Nano-ethical Research

Abstract: Four approaches can be applied to nano-ethical research from the perspective of methodology and theory of ethics. First, we can reflect on what is really valuable to human beings and call for a suspension of nanotechnology research; second, we can take ethical research as research in people's calculation of risks and benefits and their final choices; third, we can relate nanotechnology to social and culture contexts and try to open the "black box" of nanotechnology development in order to bring us closer to the interaction between nanotechnology and social cultural values; fourth, we can take an initiative and construct a feasible framework for action so as to participate in the social construction of nanotechnology. This paper also points out the limitations of traditional ethics in the high-tech era and sums up its features, significance and mechanism.

Keywords: nanotechnology; ethics; feasibility; action

15 人类利用药物增强的伦理考量

摘要： 本文在探讨当代高新科学技术下人类增强的三种明显特征的基础上，考量了人类药物增强对人的健康和安全、自主与尊严以及社会的公平竞争制度和稳定性等可能的伦理社会影响，并进一步分析了人类药物增强在技术上、伦理上以及法律上的可行性条件。

关键词： 人类增强；健康；自主；尊严；增强鸿沟；可行

The Ethical Considerations of Human Medicinal Enhancement

Abstract: We research three obvious features of human enhancement under the new science and technology. Based on them, we also review the possibly ethical and social implications for health & safety, autonomy & dignity, social system of fair competition, and social stability. Furthermore, we analyze the technological, ethical and legal feasibility of human medicinal enhancement.

Keywords: enhancement; health; antonomy; dignity; the wide gap of enhancement and non-enhancement; feasibility

16 纳米技术在食品中的应用、风险与风险防范

摘要：纳米技术在食品中具有广泛的应用前景。鉴于食品与人们的健康息息相关，纳米技术对人体健康及环境所构成的潜在风险，已经引起广泛的关注。文章分析了纳米技术在食品添加剂及食品包装中的应用，指出纳米技术应用在食品中的风险与纳米材料定义的不确定性、纳米食品标准的不确定性以及天然与人工纳米材料界限的模糊性等有很大的关系。文章认为，风险不等于危险，不是仅通过毒理学分析和技术表征能够描述和把握的。风险是一种文化建构，不仅是客观的，还与人们对风险的认知、理解、风险文化和风险决策相关。因此，探讨影响人们风险认知的因素、构建一个理性健康的风险文化是有效防范纳米技术在食品应用中的风险的关键。

关键词：纳米技术；纳米食品；风险；风险本质

The Application of Nanotechnology in Food, Risks and Risk Prevention

Abstract: Nanotechnology application in food has a broad prospect, and at the same time it has given rise to the concern about the potential risk to human health and the environment, mainly because food is closely related to human health. Nanotechnology application in food mainly includes food additives and food package, and the risk is closely related to three aspects: the uncertainty definition of nanomaterial, the uncertainty standard of nanofood, and the fuzziness between natural and artificial nanomaterials. In this paper, the author indicates that risk is different from danger. Risk is connected with perception, understanding, culture and decision-making. Therefore, to construct a reasonable and healthy risk culture is necessary.

Keywords: nanotechnology; nanofood; risk; essence of risk

17 纳米技术风险管理的哲学思考

摘要: 纳米技术自身发展和实际应用中的不确定性，使得对纳米技术风险进行管理变得十分必要。从认识论和方法论视角来看，当前纳米技术风险管理仍存在不足。在分析纳米技术风险管理困境的基础上，提出走向“全局治理”是纳米技术风险管理走向“善治”的一条可能途径。

关键词: 纳米技术；风险管理；善治

Philosophical Reflections on the Management of Nanotechnological Risk

Abstract: Uncertainties about the development and application of nanotechnology make the management of its risks a crucial issue. From the perspective of epistemology and methodology, we discuss certain deficiencies in the current practices regarding the management of nanotechnological risks. By analyzing the dilemmas of managing these risks, this paper proposes that global governance is a possible approach enabling the management of nanotechnological risks and would make progress toward the goal of “good governance”.

Keywords: nanotechnology; nanotechnological risks; risk management; good governance

18 更早的参与，更好的科技？——简述欧美纳米技术的上游参与

摘要: 在转基因技术争议的阴影之下，作为既有巨大能力又潜存巨大风险的新兴技术，纳米技术发展伊始，欧美各国就启动了相关的伦理和社会研究，开展了大量公众参与实践。由此，伦理考量在纳米技术发展过程中呈现出鲜明的“上游参与”倾向，不再仅仅扮演“事后诸葛亮”的角色，而嵌入了技术的实际发展过程，发挥了更加积极的角色。

关键词: 伦理考量；纳米技术；上游参与

Can Earlier Involvement Lead to Better Technology? Description of Nanotechnology Upstream Involvement in Europe and US

Abstract: Under the shadow of the controversy of GM technology, nanotechnology is an emerging technology with large capacity but also huge potential risk. At the beginning of nanotechnology, Europe and US have started all the relevant ethical and social research, and also activated larger numbers of public participation practices. This shows that ethical considerations are no longer playing a "hindsight" role in nanotechnology development. It presented an obviously "upstream participation" tendency, representing the actual development of technology while playing a more active role.

Keywords: ethical considerations; nanotechnology; upstream participation

19 纳米技术ELSI研究的国际学术力量分布及社会动力分析

摘要：纳米技术的伦理、法律、社会研究（ELSI）是人文社会科学领域面向纳米技术的交叉科学研究，目的是为了使纳米技术得到负责任的、健康有序的发展。本文基于汤森路透集团 Web of Science 数据库收录的文献，分析比较美国、欧盟等国家纳米技术 ELSI 研究的成果，以其作为参考，评价这些国家面向纳米技术的人文社会科学研究的能力与水平。并特别针对美国纳米技术 ELSI 研究的优势，分析其社会动力因素和制度基础，为我国跟踪国际纳米技术 ELSI 研究的发展提供参考。

关键词：纳米技术；ELSI；公众参与

International Academic Distribution and Social Power Analysis on Nanotechnology ELSI Research

Abstract: The research on Ethical, Legal and Social Issue (ELSI) is a comprehensive reflection of the social science research capability of nanotechnology, which will promote the responsible development of nanotechnology. Based on the literatures in America Institute for Scientific Information (ISI), this paper compares and analyzes the distribution of the research incomes and institutions for nanotechnology ELSI in the USA, the European Union and other countries. Taking the above analysis as the reference, the support ability is evaluated for the humanities and social sciences of nanotechnology in the countries of taking it as the strategic technology. According to the USA humanities and social science research of nanotechnology, the social factors and institutional basis is analyzed. This will provide theory and reference for our country's tracking of the international nanotechnology ELSI research, especially the public participation, and further provide a reference basis for the scientific research and social governance in the nanotechnology field.

Keywords：nanotechnology；ELSI；public participation

20 我国公众对纳米技术的认知分析
——基于大连地区纳米技术公众认知的实证调查

摘要：文章基于对大连地区纳米技术公众认知的实证调查，分析了我国公众对纳米技术认知的基本状况，并对不同群体进行了分类研究，指出我国公众对纳米技术的认知度较高，但是由于认知的被动性和风险意识的缺乏，极易导致公众对纳米技术态度从一个极端走向另一个极端。提出应该主动加强公众对纳米技术认知的普及教育，让公众全面了解纳米技术的利益与风险，以提高公众对纳米技术风险的识别和防范能力。

关键词：纳米技术；公众认知；实证调查

Analysis of Public Perception of Nanotechnology in China——Based on the Empirical Investigation in Dalian Area

Abstract：Based on empirical investigation of public perception of nanotechnology in Dalian area，the article analyzed the basic situation of public perception of nanotechnology，made a classification of the different groups，and indicated that because of the absence of the risk awareness and passive acceptability，the public would easily result in the attitudes of nanotechnology from one extreme to another. It is proposed that public perception of nanotechnology education should be strengthened to make the public fully understand the benefits and risks of nanotechnology，and to improve public perception of nanotechnology risk identification and prevention.

Keywords：nanotechnology；public perception；empirical investigation

21 公众对纳米技术利益与风险的评估

摘要：公众对纳米技术利益与风险的评估将影响到纳米技术未来的发展。文章基于项目组于 2013 年对大连地区的实证调查结果，指出公众对纳米技术利益与风险的评估趋于正面。多元回归分析的结果表明，公众所掌握的纳米技术知识量对纳米技术利益与风险评估没有显著相关性，公众的评估结果更多依赖的是非知识性的精神渠道如情感、信任等。提出只有加强纳米技术的普及教育，培养理性思维模式，将知识与情感相结合，才能使公众对纳米技术的利益与风险做出全面合理的评估。

关键字：公众；纳米技术；利益；风险；评估

Public Assessment of Benefits and Risks of Nanotechnology

Abstract：The public's assessment of benefits and risks of nanotechnology will influence the development of nanotechnology. Based on our survey conducted in 2013 in the Dalian area，this article shows that the public's assessment of benefits and risks of nanotechnology tends to be positive. Results of multiple regression analysis show that the amount of knowledge on nanotechnology which the public possessed is not associated with the assessment of benefit/risk ratio at a statistically significant level，the public relies more on affective rather than cognitive resources，such as emotion and trust. The authors contend that strengthening public education on nanotechnology，training the public in rational thinking，jointly addressing knowledge and emotions，are ways to help the public make a comprehensive and reasonable benefit and risk assessment of nanotechnology.

Keywords：public；nanotechnology；benefits；risks；assessment

22 纳米技术的善治：政府调控与公众参与

摘要：鉴于纳米技术从决策、研发到应用的整个过程与社会的政治、经济的关系日益密切，对技术的伦理评价和调控不仅可能而且必须借助于制度和政策的力量。纳米技术的善治首先强调在纳米技术发展决策阶段政府调控的作用。然而仅仅依靠政府的政策调控和科学家的建议，纳米技术的风险是无法消除的。因此，对纳米技术的善治更需要的是从下到上的公众参与，因为纳米技术作为一种系统活动，它的活动范围、实施和结果已经扩大到整个社会，公众与政治家、科学家一样是纳米技术活动的主体。纳米技术的善治需要公众的广泛参与，但是公众参与也将面临很多的挑战。

关键词：纳米技术；善治；政府调控；公众参与；挑战

The Ethical Governance of Nanotechnology：Government Regulation and Public Engagement

Abstract：In view of the close relationship of nanotechnology and politics， ecnomics in society, the ethical assessment and regulation can and should rely on institutional strategies and policy. Good governance of nanotechnology emphasize the role of government on adjustment at the stage of decision-making. But it is hard to elimiate the risks of nanotechnology by the regulation of government and the suggestion of scientists. Good governance of nanotechnology should attract public engagement from the bottom to the top. Meanwhile, nanotechnology is considered as a system activity. It means the range, implementation and outcomes of nanotechnology have expanded to the whole society. So the public, politician and scientists are all included as the agent of activity. Good governance of nanotechnology needs public engagement, but it also faces many challenges in the process.

Keywords: nanotechnology; ethical governance; government regulation; public engagement challenge

23 欧美纳米技术研究行为准则比较分析

摘要：20世纪九十年代以来，蓬勃发展的纳米技术让人们对其前景充满了期待。但是，纳米技术在日常生活中给人们带来巨大利益的同时引发的风险（尤其在对人类健康和自然环境的长期负面影响）也不容忽视。为了规避发展中可能出现的社会伦理问题及风险，世界上许多国家及组织发布了纳米技术研究行为准则以便将这种新兴的科技带来的负面影响减到最低。本文将比较欧盟及国家政府、行业协会及非政府组织（NGO）和企业等发布的纳米技术研究行为准则的异同，分析准则建立的重要性与必然性，并对中国加强相关准则的制定提出建议。

关键词：纳米技术；行为准则；伦理

Comparative Analysis of Nanotechnology Research Code of Conduct in Europe and the US

Abstract: Since 1990s, the development of nanotechnology reveals great promises. Nanotechnology brings huge benefits to people's lives yet risks (especially risks to health and the environment) cannot be ignored. Many countries and organizations release codes of conduct relating to nanotechnology, to minimize nanorisks. This paper compares nanotechnology codes of conducts (released by governments, industrial associations and the NGOs) in Europe and the U. S. , analyzes the importance and necessity of the codes, and makes suggestions for China to enhance related codes of conduct.

Keywords: nanotechnology; code of conduct; ethics

24 纳米技术善治的“第三种力量”——非政府组织在纳米伦理讨论中的作用

摘要：非政府组织作为纳米技术善治的“第三种力量”，对纳米技术的发展发挥了独特的作用。文章首先追溯了纳米伦理诞生过程中非政府组织所发挥的重要作用，进而从对非政府组织的性质、特征及其组成等入手，反思非政府组织的特殊地位及其在纳米伦理兴起和发展中的作用，分析非政府组织在未来纳米技术善治中的重要性，成为推动纳米技术的健康与可持续发展、推动纳米伦理讨论进一步深入的重要力量。

关键词：非政府组织；纳米伦理；作用；善治

“The Third Force” of Good Governance of Nanotechnology ——The Role of NGOs in the Ethical Discussion of Nanotechnology

Abstract: NGOs are considered “the third force” in the process of good governance of nanotechnology and play special roles in the development of nanotechnology. This paper traces NGOs’ important roles in the formation of nanoethical research. By analyzing the properties, characteristics and compositions of NGOs, we reflect on the impact of NGOs in nanoethics. In the future, NGOs may facilitate good governance of nanotechnology and contribute to the research of nanoethics. It will become an important force to push the healthy and sustainable development of nanotechnology.

Keywords: NGOs; nanoethics; role; good governance

后 记

POSTSCRIPT

本书是一次关于纳米技术的科学、哲学、伦理学与管理学的跨学科对话。从对纳米技术安全的科学审视入手，本书介绍了纳米毒理学在纳米技术安全性研究中的成果，对纳米材料的尺寸与结构效应，纳米材料的生物效应、纳米材料尤其是人造纳米颗粒对人的健康与环境的影响，以及纳米技术的标准化和安全性评价的方法论问题，纳米技术工作场所的安全问题进行了深入系统的研究。其次，系统介绍了纳米伦理问题的提出、研究的兴起与发展，研究现状，并且从哲学形而上学的视角分析了纳米技术作为一种可能性技术所面临的不确定性挑战。在具体分析了纳米技术在食品和医学中的应用及其潜在风险的同时，对迄今为止的纳米伦理的研究进路进行了剖析，提出了从可能性到可行性的纳米伦理研究的战略框架。本书的第三部分以纳米技术安全与伦理问题的善治为主题。在分析了纳米技术风险的评估与管理所面临的挑战的基础上，结合有关中国公众对纳米技术认知和风险与利益评估状况的调查，提出了基于中国国情的纳米技术善治的建议，并且对现有的几种纳米技术评估方法进行了批判性反思，提出了基于中国哲学资源的应对不确定性和风险的评估方法。并且提出了纳米技术善治的关键在于多主体的参与：既包括政府，也包括公众和非政府组织等。最后结合实证调查的结果，对中国公众参与纳米技术的状况和途径进行了分析。

本书的研究和成果出版得到了国家哲学社会科学重大项目“高科技的伦理问题研究”（项目编号：12&ZD117）和国家重点基础研究发展计划（“973”项目）（2011CB933401）的支持。作者基本上是这两个项目组的成员，其中有些是编者的研究生。“973”项目的成员大部分是自然科学工作者。编者和研究生有幸参与到了这个项目，与赵宇亮研究员一起组织了“纳米技术的伦理问题：哲学与科学的对话”学术研讨会，并且多次参加了“973”项目组的学术交流活动。这些学术活动和交流不仅帮助编者学到了许多纳米科学、特别是纳米毒理学的知识，增进了对纳米技术的本质特征的认识，每次活动也都是一次愉快的经历。在此，也特别感谢“973”项目组的陈春英、王海芳、唐萌、贾光等老师和其他同仁的帮助和支持。感谢张晶、王松、侯海燕老师在项目申请、中期评估和文稿编辑中提供的帮助。感谢我的研究生们参与了项目的调研和文稿的编辑工作。最后还要感谢薛其坤院士和包信和院士对项目研究中所涉及的科学问题所提供的指导。

王国豫
2015年5月

作者简介

ABOUT THE AUTHOR

陈春英，博士，教授，国家纳米科学中心。研究方向为纳米材料与分子毒理学。Email：chenchy@nanoctr. cn

曹莉莉，硕士，讲师，东北财经大学国际商学院。研究方向为德国语言文学。Email：lilicao@dufe. edu. cn

曹栭元，研究生。大连大学经济管理学院。研究方向为经济管理。Email：liuli9886@sina. com

曹南燕，博士，教授，博士生导师。清华大学科学技术与社会研究中心。研究方向为科学与社会。Email：caonanyan@gmail. com

常雪灵，博士。中国科学院纳米生物效应与安全性重点实验室，中国科学院高能物理研究所。研究方向为纳米毒理学。Email：changxl@ihep. ac. cn

陈欣欣，博士。上海大学纳米化学与生物学研究所。研究方向为纳米化学与生物学。Email：chenxx. shu@gmail. com

陈章健，研究生。北京大学医学部公共卫生学院劳动卫生与环境卫生学系。研究方向为职业有害因素治病机制及防治。Email：15901040309@163. com

冯　烨，博士，讲师。河南师范大学政治与公共管理学院。研究方向为科学技术伦理与管理。Email：fyyfeng@163. com

龚　超，研究生。大连理工大学哲学系，大连理工大学科技伦理与科技管理研究中心。研究方向为科技哲学与科技伦理。Email：acegon@163. com

侯海燕，博士，教授。大连理工大学网络-信息-科学-经济计量实验室 WISE Lab，大连理工大学公共管理与法学学院。研究方向为科技管理与科学计量学。Email：seabirdofsummer@gmail. com

胡明艳，博士，讲师。中共中央党校哲学部。研究方向为科技哲学与科技伦理。Email：humy06@mails. tsinghua. edu. cn

贾　光，博士，教授。北京大学医院部公共卫生学院劳动卫生与环境卫生学系。研究方向为职业有害因素治病机制及防治。Email：jiaguangjia@bjmu. edu. cn

李　磊，研究生。大连理工大学哲学系，科技伦理与科技管理研究中心。研究方向为科技哲学与科技伦理。Email：lilei. 1988@hotmail. com

李书鸿，研究生。大连理工大学哲学系，科技伦理与科技管理研究中心。

研究方向为科技哲学与科技伦理。Email：michellelee8@live. cn

李三虎，博士，教授。广东行政学院马克思主义教研室。研究方向为科技哲学。Email：sh. li@foxmail. com

李艺芸，研究生。大连理工大学科技伦理与科技管理研究中心。研究方向为科技伦理。Email：liyiyun0923@yahoo. cn

刘　莉，博士，副教授。大连大学人文学院。研究方向为科技伦理与道德教育。Email：liuli9886@sina. com

刘晓琳，研究生。大连大学人文学院。研究方向为科技伦理与道德教育。Email：liuli9886@sina. com

刘　颖，博士，副研究员。国家纳米科学中心。研究方向为纳米材料的生物学效应与生物安全标准检测。Email：liuy@nanoctr. cn

刘元方，中国科学院院士，教授。中国科学院，上海大学纳米化学与生物学研究所，北京大学化学与分子工程学院。研究方向为纳米化学。Email：yfliu@dlut. edu. cn

刘中梅，研究生。大连理工大学公共管理与法学学院。研究方向为科技伦理与管理。Email：liu _ zhongmei@yahoo. com. cn

栾春娟，博士，副教授。大连理工大学网络-信息-科学-经济计量实验室WISE Lab，大连理工大学公共管理与法学学院。研究方向为科技管理与知识产权管理。Email：julielcj@163. com

诺德曼．阿尔弗雷德（Nordmann Alfred），博士，教授。德国达姆施塔特工业大学 TU Darmstadt 哲学系。研究方向为科学哲学，技术哲学，技术伦理。Email：nordmann@phil. tu-darmstadt. de

沈电洪，博士，教授。中国科学院物理研究所。研究方向为纳米科学与标准化。Email：dhshen@126. com

唐　萌，博士，教授，博士生导师。环境医学工程教育部重点实验室，东南大学公共卫生学院 & 苏州纳米科技协同创新中心，江苏省生物材料与器件重点实验室。研究方向为纳米毒理学及劳动卫生与环境卫生。Email：tm@seu. edu. cn

滕　妍：研究生。大连理工大学哲学系，科技伦理与科技管理研究中心。研究方向为科技哲学与科技伦理。Email：tyan0318@gmail. com

王安秋，研究生。大连理工大学公共管理与法学学院。研究方向为行政管理。Email：se7en _ qiu@163. com

王国豫，博士，教授。大连理工大学哲学系，大连理工大学科技伦理与管理研究中心。研究方向为科技哲学与科技伦理。Email：w _ guoyu@hotmail. com

王海芳，博士，教授。上海大学纳米化学与生物学研究所。研究方向为纳米材料的生物应用。Email：hwang@shu. edu. cn

王　前，博士，教授。大连理工大学科技伦理与科技管理研究中心。研究方向为科技哲学与科技伦理。Email：wangqiandut@163. com

王孝平，教授级高工。国家纳米科学中心。研究方向为纳米材料标准化。

Email：wangxp@nanoctr. cn

王贤文，博士，副教授。大连理工大学网络-信息-科学-经济计量实验室WISE Lab，大连理工大学公共管理与法学学院。研究方向为科学学与科技管理。Email：xianwenwang@dlut. edu. cn

吴添舒，研究生。东南大学公共卫生管理学院，环境医学工程教育部重点实验室。研究方向为卫生毒理学及劳动卫生与环境卫生。Email：ninatshwu@gmail. com

张　灿，研究生。大连理工大学哲学系，大连理工大学人文与社会科学学部科技伦理与科技管理研究中心。研究方向为科技哲学与科技伦理。Email：zhangcanheda@163. com

张　晶，博士，副教授。大连理工大学哲学系，大连理工大学欧盟研究中心。研究方向为科技伦理与科技政策。Email：jzhang@dlut. edu. cn

张志刚，教授，博士生导师 。大连理工大学公共管理与法学学院。研究方向为非政府组织与行政管理。Email：zhzhgang@163. com

赵宇亮，博士，教授。中国科学院纳米生物效应与安全性重点实验室，中国科学院高能物理研究所，国家纳米科学中心。研究方向为纳米生物效应分析，放射化学。Email：zhaoyuliang@ihep. ac. cn

朱　勤，博士。大连理工大学科技伦理与科技管理研究中心。研究方向为科技伦理与工程教育。Email：zhu@mail. dlut. edu. cn

朱晓林，研究生。大连理工大学哲学系，大连理工大学科技伦理与管理研究中心。研究方向为科技哲学与科技伦理。Email：dalianzxl@hotmail. com

祖　艳，博士。中国科学院纳米生物效应与安全性重点实验室，中国科学院高能物理研究所。研究方向为纳米生物效应分析，放射化学。Email：zuyan@ihep. ac. cn